첫 단원만 너덜너덜한 문제집은 그만!

1

개념원리/RPM 교재 구매

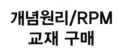

2

에그릿 APP 무료 다운

egr!t

3

수학 공부 일정 세우기

내 목표 완독일과
수준에 맞춘 **스케줄링** 제공

6

유형 공부
➕ with RPM

- **문제 해설 영상 제공**
- 질의응답 가능

5

개념 공부
➕ with 개념원리

- 개념 OX 퀴즈
- **개념 강의 제공**
- 질의응답 가능

4

소통

스터디 그룹 만들어
친구와 함께 공부하기

7

문제 플레이리스트

- 틀린 문제 오답노트
- 중간/기말고사 대비를 위한
  나만의 문제집 만들기

8

단원 마무리

- 단원 마무리 테스트 제공
- 결과에 따른 분석지 제공
- 분석에 따른 솔루션 제공

9

완독

당신만의 완독 메이트 **egr!t**

개념원리 RPM 중학 수학 **1-1**

발행일	2024년 7월 1일 (1판 3쇄)
기획 및 집필	이홍섭, 개념원리 수학연구소
콘텐츠 개발 총괄	한소영
콘텐츠 개발 책임	김경숙, 오지애, 오서희, 오영석, 이선옥, 모규리, 김현진
사업책임	정현호
마케팅 책임	권가민, 이미혜, 정성훈
제작/유통 책임	이건호
영업책임	정현호
디자인	(주)이츠북스, 스튜디오 에딩크
펴낸이	고사무열
펴낸곳	(주)개념원리
등록번호	제 22-2381호
주소	서울시 강남구 테헤란로 8길 37, 7층(한동빌딩) 06239
고객센터	1644-1248

유 형 의 완 성

RPM

한눈에 보이는 정 답

중학 수학 **1-1**

1000 $y=-\dfrac{3}{2}x$ **1001** $y=\dfrac{1}{2}x$

1002

x	1	2	3	4	$\cdots$
y	72	36	24	18	$\cdots$

1003 $y=\dfrac{72}{x}$ **1004** $\bigcirc$ **1005** $\times$ **1006** $\bigcirc$

1007 $\times$ **1008** $\times$ **1009** $\bigcirc$ **1010** $y=\dfrac{14}{x}$

1011 $y=-\dfrac{15}{x}$ **1012** $y=-\dfrac{9}{x}$ **1013** $y=\dfrac{20}{x}$

1014 **1015**

1016 **1017**

1018 $y=\dfrac{8}{x}$ **1019** $y=-\dfrac{21}{x}$ **1020** ①, ④ **1021** ③

1022 ③, ⑤ **1023** -2 **1024** 5 **1025** ㄱ **1026** -16

1027 ② **1028** $y=\dfrac{1}{4}x$ **1029** $y=0.6x$

1030 $y=\dfrac{1}{5}x$ **1031** 75쪽 **1032** 12 kg **1033** 1350원

1034 8 cm **1035** ① **1036** ③ **1037** ②, ⑤ **1038** ①

1039 ④ **1040** ③ **1041** ① **1042** 1 **1043** ④

1044 $-\dfrac{3}{2}$ **1045** 3 **1046** ①, ⑤ **1047** ⑤ **1048** ⑤

1049 ③ **1050** -3 **1051** 4 **1052** ④ **1053** 54

1054 7 **1055** $\dfrac{8}{3}$ **1056** ③ **1057** ①, ④ **1058** ②, ④

1059 -16 **1060** ④ **1061** 1 **1062** -11 **1063** ③

1064 $y=\dfrac{150}{x}$ **1065** $y=\dfrac{300}{x}$ **1066** 10 cm³

1067 8명 **1068** 3시간 **1069** ④ **1070** ⑤

1071 ㄱ, ㄷ, ㅁ **1072** ① **1073** ②, ④ **1074** $a<-2$

1075 ③ **1076** -1 **1077** $(-1, -6)$ **1078** 8개

1079 ⑤ **1080** ④ **1081** ⑤ **1082** $(1, -6)$

1083 -6 **1084** ③, ⑤ **1085** ⑤ **1086** 14 **1087** -18

1088 8 **1089** 4 **1090** -32 **1091** $\dfrac{15}{4}$ **1092** $\dfrac{7}{3}$

1093 -42 **1094** (1) 8 (2) 2 **1095** $\dfrac{4}{3}$ **1096** ③

1097 ④ **1098** ①, ⑤ **1099** -8 **1100** $y=2x$ **1101** 40 L

1102 -3 **1103** ③ **1104** ⑤ **1105** ⑤ **1106** ㄴ, ㄷ

1107 8 **1108** 200대 **1109** 25 **1110** 12개 **1111** ①, ②

1112 ②, ⑤ **1113** ① **1114** 12 **1115** -8 **1116** 6

1117 9분 **1118** (1) $y=\dfrac{1}{20}x$ (2) 60 g **1119** $\dfrac{4}{5}$ **1120** 1

1121 $\dfrac{3}{4}\le k\le 3$ **1122** $\dfrac{9}{16}$ **1123** ③

부록 **대표문제 다시 풀기**

01 소인수분해

01 5개 **02** ④ **03** ②, ⑤ **04** ④ **05** ③ **06** ③
07 ② **08** ③ **09** ①, ⑤ **10** ⑤

02 최대공약수와 최소공배수

01 ④, ⑤ **02** ② **03** ⑤ **04** ① **05** 12개 **06** 18그루
07 ③ **08** ①, ③ **09** 4 **10** 36 **11** 45 **12** 60 cm
13 오전 9시 10분 **14** 3바퀴 **15** ② **16** 84

03 정수와 유리수

01 ①, ④ **02** ⑤ **03** ④ **04** ④ **05** ②, ⑤ **06** 2
07 14 **08** ④ **09** 7 **10** 6 **11** ①, ⑤ **12** ⑤
13 ③ **14** $a=3$, $b=-9$ **15** $c<a<b$

04 정수와 유리수의 계산

01 ②, ④ **02** ㉠ 교환법칙 ㉡ 결합법칙 **03** ④ **04** ⑤
05 ③ **06** ④ **07** ③ **08** $\dfrac{9}{10}$ **09** $-\dfrac{5}{4}$ **10** 1020명
11 7 **12** ⑤ **13** ㉠ 교환법칙 ㉡ 결합법칙 **14** -3
15 ④ **16** ② **17** 13 **18** ⑤ **19** ④ **20** ④
21 ① **22** 6 **23** 4 **24** ③ **25** ⑤ **26** 10점
27 (1) $\dfrac{17}{6}$ (2) $\dfrac{17}{8}$ (3) $\dfrac{5}{8}$

05 문자의 사용과 식의 계산

01 ③, ⑤ **02** ② **03** ④ **04** ① **05** ④ **06** 13
07 35 ℃ **08** (1) $(7+0.15x)$ m (2) 8.2 m **09** ⑤ **10** ③, ⑤
11 ④ **12** ② **13** -26 **14** ① **15** $-\dfrac{13}{5}$ **16** ①
17 $2x-2y$ **18** ③ **19** ④ **20** ③

06 일차방정식의 풀이

01 ①, ⑤ **02** ⑤ **03** ⑤ **04** ② **05** ⑤ **06** ③
07 ㉠ **08** ⑤ **09** ㄷ, ㅁ **10** ④ **11** ③ **12** $x=-5$
13 ④ **14** ③ **15** ③ **16** -5 **17** 3, 6, 9, 12
18 ④

07 일차방정식의 활용

01 ② **02** 30 **03** ④ **04** 15살 **05** ④ **06** 3송이
07 ② **08** 39 **09** 564 **10** 6명 **11** ③ **12** 120 km
13 10분 **14** 12분 **15** 100 g **16** ② **17** 150 g **18** 4000원
19 6일 **20** ② **21** 42번 **22** 200 m

08 좌표와 그래프

01 ④ **02** 3 **03** 9 **04** ③ **05** 제4사분면
06 제3사분면 **07** (1) ㄷ (2) ㄴ (3) ㄱ
08 (1) 초속 10 m 또는 10 m/s (2) 105초 (3) 150초
09 (1) 24 m (2) 2분 (3) 6분 **10** 2 **11** ④

09 정비례와 반비례

01 ①, ⑤ **02** -1 **03** ③ **04** 100쪽 **05** ④ **06** ⑤
07 -4 **08** ③, ⑤ **09** ① **10** 24 **11** ② **12** -2
13 ③ **14** 9 cm³ **15** ② **16** ⑤ **17** ④ **18** ①, ④
19 $(-6, -1)$ **20** 16 **21** 18 **22** (1) 6 (2) $\dfrac{3}{2}$
23 ⑤

0808 $4(x+8)=5x$, $x=32$

0809 $3(x-7)=2(x+2)$, $x=25$

0810 $500x+700(10-x)=6200$, $x=4$

0811 $2(6+x)=30$, $x=9$ 0812 $6x+4=7x-3$, $x=7$

0813 2년

0814 (1)

	갈 때	올 때
거리	x km	x km
속력	시속 2 km	시속 3 km
시간	$\dfrac{x}{2}$시간	$\dfrac{x}{3}$시간

(2) $\dfrac{x}{2}+\dfrac{x}{3}=5$ (3) $x=6$ (4) 6 km

0815 (1)

	증발시키기 전	증발시킨 후
농도 (%)	8	10
소금물의 양 (g)	200	$200-x$
소금의 양 (g)	$\dfrac{8}{100}\times200$	$\dfrac{10}{100}\times(200-x)$

(2) $\dfrac{8}{100}\times200=\dfrac{10}{100}\times(200-x)$ (3) $x=40$ (4) 40 g

0816 6 0817 3 0818 29 0819 (1) 3 (2) 17

0820 ③ 0821 27 0822 ② 0823 4, 6, 8

0824 23 0825 ① 0826 46 0827 57 0828 16살

0829 ① 0830 39살 0831 ③ 0832 50개월

0833 14주 0834 3000 0835 ② 0836 ③ 0837 6마리

0838 16 0839 장미: 10송이, 백합: 5송이 0840 5

0841 2 0842 3 0843 16 m 0844 83 0845 ④

0846 ③ 0847 840 0848 1240 0849 160 0850 352

0851 ② 0852 60시간 0853 28명 0854 ③

0855 2 km 0856 ③ 0857 2시간 30분 0858 ①

0859 36 km 0860 ③ 0861 ③ 0862 1시간

0863 ④ 0864 20분 0865 (1) 10분 (2) 800 m 0866 110분

0867 ④ 0868 120 g 0869 ② 0870 12 % 0871 ③

0872 25 g 0873 10 g 0874 7.5 % 0875 ② 0876 17

0877 40 g 0878 60 g 0879 60000원 0880 ④

0881 11500원 0882 50 0883 6일 0884 5일

0885 16시간 0886 2시간 24분 0887 ①

0888 (1) 7 (2) 36 0889 339 0890 34단계

0891 19장 0892 22 0893 140 m 0894 ④ 0895 ③

0896 ④ 0897 38 0898 12일 0899 40 cm 0900 5

0901 378 0902 280 0903 ③ 0904 6번

0905 (1) 7500원 (2) 10500원 0906 6일 0907 ⑤

0908 23 0909 41살 0910 25800원 0911 26 km

0912 $\dfrac{64}{3}$ % 0913 ② 0914 (1) 5시 $27\dfrac{3}{11}$ 분 (2) 9시 $16\dfrac{4}{11}$ 분

08 좌표와 그래프

0915 $A(-5)$, $B\left(-\dfrac{5}{2}\right)$, $C\left(\dfrac{3}{2}\right)$, $D(4)$

0916

0917 $A(3, 2)$, $B(0, 2)$, $C(-2, 3)$, $D(-3, -1)$, $E(2, -4)$, $F(4, 0)$

0918

0919 $(5, -2)$

0920 $(-4, 0)$

0921 $(0, 3)$

0922 $(0, 0)$

0923

	제1사분면	제2사분면	제3사분면	제4사분면
x좌표의 부호	+	−	−	+
y좌표의 부호	+	+	−	−

0924 제2사분면 0925 제4사분면

0926 제1사분면 0927 제3사분면 0928 $(3, 2)$

0929 $(-3, -2)$ 0930 $(-3, 2)$ 0931 40분

0932 180분 0933 110분 0934 ⑤

0935 $A(2, 3)$, $B(-3, 2)$, $C(-4, 0)$, $D(1, -1)$

0936 $(-2, -3)$, $(-2, 3)$, $(2, -3)$, $(2, 3)$ 0937 5

0938 −4 0939 ② 0940 7 0941 ③ 0942 ④

0943 42 0944 9 0945 5 0946 ③, ④ 0947 ④

0948 ③ 0949 ㄷ, ㅂ 0950 제3사분면 0951 ④

0952 ①, ⑤ 0953 ⑤ 0954 ③ 0955 제2사분면

0956 ⑤ 0957 (1) ㄷ (2) ㄴ (3) ㄹ (4) ㄱ 0958 ㄴ

0959 (1) ㄱ (2) ㄴ 0960 ④ 0961 (1) 12분 (2) 4분

0962 ㄱ 0963 (1) 30 m (2) 2분 (3) 6분 0964 18

0965 ① 0966 −12 0967 16 0968 ⑤ 0969 ④

0970 ⑤ 0971 16 0972 ①, ⑤ 0973 ⑤ 0974 ④, ⑤

0975 제4사분면 0976 ③ 0977 ⑤ 0978 70

0979 5 0980 2 0981 제2사분면 0982 $\dfrac{31}{2}$

0983 ㄷ

09 정비례와 반비례

0984

x	1	2	3	4	$\cdots$
y	1000	2000	3000	4000	$\cdots$

0985 $y=1000x$ 0986 ○ 0987 × 0988 ○

0989 ○ 0990 × 0991 ○ 0992 $y=3x$

0993 $y=-\dfrac{1}{2}x$ 0994 $y=-4x$ 0995 $y=\dfrac{5}{4}x$

0996

0997

0998

0999

01 소인수분해

0001 ○　　**0002** △　　**0003** ○　　**0004** △　　**0005** △
0006 ○　　**0007** ○　　**0008** ×　　**0009** ×　　**0010** ○
0011 밑: 2, 지수: 5　　**0012** 밑: 4, 지수: 3　　**0013** 5^3
0014 3^5　　**0015** $\left(\dfrac{1}{2}\right)^4$　　**0016** $2^2 \times 7^3$　**0017** $2^3 \times 5^2 \times 7$
0018 $\left(\dfrac{1}{3}\right)^2 \times \left(\dfrac{1}{5}\right)^2 \times \left(\dfrac{1}{7}\right)^3$　　　　**0019** 2^4　　**0020** 3^3
0021 5^3　　**0022** 10^4　　**0023** $2^3 \times 3$, 소인수: 2, 3
0024 $2 \times 3 \times 7$, 소인수: 2, 3, 7　　　**0025** 3×5^2, 소인수: 3, 5
0026 2×7^2, 소인수: 2, 7　　**0027** $3^2 \times 13$, 소인수: 3, 13
0028 $2^3 \times 5^2$, 소인수: 2, 5　　**0029** $3^2 \times 5 \times 7$, 소인수: 3, 5, 7
0030 $2^4 \times 3^3$, 소인수: 2, 3
0031

×	1	3	3^2
1	1	3	9
2	2	6	18
2^2	4	12	36
2^3	8	24	72

약수: 1, 2, 3, 4, 6, 8, 9, 12, 18, 24, 36, 72
0032 1, 2, 3, 6, 9, 18　　**0033** 1, 3, 5, 9, 15, 25, 45, 75, 225
0034 1, 2, 4, 5, 10, 20, 25, 50, 100
0035 1, 3, 7, 9, 21, 27, 63, 189　　**0036** 12　　**0037** 15
0038 24　　**0039** 8　　**0040** 18　　**0041** 6　　**0042** 3개
0043 4개　　**0044** ②　　**0045** 47　　**0046** ⑤　　**0047** ③
0048 ②　　**0049** ③, ⑤　**0050** ④　　**0051** 5　　**0052** 76
0053 ③　　**0054** ④　　**0055** 8　　**0056** 4　　**0057** 10
0058 ②　　**0059** ②　　**0060** ④　　**0061** ⑤　　**0062** ①, ⑤
0063 4　　**0064** 162　　**0065** ③　　**0066** ④　　**0067** ③
0068 9　　**0069** ⑤　　**0070** 5　　**0071** 3
0072 $a=3$, $b=1$　　**0073** ①, ③　**0074** 12　　**0075** ③
0076 60　　**0077** ④　　**0078** ④　　**0079** 4　　**0080** 8개
0081 ③　　**0082** ②, ⑤　**0083** ④　　**0084** 9　　**0085** ⑤
0086 ④　　**0087** ④　　**0088** 152　　**0089** ③　　**0090** 3
0091 ②　　**0092** ④　　**0093** 84　　**0094** ③　　**0095** 4
0096 405　　**0097** 4　　**0098** 6　　**0099** 2　　**0100** 22
0101 ②　　**0102** 15　　**0103** 7　　**0104** 36

02 최대공약수와 최소공배수

0105 (1) 1, 2, 3, 6, 9, 18　(2) 1, 2, 3, 4, 6, 12, 24
　　　(3) 1, 2, 3, 6　(4) 6
0106 1, 3, 5, 15　　**0107** ○　　**0108** ×　　**0109** ○
0110 ×　　**0111** 2×5　**0112** 2×3^2　**0113** $3^2 \times 5$
0114 $2^2 \times 3 \times 5$　　**0115** 8　　**0116** 18　　**0117** 15
0118 12
0119 (1) 4, 8, 12, 16, 20, 24, ⋯　(2) 6, 12, 18, 24, 30, ⋯
　　　(3) 12, 24, 36, 48, 60, ⋯　(4) 12
0120 40, 80, 120　　**0121** $2^2 \times 3^2$　**0122** $2^2 \times 3^3$
0123 $2^2 \times 3 \times 5^2$　　**0124** $2 \times 3^2 \times 5^2 \times 7$　　**0125** 36

0126 84　　**0127** 120　　**0128** 90　　**0129** 56　　**0130** 4
0131 ⑤　　**0132** 2개　　**0133** ①, ③　**0134** ③　　**0135** ①
0136 ④　　**0137** 1　　**0138** 5　　**0139** ④　　**0140** ⑤
0141 ②　　**0142** ④　　**0143** ③　　**0144** 35명
0145 10개, 남학생: 6명, 여학생: 5명　　**0146** (1) 40 cm　(2) 28
0147 20장　　**0148** 24개　　**0149** ④　　**0150** ③　　**0151** 22개
0152 ④　　**0153** ③　　**0154** ④　　**0155** 9　　**0156** ①
0157 ②　　**0158** ②　　**0159** 720　　**0160** ③　　**0161** 9
0162 5　　**0163** 16　　**0164** 3　　**0165** ③　　**0166** 16
0167 260　　**0168** 24　　**0169** ⑤　　**0170** ③
0171 (1) 60 cm　(2) 20　　**0172** ②　　**0173** 360 cm, 3600
0174 오전 10시　　**0175** ④　　**0176** 180초
0177 오전 7시 40분　　**0178** ②　　**0179** 48개
0180 A: 4바퀴, B: 5바퀴　　**0181** ②　　**0182** ③　　**0183** 594
0184 ③　　**0185** ②, ⑤　**0186** 55　　**0187** ③　　**0188** ③
0189 ③　　**0190** 4개　　**0191** ④　　**0192** ②　　**0193** ②
0194 ④　　**0195** ④　　**0196** ②, ⑤　**0197** ②　　**0198** 9
0199 ④　　**0200** ③　　**0201** ④　　**0202** ⑤　　**0203** ④
0204 122　　**0205** $\dfrac{108}{7}$　　**0206** ⑤　　**0207** ③　　**0208** 56
0209 (1) 3　(2) 9　　**0210** 60　　**0211** 오후 8시 4분
0212 ③　　**0213** 20

03 정수와 유리수

0214 $+7\,℃$, $-10\,℃$　　**0215** -3층, $+40$층
0216 $+700$원, -300원　　**0217** $+2\,\text{kg}$, $-6\,\text{kg}$
0218 $-140\,\text{m}$, $+500\,\text{m}$　**0219** $+3$　　**0220** -1　　**0221** $+1.5$
0222 $-\dfrac{1}{2}$　**0223** $+2$, 10　　　　**0224** -5
0225 -5, 0, $+2$, 10　　**0226** $+3$, $+\dfrac{3}{4}$, 7.7
0227 -1.6, $-\dfrac{5}{3}$, -8　　**0228** -1.6, $-\dfrac{5}{3}$, $+\dfrac{3}{4}$, 7.7
0229 ○　　**0230** ×　　**0231** ○　　**0232** ×
0233 A: $-\dfrac{7}{4}$, B: $-\dfrac{1}{2}$, C: $\dfrac{1}{4}$, D: 2
0234
0235 9　　**0236** 2　　**0237** $\dfrac{9}{5}$　　**0238** 3.7
0239 $+5$, -5　　　　**0240** $+1.3$, -1.3
0241 $+\dfrac{2}{3}$, $-\dfrac{2}{3}$　　**0242** 0　　**0243** 0, $\dfrac{1}{2}$, -0.7, 1.3, 4
0244 >　　**0245** <　　**0246** <　　**0247** >　　**0248** <
0249 >　　**0250** <　　**0251** >
0252 $+2$, $\dfrac{6}{5}$, $-\dfrac{1}{3}$, $-\dfrac{9}{2}$, -4.8　　**0253** $x>6$　**0254** $x<\dfrac{1}{3}$
0255 $x \geq -4$　　　　**0256** $x \leq 11$
0257 $-1 < x \leq 0.8$　　**0258** $-2 \leq x < \dfrac{5}{4}$　　**0259** $x \geq -\dfrac{1}{2}$
0260 $1 < x \leq \dfrac{7}{5}$　　**0261** $-\dfrac{4}{3} \leq x \leq 1.9$
0262 -1, 0, 1, 2, 3　　**0263** -1, 0, 1, 2　　　　**0264** ④

0265 ⑤　0266 ③　0267 ②　0268 ②, ④　0269 4

0270 ④　0271 ③, ④　0272 5　0273 ⑤　0274 ③, ⑤

0275 ③　0276 ⑤　0277 ③　0278 −4, 5　0279 ③

0280 ④　0281 $a=-2,\ b=1$　0282 ②　0283 ③

0284 $a=-4,\ b=10$　0285 ③　0286 5　0287 1

0288 $a=5,\ b=-2$　0289 ⑤　0290 ⑤

0291 $d,\ c,\ b,\ e,\ a$　0292 5　0293 ⑤

0294 $-4,\ -3,\ 3,\ 4$　0295 ④　0296 -7　0297 $2,\ -2$

0298 $\dfrac{8}{3}$　0299 ①, ④　0300 ⑤　0301 0.7　0302 ③

0303 ②　0304 ④　0305 ②, ④　0306 ④　0307 8

0308 -2　0309 ③　0310 $a=-5,\ b=10$

0311 $a=3,\ b=-2$　0312 $a=8,\ b=-2$

0313 $b<a<c$　0314 $c<b<a$

0315 $d<a<c<b$　0316 ③　0317 2　0318 ②, ④

0319 ③　0320 ②　0321 ②　0322 $a=-8,\ b=3$

0323 ④　0324 ②　0325 $-1,\ 0,\ 1$　0326 5

0327 ②, ⑤　0328 ⑤　0329 ①, ⑤　0330 ④　0331 ②

0332 -3　0333 4　0334 $-7,\ 3$　0335 2　0336 5

0337 4　0338 2　0339 7　0340 $a=8,\ b=-4$

0341 $a<c<b$

04 정수와 유리수의 계산

0342 $+9$　0343 -13　0344 $+8$　0345 -5　0346 $-\dfrac{13}{12}$

0347 $+\dfrac{1}{8}$　0348 -0.6　0349 -7　0350 $+1$　0351 $-\dfrac{11}{6}$

0352 -6　0353 -3　0354 -14　0355 $+7$　0356 $+4$

0357 $+\dfrac{23}{30}$　0358 $-\dfrac{1}{15}$　0359 -2.5　0360 $+4.6$　0361 $+10$

0362 $+\dfrac{1}{6}$　0363 -3　0364 $+11$　0365 $-\dfrac{15}{7}$　0366 -5

0367 $+8$　0368 -3　0369 $\dfrac{3}{10}$　0370 1　0371 -10

0372 $+16$　0373 -8　0374 -40　0375 $+50$　0376 $-\dfrac{2}{3}$

0377 -2　0378 $+6$　0379 $+5$　0380 -120　0381 -4

0382 16　0383 $\dfrac{1}{25}$　0384 $-\dfrac{1}{27}$　0385 $+2$　0386 -4

0387 -10　0388 $+16$　0389 $\dfrac{1}{3}$　0390 $-\dfrac{15}{7}$　0391 $-\dfrac{10}{29}$

0392 $\dfrac{5}{8}$　0393 $+15$　0394 $-\dfrac{1}{5}$　0395 $+10$　0396 -6

0397 $-\dfrac{4}{3}$　0398 $+7$　0399 ⓒ, ⓔ, ⓛ, ⓖ　0400 14

0401 $\dfrac{7}{15}$　0402 -2　0403 ④　0404 ②　0405 ⑤

0406 ㉠ 교환법칙　ㄴ 결합법칙

0407 ⑺ 교환　⑷ 결합　⒟ -11　⒠ -8

0408 2　0409 ⑤　0410 ②, ⑤　0411 $-\dfrac{11}{6}$　0412 ①, ⑤

0413 ②　0414 ③　0415 ②　0416 ②　0417 -1

0418 $\dfrac{5}{12}$　0419 ④　0420 9　0421 ③　0422 $-\dfrac{7}{12}$

0423 ①　0424 $\dfrac{7}{4}$　0425 6　0426 2　0427 2

0428 (1) -13　(2) 17　0429 $\dfrac{3}{20}$　0430 $-\dfrac{3}{2}$　0431 ④

0432 9　0433 $\dfrac{13}{3}$　0434 1050명　0435 49 kg

0436 320개　0437 -12　0438 $a=-1,\ b=-2$　0439 $\dfrac{31}{12}$

0440 ④　0441 ③　0442 -15　0443 $\dfrac{1}{25}$

0444 ㉠ 교환법칙　ㄴ 결합법칙

0445 ⑺ 교환　⑷ 결합　⒟ -14　⒠ 70　0446 -6

0447 ②　0448 ⑤　0449 7　0450 ③　0451 ②

0452 $-\dfrac{1}{4}$　0453 -6　0454 ④　0455 ①　0456 ②

0457 1　0458 12　0459 ⑤　0460 -17　0461 36

0462 ④　0463 ②　0464 2　0465 ④　0466 ②

0467 3　0468 ⑤　0469 ④　0470 -84　0471 ②

0472 ⓓ, ⓔ, ⓒ, ⓛ, ㉠　0473 (1) 2　(2) 7　0474 ④

0475 ③　0476 -2　0477 2　0478 $\dfrac{5}{6}$　0479 $-\dfrac{3}{4}$

0480 $\dfrac{5}{4}$　0481 $\dfrac{24}{5}$　0482 (1) $-\dfrac{1}{3}$　(2) -72　0483 $-\dfrac{9}{40}$

0484 ④　0485 ⑤　0486 ①　0487 $a<0,\ b<0,\ c>0$

0488 ④　0489 ④　0490 ⑤　0491 4점　0492 64점

0493 ③　0494 (1) $\dfrac{11}{6}$　(2) $\dfrac{11}{10}$　(3) $\dfrac{14}{15}$　0495 $\dfrac{1}{6}$

0496 $-\dfrac{7}{10}$　0497 ⑤　0498 ⑺ 교환　⑷ 결합　⒟ -2　⒠ 6

0499 D　0500 ④　0501 ⑤　0502 5800명

0503 11　0504 ④　0505 ②　0506 3　0507 ③

0508 4　0509 -21　0510 ④　0511 $\dfrac{4}{15}$　0512 ③

0513 $-\dfrac{1}{6}$　0514 3　0515 ③　0516 6　0517 $\dfrac{13}{6}$

0518 5　0519 $-\dfrac{1}{3}$　0520 $\dfrac{1}{10}$

0521 $a<0,\ b<0,\ c<0,\ d<0$　0522 16　0523 $-\dfrac{1}{5}$

05 문자의 사용과 식의 계산

0524 $(k\div10)$원　0525 $(2\times a+3)$시간

0526 $(60\times x)$ km　0527 $(200-a)$쪽

0528 $\left(1000\times\dfrac{x}{100}\right)$원　0529 $\left(\dfrac{a}{100}\times b\right)$g　0530 $-5ab$

0531 $-a+2b$　0532 $4a^3b$　0533 $4a(x+y)$

0534 $\dfrac{4}{a}$　0535 $a-\dfrac{b}{2}$　0536 $-\dfrac{a+b}{6}$　0537 $\dfrac{3}{x+y}$

0538 $\dfrac{ab}{2}$　0539 $-\dfrac{4b}{a}$　0540 $3x-\dfrac{y}{z}$

0541 $\dfrac{3x}{4+y}$　0542 $3\times a\times b\times c$　0543 $x\times y\times y$

0544 $0.1\times a\times(x-y)$　0545 $(-1)\times x\times x\times y\times y\times y$

0546 $1\div a$　0547 $(a-b)\div3$　0548 $(-4)\div(x+y)$

0549 $(x-y)\div2$　0550 17　0551 25　0552 -17

0553 2　0554 16　0555 23　0556 -1　0557 5

0558	항	상수항
(1) $\frac{1}{4}a+1$	$\frac{1}{4}a$, 1	1
(2) $x-3y+5$	x, $-3y$, 5	5
(3) b^2+2b-3	b^2, $2b$, -3	-3
(4) $-x^2+2y+3$	$-x^2$, $2y$, 3	3

0559	계수	다항식의 차수
(1) $3x+2$	x의 계수: 3	1
(2) $-\frac{b}{4}+\frac{1}{5}$	b의 계수: $-\frac{1}{4}$	1
(3) $\frac{1}{2}x^2+x-3$	x^2의 계수: $\frac{1}{2}$ x의 계수: 1	2
(4) $5a^3-4a^2$	a^3의 계수: 5 a^2의 계수: -4	3

0560 ○ **0561** × **0562** × **0563** ○ **0564** ×

0565 ○ **0566** $6x$ **0567** $-8a$ **0568** $\frac{5}{2}a$ **0569** $-5a$

0570 $10y$ **0571** $12x$ **0572** $6x-12$ **0573** $2y-3$

0574 $4b-6$ **0575** $3a-9$ **0576** $11x$ **0577** $-8y$ **0578** $1.3a$

0579 $-\frac{7}{6}b$ **0580** $6x$ **0581** $-y$ **0582** $-8x+12$

0583 $2y+\frac{1}{3}$ **0584** 14 **0585** $4x-7$

0586 $-15x+17$ **0587** $6x-3$ **0588** ②, ⑤

0589 $\frac{3a(b+1)}{2}+\frac{ac}{7-b}$ **0590** ④ **0591** ④ **0592** ③

0593 (1) $(20000-200a)$원 (2) $\left(\frac{3}{2}a+\frac{5}{4}b\right)$원 **0594** ④

0595 $\frac{(a+5)h}{2}$ **0596** (1) $\frac{5}{2}a+2b$ (2) $a+ab$

0597 ② **0598** $30a$ g **0599** $\left(\frac{a}{80}+\frac{2}{3}\right)$시간

0600 (1) $(2a+3b)$ g (2) $\frac{2a+3b}{5}$ % **0601** ② **0602** ⑤

0603 -4 **0604** (1) 0 (2) 20 **0605** 34 **0606** ③

0607 ③ **0608** $-\frac{8}{3}$ **0609** 59 °F **0610** ③ **0611** ②

0612 83.8 **0613** (1) $(5-0.1x)$ m (2) 4 m

0614 (1) $0.38x$ kg (2) 19 kg

0615 (1) $(9000+180x)$원 (2) 36000원

0616 (1) $(2x+y)$점 (2) 13점 **0617** ④ **0618** ②

0619 ④ **0620** 3 **0621** ③, ④ **0622** 4 **0623** ④

0624 ③ **0625** 17 **0626** ⑤ **0627** ④ **0628** ③

0629 ④ **0630** ③ **0631** ㄷ, ㄹ **0632** 0 **0633** ⑤

0634 -30 **0635** 7 **0636** ④ **0637** 1 **0638** ③

0639 $-21x+15$ **0640** $\frac{5}{12}$ **0641** ②

0642 $\frac{13}{30}x+\frac{17}{30}y$ **0643** 19 **0644** ④ **0645** ②

0646 0 **0647** $-3x-12$ **0648** $2x-11y$

0649 ③ **0650** $\frac{5}{4}x+6$ **0651** $3x-5$ **0652** ①

0653 $21x$ **0654** (1) $4x-4y+10$ (2) $7x-6y+14$ **0655** -31

0656 ③ **0657** $8x+18$ **0658** ③ **0659** ③

0660 $-10x$ **0661** $2a+2b$ **0662** -2 **0663** ⑤

0664 ③, ④ **0665** $\frac{4x+3y}{7}$점 **0666** ② **0667** $\frac{8}{3}$

0668 과체중 **0669** ④ **0670** ② **0671** ② **0672** ⑤

0673 -4 **0674** ④ **0675** ① **0676** ②, ⑤ **0677** 8

0678 ④ **0679** ③ **0680** $\frac{1}{2}$ **0681** $3x-\frac{11}{2}$

0682 ④ **0683** (개) $2x+5$ (내) $-x+9$ (대) $3x-3$

0684 $28x+120$ **0685** -2 **0686** $\frac{26}{25}a$원

0687 204 **0688** $-6x+2$

0689 (1) $\frac{11}{6}x-1$ (2) $\frac{13}{6}x+4$ (3) $\frac{11}{6}x$ **0690** 3

0691 (1) $2x+1$ (2) 41 **0692** $7x+22$

0693 $\frac{17}{12}x-\frac{5}{12}$

06 일차방정식의 풀이

0694 ㄱ, ㄷ **0695** $2x+3=10$ **0696** $5x+1500=5000$

0697 $3x=15$ **0698** $x=-1$ **0699** ×

0700 ○ **0701** ○ **0702** 5 **0703** 3 **0704** 3

0705 4 **0706** $x=1+1$ **0707** $2x+3=5$

0708 $2x=3-6$ **0709** $-4x-x=7$ **0710** ㄱ, ㄹ

0711 $x=-3$ **0712** $x=1$ **0713** $x=4$

0714 $x=-3$ **0715** $x=5$ **0716** $x=-4$

0717 $x=-10$ **0718** $x=2$ **0719** $x=-7$

0720 $x=-1$ **0721** ⑤ **0722** ② **0723** ①, ④

0724 ③ **0725** ③ **0726** (1) $6x-3=2x$ (2) $5x+2=6x-3$

0727 ④ **0728** ④ **0729** ④ **0730** $x=-3$

0731 ④ **0732** ⑤ **0733** ④ **0734** ① **0735** -1

0736 ④ **0737** 1 **0738** ③, ④ **0739** ㄷ **0740** ⑤

0741 ㉢ **0742** ② **0743** ① **0744** ③ **0745** ①, ⑤

0746 ④ **0747** -6 **0748** ㄱ, ㄴ, ㅁ **0749** ③

0750 ⑤ **0751** $a\neq-3$ **0752** ③ **0753** ④

0754 12 **0755** $x=2$ **0756** ① **0757** $x=22$ **0758** ③

0759 $x=-2$ **0760** $x=2$ **0761** ④ **0762** ①

0763 ③ **0764** ② **0765** 21 **0766** ⑤ **0767** 19

0768 2 **0769** ③ **0770** ② **0771** -1 **0772** $\frac{8}{5}$

0773 $x=-8$ **0774** 10 **0775** -3 **0776** ③

0777 1 **0778** 1, 3, 5 **0779** 17 **0780** 18 **0781** 5

0782 ⑤ **0783** ③ **0784** -3 **0785** ⑤ **0786** ③, ⑤

0787 ③ **0788** ㄱ, ㄹ **0789** ④ **0790** ② **0791** ④

0792 ① **0793** 2 **0794** ③ **0795** 5 **0796** ⑤

0797 ⑤ **0798** ③ **0799** -17 **0800** 3 **0801** -3

0802 81 **0803** 1 **0804** 8 **0805** 1, 2, 3 **0806** 2

07 일차방정식의 활용

0807 (1)

	2점	3점
슛의 개수	$x+8$	x
득점(점)	$2(x+8)$	$3x$

(2) $2(x+8)+3x=41$ (3) $x=5$ (4) 5

RPM

유형의 완성 RPM

중학 수학 **1-1**

구성과 특징

핵심 개념 정리 & 교과서문제 정복하기

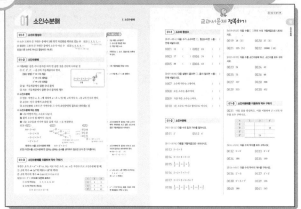

● 핵심 개념 정리
교과서에 나오는 꼭 필요한 핵심 개념만을 모아 알차게 정리하였습니다. 추가 설명이 필요한 개념은 예와 주의, 참고를 구성하여 개념 이해를 돕도록 하였습니다.

● 교과서문제 정복하기
개념과 공식을 바로 적용해 보는 교과서 기본 문제를 충분히 구성하여 개념을 확실히 익힐 수 있습니다.

유형 & 유형 UP 익히기

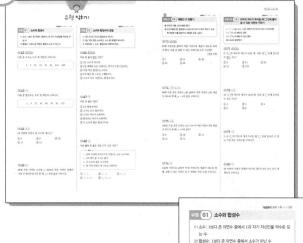

● 유형 익히기
모든 수학 문제를 개념&공식/해결 방법/문제 형태로 유형화하고 유형별 핵심 공략법을 제시하여 문제해결력을 키울 수 있습니다.
필수 유형은 중요로 표시하였고, 유형 내에서는 난이도 순으로 문제를 구성하여 자연스럽게 유형별 완전 학습이 이루어지도록 하였습니다. 또한 중요한 고난도 유형은 유형 익히기 마지막에 유형UP을 별도로 구성하여 단계별 학습이 가능합니다.

● 개념원리 연계 링크
각 유형에 대한 기본 개념의 원리와 공식의 적용 방법을 더 자세히 학습할 수 있는 개념원리 기본서 쪽수를 제시하였습니다.

시험에 꼭 나오는 문제

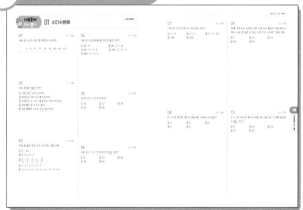

● 시험에 꼭 나오는 문제

시험에 꼭 나오는 문제를 선별하여 유형별로 골고루 구성하고, 특히 출제율이 높은 문제는 **중요** 로 표시하였습니다.
또한 시험에 자주 출제되는 서술형 문제와 고난도 문제도 **서술형 주관식 / 실력 UP**으로 구성하여 실전에도 완벽하게 대비할 수 있습니다.

대표문제 다시 풀기

● 대표문제 다시 풀기

각 유형 대표문제의 쌍둥이 문제를 제공하여 유형별 점검이 가능합니다. 문제에 제시된 번호를 따라가면 대표문제 및 유형별 복습을 원활히 할 수 있습니다.

RPM Check List
유형 완성

꾸준히 해나가는 것은
정말 대단한 일이에요!

매일매일 꾸준히 풀어서 **RPM** 유형 학습을 완성해 보세요.

1. 각 코너별로 학습할 문제 수를 확인하고 학습 기간을 정하세요.

2. 학습 후 맞힌 문제 수를 성취도 칸에 적고, My Log에 '**칭찬할 점**'과 '**개선할 점**'을 스스로 정리해 보세요.

단원명		교과서 문제	유형 익히기	시험에 꼭!	대표문제 다시 풀기 [부록]	My Log
01 소인수분해	학습 계획	3/1~3/2				
	성취도	/41	/39	/24	/10	
02 최대공약수와 최소공배수	학습 계획					
	성취도	/26	/56	/27	/16	
03 정수와 유리수	학습 계획					
	성취도	/50	/52	/26	/15	
04 정수와 유리수의 계산	학습 계획					
	성취도	/61	/94	/27	/27	
05 문자의 사용과 식의 계산	학습 계획					
	성취도	/64	/75	/31	/20	
06 일차방정식의 풀이	학습 계획					
	성취도	/27	/65	/21	/18	
07 일차방정식의 활용	학습 계획					
	성취도	/9	/80	/19	/22	
08 좌표와 그래프	학습 계획					
	성취도	/19	/36	/14	/11	
09 정비례와 반비례	학습 계획					
	성취도	/36	/78	/26	/23	

◎ 매일매일 학습한 문제 수에 맞게 색칠하면 조금씩 성장하는 나를 확인할 수 있어요!

Goal
1285Q

0   100   200   300   400   500   600   700   800   900   1000   1100   1200

“
어제보다 나은 **오늘의 나**

오늘보다 나은 **내일의 나**

조금씩 조금씩 **성장하는 나**
”

I

소인수분해

01 소인수분해

01-1 소수와 합성수

(1) **소수**: 1보다 큰 자연수 중에서 1과 자기 자신만을 약수로 갖는 수 〈예〉 2, 3, 5, 7, …
└→ 약수가 2개

(2) **합성수**: 1보다 큰 자연수 중에서 소수가 아닌 수 〈예〉 4, 6, 8, 9, …
└→ 약수가 3개 이상

〈참고〉 1은 소수도 아니고 합성수도 아니다.

01-2 소인수분해

(1) **거듭제곱**: 같은 수나 문자를 여러 번 곱한 것을 간단히 나타낸 것

① 2^2, 2^3, 2^4, …을 2의 거듭제곱이라 한다.

[읽는 방법] 2^2 ➡ 2의 제곱

2^3 ➡ 2의 세제곱

2^4 ➡ 2의 네제곱

$$\underbrace{2 \times 2 \times 2 \times 2 \times 2}_{5개} = 2^5$$

지수 → 5, 밑 → 2

② **밑**: 거듭제곱에서 곱한 수나 문자

③ **지수**: 거듭제곱에서 곱한 수나 문자의 개수

(2) **소인수분해**

① **인수**: 자연수 a, b, c에 대하여 $a = b \times c$일 때, a의 약수 b, c를 a의 인수라 한다.

② **소인수**: 인수 중에서 소수인 것

③ **소인수분해**: 1보다 큰 자연수를 그 수의 소인수만의 곱으로 나타내는 것

(3) **소인수분해 하는 방법**

❶ 나누어떨어지는 소수로 나눈다.

❷ 몫이 소수가 될 때까지 나눈다.

❸ 나눈 소수들과 마지막 몫을 곱셈 기호 ×로 연결한다.

〈예〉

방법❶

$84 = 2 \times 42$

$\quad = 2 \times 2 \times 21$

$\quad = 2 \times 2 \times 3 \times 7$

$\quad = 2^2 \times 3 \times 7$

방법❷

$84 < {2 \atop 42}$, $42 < {2 \atop 21}$, $21 < {3 \atop 7}$

가지의 끝이 모두 소수가 될 때까지 나눈다.

방법❸

$$\begin{array}{r} 2)\,84 \\ 2)\,42 \\ 3)\,21 \\ \hline 7 \end{array}$$

소수로 나눈다.

7 ← 몫이 소수가 될 때까지 나눈다.

따라서 84를 소인수분해 하면 $84 = 2^2 \times 3 \times 7$

〈참고〉 자연수를 소인수분해 한 결과는 곱하는 순서를 생각하지 않으면 오직 한 가지뿐이다.

01-3 소인수분해를 이용하여 약수 구하기

자연수 A가 $A = a^m \times b^n$ (a, b는 서로 다른 소수, m, n은 자연수)으로 소인수분해 될 때,

① A의 약수 ➡ (a^m의 약수)×(b^n의 약수)

② A의 약수의 개수 ➡ $(m+1) \times (n+1)$

〈예〉 $12 = 2^2 \times 3$이므로 오른쪽 표에서

① 12의 약수는 1, 2, 3, 4, 6, 12

② 12의 약수의 개수는

$\quad (2+1) \times (1+1) = 6$

×	1	3
1	1	3
2	2	6
2^2	4	12

개념플러스 ⊘

2는 어떤 소수일까?
① 소수 중 유일한 짝수
② 가장 작은 소수

자연수는 1, 소수, 합성수로 이루어져 있다.

1의 거듭제곱은 항상 1이다.

$a \neq 0$일 때, $a^1 = a$로 정한다.

소인수분해 한 결과는 작은 소인수부터 차례대로 쓰고 같은 소인수의 곱은 거듭제곱으로 나타낸다.

소인수분해 한 결과는 반드시 소인수만의 곱으로 나타내어야 한다.
➡ $84 = 2 \times 42$ (×)
$\quad 84 = 2^2 \times 3 \times 7$ (○)

a^n (a는 소수, n은 자연수)의 약수는
$\quad 1, a, a^2, \cdots, a^n$
의 $(n+1)$개이다.

$a^m \times b^n$의 약수는 표를 그려서 구하면 빠짐없이 구할 수 있다.

교과서문제 정복하기

정답 및 풀이 2쪽

01-1 소수와 합성수

[0001~0006] 다음 수가 소수이면 ○, 합성수이면 △를 ( ) 안에 써넣으시오.

0001 11 ( ) **0002** 15 ( )

0003 17 ( ) **0004** 24 ( )

0005 39 ( ) **0006** 43 ( )

[0007~0010] 다음 설명이 옳으면 ○, 옳지 않으면 ×를 ( ) 안에 써넣으시오.

0007 소수의 약수는 2개이다. ( )

0008 모든 소수는 홀수이다. ( )

0009 가장 작은 소수는 1이다. ( )

0010 1은 소수도 아니고 합성수도 아니다. ( )

01-2 소인수분해

[0011~0012] 다음 수의 밑과 지수를 말하시오.

0011 2^5 **0012** 4^3

[0013~0018] 다음을 거듭제곱으로 나타내시오.

0013 $5 \times 5 \times 5$

0014 $3 \times 3 \times 3 \times 3 \times 3$

0015 $\dfrac{1}{2} \times \dfrac{1}{2} \times \dfrac{1}{2} \times \dfrac{1}{2}$

0016 $2 \times 2 \times 7 \times 7 \times 7$

0017 $2 \times 2 \times 2 \times 5 \times 5 \times 7$

0018 $\dfrac{1}{3} \times \dfrac{1}{3} \times \dfrac{1}{5} \times \dfrac{1}{5} \times \dfrac{1}{7} \times \dfrac{1}{7} \times \dfrac{1}{7}$

[0019~0022] 다음 수를 [ ] 안의 수의 거듭제곱으로 나타내시오.

0019 16 [2] **0020** 27 [3]

0021 125 [5] **0022** 10000 [10]

[0023~0030] 다음 수를 소인수분해 하고, 소인수를 모두 구하시오.

0023 24 **0024** 42

0025 75 **0026** 98

0027 117 **0028** 200

0029 315 **0030** 432

01-3 소인수분해를 이용하여 약수 구하기

0031 다음 표를 완성하고, 이를 이용하여 $2^3 \times 3^2$의 약수를 모두 구하시오.

×	1	3	3^2
1			
2			18
2^2			
2^3		24	

[0032~0035] 다음 수의 약수를 모두 구하시오.

0032 2×3^2 **0033** $3^2 \times 5^2$

0034 100 **0035** 189

[0036~0041] 다음 수의 약수의 개수를 구하시오.

0036 $2^5 \times 5$ **0037** $3^4 \times 5^2$

0038 $2^2 \times 5 \times 7^3$ **0039** 135

0040 180 **0041** 243

유형 익히기

유형 01 소수와 합성수

(1) 소수: 1보다 큰 자연수 중에서 1과 자기 자신만을 약수로 갖는 수
(2) 합성수: 1보다 큰 자연수 중에서 소수가 아닌 수

0042 대표문제

다음 중 소수는 모두 몇 개인지 구하시오.

> 1, 7, 21, 33, 47, 91, 113, 169

0043 하

다음 중 합성수는 모두 몇 개인지 구하시오.

> 1, 5, 27, 41, 65, 79, 93, 121

0044 중하

25 미만의 자연수 중 소수의 개수는?

① 8　　　　② 9　　　　③ 10
④ 11　　　　⑤ 12

0045 중

20에 가장 가까운 소수를 a, 30보다 작은 자연수 중에서 가장 큰 합성수를 b라 할 때, $a+b$의 값을 구하시오.

유형 02 소수와 합성수의 성질

① 1은 소수도 아니고 합성수도 아니다.
② 2는 가장 작은 소수이고, 소수 중 유일한 짝수이다.
③ 자연수는 1, 소수, 합성수로 이루어져 있다.

0046 대표문제

다음 중 옳지 않은 것은?

① 1은 소수가 아니다.
② 1을 제외한 모든 자연수는 약수가 2개 이상이다.
③ 가장 작은 합성수는 4이다.
④ 2의 배수 중 소수는 1개뿐이다.
⑤ 소수가 아닌 자연수는 합성수이다.

0047 중

다음 중 옳은 것은?

① 1은 합성수이다.
② 소수는 모두 홀수이다.
③ 소수는 약수가 2개이다.
④ 합성수는 약수가 3개이다.
⑤ 두 소수의 합은 합성수이다.

0048 중

다음 보기 중 옳은 것을 모두 고른 것은?

> **보기**
> ㄱ. 일의 자리의 숫자가 7인 자연수는 모두 소수이다.
> ㄴ. 4의 배수 중 소수는 없다.
> ㄷ. 두 소수의 곱은 소수이다.
> ㄹ. 한 자리 자연수 중 소수는 4개이다.

① ㄱ, ㄴ　　　② ㄴ, ㄹ　　　③ ㄷ, ㄹ
④ ㄱ, ㄴ, ㄷ　　　⑤ ㄴ, ㄷ, ㄹ

유형 03 거듭제곱

개념원리 중학 수학 1–1 14쪽

$$\underbrace{a \times a \times \cdots \times a}_{n\text{개}} = a^n \quad a\text{를 } n\text{개 곱한 것}$$

예 $3 \times 3 \times 3 \times 3 = 3^4$

0049 대표문제

다음 중 옳은 것을 모두 고르면? (정답 2개)

① $3^3 = 9$

② $7 \times 7 \times 7 \times 7 = 4^7$

③ $2 \times 2 \times 2 \times 3 \times 3 \times 7 = 2^3 \times 3^2 \times 7$

④ $\dfrac{1}{2} \times \dfrac{1}{2} \times \dfrac{1}{2} \times \dfrac{1}{2} \times \dfrac{1}{2} = \dfrac{5}{2^5}$

⑤ $\dfrac{1}{2 \times 2 \times 5 \times 5 \times 5} = \dfrac{1}{2^2 \times 5^3}$

0050 중하

다음 중 옳지 않은 것은?

① $2 \times 2 \times 2 \times 2 = 2^4$

② $2 \times 3 \times 3 \times 2 \times 2 = 2^3 \times 3^2$

③ $7 \times 11 \times 7 \times 11 \times 7 \times 7 = 7^4 \times 11^2$

④ $5 + 5 + 5 + 5 = 5^4$

⑤ $\dfrac{1}{7} \times \dfrac{1}{7} \times \dfrac{1}{7} = \left(\dfrac{1}{7}\right)^3$

0051 중하

$a \times a \times b \times b \times a \times c \times b \times c \times b = a^x \times b^y \times c^z$일 때, $x + y - z$의 값을 구하시오.

0052 중 서술형

$2^a = 32$, $3^4 = b$를 만족시키는 자연수 a, b에 대하여 $b - a$의 값을 구하시오.

중요 유형 04 소인수분해

개념원리 중학 수학 1–1 14쪽

(1) 소인수분해: 1보다 큰 자연수를 그 수의 소인수만의 곱으로 나타내는 것

(2) 소인수분해 하는 방법

　❶ 나누어떨어지는 소수로 나눈다.

　❷ 몫이 소수가 될 때까지 나눈다.

　❸ 나눈 소수들과 마지막 몫을 곱셈 기호 $\times$로 연결한다.

0053 대표문제

다음 중 소인수분해 한 것으로 옳은 것은?

① $48 = 2^2 \times 3 \times 4$

② $64 = 8^2$

③ $80 = 2^4 \times 5$

④ $120 = 2^2 \times 3^2 \times 5$

⑤ $140 = 2 \times 7 \times 10$

0054 하

198을 소인수분해 하면?

① $2 \times 9 \times 11$

② $3 \times 6 \times 11$

③ $2 \times 3 \times 33$

④ $2 \times 3^2 \times 11$

⑤ $3^2 \times 22$

0055 중하 서술형

504를 소인수분해 하면 $2^a \times 3^b \times c$일 때, $a - b + c$의 값을 구하시오. (단, a, b는 자연수이고 c는 소수이다.)

0056 중

225를 $a^m \times b^n$으로 소인수분해 하였을 때, 자연수 a, b, m, n에 대하여 $a + b - m - n$의 값을 구하시오.

(단, a, b는 $a < b$인 서로 다른 소수이다.)

유형 05 소인수 구하기

자연수 A가
$$A = a^m \times b^n \ (a, b\text{는 서로 다른 소수, } m, n\text{은 자연수})$$
으로 소인수분해 될 때
➡ A의 소인수: a, b
예 $24 = 2^3 \times 3$의 소인수는 2, 3이다.

0057 대표문제

150의 모든 소인수의 합을 구하시오.

0058 (하)

다음 중 252의 소인수인 것은?

① 1   ② 3   ③ 2^2
④ 5   ⑤ 3^2

0059 (중하)

다음 보기 중 소인수가 같은 것끼리 짝 지은 것은?

보기
ㄱ. 18   ㄴ. 32
ㄷ. 60   ㄹ. 108

① ㄱ, ㄷ   ② ㄱ, ㄹ   ③ ㄴ, ㄷ
④ ㄴ, ㄹ   ⑤ ㄷ, ㄹ

0060 (중)

다음 중 소인수가 나머지 넷과 다른 하나는?

① 28   ② 98   ③ 112
④ 140   ⑤ 196

유형 06 약수 구하기

자연수 A가
$$A = a^m \times b^n \ (a, b\text{는 서로 다른 소수, } m, n\text{은 자연수})$$
으로 소인수분해 될 때
➡ A의 약수: (a^m의 약수)×(b^n의 약수)
    ↳ a^m의 약수 1, a, a^2, …, a^m 중 하나와
    b^n의 약수 1, b, b^2, …, b^n 중 하나의 곱이다.

0061 대표문제

다음 중 $2^3 \times 5 \times 7^2$의 약수가 아닌 것은?

① 8   ② 28   ③ 40
④ 70   ⑤ 100

0062 (중하)

다음 중 420의 약수를 모두 고르면? (정답 2개)

① $2^2 \times 5$ ② $2 \times 3^2 \times 5$ ③ $2^3 \times 3 \times 7$
④ $3 \times 5^2 \times 7$ ⑤ $2^2 \times 3 \times 5 \times 7$

0063 (상중) 서술형

216의 약수 중에서 어떤 자연수의 제곱이 되는 수의 개수를 구하시오.

0064 (상중)

$2^2 \times 3^4$의 약수 중에서 두 번째로 큰 수를 구하시오.

개념원리 중학 수학 1-1 19쪽

유형 07 약수의 개수 구하기

a, b는 서로 다른 소수이고 m, n은 자연수일 때
① a^n의 약수의 개수 ➡ $n+1$
② $a^m \times b^n$의 약수의 개수 ➡ $(m+1) \times (n+1)$

0065 대표문제

다음 중 약수의 개수가 가장 많은 것은?

① $2^2 \times 3^2$　　② $2^3 \times 5^2$　　③ $2^2 \times 3^2 \times 5$

④ $2^2 \times 3 \times 11$　　⑤ $2^2 \times 3^4$

0066 중하

다음 중 88과 약수의 개수가 같은 것은?

① 2×7^2　　② $3^4 \times 5$　　③ 2^8

④ $3 \times 5 \times 11$　　⑤ $2^2 \times 3 \times 13$

0067 중

다음 중 약수의 개수가 나머지 넷과 다른 하나는?

① $3^3 \times 5^3$　　② $2 \times 3^3 \times 7$　　③ 144

④ 168　　⑤ 216

0068 상중

$\dfrac{225}{n}$가 자연수가 되도록 하는 자연수 n의 개수를 구하시오.

개념원리 중학 수학 1-1 20쪽

유형 08 약수의 개수가 주어질 때 지수 구하기

$a^m \times b^n$ (a, b는 서로 다른 소수, m, n은 자연수)의 약수의 개수가 k이다.
➡ $(m+1) \times (n+1) = k$

0069 대표문제

$2^a \times 7^3$의 약수의 개수가 28일 때, 자연수 a의 값은?

① 2　　② 3　　③ 4

④ 5　　⑤ 6

0070 중

$8 \times 3^a \times 5^2$의 약수의 개수가 72일 때, 자연수 a의 값을 구하시오.

0071 중 서술형

360의 약수의 개수와 $2^2 \times 3 \times 5^n$의 약수의 개수가 같을 때, 자연수 n의 값을 구하시오.

0072 상중

$5^a \times 7^b$의 약수의 개수가 8일 때, 자연수 a, b의 값을 구하시오. (단, $a > b$)

유형UP 09 제곱인 수 만들기

❶ 주어진 수를 소인수분해 한다.
❷ 소인수분해 한 결과에서 소인수의 지수가 모두 짝수가 되도록 적당한 수를 곱하거나 적당한 수로 나눈다.

0073 대표문제

63에 자연수를 곱하여 어떤 자연수의 제곱이 되도록 하려고 한다. 다음 중 곱할 수 있는 자연수를 모두 고르면?

(정답 2개)

① 7   ② 21   ③ 28
④ 35   ⑤ 49

0074 상중 서술형

98에 가장 작은 자연수 x를 곱하여 어떤 자연수 y의 제곱이 되도록 할 때, $y-x$의 값을 구하시오.

0075 상중

180을 가장 작은 자연수 a로 나누어 어떤 자연수 b의 제곱이 되도록 할 때, $a+b$의 값은?

① 9   ② 10   ③ 11
④ 12   ⑤ 13

0076 상

540에 자연수를 곱하여 어떤 자연수의 제곱이 되도록 할 때, 곱할 수 있는 자연수 중 두 번째로 작은 수를 구하시오.

유형UP 10 약수의 개수가 주어질 때 □ 안에 들어갈 수 있는 자연수 구하기

$a^m \times$ □ (a는 소수, m은 자연수)의 약수의 개수가 주어지면
(ⅰ) □가 a의 배수인 경우
(ⅱ) □가 a의 배수가 아닌 경우
로 나누어 생각한다.

0077 대표문제

$3^5 \times$ □의 약수의 개수가 24일 때, 다음 중 □ 안에 들어갈 수 없는 수는?

① 8   ② 14   ③ 35
④ 51   ⑤ 125

0078 상중

$24 \times$ □의 약수의 개수가 16일 때, 다음 중 □ 안에 들어갈 수 있는 수는?

① 2   ② 3   ③ 4
④ 5   ⑤ 6

0079 상

$2 \times 3 \times$ □의 약수의 개수가 8일 때, □ 안에 들어갈 수 있는 가장 작은 자연수를 구하시오.

0080 상

50 이하의 자연수 중에서 약수의 개수가 6인 수는 모두 몇 개인지 구하시오.

▶ 정답 및 풀이 6쪽

시험에 꼭 나오는 문제

0081

20 미만의 자연수 중에서 합성수는 모두 몇 개인가?

① 8개   ② 9개   ③ 10개

④ 11개   ⑤ 12개

0082 중요

다음 중 옳은 것을 모두 고르면? (정답 2개)

① 59는 합성수이다.
② 가장 작은 소수는 2이다.
③ 자연수는 소수와 합성수로 이루어져 있다.
④ 두 소수의 합은 홀수이다.
⑤ 5의 배수 중 소수는 1개뿐이다.

0083

다음 중 옳지 <u>않은</u> 것은?

① $7^3 = 343$
② $10 \times 10 \times 10 \times 10 \times 10 = 10^5$
③ $2 \times 5 \times 2 \times 5 \times 2 \times 5 \times 5 = 2^3 \times 5^4$
④ $a + a + a = a^3$
⑤ $\frac{1}{3} \times \frac{1}{3} \times \frac{1}{7} \times \frac{1}{7} \times \frac{1}{7} = \left(\frac{1}{3}\right)^2 \times \left(\frac{1}{7}\right)^3$

0084

$3^a = 729$, $5^b = 125$일 때, 자연수 a, b에 대하여 $a+b$의 값을 구하시오.

0085

408을 소인수분해 하면?

① $2 \times 3 \times 4 \times 17$ ② $2^2 \times 6 \times 17$
③ $2^2 \times 3 \times 34$ ④ $2^3 \times 3 \times 13$
⑤ $2^3 \times 3 \times 17$

0086

다음 중 660의 소인수가 <u>아닌</u> 것은?

① 2   ② 3   ③ 5
④ 7   ⑤ 11

0087

다음 중 200의 약수가 <u>아닌</u> 것은?

① 2^3 ② 5^2 ③ $2^2 \times 5$
④ 5^3 ⑤ 2×5^2

0088 중요

$2^2 \times 3 \times 5^2$의 약수 중 두 번째로 작은 수를 a, 두 번째로 큰 수를 b라 할 때, $a+b$의 값을 구하시오.

0089

다음 **보기** 중 옳은 것을 모두 고른 것은?

┌─ 보기 ┐

ㄱ. 10 이하의 자연수 중 소수는 5개이다.

ㄴ. 25의 소인수는 1, 5, 5^2이다.

ㄷ. 240을 소인수분해 하면 $2^4 \times 3 \times 5$이다.

ㄹ. 3×5^2의 약수의 개수는 6이다.

① ㄱ, ㄷ   ② ㄴ, ㄹ   ③ ㄷ, ㄹ

④ ㄱ, ㄴ, ㄷ   ⑤ ㄴ, ㄷ, ㄹ

0090

126의 모든 소인수의 합을 x, 256의 약수의 개수를 y라 할 때, $x-y$의 값을 구하시오.

0091 중요

다음 중 약수의 개수가 가장 많은 것은?

① $3^2 \times 7^4$ ② $2^4 \times 3 \times 5$ ③ 30

④ 72   ⑤ 180

0092

45에 자연수 x를 곱하여 어떤 자연수의 제곱이 되도록 하려고 한다. 다음 중 x의 값이 될 수 없는 것은?

① 5   ② 20   ③ 25

④ 80   ⑤ 125

0093

189에 자연수를 곱하여 어떤 자연수의 제곱이면서 4의 배수가 되도록 할 때, 곱할 수 있는 가장 작은 자연수를 구하시오.

0094 중요

$8 \times \square$의 약수의 개수가 8일 때, 다음 중 $\square$ 안에 들어갈 수 없는 수는?

① 3   ② 5   ③ 8

④ 11   ⑤ 13

0095

100 미만의 자연수 중에서 약수의 개수가 3인 수의 개수를 구하시오.

0096

다음 조건을 만족시키는 가장 작은 자연수 A의 값을 구하시오.

┌─────────────────────────────┐

㈎ A를 소인수분해 하면 소인수는 3, 5뿐이다.

㈏ A는 약수의 개수가 10이다.

└─────────────────────────────┘

서술형 주관식

0097

$5 \times 6 \times 7 \times 8 \times 9 \times 10$을 소인수분해 하면 $2^a \times 3^b \times 5^c \times 7$일 때, 자연수 a, b, c에 대하여 $a - b + c$의 값을 구하시오.

0098

144의 약수 중에서 어떤 자연수의 제곱이 되는 수의 개수를 구하시오.

0099

450의 약수의 개수와 $4 \times 3^a \times 7$의 약수의 개수가 같을 때, 자연수 a의 값을 구하시오.

0100 중요

735를 가장 작은 자연수 x로 나누어 어떤 자연수 y의 제곱이 되도록 할 때, $x + y$의 값을 구하시오.

실력 UP

0101

$3^{26} \times 7^{45}$의 일의 자리의 숫자는?

① 1   ② 3   ③ 5

④ 7   ⑤ 9

0102

$N = 2 \times 3^4 \times 5^2$일 때, N의 약수 중 홀수의 개수를 구하시오.

0103

$28 \times a = 50 \times b = c^2$을 만족시키는 가장 작은 자연수 a, b, c에 대하여 $a - b - c$의 값을 구하시오.

0104

자연수 n의 약수의 개수를 $f(n)$이라 할 때,
$$f(35) \times f(x) = 36$$
을 만족시키는 가장 작은 자연수 x의 값을 구하시오.

02 최대공약수와 최소공배수

02-1 공약수와 최대공약수

(1) **공약수**: 두 개 이상의 자연수의 공통인 약수

(2) **최대공약수**: 공약수 중에서 가장 큰 수

(3) **최대공약수의 성질**: 두 개 이상의 자연수의 공약수는 최대공약수의 약수이다.

(4) **서로소**: 최대공약수가 1인 두 자연수 〈예〉 2와 3, 5와 9

(5) **소인수분해를 이용하여 최대공약수 구하기**
  ❶ 각 수를 소인수분해 한다.
  ❷ 공통인 소인수를 모두 곱한다. 이때 소인수의 지수가 같으면 그대로 곱하고, 지수가 다르면 작은 것을 택하여 곱한다.

  참고 공약수로 나누어 최대공약수를 구하는 방법
  ❶ 1이 아닌 공약수로 각 수를 나눈다.
  ❷ 몫에 1 이외의 공약수가 없을 때까지 공약수로 계속 나눈다.
  ❸ 나누어 준 공약수를 모두 곱한다.

$$\begin{array}{r|rr} 2 & 18 & 42 \\ 3 & 9 & 21 \\ \hline & 3 & 7 \end{array}$$

공약수가 1밖에 없다. $\therefore 2 \times 3 = 6$

개념플러스

서로 다른 두 소수는 항상 서로소이다.

〈예〉
$$\begin{array}{r} 18 = 2 \times 3^2 \\ 42 = 2 \times 3 \times 7 \\ \hline 2 \times 3 = 6 \end{array}$$
공통인 소인수

02-2 공배수와 최소공배수

(1) **공배수**: 두 개 이상의 자연수의 공통인 배수

(2) **최소공배수**: 공배수 중에서 가장 작은 수

(3) **최소공배수의 성질**: 두 개 이상의 자연수의 공배수는 최소공배수의 배수이다.

(4) **소인수분해를 이용하여 최소공배수 구하기**
  ❶ 각 수를 소인수분해 한다.
  ❷ 공통인 소인수와 공통이 아닌 소인수를 모두 곱한다. 이때 소인수의 지수가 같으면 그대로 곱하고, 지수가 다르면 큰 것을 택하여 곱한다.

  참고 공약수로 나누어 최소공배수를 구하는 방법
  ❶ 1이 아닌 공약수로 각 수를 나눈다.
  ❷ 세 수의 공약수가 없으면 두 수의 공약수로 나눈다.
     이때 공약수가 없는 수는 그대로 아래로 내린다.
  ❸ 어떤 두 수를 택하여도 서로소가 될 때까지 계속 나눈다.
  ❹ 나눈 공약수와 마지막 몫을 모두 곱한다.

$$\begin{array}{r|rrr} 2 & 18 & 28 & 42 \\ 3 & 9 & 14 & 21 \\ 7 & 3 & 14 & 7 \\ \hline & 3 & 2 & 1 \end{array}$$

$\therefore 2 \times 3 \times 7 \times 3 \times 2 \times 1 = 252$

서로소인 두 자연수의 최소공배수는 두 자연수를 곱한 수이다.

〈예〉
$$\begin{array}{r} 18 = 2 \times 3^2 \\ 28 = 2^2 \times 7 \\ 42 = 2 \times 3 \times 7 \\ \hline 2^2 \times 3^2 \times 7 = 252 \end{array}$$
공통이 아닌 소인수
공통인 소인수

02-3 최대공약수와 최소공배수의 관계

두 자연수 A, B의 최대공약수를 G, 최소공배수를 L이라 하고
  $A = a \times G$, $B = b \times G$ (a, b는 서로소)
라 하면 다음이 성립한다.

① $L = a \times b \times G$

② $A \times B = G \times L$
  ↳ (두 수의 곱) = (최대공약수) × (최소공배수)

$$\begin{aligned} A \times B &= (a \times G) \times (b \times G) \\ &= G \times (a \times b \times G) \\ &= G \times L \end{aligned}$$

교과서문제 정복하기

02-1 공약수와 최대공약수

0105 두 수 18과 24의 최대공약수를 구하려고 한다. 다음을 구하시오.

(1) 18의 약수
(2) 24의 약수
(3) 18과 24의 공약수
(4) 18과 24의 최대공약수

0106 두 자연수의 최대공약수가 15일 때, 이 두 자연수의 공약수를 모두 구하시오.

[0107~0110] 다음 중 두 수가 서로소이면 ○, 서로소가 아니면 ×를 ( ) 안에 써넣으시오.

0107 9, 25   (   )

0108 15, 18   (   )

0109 10, 23   (   )

0110 33, 77   (   )

[0111~0114] 다음 수들의 최대공약수를 소인수의 곱으로 나타내시오.

0111 2×5, $2^3 \times 5$

0112 $2^2 \times 3^2$, 2×3^4

0113 $3^3 \times 5 \times 7$, $2^2 \times 3^2 \times 5^3$, $3^2 \times 5$

0114 $2^2 \times 3^3 \times 5$, $2^2 \times 3^2 \times 5$, $2^3 \times 3 \times 5^2$

[0115~0118] 소인수분해를 이용하여 다음 수들의 최대공약수를 구하시오.

0115 24, 32   **0116** 54, 90

0117 30, 75, 105   **0118** 60, 84, 108

02-2 공배수와 최소공배수

0119 두 수 4와 6의 최소공배수를 구하려고 한다. 다음을 구하시오.

(1) 4의 배수
(2) 6의 배수
(3) 4와 6의 공배수
(4) 4와 6의 최소공배수

0120 두 자연수의 최소공배수가 40일 때, 이 두 자연수의 공배수를 작은 것부터 3개 구하시오.

[0121~0124] 다음 수들의 최소공배수를 소인수의 곱으로 나타내시오.

0121 $2^2 \times 3$, 2×3^2

0122 $2^3 \times 5^2$, $2^2 \times 5^3$

0123 $2^2 \times 3$, $2 \times 3 \times 5^2$

0124 $2 \times 3^2 \times 5$, $2 \times 3 \times 7$, $3 \times 5^2 \times 7$

[0125~0128] 소인수분해를 이용하여 다음 수들의 최소공배수를 구하시오.

0125 9, 12   **0126** 28, 42

0127 12, 15, 24   **0128** 18, 30, 45

02-3 최대공약수와 최소공배수의 관계

0129 두 자연수 A와 84의 최대공약수가 28, 최소공배수가 168일 때, 자연수 A의 값을 구하시오.

0130 두 자연수의 곱이 192이고 최소공배수가 48일 때, 두 수의 최대공약수를 구하시오.

유형 익히기

개념원리 중학 수학 1-1 32쪽

유형 01 서로소

서로소: 최대공약수가 1인 두 자연수
➡ 두 수가 서로소인지 알아보려면 최대공약수를 구해 본다.

0131 대표문제

다음 중 두 수가 서로소인 것은?

① 2, 14　　　② 3, 9　　　③ 5, 25
④ 6, 15　　　⑤ 7, 17

0132 중하

다음 **보기** 중 2×3^2과 서로소인 것은 몇 개인지 구하시오.

■ 보기 ■

ㄱ. 6　　　ㄴ. 10　　　ㄷ. 19
ㄹ. 3×13　　ㅁ. $5^2 \times 7$　　ㅂ. $2^3 \times 3^2$

0133 중

다음 중 옳은 것을 모두 고르면? (정답 2개)

① 1은 모든 자연수와 서로소이다.
② 서로 다른 두 홀수는 서로소이다.
③ 서로 다른 두 소수는 서로소이다.
④ 서로소인 두 자연수의 공약수는 없다.
⑤ 두 수가 서로소이면 둘 중 하나는 소수이다.

0134 중

20보다 크고 30보다 작은 자연수 중에서 28과 서로소인 수는 몇 개인가?

① 2개　　　② 3개　　　③ 4개
④ 5개　　　⑤ 6개

개념원리 중학 수학 1-1 32쪽

유형 02 최대공약수 구하기

소인수분해를 이용하여 최대공약수 구하기

$$36 = 2^2 \times 3^2$$
$$60 = 2^2 \times 3 \times 5$$
$$\overline{(최대공약수) = 2^2 \times 3 \qquad = 12}$$

공통인 소인수

➡ 공통인 소인수의 거듭제곱에서 지수가 작거나 같은 것을 택하여 곱한다.

0135 대표문제

세 수 $2^3 \times 3^3$, $2 \times 3^4 \times 7$, $2^2 \times 3^2 \times 5$의 최대공약수는?

① 2×3^2　　　② $2^2 \times 3$　　　③ $2 \times 3 \times 5$
④ $2^2 \times 3 \times 5$　　　⑤ $2^2 \times 3^2 \times 5 \times 7$

0136 중하

세 수 $2^2 \times 3^3 \times 5$, $2 \times 3 \times 5^2 \times 7$, $3^2 \times 5$의 최대공약수는?

① 6　　　② 10　　　③ 12
④ 15　　　⑤ 18

0137 중하

세 수 $2^2 \times 3^2 \times 5^5$, $3^4 \times 5^3 \times 11$, $2^3 \times 3^3 \times 5^4$의 최대공약수가 $3^a \times 5^b$일 때, 자연수 a, b에 대하여 $b-a$의 값을 구하시오.

0138 중 서술형

세 수 $2^2 \times 3^3 \times 5$, 180, 900의 최대공약수가 $2^a \times 3^b \times 5^c$일 때, 자연수 a, b, c에 대하여 $a+b+c$의 값을 구하시오.

중요 유형 03 공약수와 최대공약수

(1) 공약수: 두 개 이상의 자연수의 공통인 약수
(2) 최대공약수: 공약수 중에서 가장 큰 수
  ➡ 공약수는 최대공약수의 약수이다.

0139 대표문제

다음 중 두 수 $2^2 \times 3 \times 5$, $2^2 \times 5^2$의 공약수가 <u>아닌</u> 것은?

① 2^2 ② 5 ③ 2×5
④ $2^2 \times 3$ ⑤ $2^2 \times 5$

0140 하

두 자연수 A, B의 최대공약수가 48일 때, 다음 중 A와 B의 공약수가 <u>아닌</u> 것은?

① 1 ② 3 ③ 8
④ 12 ⑤ 18

0141 중

다음 중 세 수 90, 108, 144의 공약수가 <u>아닌</u> 것은?

① 2 ② 2^2 ③ 3^2
④ 2×3 ⑤ 2×3^2

0142 중

세 수 $2^2 \times 3^3 \times 7$, $2^3 \times 3^2 \times 5^2 \times 7$, $2^4 \times 3 \times 7^2$의 공약수는 몇 개인가?

① 6개 ② 8개 ③ 9개
④ 12개 ⑤ 15개

유형 04 최대공약수의 활용; 일정한 양을 가능한 한 많은 사람에게 나누어 주기

A개, B개를 똑같이 나누어 줄 수 있는 최대 사람 수
➡ A, B의 최대공약수

0143 대표문제

공책 12권, 연필 60자루, 지우개 72개를 가능한 한 많은 학생들에게 똑같이 나누어 주려면 몇 명에게 나누어 줄 수 있는가?

① 10명 ② 11명 ③ 12명
④ 13명 ⑤ 14명

0144 중

빵 72개와 음료수 108개를 가능한 한 많은 학생들에게 똑같이 나누어 주려고 하였더니 빵은 2개가 남고, 음료수는 3개가 남았다. 이때 학생은 몇 명인지 구하시오.

0145 중 서술형

과학 동아리의 남학생 60명, 여학생 50명이 조별로 실험을 하려고 한다. 각 조의 남학생과 여학생 수가 같도록 가능한 한 많은 조를 만들 때, 만들 수 있는 조의 수와 이때 각 조에 속하는 남학생과 여학생은 각각 몇 명인지 구하시오.

유형 05 최대공약수의 활용; 직사각형, 직육면체 채우기

직사각형을 (직육면체를)
┌ 가장 큰 정사각형으로 (정육면체로) 채울 때
└ 정사각형을 (정육면체를) 가능한 한 적게 사용하여 채울 때
➡ 최대공약수를 이용한다.

0146 대표문제

가로의 길이가 160 cm, 세로의 길이가 280 cm인 직사각형 모양의 벽에 같은 크기의 정사각형 모양의 타일을 빈틈없이 붙이려고 한다. 가능한 한 큰 타일을 붙일 때, 다음을 구하시오.

(1) 타일의 한 변의 길이
(2) 필요한 타일의 개수

0147 중

가로, 세로의 길이가 각각 60 cm, 48 cm인 직사각형 모양의 종이에 같은 크기의 정사각형 모양의 색종이를 빈틈없이 붙이려고 한다. 색종이의 수를 가능한 한 적게 하려고 할 때, 필요한 색종이는 몇 장인지 구하시오.

0148 상중 서술형

같은 크기의 정육면체 모양의 벽돌을 빈틈없이 쌓아 오른쪽 그림과 같이 가로, 세로의 길이가 각각 120 cm, 60 cm, 높이가 90 cm인 직육면체가 되게 하려고 한다. 벽돌의 크기를 최대로 할 때, 필요한 벽돌은 몇 개인지 구하시오.

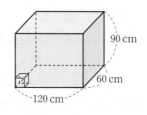

유형 06 최대공약수의 활용; 일정한 간격으로 놓기

둘레에 일정한 간격으로 물건을 놓을 때
┌ 물건 사이의 간격이 최대가 되는 경우
└ 물건을 가능한 한 적게 놓는 경우
➡ 최대공약수를 이용한다.

0149 대표문제

가로의 길이가 120 m, 세로의 길이가 160 m인 직사각형 모양의 땅의 둘레에 일정한 간격으로 나무를 심으려고 한다. 나무 사이의 간격이 최대가 되게 심을 때, 몇 그루의 나무가 필요한가? (단, 네 모퉁이에 반드시 나무를 심는다.)

① 8그루   ② 10그루   ③ 12그루
④ 14그루   ⑤ 16그루

0150 중하

가로의 길이가 420 cm, 세로의 길이가 270 cm인 직사각형 모양의 화단 둘레에 일정한 간격으로 화분을 놓으려고 한다. 가능한 한 화분을 적게 놓을 때, 화분 사이의 간격은? (단, 네 모퉁이에 반드시 화분을 놓는다.)

① 15 cm   ② 20 cm   ③ 30 cm
④ 35 cm   ⑤ 60 cm

0151 상중

가로의 길이가 108 m, 세로의 길이가 90 m인 직사각형 모양의 목장의 둘레에 일정한 간격으로 기둥을 세우려고 한다. 네 모퉁이에는 반드시 기둥을 세우고 가능한 한 기둥을 적게 세울 때, 필요한 기둥은 몇 개인지 구하시오.

유형 07 최소공배수 구하기

소인수분해를 이용하여 최소공배수 구하기

$$36 = 2^2 \times 3^2$$
$$60 = 2^2 \times 3 \times 5$$
$$\overline{(\text{최소공배수}) = 2^2 \times 3^2 \times 5 = 180}$$

공통인 소인수 └─ 공통이 아닌 소인수

➡ 공통인 소인수와 공통이 아닌 소인수를 모두 곱한다. 이때 지수가 크거나 같은 것을 택하여 곱한다.

0152 대표문제

세 수 $2 \times 3 \times 7$, $2^3 \times 3 \times 5 \times 11$, $3^2 \times 5$의 최소공배수는?

① $2^3 \times 3^2$
② $2 \times 3 \times 5 \times 7 \times 11$
③ $2^3 \times 3^2 \times 5 \times 11$
④ $2^3 \times 3^2 \times 5 \times 7 \times 11$
⑤ $2^4 \times 3^4 \times 5^2 \times 7 \times 11$

0153 (하)

세 수 12, 40, 60의 최소공배수는?

① $2^3 \times 5$
② $2^2 \times 3^3$
③ $2^3 \times 3 \times 5$
④ $2^3 \times 3 \times 5^2$
⑤ $2^2 \times 3^3 \times 5$

0154 (중하)

다음 두 수 중 최소공배수가 $2^3 \times 3^2 \times 7$인 것은?

① $2^2 \times 3$, $2 \times 3^2 \times 7$
② $2^3 \times 3 \times 7$, $2 \times 3 \times 7$
③ $2^2 \times 3$, $2 \times 3 \times 7$
④ 2^3, $3^2 \times 7$
⑤ $2^5 \times 3^2 \times 7$, $2^3 \times 3^4 \times 5 \times 7$

0155 (중) 서술형

세 수 $2^2 \times 5$, 90, $2^2 \times 3 \times 5$의 최소공배수가 $2^a \times 3^b \times c$일 때, 자연수 a, b, c에 대하여 $a+b+c$의 값을 구하시오. (단, c는 2, 3이 아닌 소수이다.)

중요 유형 08 공배수와 최소공배수

(1) 공배수: 두 개 이상의 자연수의 공통인 배수
(2) 최소공배수: 공배수 중에서 가장 작은 수
➡ 공배수는 최소공배수의 배수이다.
(3) 서로소인 두 자연수의 최소공배수는 두 자연수를 곱한 수이다.

0156 대표문제

다음 중 두 수 $2^2 \times 3$, $2 \times 3^3 \times 5$의 공배수가 아닌 것은?

① $2^2 \times 3^2 \times 5$
② $2^2 \times 3^3 \times 5$
③ $2^2 \times 3^3 \times 5^2$
④ $2^3 \times 3^3 \times 5$
⑤ $2^3 \times 3^3 \times 5^3$

0157 (하)

두 자연수의 최소공배수가 18일 때, 이 두 자연수의 공배수 중 100 이하의 자연수는 모두 몇 개인가?

① 4개
② 5개
③ 6개
④ 7개
⑤ 8개

0158 (중하)

다음 중 세 수 $2^3 \times 3$, 2×3^2, $2^2 \times 3 \times 5$의 공배수가 아닌 것은?

① $2^3 \times 3^2 \times 5$
② $2^4 \times 3 \times 5$
③ $2^3 \times 3^3 \times 5^2$
④ $2^3 \times 3^4 \times 5$
⑤ $2^4 \times 3^2 \times 5 \times 7$

0159 (중)

세 수 8, 15, 24의 공배수 중에서 700에 가장 가까운 수를 구하시오.

유형 09 최대공약수와 최소공배수가 주어질 때, 지수 구하기

(1) 최대공약수: 공통인 소인수의 거듭제곱에서 지수가 작거나 같은 것을 택하여 곱한다.

(2) 최소공배수: 공통인 소인수와 공통이 아닌 소인수를 모두 곱한다. 이때 지수가 크거나 같은 것을 택하여 곱한다.

0160 대표문제

두 수 $2^a \times 3^2 \times 5$, $2^3 \times 3^b$의 최대공약수는 $2^2 \times 3^2$, 최소공배수는 $2^3 \times 3^a \times 5$일 때, 자연수 a, b에 대하여 $a+b$의 값은?

① 2   ② 3   ③ 4
④ 5   ⑤ 6

0161 (중)

세 수 $2^a \times 3^2$, $2^3 \times 3^b \times 5$, $2^2 \times 3^2 \times c$의 최대공약수가 2×3^2, 최소공배수가 $2^3 \times 3^3 \times 5$일 때, 자연수 a, b, c에 대하여 $a+b+c$의 값을 구하시오.

(단, c는 2, 3이 아닌 소수이다.)

0162 (중)

다음 세 수의 최소공배수가 720일 때, 자연수 a, b, c에 대하여 $a+b-c$의 값을 구하시오.

$$2^2 \times 3^a, \quad 2^b \times 3, \quad 2^3 \times 3 \times 5^c$$

0163 (중)

두 수 $2^a \times 3^2 \times 5^3$, $2^5 \times 3^b \times c$의 최대공약수가 $2^4 \times 3$, 최소공배수가 $2^5 \times 3^2 \times 5^3 \times 11$일 때, 자연수 a, b, c에 대하여 $a+b+c$의 값을 구하시오. (단, c는 2, 3이 아닌 소수이다.)

유형 10 미지수가 포함된 세 수의 최소공배수

미지수가 포함된 세 수의 최소공배수가 주어지면 다음과 같이 미지수의 값을 구한다.

❶ 미지수를 제외한 수를 소인수분해 하여 최소공배수를 미지수를 사용하여 나타낸다.

❷ ❶의 최소공배수가 주어진 최소공배수와 같음을 이용하여 미지수의 값을 구한다.

예 세 자연수 $2 \times x$, $3 \times x$, $4 \times x$의 최소공배수가 180일 때, x의 값을 구하시오.

풀이
$$2 \times x = 2 \quad \times x$$
$$3 \times x = \quad 3 \times x$$
$$4 \times x = 2^2 \quad \times x$$
$$\overline{\text{(최소공배수)} = 2^2 \times 3 \times x = 12 \times x}$$
$$12 \times x = 180 \quad \therefore x = 15$$

0164 대표문제

세 자연수 $4 \times x$, $5 \times x$, $6 \times x$의 최소공배수가 180일 때, x의 값을 구하시오.

0165 (중)

세 자연수 $3 \times x$, $4 \times x$, $6 \times x$의 최소공배수가 72일 때, 세 자연수의 최대공약수는?

① 4   ② 5   ③ 6
④ 8   ⑤ 10

0166 (중) 서술형

세 자연수 $8 \times n$, $12 \times n$, $16 \times n$의 최소공배수가 192일 때, 세 자연수의 최대공약수를 구하시오.

0167 (상중)

세 자연수의 비가 2 : 5 : 6이고 최소공배수가 600일 때, 세 자연수의 합을 구하시오.

유형 11 최소공배수가 주어질 때, 미지수 구하기

두 자연수 A, 2×3의 최소공배수가 2×3^2이다.

➡ A는 $3^2 \times$(자연수)의 꼴이고 최소공배수인 2×3^2의 약수이어야 한다.

0168 대표문제

서로 다른 두 자연수 A, 20의 최소공배수가 $2^3 \times 3 \times 5$일 때, A의 값이 될 수 있는 수 중에서 가장 작은 자연수를 구하시오.

0169 중

세 자연수 4, 15, N의 최소공배수가 $2^2 \times 3^2 \times 5$일 때, 다음 중 N의 값이 될 수 없는 것은?

① 9   ② 18   ③ 36
④ 45   ⑤ 60

0170 상중

서로 다른 세 자연수 15, 30, a의 최소공배수가 150일 때, a가 될 수 있는 자연수는 몇 개인가?

① 2개   ② 3개   ③ 4개
④ 5개   ⑤ 6개

유형 12 최소공배수의 활용; 정사각형, 정육면체 만들기

직사각형을 붙여서 **가장 작은** 정사각형을 만들 때
직육면체를 쌓아서 **가장 작은** 정육면체를 만들 때

➡ 최소공배수를 이용한다.

0171 대표문제

가로의 길이가 12 cm, 세로의 길이가 15 cm인 직사각형 모양의 색종이를 같은 방향으로 겹치지 않게 빈틈없이 이어 붙여서 가장 작은 정사각형을 만들려고 한다. 다음을 구하시오.

(1) 정사각형의 한 변의 길이
(2) 필요한 색종이의 수

0172 중하

가로의 길이, 세로의 길이, 높이가 각각 6 cm, 8 cm, 3 cm인 직육면체 모양의 블록을 같은 방향으로 빈틈없이 쌓아서 가장 작은 정육면체를 만들려고 한다. 이때 정육면체의 한 모서리의 길이는?

① 20 cm   ② 24 cm   ③ 32 cm
④ 48 cm   ⑤ 72 cm

0173 중 서술형

가로의 길이가 24 cm, 세로의 길이가 30 cm, 높이가 18 cm인 직육면체 모양의 벽돌을 같은 방향으로 빈틈없이 쌓아서 되도록 작은 정육면체를 만들려고 한다. 이때 정육면체의 한 모서리의 길이와 필요한 벽돌의 개수를 차례대로 구하시오.

유형 13 최소공배수의 활용; 동시에 출발하여 다시 만나는 경우

동시에 출발한 후 처음으로 다시 동시에 출발할 때

(1) 걸리는 시간 ➡ 시간 간격의 최소공배수

(2) 다시 동시에 출발하는 시각

　➡ (처음 출발한 시각)+(시간 간격의 최소공배수)

0174 대표문제

어느 터미널에서 속초행 버스는 20분, 부산행 버스는 15분 간격으로 출발한다고 한다. 오전 9시에 두 버스가 동시에 출발했을 때, 처음으로 다시 동시에 출발하는 시각을 구하시오.

0175 종하

윤서는 6일마다, 우제는 9일마다 학교 도서관에 간다고 한다. 두 사람이 월요일에 도서관에서 만났다면 그다음에 처음으로 다시 도서관에서 만나는 요일은?

① 화요일　　② 수요일　　③ 목요일
④ 금요일　　⑤ 토요일

0176 종

자전거로 운동장을 한 바퀴 도는 데 지후는 45초, 지아는 60초가 걸린다고 한다. 두 사람이 같은 지점에서 동시에 출발하여 같은 방향으로 운동장을 돌 때, 출발 지점에서 처음으로 다시 만나게 되는 것은 출발한 지 몇 초 후인지 구하시오.

0177 종

어느 기차역에서 열차 A는 20분, 열차 B는 25분, 열차 C는 10분 간격으로 출발한다고 한다. 오전 6시에 세 열차가 동시에 출발했을 때, 처음으로 다시 동시에 출발하는 시각을 구하시오.

유형 14 최소공배수의 활용; 맞물려 도는 톱니바퀴

두 톱니바퀴가 한 번 맞물린 후 처음으로 다시 같은 톱니에서 맞물릴 때

(1) 맞물린 톱니의 수

　➡ 두 톱니의 수의 최소공배수

(2) 톱니바퀴의 회전수

　➡ (두 톱니의 수의 최소공배수)÷(톱니바퀴의 톱니의 수)

0178 대표문제

톱니가 각각 45개, 30개인 톱니바퀴 A, B가 서로 맞물려 돌아가고 있다. 두 톱니바퀴가 한 번 맞물린 후 같은 톱니에서 처음으로 다시 맞물리려면 톱니바퀴 B는 몇 바퀴 회전해야 하는가?

① 2바퀴　　② 3바퀴　　③ 4바퀴
④ 5바퀴　　⑤ 6바퀴

0179 종하

톱니가 각각 16개, 24개인 톱니바퀴 A, B가 서로 맞물려 돌아가고 있다. 두 톱니바퀴가 한 번 맞물린 후 같은 톱니에서 처음으로 다시 맞물릴 때까지 맞물린 톱니바퀴 A의 톱니는 몇 개인지 구하시오.

0180 종 서술형

톱니가 각각 75개, 60개인 톱니바퀴 A, B가 서로 맞물려 돌아가고 있다. 두 톱니바퀴가 한 번 맞물린 후 같은 톱니에서 처음으로 다시 맞물리는 것은 톱니바퀴 A, B가 각각 몇 바퀴 회전한 후인지 구하시오.

유형UP 15 최대공약수와 최소공배수의 관계

세 자연수 14, 21, N의 최대공약수가 7, 최소공배수가 210
이다.
→ $14=7\times2$, $21=7\times3$, N의 최대공약수가 7, 최소공배
   수가 $210=7\times(2\times3\times5)$이다.
→ N은 $7\times5\times$(자연수)의 꼴이고 최소공배수인
   $7\times(2\times3\times5)$의 약수이어야 한다.

0181 대표문제

세 자연수 18, 30, N의 최대공약수가 6이고 최소공배수가
630일 때, 다음 중 N의 값이 될 수 <u>없는</u> 것은?

① 42   ② 84   ③ 126
④ 210   ⑤ 630

0182 (상)

세 자연수 6, 15, N의 최대공약수가 3이고 최소공배수가
210일 때, 다음 중 N의 값이 될 수 <u>없는</u> 것은?

① 21   ② 42   ③ 80
④ 105   ⑤ 210

0183 (상)

세 자연수 36, N, 90의 최대공약수가 18이고 최소공배수
가 540일 때, N의 값이 될 수 있는 가장 큰 수와 가장 작
은 수의 합을 구하시오.

유형UP 16 최대공약수와 최소공배수가 주어질 때
두 수의 합과 차 구하기

두 자연수 A, B의 최대공약수가 G, 최소공배수가 L이면
→ $A=G\times a$, $B=G\times b$, $L=G\times a\times b$ (a, b는 서로소)
→ A, B 중에서 합 또는 차의 조건을 만족시키는 두 수를 찾는다.

0184 대표문제

합이 96이고 최대공약수가 8, 최소공배수가 280인 두 자연
수를 A, B라 할 때, $A-B$의 값은? (단, $A>B$)

① 14   ② 15   ③ 16
④ 17   ⑤ 18

0185 (상)

두 자연수 A, B에 대하여 $A>B$이고 A, B의 최대공약
수가 26, 최소공배수가 156일 때, 다음 중 $A+B$의 값이
될 수 있는 수를 모두 고르면? (정답 2개)

① 120   ② 130   ③ 146
④ 162   ⑤ 182

0186 (상) 서술형

두 자연수 A, B에 대하여 $A>B$이고 A와 B의 최대공약
수가 5, 최소공배수가 120이다. $A-B=25$일 때, $A+B$
의 값을 구하시오.

시험에 꼭 나오는 문제

0187

다음 중 두 수가 서로소인 것은?

① 8, 10 ② 9, 15 ③ 12, 29
④ 21, 35 ⑤ 33, 27

0188

두 자연수 $2^3 \times \square$, $2^2 \times 3^5 \times 7$의 최대공약수가 36일 때, 다음 중 $\square$ 안에 들어갈 수 없는 수는?

① 36 ② 45 ③ 54
④ 72 ⑤ 90

0189 중요

다음 중 두 수 $2^3 \times 3^2$, $2^2 \times 3^3 \times 7$의 공약수가 아닌 것은?

① 3^2 ② 2×3 ③ $2 \times 3 \times 7$
④ $2^2 \times 3$ ⑤ $2^2 \times 3^2$

0190

세 자연수 A, B, C가 있다. A와 B의 최대공약수는 28이고 B와 C의 최대공약수는 42일 때, A, B, C의 공약수는 몇 개인지 구하시오.

0191

사과 27개, 복숭아 46개, 딸기 77개를 가능한 한 많은 학생들에게 똑같이 나누어 주려고 하였더니 사과는 3개가 부족하고, 복숭아와 딸기는 각각 1개와 2개가 남았다. 이때 학생은 몇 명인가?

① 3명 ② 5명 ③ 10명
④ 15명 ⑤ 30명

0192

세 수 $\dfrac{110}{n}$, $\dfrac{220}{n}$, $\dfrac{275}{n}$를 모두 자연수가 되게 하는 두 자리 자연수 n은 몇 개인가?

① 1개 ② 2개 ③ 3개
④ 4개 ⑤ 5개

0193

어떤 수로 37을 나누면 5가 남고, 90을 나누면 2가 남는다. 이러한 수 중에서 가장 큰 수는?

① 6 ② 8 ③ 10
④ 12 ⑤ 16

0194

세 수 $3^2 \times 5$, $2 \times 3^2 \times 5$, $3^3 \times 5^2 \times 7$의 최대공약수와 최소공배수를 차례대로 구하면?

① 3×5, $2^3 \times 5^2 \times 7$ ② 3×5, $3^3 \times 5 \times 7$
③ $3^2 \times 5$, $2 \times 3^2 \times 5^2 \times 7$ ④ $3^2 \times 5$, $2 \times 3^3 \times 5^2 \times 7$
⑤ $3^2 \times 5^2$, $2 \times 3^3 \times 5^2 \times 7$

0195

두 수의 최대공약수, 최소공배수가 각각 2×3^2, $2^2 \times 3^3 \times 5$일 때, 다음 중 두 수가 될 수 없는 것은?

① 2×3^2, $2^2 \times 3^3 \times 5$ ② 2×3^3, $2^2 \times 3^2 \times 5$
③ $2^2 \times 3^2$, $2 \times 3^3 \times 5$ ④ 2×3^3, $2 \times 3 \times 5$
⑤ $2^2 \times 3^3$, $2 \times 3^2 \times 5$

0196

다음 중 옳지 않은 것을 모두 고르면? (정답 2개)

① 16과 81은 서로소이다.
② 36은 두 수 $2^2 \times 3^4$, $2 \times 3^2 \times 5$의 공약수이다.
③ 세 수 $2^3 \times 3^2 \times 7$, $2^2 \times 3 \times 5^2$, $2 \times 3^3 \times 5$의 공약수는 6개이다.
④ 180은 두 수 2×3^2, $2^2 \times 5$의 공배수이다.
⑤ 서로소인 두 수는 모두 소수이다.

0197

다음 중 세 수 $2^2 \times 3$, 3×5, $2 \times 3 \times 5$의 공배수가 아닌 것은?

① $2^2 \times 3 \times 5$ ② $2 \times 3^2 \times 5$ ③ $2^2 \times 3^2 \times 5$
④ $2^2 \times 3 \times 5^2$ ⑤ $2^3 \times 3 \times 5$

0198

세 자연수 $2 \times 3^a \times 5$, $3^3 \times 5^c$, $3^b \times 5 \times 7^d$의 최대공약수가 $3^2 \times 5$, 최소공배수가 $2 \times 3^4 \times 5^2 \times 7$일 때, 자연수 a, b, c, d에 대하여 $a+b+c+d$의 값을 구하시오.

0199

두 자연수 A와 $2 \times 3^2 \times 7^2$의 최대공약수가 $2 \times 3 \times 7^2$, 최소공배수가 $2 \times 3^2 \times 5 \times 7^3$일 때, A의 값은?

① $2 \times 3 \times 5 \times 7$ ② $2 \times 3^2 \times 5 \times 7$
③ $2 \times 3 \times 5 \times 7^2$ ④ $2 \times 3 \times 5 \times 7^3$
⑤ $2^2 \times 3^2 \times 5 \times 7^3$

0200

세 자연수 $3 \times x$, $4 \times x$, $5 \times x$의 최소공배수가 300일 때, 세 자연수 중 가장 큰 수는?

① 15 ② 20 ③ 25
④ 30 ⑤ 35

0201

두 자연수 n, 15의 최소공배수가 60일 때, 다음 중 n의 값이 될 수 없는 것은?

① 4 ② 12 ③ 20
④ 40 ⑤ 60

0202

기은이와 지형이는 각각 6일, 8일 간격으로 같은 장소에서 봉사활동을 하고 있다. 5월 2일에 함께 봉사활동을 하였을 때, 그다음에 처음으로 다시 함께 봉사활동을 하는 날은 언제인가?

① 5월 22일 ② 5월 23일 ③ 5월 24일
④ 5월 25일 ⑤ 5월 26일

0203

서로 맞물려 도는 톱니바퀴 A, B, C가 있다. A의 톱니는 12개, B의 톱니는 20개, C의 톱니는 24개이다. 세 톱니바퀴가 한 번 맞물린 후 같은 톱니에서 처음으로 다시 동시에 맞물리려면 톱니바퀴 A는 몇 바퀴 회전해야 하는가?

① 7바퀴 ② 8바퀴 ③ 9바퀴
④ 10바퀴 ⑤ 11바퀴

0204 중요

3, 5, 8 중 어느 수로 나누어도 2가 남는 자연수 중에서 가장 작은 세 자리 자연수를 구하시오.

0205

세 분수 $\dfrac{7}{6}$, $\dfrac{35}{12}$, $\dfrac{56}{27}$의 어느 것에 곱해도 그 결과가 자연수가 되는 분수 중에서 가장 작은 기약분수를 구하시오.

0206

세 자연수 72, 108, A의 최대공약수가 18일 때, 다음 중 A의 값이 될 수 없는 것은?

① 18 ② 54 ③ 90
④ 126 ⑤ 144

0207 중요

두 자연수 A, B의 최대공약수가 8, 최소공배수가 32일 때, $B-A$의 값은? (단, $A<B$)

① 16 ② 20 ③ 24
④ 32 ⑤ 40

서술형 주관식

0208

가로의 길이가 $180\,cm$, 세로의 길이가 $144\,cm$인 직사각형 모양의 교실의 한쪽 벽에 같은 크기의 정사각형 모양의 사진을 빈틈없이 붙이려고 한다. 가능한 한 큰 사진을 붙이려고 할 때, 사진의 한 변의 길이는 $x\,cm$이고 필요한 사진은 y장이다. 이때 $x+y$의 값을 구하시오.

0209

세 자연수 $15\times a$, $18\times a$, $45\times a$의 최소공배수가 270일 때, 다음을 구하시오. (단, 소인수분해를 이용한다.)

(1) a의 값
(2) 세 자연수의 최대공약수

0210

두 자리 자연수 A, B의 최대공약수가 6이고 $A\times B=756$일 때, $A+B$의 값을 구하시오. (단, $A<B$)

실력UP

0211

어느 상가 건물에 있는 A, B, C의 3가지 네온사인이 A는 14초 동안 켜져 있다가 2초 동안 꺼지고, B는 17초 동안 켜져 있다가 3초 동안 꺼지고, C는 20초 동안 켜져 있다가 4초 동안 꺼진다고 한다. 오후 8시에 세 네온사인이 동시에 켜졌을 때, 그다음에 처음으로 다시 동시에 켜지는 시각을 구하시오.

0212

세 자연수 30, N, 75의 최대공약수가 15, 최소공배수가 450일 때, 다음 중 N의 값이 될 수 없는 것은?

① 45   ② 90   ③ 150
④ 225   ⑤ 450

0213

다음 조건을 만족시키는 두 자연수 A, B에 대하여 $A-B$의 값을 구하시오. (단, $A>B$)

⑦ A, B의 최대공약수는 4이다.
④ A, B의 최소공배수는 144이다.
④ $A+B=52$

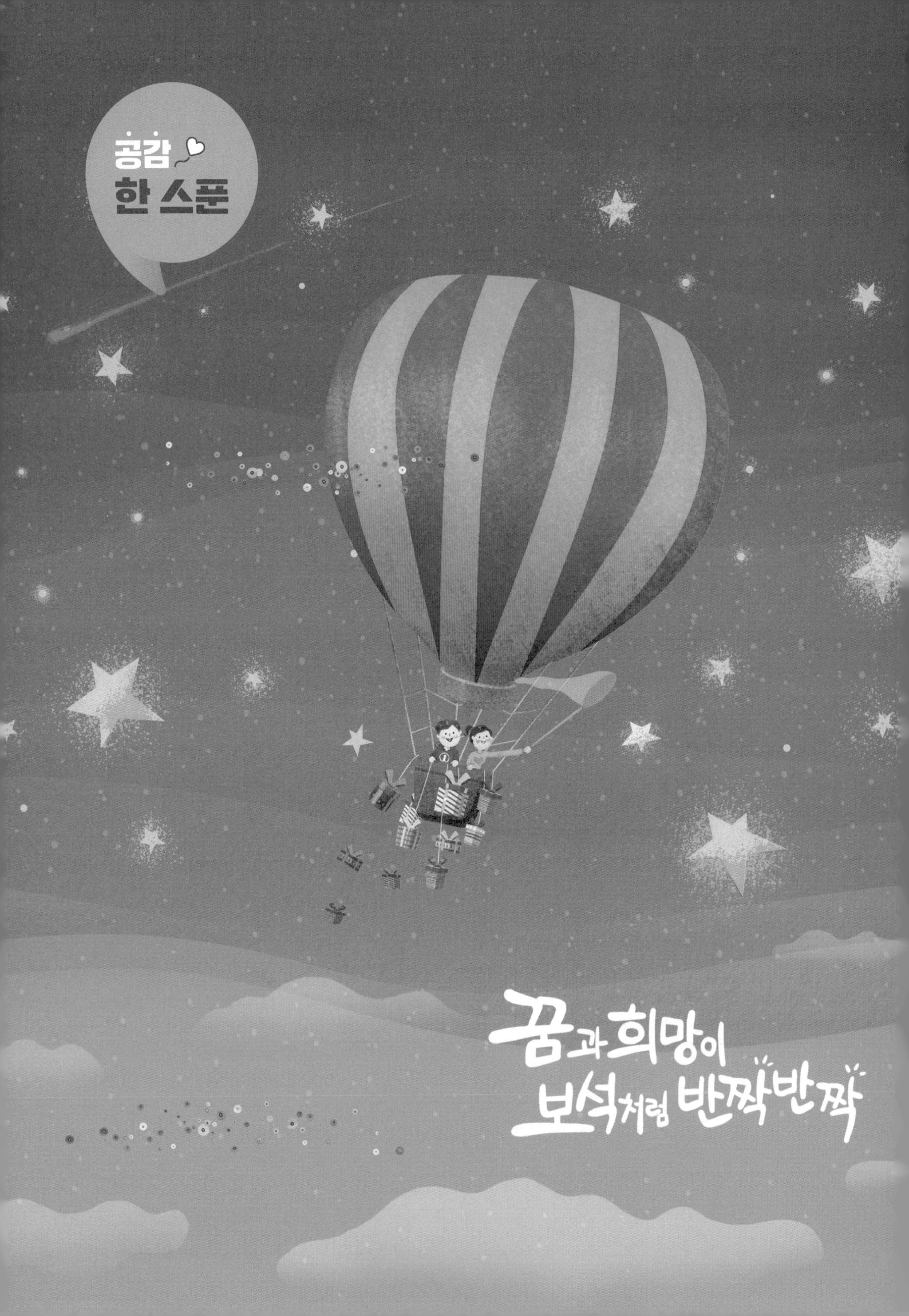
공감 한 스푼
꿈과 희망이 보석처럼 반짝반짝

Ⅱ

정수와 유리수

03 정수와 유리수

03-1 양수와 음수

(1) 양의 부호와 음의 부호

어떤 기준에 대하여 서로 반대가 되는 성질을 갖는 양을 수로 나타낼 때, 기준이 되는 수를 0으로 두고 한쪽에는 **양의 부호 +**, 다른 한쪽에는 **음의 부호 −**를 붙여서 나타낼 수 있다.

참고 실생활에서 서로 반대가 되는 성질을 갖는 수량의 예는 다음과 같다.

① + ➡ 이익, 지상, 증가, 영상, 수입, 해발, ~후, …

② − ➡ 손해, 지하, 감소, 영하, 지출, 해저, ~전, …

> 양의 부호 +와 음의 부호 −는 덧셈, 뺄셈의 기호와 모양은 같지만 의미는 다르다.

(2) 양수와 음수

① **양수**: 0보다 큰 수로 양의 부호 +를 붙인 수 **예** $+5, +\dfrac{1}{3}, +0.7$

② **음수**: 0보다 작은 수로 음의 부호 −를 붙인 수 **예** $-8, -\dfrac{2}{5}, -4.1$

> 0은 양수도 아니고 음수도 아니다.

03-2 정수와 유리수

(1) 정수: 양의 정수, $\underset{\uparrow}{0}$, 음의 정수를 통틀어 **정수**라 한다.

(0은 양의 정수도 아니고 음의 정수도 아니다.)

① **양의 정수**: 자연수에 양의 부호 +를 붙인 수 **예** $+1, +2, +3, …$

② **음의 정수**: 자연수에 음의 부호 −를 붙인 수 **예** $-1, -2, -3, …$

(2) 유리수: 양의 유리수, 0, 음의 유리수를 통틀어 **유리수**라 한다.

① **양의 유리수**: 분모, 분자가 모두 자연수인 분수에 양의 부호 +를 붙인 수

예 $+\dfrac{1}{2}, +3\left(=+\dfrac{3}{1}\right), +2.1\left(=+\dfrac{21}{10}\right)$

② **음의 유리수**: 분모, 분자가 모두 자연수인 분수에 음의 부호 −를 붙인 수

예 $-\dfrac{1}{2}, -3\left(=-\dfrac{3}{1}\right), -2.1\left(=-\dfrac{21}{10}\right)$

> 양의 정수는 양의 부호 +를 생략하여 나타내기도 한다. 즉 양의 정수는 자연수와 같다.

> 양의 유리수도 양의 부호 +를 생략하여 나타낼 수 있다.

> 양의 유리수는 양수이고, 음의 유리수는 음수이다.

(3) 유리수의 분류

$$
\text{유리수}
\begin{cases}
\text{정수}
\begin{cases}
\text{양의 정수 (자연수): } +1, +2, +3, … \\
0 \\
\text{음의 정수: } -1, -2, -3, …
\end{cases} \\
\text{정수가 아닌 유리수: } +\dfrac{1}{4}, -\dfrac{3}{2}, +1.8, -0.7, …
\end{cases}
$$

> 정수는 분수로 나타낼 수 있으므로 모든 정수는 유리수이다.

03-3 수직선

직선 위에 기준이 되는 점을 정하여 그 점에 0을 대응시키고, 그 점의 좌우에 일정한 간격으로 점을 잡아 오른쪽의 점에 양의 정수 +1, +2, +3, …을, 왼쪽의 점에 음의 정수 −1, −2, −3, …을 대응시킨다. 이와 같이 수를 대응시킨 직선을 **수직선**이라 한다. 유리수도 정수와 마찬가지로 수직선 위에 점으로 나타낼 수 있다.

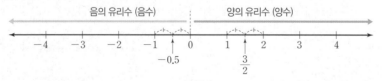

> 수직선 위에서 $\dfrac{3}{2}$을 나타내는 점은 1과 2를 나타내는 점 사이를 이등분한 점이고, −0.5를 나타내는 점은 −1과 0을 나타내는 점 사이를 이등분한 점이다.

교과서문제 정복하기

03-1 양수와 음수

[0214~0218] 다음을 부호 + 또는 −를 사용하여 차례대로 나타내시오.

0214 영상 7 ℃, 영하 10 ℃

0215 지하 3층, 지상 40층

0216 700원 이익, 300원 손해

0217 2 kg 증가, 6 kg 감소

0218 해저 140 m, 해발 500 m

[0219~0222] 다음을 부호 + 또는 −를 사용하여 나타내시오.

0219 0보다 3만큼 큰 수

0220 0보다 1만큼 작은 수

0221 0보다 1.5만큼 큰 수

0222 0보다 $\dfrac{1}{2}$만큼 작은 수

03-2 정수와 유리수

[0223~0225] 아래 수에 대하여 다음을 구하시오.

$$-5, \quad -\dfrac{2}{3}, \quad 0, \quad +2, \quad 3.14, \quad 10$$

0223 양의 정수

0224 음의 정수

0225 정수

[0226~0228] 아래 수에 대하여 다음을 구하시오.

$$+3, \quad -1.6, \quad 0, \quad -\dfrac{5}{3}, \quad +\dfrac{3}{4}, \quad -8, \quad 7.7$$

0226 양의 유리수

0227 음의 유리수

0228 정수가 아닌 유리수

[0229~0232] 다음 설명이 옳으면 ○, 옳지 않으면 ×를 ( ) 안에 써넣으시오.

0229 0은 정수이다. ( )

0230 모든 정수는 자연수이다. ( )

0231 모든 자연수는 유리수이다. ( )

0232 유리수는 양의 유리수와 음의 유리수로 이루어져 있다. ( )

03-3 수직선

0233 다음 수직선 위의 점 A, B, C, D가 나타내는 수를 구하시오.

0234 다음 수를 수직선 위에 점으로 나타내시오.

(1) -3 (2) $-\dfrac{4}{3}$

(3) 0 (4) $\dfrac{8}{3}$

03 정수와 유리수

03-4 절댓값

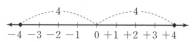

(1) **절댓값**: 수직선 위에서 0을 나타내는 점과 어떤 수를 나타내는 점 사이의 거리를 그 수의 **절댓값**이라 하고, 기호로 | |를 사용하여 나타낸다.

> **예** -4의 절댓값: $|-4|=4$
> $+4$의 절댓값: $|+4|=4$

(2) **절댓값의 성질**

① 양수와 음수의 절댓값은 그 수에서 부호 $+$, $-$를 떼어 낸 수와 같다.
즉 양수 a에 대하여 $|+a|=a$, $|-a|=a$이다.

② 0의 절댓값은 0이다. 즉 $|0|=0$이다.

③ 수를 수직선 위에 나타낼 때, 0을 나타내는 점에서 멀리 떨어질수록 절댓값이 커진다.

> **참고** 절댓값이 a $(a>0)$인 수는 $+a$, $-a$의 2개이다.

> 절댓값은 거리이므로 항상 0 또는 양수이다.

03-5 수의 대소 관계

수직선에서 수는 오른쪽으로 갈수록 커지고, 왼쪽으로 갈수록 작아진다.

① 양수는 0보다 크고 음수는 0보다 작다.

② 양수는 음수보다 크다.

③ 양수끼리는 절댓값이 큰 수가 크다.

> **예** $|+8|>|+6|$이므로 $+8>+6$

④ 음수끼리는 절댓값이 큰 수가 작다.

> **예** $|-8|>|-6|$이므로 $-8<-6$

> **참고** 두 수의 대소 비교하기
>
> ① 부호가 다른 두 수 ➡ (음수)<(양수)
>
> > **예** $-\dfrac{4}{5}<\dfrac{2}{3}$, $-2<1.7$
>
> ② 부호가 같은 두 수 ➡ 분수는 분모를 통분한 후 절댓값을 비교한다.
>
> > **예** $\dfrac{1}{3}, \dfrac{1}{2}$ $\xrightarrow{\text{통분}}$ $\dfrac{2}{6}, \dfrac{3}{6}$ $\xrightarrow{\text{절댓값 비교}}$ $\left|\dfrac{2}{6}\right|<\left|\dfrac{3}{6}\right|$이므로 $\dfrac{1}{3}<\dfrac{1}{2}$
> >
> > $-\dfrac{1}{3}, -\dfrac{1}{4}$ $\xrightarrow{\text{통분}}$ $-\dfrac{4}{12}, -\dfrac{3}{12}$
> >
> > $\xrightarrow{\text{절댓값 비교}}$ $\left|-\dfrac{4}{12}\right|>\left|-\dfrac{3}{12}\right|$이므로 $-\dfrac{1}{3}<-\dfrac{1}{4}$

> (음수)<0<(양수)

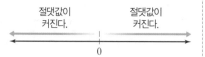

03-6 부등호의 사용

$a>b$	$a<b$	$a\geq b$	$a\leq b$
a는 b보다 **크다**. a는 b **초과**이다.	a는 b보다 **작다**. a는 b **미만**이다.	a는 b보다 **크거나 같다**. a는 b보다 **작지 않다**. a는 b **이상**이다.	a는 b보다 **작거나 같다**. a는 b보다 **크지 않다**. a는 b **이하**이다.

> **예** ① a는 -5보다 크다. ➡ $a>-5$ ② a는 2 미만이다. ➡ $a<2$
> ③ a는 0 이상이다. ➡ $a\geq 0$ ④ a는 7보다 크지 않다. ➡ $a\leq 7$
> └→ 작거나 같다.

> 부등호 $\geq$는 '> 또는 $=$'를 의미하고, $\leq$는 '< 또는 $=$'를 의미한다.

▶ 정답 및 풀이 19쪽

교과서문제 정복하기

03-4 절댓값

[0235~0238] 다음 수의 절댓값을 구하시오.

0235 $+9$

0236 -2

0237 $+\dfrac{9}{5}$

0238 -3.7

[0239~0242] 다음 수를 모두 구하시오.

0239 절댓값이 5인 수

0240 절댓값이 1.3인 수

0241 절댓값이 $\dfrac{2}{3}$인 수

0242 절댓값이 0인 수

0243 다음 수를 절댓값이 작은 수부터 차례대로 나열하시오.

$$1.3, \quad -0.7, \quad 4, \quad \dfrac{1}{2}, \quad 0$$

03-5 수의 대소 관계

[0244~0251] 다음 □ 안에 부등호 < 또는 > 중 알맞은 것을 써넣으시오.

0244 $+7 \;\square\; 0$

0245 $-0.3 \;\square\; 0$

0246 $-1 \;\square\; +1.4$

0247 $+\dfrac{3}{4} \;\square\; -\dfrac{2}{5}$

0248 $+\dfrac{2}{3} \;\square\; +\dfrac{5}{6}$

0249 $+\dfrac{4}{7} \;\square\; +0.5$

0250 $-7 \;\square\; -4$

0251 $-\dfrac{3}{5} \;\square\; -\dfrac{2}{3}$

0252 다음 수를 큰 수부터 차례대로 나열하시오.

$$-\dfrac{9}{2}, \quad -4.8, \quad +2, \quad \dfrac{6}{5}, \quad -\dfrac{1}{3}$$

03-6 부등호의 사용

[0253~0258] 다음을 부등호를 사용하여 나타내시오.

0253 x는 6보다 크다.

0254 x는 $\dfrac{1}{3}$ 미만이다.

0255 x는 -4 이상이다.

0256 x는 11보다 작거나 같다.

0257 x는 -1 초과 0.8 이하이다.

0258 x는 -2보다 크거나 같고 $\dfrac{5}{4}$보다 작다.

[0259~0261] 다음을 부등호를 사용하여 나타내시오.

0259 x는 $-\dfrac{1}{2}$보다 작지 않다.

0260 x는 1보다 크고 $\dfrac{7}{5}$보다 크지 않다.

0261 x는 $-\dfrac{4}{3}$보다 작지 않고 1.9보다 크지 않다.

[0262~0263] 다음 조건을 만족시키는 수를 모두 구하시오.

0262 -2보다 크고 4보다 작은 정수

0263 -1보다 크거나 같고 $\dfrac{5}{2}$ 이하인 정수

유형 01 부호를 사용하여 나타내기

어떤 기준에 대하여 서로 반대되는 성질을 갖는 양을 수로 나타낼 때, 한쪽은 양의 부호 +를, 다른 한쪽은 음의 부호 −를 사용하여 나타낸다.

+	이익	지상	증가	영상	수입	해발	～ 후
−	손해	지하	감소	영하	지출	해저	～ 전

0264 대표문제

다음 중 부호 + 또는 −를 사용하여 나타낸 것으로 옳은 것은?

① 지하 2층 ➡ +2층
② 지출 3000원 ➡ +3000원
③ 20 % 증가 ➡ −20 %
④ 출발 3일 전 ➡ −3일
⑤ 해발 800 m ➡ −800 m

0265 하

다음 중 밑줄 친 부분을 부호 + 또는 −를 사용하여 나타낸 것으로 옳지 않은 것은?

① 성적이 20점 떨어졌다. ➡ −20점
② 수업이 시작된 지 10분 후에 도착하였다. ➡ +10분
③ 쌀 생산량이 3 t 감소하였다. ➡ −3 t
④ 용돈이 5000원 인상되었다. ➡ +5000원
⑤ 지난 겨울의 평균 기온은 영하 5 ℃이다. ➡ +5 ℃

0266 하

다음 중 부호 + 또는 −를 사용하여 나타낼 때, 나머지 넷과 부호가 다른 하나는?

① 해저 200 m　② 500원 손해　③ 지상 7층
④ 영하 3 ℃　⑤ 10 % 할인

유형 02 정수의 분류

$$정수 \begin{cases} 양의 \ 정수: +1, +2, +3, \cdots \\ 0 \ \leftarrow \ 양의 \ 정수도 \ 아니고 \ 음의 \ 정수도 \ 아니다. \\ 음의 \ 정수: -1, -2, -3, \cdots \end{cases}$$

0267 대표문제

다음 중 정수가 아닌 것은?

① -8　② $\dfrac{7}{2}$　③ 2
④ 0　⑤ $-\dfrac{9}{3}$

0268 하

다음 중 음수가 아닌 정수를 모두 고르면? (정답 2개)

① $\dfrac{2}{3}$　② 0　③ -7
④ $\dfrac{20}{4}$　⑤ -0.5

0269 중하

다음 수 중에서 양의 정수의 개수를 a, 음의 정수의 개수를 b라 할 때, $a+b$의 값을 구하시오.

$$9, \quad 0, \quad +\dfrac{6}{2}, \quad -6, \quad -\dfrac{12}{3}, \quad -1.8, \quad -\dfrac{3}{5}$$

유형 **03** 유리수의 분류

$$\text{유리수} \begin{cases} \text{정수} \begin{cases} \text{양의 정수 (자연수): } +1, +2, +3, \cdots \\ 0 \\ \text{음의 정수: } -1, -2, -3, \cdots \end{cases} \\ \text{정수가 아닌 유리수: } -\dfrac{1}{2}, -0.1, \dfrac{1}{3}, 0.14, \cdots \end{cases}$$

0270 대표문제

다음 수에 대한 설명으로 옳은 것은?

$$-2.5, \quad -1, \quad \frac{12}{6}, \quad 0, \quad \frac{4}{3}, \quad -\frac{1}{5}, \quad 6$$

① 정수는 3개이다.   ② 유리수는 4개이다.

③ 자연수는 3개이다.   ④ 음의 유리수는 3개이다.

⑤ 정수가 아닌 유리수는 4개이다.

0271 하

다음 중 정수가 아닌 유리수를 모두 고르면? (정답 2개)

① -10 ② 0 ③ $\dfrac{5}{4}$

④ 1.9 ⑤ $-\dfrac{42}{7}$

0272 중 서술형

다음 수 중에서 양의 유리수의 개수를 x, 음의 유리수의 개수를 y, 정수가 아닌 유리수의 개수를 z라 할 때, $x-y+z$의 값을 구하시오.

$$-5, \quad 6.1, \quad -\frac{2}{3}, \quad \frac{2}{5}, \quad -3.2, \quad \frac{16}{4}, \quad 11$$

유형 **04** 정수와 유리수의 성질

① 유리수는 분수로 나타낼 수 있는 수이다.

② 정수는 분수로 나타낼 수 있으므로 모든 정수는 유리수이다.

0273 대표문제

다음 중 옳지 <u>않은</u> 것은?

① 0은 양수도 아니고 음수도 아니다.

② 자연수에 음의 부호 $-$를 붙인 수는 음의 정수이다.

③ 모든 자연수는 정수이다.

④ 모든 정수는 유리수이다.

⑤ 서로 다른 두 정수 사이에는 무수히 많은 정수가 존재한다.

0274 중

다음 중 옳은 것을 모두 고르면? (정답 2개)

① -1과 0 사이에는 유리수가 1개 있다.

② 양의 정수가 아닌 정수는 음의 정수이다.

③ 0은 유리수이다.

④ 유리수는 양의 유리수와 음의 유리수로 이루어져 있다.

⑤ 자연수는 모두 유리수이다.

0275 중

다음 **보기** 중 옳은 것을 모두 고른 것은?

┌──── 보기 ────

ㄱ. 가장 작은 양의 정수는 0이다.

ㄴ. 정수가 아닌 유리수가 있다.

ㄷ. 모든 유리수는 $\dfrac{(\text{자연수})}{(\text{자연수})}$의 꼴로 나타낼 수 있다.

ㄹ. 서로 다른 두 유리수 사이에는 무수히 많은 유리수가 존재한다.

① ㄱ, ㄹ   ② ㄴ, ㄷ   ③ ㄴ, ㄹ

④ ㄱ, ㄴ, ㄷ   ⑤ ㄴ, ㄷ, ㄹ

유형 05 수를 수직선 위에 나타내기

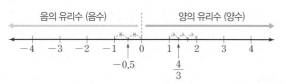

① 양수: 0을 기준으로 오른쪽에 나타낸다.

② 음수: 0을 기준으로 왼쪽에 나타낸다.

0276 대표문제

다음 중 수직선 위의 점 A, B, C, D, E가 나타내는 수로 옳은 것은?

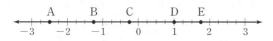

① A: $-\dfrac{7}{2}$ ② B: $-\dfrac{9}{4}$ ③ C: $-\dfrac{3}{4}$

④ D: $\dfrac{3}{2}$ ⑤ E: $\dfrac{7}{4}$

0277 하

다음 중 수직선 위의 점 A, B, C, D, E가 나타내는 정수로 옳지 <u>않은</u> 것은?

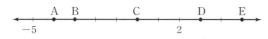

① A: -4 ② B: -3 ③ C: -1

④ D: 3 ⑤ E: 5

0278 하

다음 수를 수직선 위에 나타낼 때, 가장 왼쪽에 있는 수와 가장 오른쪽에 있는 수를 차례대로 구하시오.

$$5, \quad -1, \quad 3, \quad 2, \quad -4$$

0279 중하

다음 수를 수직선 위에 나타낼 때, 왼쪽에서 두 번째에 있는 수는?

① -2 ② 3 ③ $-\dfrac{3}{2}$

④ -0.5 ⑤ $\dfrac{2}{3}$

0280 중

다음 보기 중 수직선 위의 점 A, B, C, D, E, F가 나타내는 수에 대한 설명으로 옳은 것을 모두 고른 것은?

보기

ㄱ. 양수는 3개이다.

ㄴ. 정수는 3개이다.

ㄷ. 점 A가 나타내는 수는 $-\dfrac{3}{2}$이다.

ㄹ. 점 C가 나타내는 수는 $-\dfrac{1}{3}$이다.

ㅁ. 점 E가 나타내는 수는 $\dfrac{3}{2}$이다.

① ㄱ, ㄹ ② ㄴ, ㅁ ③ ㄱ, ㄷ, ㅁ

④ ㄴ, ㄹ, ㅁ ⑤ ㄷ, ㄹ, ㅁ

0281 중 서술형

수직선 위에서 $-\dfrac{7}{4}$에 가장 가까운 정수를 a, $\dfrac{4}{3}$에 가장 가까운 정수를 b라 할 때, a, b의 값을 구하시오.

$\left($단, 풀이 과정에서 $-\dfrac{7}{4}$과 $\dfrac{4}{3}$를 수직선 위에 나타내시오.$\right)$

정답 및 풀이 21쪽

개념원리 중학 수학 1-1 54쪽

유형 06 수직선 위의 두 점으로부터 같은 거리에 있는 점

수직선 위에서 두 수 a, b를 나타내는 두 점으로부터 같은 거리에 있는 점
➡ 두 점의 한가운데에 있는 점

두 수 a, b를 나타내는
두 점으로부터 같은 거리에 있는 점

0282 대표문제

수직선 위에서 -5와 3을 나타내는 두 점으로부터 같은 거리에 있는 점이 나타내는 수는?

① -2　　　　② -1　　　　③ 0
④ 1　　　　　⑤ 2

0283 중

다음 조건을 만족시키는 a의 값은?

> (가) 수직선 위에서 a를 나타내는 점은 2를 나타내는 점으로부터 5만큼 떨어져 있다.
> (나) 수직선 위에서 a를 나타내는 점은 0을 나타내는 점의 왼쪽에 있다.

① -7　　　　② -5　　　　③ -3
④ 5　　　　　⑤ 7

0284 상중 서술형

수직선 위에서 두 수 a, b를 나타내는 두 점 사이의 거리가 14이고 두 점으로부터 같은 거리에 있는 점이 나타내는 수가 3일 때, a, b의 값을 구하시오. (단, $b>0$)

개념원리 중학 수학 1-1 58쪽

유형 07 절댓값

① 절댓값: 수직선 위에서 0을 나타내는 점과 어떤 수를 나타내는 점 사이의 거리를 그 수의 절댓값이라 하고, 기호로 $|\ \ |$를 사용하여 나타낸다.
② 절댓값이 a $(a>0)$인 수: $+a$, $-a$
③ 어떤 수의 절댓값은 그 수에서 부호 $+$, $-$를 떼어 낸 수와 같다.

0285 대표문제

수직선 위에서 절댓값이 3인 두 수를 나타내는 두 점 사이의 거리는?

① 0　　　　　② 3　　　　　③ 6
④ 9　　　　　⑤ 12

0286 하

$-\dfrac{3}{2}$의 절댓값을 a, 절댓값이 3.5인 양수를 b라 할 때, $a+b$의 값을 구하시오.

0287 중하

$a=-\dfrac{8}{5}$, $b=-1$, $c=\dfrac{2}{5}$일 때, $|a|-|b|+|c|$의 값을 구하시오.

0288 중

a의 절댓값이 5이고 b의 절댓값이 2이다. 수직선 위에서 a를 나타내는 점은 0을 나타내는 점의 오른쪽에 있고, b를 나타내는 점은 0을 나타내는 점의 왼쪽에 있을 때, a, b의 값을 구하시오.

유형 08 절댓값의 성질

① $a>0$일 때, $|a|=a$, $|-a|=a$
② 절댓값이 가장 작은 수는 0이다.
③ 수를 수직선 위에 나타낼 때, 0을 나타내는 점에서 멀리 떨어질수록 절댓값이 커진다.

0289 대표문제

다음 중 옳은 것은?

① 0의 절댓값은 없다.
② 절댓값이 같은 수는 항상 2개이다.
③ 절댓값이 같은 두 수는 서로 같다.
④ 절댓값이 가장 작은 정수는 1과 -1이다.
⑤ 절댓값이 작을수록 수직선에서 그 수를 나타내는 점은 0을 나타내는 점에서 가깝다.

0290 중

다음 중 옳지 <u>않은</u> 것은?

① 절댓값은 항상 0보다 크거나 같다.
② 양수의 절댓값은 자기 자신과 같다.
③ $|x|=\dfrac{3}{5}$인 x는 $\dfrac{3}{5}$, $-\dfrac{3}{5}$의 2개이다.
④ $a>0$이면 $|-a|=a$이다.
⑤ $a<0$이면 $|a|=a$이다.

0291 중

5개의 수 a, b, c, d, e를 수직선 위에 점으로 나타내면 다음 그림과 같을 때, a, b, c, d, e를 절댓값이 작은 수부터 차례대로 나열하시오.

```
    a     b     c     d           e
 ←──┼──┼──┼──┼──┼──┼──┼──┼→
   -4  -3  -2  -1   0   1   2   3
```

유형 09 절댓값을 이용하여 수 찾기

절댓값의 범위가 주어진 경우 다음과 같은 순서로 문제를 해결한다.
❶ 조건을 만족시키는 절댓값을 구한다.
❷ 절댓값이 a ($a>0$)인 수는 a, $-a$임을 이용하여 조건을 만족시키는 수를 모두 구한다.

0292 대표문제

절댓값이 $\dfrac{11}{4}$보다 작은 정수의 개수를 구하시오.

0293 중하

다음 수 중에서 절댓값이 2 이상인 수는 모두 몇 개인가?

$$-1, \quad +2, \quad \dfrac{1}{4}, \quad 0.7, \quad -\dfrac{5}{7}, \quad -2.1, \quad \dfrac{10}{3}$$

① 1개　　　　② 2개　　　　③ 3개
④ 4개　　　　⑤ 5개

0294 중

절댓값이 3 이상 $\dfrac{23}{5}$ 이하인 정수를 모두 구하시오.

0295 중

$|x|<4.5$를 만족시키는 정수 x의 개수는?

① 6　　　　② 7　　　　③ 8
④ 9　　　　⑤ 10

유형 10 절댓값이 같고 부호가 반대인 두 수

수직선 위에서 절댓값이 같고 부호가 반대인 두 수를 나타내는 두 점 사이의 거리가 a이다.

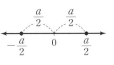

➡ 두 수를 나타내는 두 점은 0을 나타내는 점으로부터 서로 반대 방향으로 각각 $\dfrac{a}{2}$만큼 떨어져 있다.

➡ 두 수는 $\dfrac{a}{2}$, $-\dfrac{a}{2}$이다.

0296 대표문제

절댓값이 같고 부호가 반대인 두 수가 있다. 수직선 위에서 두 수를 나타내는 두 점 사이의 거리가 14일 때, 두 수 중 음수를 구하시오.

0297 중하

절댓값이 같고 부호가 반대인 두 수를 수직선 위에 점으로 나타내었더니 두 점 사이의 거리가 4이었다. 두 수를 구하시오.

0298 중 서술형

두 수 a, b가 다음 조건을 만족시킬 때, a의 값을 구하시오.

㈎ a와 b의 절댓값은 같다.
㈏ 두 수 a, b를 수직선 위에 점으로 나타내었을 때의 두 점 사이의 거리는 $\dfrac{16}{3}$이다.
㈐ $|a| = a$

 개념원리 중학 수학 1-1 60쪽

유형 11 수의 대소 관계

① (음수)<0<(양수)
② 두 양수 ➡ 절댓값이 큰 수가 크다.
③ 두 음수 ➡ 절댓값이 작은 수가 크다.

0299 대표문제

다음 중 옳은 것을 모두 고르면? (정답 2개)

① $-2 < 0$　　② $\dfrac{1}{3} < -1$　　③ $\dfrac{3}{7} > \dfrac{1}{2}$

④ $-3.8 > -4$　　⑤ $|-1.5| > \dfrac{7}{4}$

0300 중하

다음 중 □ 안에 알맞은 부등호가 나머지 넷과 다른 하나는?

① $-6 \ \square \ 1$　　　　　② $|3| \ \square \ |-4|$
③ $-1 \ \square \ 0$　　　　　④ $|-2| \ \square \ |-5|$
⑤ $-3 \ \square \ -8$

0301 중하

다음 수를 작은 수부터 차례로 나열할 때, 네 번째에 오는 수를 구하시오.

$$-\dfrac{2}{3}, \quad 2, \quad 0, \quad -3, \quad 0.7, \quad \dfrac{8}{5}$$

0302 중

다음 수에 대한 설명으로 옳지 <u>않은</u> 것은?

$$-\dfrac{4}{3}, \quad 5, \quad 0, \quad -2, \quad -4.1, \quad \dfrac{7}{3}$$

① 가장 큰 수는 5이다.
② 가장 작은 수는 -4.1이다.
③ 가장 큰 음수는 -2이다.
④ 절댓값이 가장 큰 수는 5이다.
⑤ 절댓값이 가장 작은 수는 0이다.

유형 12 부등호를 사용하여 나타내기

초과	a는 b보다 크다.	$a>b$
미만	a는 b보다 작다.	$a<b$
이상	a는 b보다 크거나 같다 (작지 않다).	$a\geq b$
이하	a는 b보다 작거나 같다 (크지 않다).	$a\leq b$

0303 대표문제

다음 중 옳지 <u>않은</u> 것은?

① x는 3보다 크거나 같다. ➡ $x\geq 3$

② x는 -2보다 크지 않다. ➡ $x<-2$

③ x는 2 이상 6 미만이다. ➡ $2\leq x<6$

④ x는 -1보다 크고 5보다 작다. ➡ $-1<x<5$

⑤ x는 -2보다 작지 않고 7 이하이다. ➡ $-2\leq x\leq 7$

0304 하

'x는 -4보다 작지 않고 5보다 크지 않다.'를 부등호를 사용하여 바르게 나타낸 것은?

① $-4<x<5$ ② $-4<x\leq 5$

③ $-4\leq x<5$ ④ $-4\leq x\leq 5$

⑤ $4<x<5$

0305 하

다음 중 $-\dfrac{1}{2}<x\leq\dfrac{3}{4}$을 나타내는 것을 모두 고르면?

(정답 2개)

① x는 $-\dfrac{1}{2}$보다 크고 $\dfrac{3}{4}$보다 작다.

② x는 $-\dfrac{1}{2}$보다 크고 $\dfrac{3}{4}$ 이하이다.

③ x는 $-\dfrac{1}{2}$ 이상이고 $\dfrac{3}{4}$ 미만이다.

④ x는 $-\dfrac{1}{2}$ 초과이고 $\dfrac{3}{4}$보다 크지 않다.

⑤ x는 $-\dfrac{1}{2}$보다 작지 않고 $\dfrac{3}{4}$보다 크지 않다.

유형 13 두 유리수 사이에 있는 정수

두 유리수 사이에 있는 정수를 찾을 때, 유리수가 분수로 주어진 경우 소수로 나타내면 쉽게 찾을 수 있다.

예) $-\dfrac{3}{2}$과 $\dfrac{4}{3}$ 사이에 있는 정수

➡ $-\dfrac{3}{2}=-1.5$, $\dfrac{4}{3}=1.333\cdots$이므로 -1, 0, 1이다.

0306 대표문제

두 유리수 $-\dfrac{7}{3}$과 $\dfrac{9}{4}$ 사이에 있는 정수의 개수는?

① 2   ② 3   ③ 4

④ 5   ⑤ 6

0307 중하

$-\dfrac{7}{2}<x\leq 4$를 만족시키는 정수 x의 개수를 구하시오.

0308 중 서술형

두 유리수 $-\dfrac{12}{5}$와 $\dfrac{5}{3}$ 사이에 있는 정수 중에서 절댓값이 가장 큰 수를 구하시오.

0309 상중

두 유리수 $\dfrac{1}{3}$과 $\dfrac{4}{5}$ 사이에 있는 유리수 중에서 분모가 15인 기약분수의 개수는?

① 1   ② 2   ③ 3

④ 4   ⑤ 5

유형UP 14 절댓값의 응용

① 절댓값은 수직선 위에서 0을 나타내는 점과 어떤 수를 나타내는 점 사이의 거리이다.
② $|x|=a\,(a>0) \Rightarrow x=a,\ -a$

0310 대표문제

다음 조건을 만족시키는 정수 a, b의 값을 구하시오.

㈎ $a<0$, $b>0$
㈏ b의 절댓값이 a의 절댓값의 2배이다.
㈐ 수직선 위에서 a, b를 나타내는 두 점 사이의 거리가 15이다.

0311 상중 서술형

다음 조건을 만족시키는 정수 a, b의 값을 구하시오.

㈎ $a>0$, $b<0$
㈏ b의 절댓값이 2이다.
㈐ a, b의 절댓값의 합이 5이다.

0312 상

부호가 반대인 두 정수 a, b에 대하여 $a>b$이고 a의 절댓값은 b의 절댓값의 4배이다. 수직선 위에서 a, b를 나타내는 두 점 사이의 거리가 10일 때, 정수 a, b의 값을 구하시오.

유형UP 15 조건을 만족시키는 수의 대소 관계

세 개 이상의 수의 대소 관계는 수직선 위에서 조건을 만족시키는 수를 생각하면 편리하다. 이때 수직선 위에서 오른쪽에 있는 수가 왼쪽에 있는 수보다 크다는 것을 이용한다.

0313 대표문제

다음 조건을 만족시키는 서로 다른 세 수 a, b, c의 대소 관계를 부등호를 사용하여 나타내시오.

㈎ a는 6보다 크다.
㈏ b와 c는 모두 -6보다 크다.
㈐ a는 c보다 -6에 더 가깝다.
㈑ b의 절댓값은 -6의 절댓값과 같다.

0314 상

다음 조건을 만족시키는 서로 다른 세 수 a, b, c의 대소 관계를 부등호를 사용하여 나타내시오.

㈎ a와 c는 모두 -4보다 크다.
㈏ b를 수직선 위에 나타내었을 때 4보다 오른쪽에 있다.
㈐ $|c|=|-4|$
㈑ a는 b보다 -4에서 더 멀리 떨어져 있다.

0315 상

다음 조건을 만족시키는 서로 다른 네 수 a, b, c, d의 대소 관계를 부등호를 사용하여 나타내시오.

㈎ a는 0보다 작다.
㈏ b는 c보다 크다.
㈐ a의 절댓값과 c의 절댓값은 같다.
㈑ d는 a, b, c, d 중 가장 작은 수이다.

시험에 꼭 나오는 문제

0316

다음 중 밑줄 친 부분을 양의 부호 + 또는 음의 부호 −를 사용하여 나타낸 것으로 옳지 <u>않은</u> 것은?

① 어느 산의 높이는 해발 1820 m이다. ➡ +1820 m
② 오늘 낮 최저 기온은 영하 5 ℃이다. ➡ −5 ℃
③ 약속 시간보다 30분 전에 도착하였다. ➡ +30분
④ 오늘 지각한 학생이 어제보다 3명 늘었다. ➡ +3명
⑤ 순이익이 지난달보다 10만 원 감소하였다.
    ➡ −10만 원

0317

다음 수 중에서

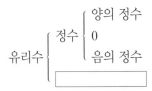

의 □에 해당하는 수의 개수를 구하시오.

$$-5, \quad 0, \quad +\frac{5}{3}, \quad 2, \quad -1.8, \quad -\frac{15}{5}$$

0318 중요

다음 수에 대한 설명으로 옳은 것을 모두 고르면?

(정답 2개)

$$2, \quad -\frac{8}{4}, \quad -4.8, \quad \frac{21}{3}, \quad 0, \quad -\frac{15}{2}$$

① 자연수는 1개이다.
② 양의 유리수는 2개이다.
③ 정수는 2개이다.
④ 유리수는 6개이다.
⑤ 정수가 아닌 유리수는 4개이다.

0319

다음 5명의 학생 중 옳은 설명을 한 학생은?

> 효상: 모든 정수는 자연수야.
> 우준: 음의 정수가 아닌 정수는 양의 정수야.
> 지성: 가장 작은 양의 정수는 1이야.
> 민구: 모든 유리수는 정수야.
> 윤호: 1과 3 사이에는 1개의 유리수가 있어.

① 효상   ② 우준   ③ 지성
④ 민구   ⑤ 윤호

0320

다음 중 수직선 위의 점 A, B, C, D, E가 나타내는 수로 옳지 <u>않은</u> 것은?

```
     A      B   C        D        E
  ───┼──┼──┼──┼──┼──┼──┼──┼──┼──┼──┼──┼──
    −3    −2   −1    0    1    2    3
```

① A: $-\frac{11}{4}$ ② B: $-\frac{3}{2}$ ③ C: -1

④ D: $\frac{1}{2}$ ⑤ E: $\frac{9}{4}$

0321 중요

수직선 위에서 −4와 6을 나타내는 두 점으로부터 같은 거리에 있는 점이 나타내는 수는?

① $-\frac{1}{2}$ ② 1   ③ $\frac{3}{2}$

④ 2   ⑤ $\frac{5}{2}$

0322

$|a|=8$, $|b|=3$이고 수직선 위에서 a와 b를 나타내는 점은 각각 0을 나타내는 점의 왼쪽과 오른쪽에 있을 때, a, b의 값을 구하시오.

0323 중요

다음 수를 수직선 위에 점으로 나타낼 때, 0을 나타내는 점에서 가장 가까운 것은?

① $-\dfrac{7}{2}$ ② 3   ③ -2.8

④ $\dfrac{5}{3}$ ⑤ -2

0324

절댓값이 $\dfrac{2}{3}$ 이상 4 미만인 정수의 개수는?

① 5   ② 6   ③ 7
④ 8   ⑤ 9

0325

$\left|\dfrac{n}{2}\right|<1$을 만족시키는 정수 n의 값을 모두 구하시오.

0326

절댓값이 같고 부호가 반대인 두 수 a, b가 있다.
$a=\left|-\dfrac{5}{2}\right|$일 때, 수직선 위에서 a, b를 나타내는 두 점 사이의 거리를 구하시오.

0327 중요

다음 중 옳지 <u>않은</u> 것을 모두 고르면? (정답 2개)

① 절댓값이 가장 작은 수는 0이다.
② 절댓값이 같은 두 수는 서로 같은 수이다.
③ 양수의 절댓값은 자기 자신과 같다.
④ 음수는 절댓값이 클수록 작다.
⑤ $a>b$이면 $|a|>|b|$이다.

0328

다음 중 두 수의 대소 관계가 옳은 것은?

① $\frac{1}{3} > \frac{1}{2}$ ② $-\frac{1}{2} > -\frac{1}{5}$ ③ $0 < -\frac{1}{2}$

④ $|-4| < 0$ ⑤ $|-5| > |3|$

0329 중요

다음 수에 대한 설명으로 옳은 것을 모두 고르면?

(정답 2개)

$$3.1, \quad -5, \quad \frac{11}{2}, \quad -\frac{9}{3}, \quad -2.7, \quad 0$$

① 가장 큰 수는 $\frac{11}{2}$이다.

② 가장 작은 수는 $-\frac{9}{3}$이다.

③ 수직선 위에 나타내었을 때, 왼쪽에서 세 번째에 오는 수는 0이다.

④ 가장 큰 음수는 -5이다.

⑤ 절댓값이 두 번째로 작은 수는 -2.7이다.

0330

다음 중 옳지 않은 것은?

① x는 5보다 크지 않다. ➡ $x \leq 5$

② x는 -3 미만이다. ➡ $x < -3$

③ x는 -2 이상 6 이하이다. ➡ $-2 \leq x \leq 6$

④ x는 -1보다 작지 않고 3보다 작다. ➡ $-1 < x < 3$

⑤ x는 -1보다 크고 8 미만이다. ➡ $-1 < x < 8$

0331 중요

두 유리수 $-\frac{9}{2}$와 $\frac{7}{3}$ 사이에 있는 정수의 개수는?

① 6 ② 7 ③ 8

④ 9 ⑤ 10

0332

다음 조건을 만족시키는 a의 값을 구하시오.

㈎ a는 -3보다 작지 않고 2보다 작은 정수이다.
㈏ $|a| > 2$

0333

두 유리수 $-\frac{2}{3}$와 $\frac{1}{4}$ 사이에 있는 정수가 아닌 유리수 중에서 기약분수로 나타내었을 때, 분모가 12인 유리수의 개수를 구하시오.

0334

수직선 위에서 두 정수 a, b를 나타내는 두 점의 한가운데에 있는 점이 나타내는 수가 -1이다. a의 절댓값이 5일 때, b의 값을 모두 구하시오.

0335

$-\dfrac{8}{5}$보다 작은 수 중에서 가장 큰 정수를 a라 할 때, a와 절댓값이 같으면서 부호가 반대인 수를 구하시오.

0336 중요

수직선 위에서 $-\dfrac{7}{3}$에 가장 가까운 정수를 a, $\dfrac{13}{4}$에 가장 가까운 정수를 b라 할 때, a보다 크고 b보다 크지 않은 정수의 개수를 구하시오.

0337

$-\dfrac{9}{2} \leq x \leq 3$을 만족시키는 정수 x 중 절댓값이 가장 큰 수를 a, 절댓값이 가장 작은 수를 b라 할 때, $|a|-|b|$의 값을 구하시오.

0338

유리수 x에 대하여

$$\langle x \rangle = \begin{cases} 1 \ (x \text{는 정수}) \\ 2 \ (x \text{는 정수가 아닌 유리수}) \end{cases}$$

라 할 때, $\langle -5 \rangle + \langle 1.8 \rangle - \left\langle \dfrac{54}{9} \right\rangle$의 값을 구하시오.

0339

$a < b$인 두 정수 a, b에 대하여 $|a| + |b| = 4$를 만족시키는 a, b를 (a, b)로 나타낼 때, (a, b)의 개수를 구하시오.

0340

부호가 반대인 두 수 a, b에 대하여 $|a| = 2 \times |b|$이고 수직선에서 a, b를 나타내는 두 점 사이의 거리가 12이다. $a > b$일 때, a, b의 값을 구하시오.

0341

다음 조건을 만족시키는 서로 다른 세 수 a, b, c의 대소 관계를 부등호를 사용하여 나타내시오.

㉮ c는 6보다 크다.

㉯ b는 c보다 0에서 더 멀리 떨어져 있다.

㉰ a와 b는 모두 -3보다 크다.

㉱ a의 절댓값은 -3의 절댓값과 같다.

04 정수와 유리수의 계산

04-1 유리수의 덧셈

(1) 부호가 같은 두 수의 덧셈: 두 수의 절댓값의 합에 공통인 부호를 붙인다.

예 $(+3)+(+5)=+(3+5)=+8$,　$(-3)+(-5)=-(3+5)=-8$
（공통인 부호 / 절댓값의 합）

(2) 부호가 다른 두 수의 덧셈: 두 수의 절댓값의 차에 절댓값이 큰 수의 부호를 붙인다.

예 $(-2)+(+7)=+(7-2)=+5$,　$(+2)+(-7)=-(7-2)=-5$
（절댓값이 큰 수의 부호 / 절댓값의 차）

(3) 덧셈의 계산 법칙: 세 수 a, b, c에 대하여
　① 덧셈의 **교환법칙**: $a+b=b+a$
　② 덧셈의 **결합법칙**: $(a+b)+c=a+(b+c)$

04-2 유리수의 뺄셈

두 수의 뺄셈은 빼는 수의 부호를 바꾸어 덧셈으로 고쳐서 계산한다.

예 $(-4)-(+6)=(-4)+(-6)=-(4+6)=-10$
（덧셈으로 고친다. / 부호를 바꾼다.）

$(-4)-(-6)=(-4)+(+6)=+(6-4)=+2$
（덧셈으로 고친다. / 부호를 바꾼다.）

주의 뺄셈에서는 교환법칙과 결합법칙이 성립하지 않는다.

04-3 덧셈과 뺄셈의 혼합 계산

(1) 덧셈과 뺄셈의 혼합 계산
　❶ 뺄셈은 모두 덧셈으로 고친다.
　❷ 덧셈의 계산 법칙을 이용하여 계산한다.
　　　　　　　　　　　　　　　━━━━→ 덧셈의 교환법칙, 덧셈의 결합법칙

(2) 부호가 생략된 수의 덧셈과 뺄셈
　❶ 생략된 양의 부호 $+$와 괄호를 넣는다.
　❷ 뺄셈은 모두 덧셈으로 고친다.
　❸ 덧셈의 계산 법칙을 이용하여 계산한다.

예 $3-8+10-6$
$=(+3)-(+8)+(+10)-(+6)$ ❶ 생략된 양의 부호 $+$와 괄호 넣기
$=(+3)+(-8)+(+10)+(-6)$ ❷ 뺄셈을 덧셈으로 고치기
$=\{(+3)+(+10)\}+\{(-8)+(-6)\}$ ❸ 덧셈의 교환법칙, 결합법칙 이용
$=(+13)+(-14)$
$=-1$

개념플러스 ✐

분모가 다른 분수의 덧셈은 분모의 최소공배수로 통분하여 계산한다.

어떤 수 a에 대하여
$a+(-a)=0$
$a+0=a$, $0+a=a$

세 수의 덧셈에서는 $(a+b)+c$와 $a+(b+c)$의 결과가 같으므로 보통 괄호를 사용하지 않고 $a+b+c$로 나타낸다.

$\triangle-(+\square)=\triangle+(-\square)$
$\triangle-(-\square)=\triangle+(+\square)$

어떤 수 a에 대하여
$a-0=a$

양수는 양수끼리, 음수는 음수끼리 모아서 계산하면 편리하다.

교과서문제 정복하기

04-1 유리수의 덧셈

[0342~0349] 다음을 계산하시오.

0342 $(+5)+(+4)$

0343 $(-4)+(-9)$

0344 $(-2)+(+10)$

0345 $(+1)+(-6)$

0346 $\left(-\dfrac{3}{4}\right)+\left(-\dfrac{1}{3}\right)$

0347 $\left(+\dfrac{1}{2}\right)+\left(-\dfrac{3}{8}\right)$

0348 $(-3.3)+(+2.7)$

0349 $(-1.6)+(-5.4)$

[0350~0352] 다음을 계산하시오.

0350 $(-3)+(+11)+(-7)$

0351 $\left(-\dfrac{5}{2}\right)+\left(+\dfrac{3}{5}\right)+\left(+\dfrac{1}{15}\right)$

0352 $(-4.6)+(+1.4)+(-2.8)$

04-2 유리수의 뺄셈

[0353~0360] 다음을 계산하시오.

0353 $(+4)-(+7)$

0354 $(-8)-(+6)$

0355 $(+2)-(-5)$

0356 $(-6)-(-10)$

0357 $\left(+\dfrac{1}{6}\right)-\left(-\dfrac{3}{5}\right)$

0358 $\left(-\dfrac{2}{3}\right)-\left(-\dfrac{3}{5}\right)$

0359 $(+2.8)-(+5.3)$

0360 $(-1.5)-(-6.1)$

[0361~0363] 다음을 계산하시오.

0361 $(+15)-(-3)-(+8)$

0362 $\left(-\dfrac{1}{2}\right)-\left(+\dfrac{1}{3}\right)-(-1)$

0363 $(-1.2)-(+7.2)-(-5.4)$

04-3 덧셈과 뺄셈의 혼합 계산

[0364~0367] 다음을 계산하시오.

0364 $(-2)-(-10)+(+3)$

0365 $\left(-\dfrac{2}{7}\right)-\left(+\dfrac{5}{14}\right)+\left(-\dfrac{3}{2}\right)$

0366 $(-1.8)+(-5.6)-(-2.4)$

0367 $(+7)+\left(-\dfrac{4}{3}\right)-(-3)-\left(+\dfrac{2}{3}\right)$

[0368~0371] 다음을 계산하시오.

0368 $4-9+2$

0369 $-\dfrac{1}{6}+\dfrac{2}{3}-\dfrac{1}{5}$

0370 $-2.4-4.7+8.1$

0371 $1.5-4-8.5+1$

04 정수와 유리수의 계산

04-4 유리수의 곱셈

(1) **부호가 같은 두 수의 곱셈**: 두 수의 절댓값의 곱에 양의 부호 $+$를 붙인다.

부호가 같으면 $+$

예 $(+2) \times (+5) = +(2 \times 5) = +10$,   부호가 같으면 $+$ $(-2) \times (-5) = +(2 \times 5) = +10$
절댓값의 곱   절댓값의 곱

(2) **부호가 다른 두 수의 곱셈**: 두 수의 절댓값의 곱에 음의 부호 $-$를 붙인다.

부호가 다르면 $-$

예 $(+2) \times (-5) = -(2 \times 5) = -10$,   부호가 다르면 $-$ $(-2) \times (+5) = -(2 \times 5) = -10$
절댓값의 곱   절댓값의 곱

(3) **곱셈의 계산 법칙**: 세 수 a, b, c에 대하여
  ① 곱셈의 **교환법칙**: $a \times b = b \times a$
  ② 곱셈의 **결합법칙**: $(a \times b) \times c = a \times (b \times c)$

(4) **세 개 이상의 수의 곱셈**
  ❶ 먼저 곱의 부호를 결정한다. ➡ 곱해진 음수가 $\begin{cases} \text{짝수 개이면 부호는 } + \\ \text{홀수 개이면 부호는 } - \end{cases}$
  ❷ 각 수의 절댓값의 곱에 ❶에서 결정된 부호를 붙인다.

(5) **덧셈에 대한 곱셈의 분배법칙**: 세 수 a, b, c에 대하여
  ① $a \times (b+c) = a \times b + a \times c$
  ② $(a+b) \times c = a \times c + b \times c$

04-5 유리수의 나눗셈

(1) **부호가 같은 두 수의 나눗셈**: 두 수의 절댓값의 나눗셈의 몫에 양의 부호 $+$를 붙인다.
(2) **부호가 다른 두 수의 나눗셈**: 두 수의 절댓값의 나눗셈의 몫에 음의 부호 $-$를 붙인다.
(3) **역수**: 두 수의 곱이 1일 때, 한 수를 다른 수의 역수라 한다.   예 $-\dfrac{1}{2}$의 역수 ➡ -2
(4) **역수를 이용한 나눗셈**: 나누는 수의 역수를 이용하여 곱셈으로 고쳐서 계산한다.

곱셈으로 고친다.

예 $(+12) \div \left(-\dfrac{2}{3}\right) = (+12) \times \left(-\dfrac{3}{2}\right) = -\left(12 \times \dfrac{3}{2}\right) = -18$

역수로 바꾼다.

04-6 덧셈, 뺄셈, 곱셈, 나눗셈의 혼합 계산

(1) **곱셈과 나눗셈의 혼합 계산**
  ❶ 거듭제곱이 있으면 거듭제곱을 먼저 계산한다.
  ❷ 나눗셈은 역수를 이용하여 곱셈으로 고쳐서 계산한다.

(2) **덧셈, 뺄셈, 곱셈, 나눗셈의 혼합 계산**
  ❶ 거듭제곱이 있으면 거듭제곱을 먼저 계산한다.
  ❷ 괄호가 있으면 괄호 안을 먼저 계산한다.
    이때 소괄호 (   ) ➡ 중괄호 {   } ➡ 대괄호 [   ]의 순서로 계산한다.
  ❸ 곱셈, 나눗셈을 계산한다.
  ❹ 덧셈, 뺄셈을 계산한다.

개념플러스 ✏

$\left.\begin{array}{r} + \times + \\ - \times - \end{array}\right\} \Rightarrow +$

$\left.\begin{array}{r} + \times - \\ - \times + \end{array}\right\} \Rightarrow -$

어떤 수 a에 대하여
  $a \times 0 = 0$, $0 \times a = 0$

세 수의 곱셈에서는 $(a \times b) \times c$와 $a \times (b \times c)$의 결과가 같으므로 보통 괄호를 사용하지 않고 $a \times b \times c$로 나타낸다.

$a > 0$일 때, $(-a)^n$의 계산
  ① n이 짝수 ➡ $(-a)^n = a^n$
  ② n이 홀수 ➡ $(-a)^n = -a^n$

$\left.\begin{array}{r} + \div + \\ - \div - \end{array}\right\} \Rightarrow +$

$\left.\begin{array}{r} + \div - \\ - \div + \end{array}\right\} \Rightarrow -$

역수 구하는 방법
  ① 정수는 분모가 1인 분수로 생각하여 구한다.
  ② 소수는 분수로 바꾸어 구한다.
  ③ 대분수는 가분수로 바꾸어 구한다.

$\boxed{\text{거듭제곱}}$
↓
$\boxed{\text{괄호}}$
↓
$\boxed{\times, \div}$
↓
$\boxed{+, -}$

정답 및 풀이 28쪽

교과서문제 정복하기

04-4 유리수의 곱셈

[0372~0378] 다음을 계산하시오.

0372 $(+2) \times (+8)$

0373 $(+4) \times (-2)$

0374 $(-8) \times (+5)$

0375 $(-5) \times (-10)$

0376 $\left(+\dfrac{1}{4}\right) \times \left(-\dfrac{8}{3}\right)$

0377 $\left(-\dfrac{12}{5}\right) \times \left(+\dfrac{5}{6}\right)$

0378 $(-0.4) \times (-15)$

[0379~0380] 다음을 계산하시오.

0379 $\left(+\dfrac{5}{12}\right) \times \left(-\dfrac{3}{2}\right) \times (-8)$

0380 $(-3) \times (+2) \times (-5) \times (-4)$

[0381~0384] 다음을 계산하시오.

0381 -2^2 **0382** $(-2)^4$

0383 $\left(-\dfrac{1}{5}\right)^2$ **0384** $\left(-\dfrac{1}{3}\right)^3$

04-5 유리수의 나눗셈

[0385~0388] 다음을 계산하시오.

0385 $(+10) \div (+5)$

0386 $(+24) \div (-6)$

0387 $(-20) \div (+2)$

0388 $(-48) \div (-3)$

[0389~0392] 다음 수의 역수를 구하시오.

0389 3 **0390** $-\dfrac{7}{15}$

0391 -2.9 **0392** $1\dfrac{3}{5}$

[0393~0396] 다음을 계산하시오.

0393 $\left(+\dfrac{5}{3}\right) \div \left(+\dfrac{1}{9}\right)$

0394 $\left(-\dfrac{3}{10}\right) \div \left(+\dfrac{3}{2}\right)$

0395 $(-12) \div \left(-\dfrac{6}{5}\right)$

0396 $(+9) \div (-1.5)$

04-6 덧셈, 뺄셈, 곱셈, 나눗셈의 혼합 계산

[0397~0398] 다음을 계산하시오.

0397 $(+2) \div \left(-\dfrac{10}{3}\right) \times \left(+\dfrac{20}{9}\right)$

0398 $(-10) \times \left(-\dfrac{3}{5}\right) \div \left(+\dfrac{6}{7}\right)$

0399 다음 식의 계산 순서를 차례대로 나열하시오.

$$\frac{3}{5} - \frac{2}{3} \times \left\{ \left(\frac{2}{3} + 1 \right) \div \frac{4}{9} \right\}$$

순서: ㉠ ㉡ ㉢ ㉣

[0400~0402] 다음을 계산하시오.

0400 $9 - (-2)^3 \div 1.6$

0401 $\dfrac{1}{3} \div (-5) + \left(-\dfrac{2}{3}\right)^2 \times \dfrac{6}{5}$

0402 $1 - \dfrac{1}{2} \times \left\{ (-6)^2 \times \dfrac{1}{2} + 9 \div \left(-\dfrac{3}{4}\right) \right\}$

유형 익히기

유형 01 유리수의 덧셈

(1) 부호가 같은 두 수의 덧셈
→ 두 수의 절댓값의 합에 공통인 부호를 붙인다.
(2) 부호가 다른 두 수의 덧셈
→ 두 수의 절댓값의 차에 절댓값이 큰 수의 부호를 붙인다.

0403 대표문제

다음 중 계산 결과가 옳은 것은?

① $(-7)+(-5)=12$　② $(+10)+(-3)=-7$

③ $\left(-\dfrac{1}{6}\right)+\left(-\dfrac{1}{3}\right)=\dfrac{1}{2}$　④ $(+0.5)+\left(-\dfrac{1}{2}\right)=0$

⑤ $(-6.3)+(+1.2)=5.1$

0404 하

다음 중 오른쪽 수직선으로 설명할 수 있는 덧셈식은?

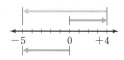

① $(+4)+(+5)=+9$　② $(+4)+(-9)=-5$

③ $(-9)+(+5)=-4$　④ $(-4)+(-5)=-9$

⑤ $(-4)+(+9)=+5$

0405 중하

다음 중 계산 결과가 옳지 <u>않은</u> 것은?

① $(-8)+(-6)=-14$

② $(-25)+(+13)=-12$

③ $(+6.5)+(-0.5)=6$

④ $\left(+\dfrac{3}{5}\right)+\left(+\dfrac{5}{6}\right)=\dfrac{43}{30}$

⑤ $\left(-\dfrac{1}{12}\right)+\left(+\dfrac{1}{3}\right)=-\dfrac{1}{4}$

유형 02 덧셈의 계산 법칙

세 수 a, b, c에 대하여
① 덧셈의 교환법칙: $a+b=b+a$
② 덧셈의 결합법칙: $(a+b)+c=a+(b+c)$

0406 대표문제

다음 계산 과정에서 ㉠, ㉡에 이용된 덧셈의 계산 법칙을 말하시오.

$$(+5)+\left(-\dfrac{1}{3}\right)+(-7)+\left(+\dfrac{4}{3}\right)$$
$$=(+5)+(-7)+\left(-\dfrac{1}{3}\right)+\left(+\dfrac{4}{3}\right) \Big\}㉠$$
$$=\{(+5)+(-7)\}+\left\{\left(-\dfrac{1}{3}\right)+\left(+\dfrac{4}{3}\right)\right\} \Big\}㉡$$
$$=(-2)+(+1)=-1$$

0407 중하

다음 계산 과정에서 (가)~(라)에 알맞은 것을 구하시오.

$$(-6.3)+(+3)+(-4.7)$$
$$=(-6.3)+(-4.7)+(+3) \Big\}덧셈의 \boxed{(가)} 법칙$$
$$=\{(-6.3)+(-4.7)\}+(+3) \Big\}덧셈의 \boxed{(나)} 법칙$$
$$=(\boxed{(다)})+(+3)=\boxed{(라)}$$

0408 중 서술형

다음을 덧셈의 교환법칙과 결합법칙을 이용하여 계산하시오.

$$\left(+\dfrac{11}{5}\right)+(-1)+\left(+\dfrac{4}{5}\right)$$

유형 03 유리수의 뺄셈

뺄셈은 빼는 수의 부호를 바꾸어 덧셈으로 고쳐서 계산한다.

➡ $△-(+□)=△+(-□)$, $△-(-□)=△+(+□)$

┌ 덧셈으로 고친다. ↓

예 $(-2)-(-5)=(-2)+(+5)=+3$

└ 부호를 바꾼다. ↑

0409 대표문제

다음 중 계산 결과가 옳지 <u>않은</u> 것은?

① $(+5)-(+8)=-3$

② $(-10)-(-10)=0$

③ $\left(+\dfrac{2}{3}\right)-\left(-\dfrac{5}{6}\right)=\dfrac{3}{2}$

④ $(-3.8)-(-1.9)=-1.9$

⑤ $\left(-\dfrac{1}{2}\right)-(+3.5)=3$

0410 종하

다음 중 오른쪽 수직선으로 설명할 수 있는 계산식을 모두 고르면? (정답 2개)

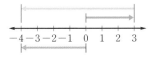

① $(-7)+(-3)=-10$

② $(+3)-(+7)=-4$

③ $(-4)-(+3)=-7$

④ $(-4)+(-3)=-7$

⑤ $(+3)+(-7)=-4$

0411 종 서술형

다음 수 중에서 절댓값이 가장 큰 수를 a, 절댓값이 가장 작은 수를 b라 할 때, $a-b$의 값을 구하시오.

$$2.1, \quad -\dfrac{10}{3}, \quad \dfrac{5}{2}, \quad \dfrac{9}{4}, \quad -\dfrac{3}{2}$$

유형 04 덧셈과 뺄셈의 혼합 계산

❶ 뺄셈은 모두 덧셈으로 고친다.

❷ 덧셈의 계산 법칙을 이용하여 계산한다. 이때 양수는 양수끼리, 음수는 음수끼리 모아서 계산하면 편리하다.

0412 대표문제

다음 중 계산 결과가 옳은 것을 모두 고르면? (정답 2개)

① $(+6)+(-9)-(-2)=-1$

② $(-1.8)-(+3.2)+(+8)=4$

③ $(-3.6)+(+5.4)-(-7.2)=8.8$

④ $\left(-\dfrac{3}{4}\right)-(-1)+\left(-\dfrac{1}{4}\right)=-2$

⑤ $\left(+\dfrac{7}{9}\right)-\left(+\dfrac{5}{6}\right)+\left(-\dfrac{1}{2}\right)=-\dfrac{5}{9}$

0413 종하

$(-8)+(+1.3)-(+5)-(-4.7)$을 계산하면?

① -9 ② -7 ③ -5

④ -3 ⑤ -1

0414 종

다음 중 계산 결과가 옳지 <u>않은</u> 것은?

① $\left(+\dfrac{1}{2}\right)-\left(-\dfrac{3}{8}\right)+\left(-\dfrac{1}{4}\right)=\dfrac{5}{8}$

② $(-1.3)+(+0.7)-(+4.2)=-4.8$

③ $\left(-\dfrac{3}{5}\right)-\left(-\dfrac{1}{3}\right)+\left(-\dfrac{11}{15}\right)=1$

④ $\left(+\dfrac{1}{4}\right)+(-0.5)-(+0.75)=-1$

⑤ $\left(+\dfrac{2}{3}\right)+\left(-\dfrac{1}{2}\right)+\left(-\dfrac{1}{3}\right)-\left(-\dfrac{5}{6}\right)=\dfrac{2}{3}$

유형 05 부호가 생략된 수의 덧셈과 뺄셈

❶ 생략된 양의 부호 +와 괄호를 넣은 후 뺄셈은 모두 덧셈으로 고친다.
❷ 덧셈의 계산 법칙을 이용하여 계산한다.

0415 대표문제

다음 중 계산 결과가 가장 큰 것은?

① $2-5+\dfrac{1}{2}$

② $-\dfrac{1}{3}+4+\dfrac{5}{3}$

③ $8.5-9+4.5$

④ $-\dfrac{5}{2}-\dfrac{5}{6}+\dfrac{4}{3}$

⑤ $-1+\dfrac{9}{2}-\dfrac{1}{4}$

0416 중하

$-15+16+7-35-3+5$를 계산하면?

① -30 ② -25 ③ -18
④ 26 ⑤ 35

0417 중

다음을 계산하시오.

$$-\dfrac{1}{2}+1-\dfrac{1}{5}+\dfrac{3}{10}-1.6$$

0418 중

$A=\dfrac{3}{4}-1+\dfrac{2}{3}-\dfrac{1}{2}$, $B=-0.7-2-4.3+7.5$일 때, $A+B$의 값을 구하시오.

중요 유형 06 어떤 수보다 A만큼 큰 수 또는 작은 수

(1) 어떤 수보다 A만큼 큰 수 ➡ (어떤 수) $+A$

　예 2보다 5만큼 큰 수는　　$2+5$
　　 2보다 -5만큼 큰 수는　$2+(-5)$

(2) 어떤 수보다 A만큼 작은 수 ➡ (어떤 수) $-A$

　예 2보다 5만큼 작은 수는　　$2-5$
　　 2보다 -5만큼 작은 수는　$2-(-5)$

0419 대표문제

6보다 -3만큼 큰 수를 a, $\dfrac{1}{3}$보다 $\dfrac{1}{2}$만큼 작은 수를 b라 할 때, $a-b$의 값은?

① $\dfrac{5}{3}$ ② $\dfrac{13}{6}$ ③ $\dfrac{8}{3}$

④ $\dfrac{19}{6}$ ⑤ 4

0420 중하

-1보다 6만큼 큰 수를 a라 할 때, a보다 -4만큼 작은 수를 구하시오.

0421 중

다음 중 가장 큰 수는?

① $-\dfrac{1}{2}$보다 3만큼 큰 수

② -3보다 $-\dfrac{11}{4}$만큼 작은 수

③ 6보다 $-\dfrac{4}{3}$만큼 작은 수

④ $\dfrac{6}{5}$보다 4만큼 작은 수

⑤ $-\dfrac{2}{3}$보다 $\dfrac{9}{2}$만큼 큰 수

0422 중 서술형

$\dfrac{2}{3}$보다 $-\dfrac{1}{2}$만큼 작은 수를 a, $-\dfrac{3}{4}$보다 $\dfrac{4}{3}$만큼 큰 수를 b라 할 때, $b-a$의 값을 구하시오.

유형 07 덧셈과 뺄셈 사이의 관계

덧셈과 뺄셈 사이의 관계를 이용한다.
(1) $\square + A = B \Rightarrow \square = B - A$
(2) $\square - A = B \Rightarrow \square = B + A$

0423 대표문제

두 수 a, b에 대하여 $a - \left(-\dfrac{1}{2} \right) = \dfrac{2}{5}$, $b + \left(-\dfrac{3}{10} \right) = -2$ 일 때, $a + b$의 값은?

① $-\dfrac{9}{5}$　　② -1　　③ $-\dfrac{1}{5}$

④ 1　　⑤ $\dfrac{9}{5}$

0424 중하

$-\dfrac{5}{4} - \square = -3$일 때, $\square$ 안에 알맞은 수를 구하시오.

0425 중

두 수 A, B에 대하여 $A + (-5) = -2$, $1.5 - B = 4.5$일 때, $A - B$의 값을 구하시오.

0426 상중

$-\dfrac{1}{2} + \square - \left(+\dfrac{1}{3} \right) = \dfrac{7}{6}$일 때, $\square$ 안에 알맞은 수를 구하시오.

유형 08 바르게 계산한 답 구하기; 덧셈, 뺄셈

유리수의 덧셈과 뺄셈에서 바르게 계산한 답은 다음과 같은 순서로 구한다.
❶ 어떤 유리수를 $\square$라 하고 식을 세운다.
❷ $\square$를 구한다.
❸ 바르게 계산한 답을 구한다.

0427 대표문제

어떤 유리수에서 $-\dfrac{2}{3}$를 빼야 할 것을 잘못하여 더했더니 그 결과가 $\dfrac{2}{3}$가 되었다. 바르게 계산한 답을 구하시오.

0428 중

4에서 어떤 유리수를 빼야 할 것을 잘못하여 더했더니 그 결과가 -9가 되었다. 다음 물음에 답하시오.

(1) 어떤 유리수를 구하시오.
(2) 바르게 계산한 답을 구하시오.

0429 중 서술형

어떤 유리수에 $\dfrac{1}{5}$을 더해야 할 것을 잘못하여 뺐더니 그 결과가 $-\dfrac{1}{4}$이 되었다. 바르게 계산한 답을 구하시오.

유형 09 절댓값이 주어진 두 수의 덧셈과 뺄셈

$|a|=m$, $|b|=n$ $(m>0, n>0)$이면
$a=m$ 또는 $a=-m$, $b=n$ 또는 $b=-n$

	가장 큰 값	가장 작은 값
$a+b$	$m+n$	$-m+(-n)$
$a-b$	$m-(-n)$	$-m-n$

0430 대표문제

a의 절댓값이 $\dfrac{5}{6}$이고 b의 절댓값이 $\dfrac{2}{3}$일 때, $a+b$의 값 중에서 가장 작은 값을 구하시오.

0431 중

a의 절댓값은 2이고 b의 절댓값은 7일 때, $a+b$의 값 중에서 가장 큰 값은?

① -14 ② -9 ③ -7
④ 9 ⑤ 14

0432 중

두 수 a, b에 대하여 $|a|=3$, $|b|=6$일 때, $a-b$의 값 중에서 가장 큰 값을 구하시오.

0433 상중 서술형

두 수 a, b에 대하여 $|a|=\dfrac{3}{2}$, $|b|=\dfrac{2}{3}$일 때, $a-b$의 값 중에서 가장 큰 값을 M, 가장 작은 값을 m이라 하자. 이때 $M-m$의 값을 구하시오.

유형 10 덧셈과 뺄셈의 활용 (1)

주어진 상황을 덧셈과 뺄셈으로 나타낸다. 이때
기준보다 증가하거나 커지면 ➡ +
기준보다 감소하거나 작아지면 ➡ -
로 나타낸다.

0434 대표문제

다음 표는 어느 박물관의 입장객 수를 전날과 비교하여 증가했으면 부호 +, 감소했으면 부호 -를 사용하여 나타낸 것이다. 수요일의 입장객이 700명이었을 때, 일요일의 입장객은 몇 명인지 구하시오.

목요일	금요일	토요일	일요일
-50명	$+250$명	$+300$명	-150명

0435 중

다음 표는 5월 4일부터 7일까지 신이의 몸무게를 전날과 비교하여 증가했으면 부호 +, 감소했으면 부호 -를 사용하여 나타낸 것이다. 5월 3일의 몸무게가 50 kg이었을 때, 5월 7일의 몸무게를 구하시오.

4일	5일	6일	7일
$+0.8$ kg	-1.5 kg	$+0.3$ kg	-0.6 kg

0436 상중

다음 표는 어떤 빵의 당일 판매량을 전날과 비교하여 증가했으면 부호 +, 감소했으면 부호 -를 사용하여 나타낸 것이다. 금요일에 300개의 빵이 판매되었다고 할 때, 월요일에 판매된 빵은 몇 개인지 구하시오.

화요일	수요일	목요일	금요일
-30개	-45개	-15개	$+70$개

정답 및 풀이 32쪽

중요 유형 **11** 덧셈과 뺄셈의 활용 (2)

❶ 수가 전부 주어진 변에서 한 변에 놓인 수의 합을 구한다.

❷ 나머지 변의 수의 합이 ❶의 결과와 같음을 이용한다.

0437 대표문제

오른쪽 그림에서 삼각형의 한 변에 놓인 네 수의 합이 모두 같을 때, $A-B$의 값을 구하시오.

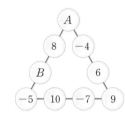

0438 중

오른쪽 표에서 가로, 세로, 대각선에 있는 세 수의 합이 모두 같을 때, a, b의 값을 구하시오.

2		b
	a	
0	1	-4

0439 상중 서술형

오른쪽 그림과 같은 전개도로 정육면체를 만들었다. 마주 보는 면에 적힌 두 수의 합이 $-\dfrac{1}{4}$일 때, $a+b-c$의 값을 구하시오.

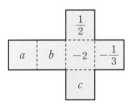

중요 유형 **12** 유리수의 곱셈

❶ 먼저 곱의 부호를 결정한다.

➡ 곱해진 음수가 { 짝수 개 ➡ $+$ / 홀수 개 ➡ $-$

❷ 각 수의 절댓값의 곱에 ❶에서 결정된 부호를 붙인다.

0440 대표문제

다음 중 계산 결과가 옳지 <u>않은</u> 것은?

① $(-5) \times (-1.4) = 7$

② $\left(+\dfrac{5}{7}\right) \times \left(-\dfrac{14}{15}\right) = -\dfrac{2}{3}$

③ $0 \times \left(-\dfrac{1}{3}\right) = 0$

④ $(+15) \times \left(-\dfrac{3}{5}\right) \times \left(+\dfrac{2}{3}\right) = -8$

⑤ $\left(-\dfrac{5}{6}\right) \times \left(-\dfrac{3}{10}\right) \times \left(+\dfrac{2}{7}\right) = \dfrac{1}{14}$

0441 중하

다음 중 계산 결과가 가장 작은 것은?

① $(-3) \times (-5)$
② $(+7) \times (-4)$

③ $(-6) \times (+9)$
④ $\left(-\dfrac{1}{2}\right) \times (-12)$

⑤ $(+10) \times (-4.5)$

0442 중

$A = \left(+\dfrac{2}{3}\right) \times \left(-\dfrac{15}{4}\right)$, $B = (-1.5) \times \left(+\dfrac{8}{3}\right) \times \left(-\dfrac{3}{2}\right)$

일 때, $A \times B$의 값을 구하시오.

0443 상중

$\left(-\dfrac{1}{3}\right) \times \left(-\dfrac{3}{5}\right) \times \left(-\dfrac{5}{7}\right) \times \cdots \times \left(-\dfrac{23}{25}\right)$을 계산하시오.

04 정수와 유리수의 계산

유형 13 곱셈의 계산 법칙

세 수 a, b, c에 대하여
① 곱셈의 교환법칙: $a \times b = b \times a$
② 곱셈의 결합법칙: $(a \times b) \times c = a \times (b \times c)$

0444 대표문제

다음 계산 과정에서 ㉠, ㉡에 이용된 곱셈의 계산 법칙을 말하시오.

$$\left(-\frac{1}{4}\right) \times (-3) \times \left(+\frac{8}{3}\right)$$
$$= (-3) \times \left(-\frac{1}{4}\right) \times \left(+\frac{8}{3}\right) \quad ㉠$$
$$= (-3) \times \left\{\left(-\frac{1}{4}\right) \times \left(+\frac{8}{3}\right)\right\} \quad ㉡$$
$$= (-3) \times \left(-\frac{2}{3}\right) = 2$$

0445 중하

다음 계산 과정에서 ㈎~㈐에 알맞은 것을 구하시오.

$$\left(+\frac{3}{2}\right) \times (-7) \times \left(-\frac{10}{3}\right) \times (+2)$$
곱셈의 ㈎ 법칙
$$= \left(+\frac{3}{2}\right) \times \left(-\frac{10}{3}\right) \times (-7) \times (+2)$$
곱셈의 ㈏ 법칙
$$= \left\{\left(+\frac{3}{2}\right) \times \left(-\frac{10}{3}\right)\right\} \times \{(-7) \times (+2)\}$$
$$= (-5) \times (\boxed{㈐}) = \boxed{㈑}$$

0446 중 서술형

다음을 곱셈의 교환법칙과 결합법칙을 이용하여 계산하시오.

$$(+8) \times (-0.15) \times (+5)$$

유형 14 네 유리수 중에서 세 수를 뽑아 곱하기

네 유리수 중에서 서로 다른 세 수를 뽑아 곱할 때
(1) 곱이 가장 큰 경우는
  음수의 개수 ➡ 짝수 개
  세 수의 절댓값의 곱 ➡ 가장 크게
(2) 곱이 가장 작은 경우는
  음수의 개수 ➡ 홀수 개
  세 수의 절댓값의 곱 ➡ 가장 크게

0447 대표문제

네 유리수 $-\frac{7}{3}$, $\frac{5}{4}$, $-\frac{6}{7}$, -4 중에서 서로 다른 세 수를 뽑아 곱한 값 중 가장 작은 값은?

① $-\frac{35}{3}$ ② -8 ③ $\frac{5}{2}$
④ $\frac{30}{7}$ ⑤ $\frac{35}{3}$

0448 중

네 유리수 $-\frac{3}{2}$, $\frac{1}{2}$, -3, $-\frac{3}{7}$ 중에서 서로 다른 세 수를 뽑아 곱한 값 중 가장 큰 값은?

① $-\frac{3}{4}$ ② $-\frac{3}{14}$ ③ $\frac{9}{14}$
④ $\frac{9}{7}$ ⑤ $\frac{9}{4}$

0449 상중 서술형

네 유리수 $-\frac{1}{2}$, $\frac{2}{3}$, 2, -3 중에서 서로 다른 세 수를 뽑아 곱한 값 중 가장 큰 값과 가장 작은 값의 차를 구하시오.

유형 15 거듭제곱의 계산

(1) 양수의 거듭제곱은 항상 양수이다.
(2) 음수의 거듭제곱은 지수에 의해 부호가 결정된다.
즉 $a>0$일 때
① n이 짝수 ➡ $(-a)^n=a^n$
② n이 홀수 ➡ $(-a)^n=-a^n$

0450 대표문제

다음 중 옳지 <u>않은</u> 것은?

① $(-4)^3=-64$

② $\left(-\dfrac{1}{7}\right)^2=\dfrac{1}{49}$

③ $-3^4=81$

④ $-\left(-\dfrac{1}{3}\right)^3=\dfrac{1}{27}$

⑤ $-\dfrac{1}{2^5}=-\dfrac{1}{32}$

0451 중하

다음 중 계산 결과가 가장 작은 것은?

① $(-2)^3$

② -3^2

③ $-(-1)^4$

④ $(-3)^3\times\dfrac{1}{9}$

⑤ $\left(-\dfrac{1}{4}\right)^2\times(-32)$

0452 중

다음 수 중에서 가장 큰 수와 가장 작은 수의 합을 구하시오.

$$\left(-\dfrac{1}{2}\right)^3,\ -\left(-\dfrac{1}{2}\right)^2,\ -\dfrac{1}{2},\ \left(-\dfrac{1}{2}\right)^2,\ -\left(-\dfrac{1}{2}\right)^3$$

0453 중

$(-4)^2\times\left(-\dfrac{3}{2}\right)^3\times\left(-\dfrac{1}{3}\right)^2$을 계산하시오.

유형 16 $(-1)^n$의 계산

(1) n이 짝수 ➡ $(-1)^n=1$
예 $(-1)^2=(-1)^{80}=(-1)^{100}=1$
(2) n이 홀수 ➡ $(-1)^n=-1$
예 $(-1)^3=(-1)^{21}=(-1)^{99}=-1$

0454 대표문제

$(-1)+(-1)^2+(-1)^3+\cdots+(-1)^{50}$을 계산하면?

① -50 ② -25 ③ 0
④ 25 ⑤ 50

0455 중

$-1^{102}-(-1)^{100}+(-1)^{99}$을 계산하면?

① -3 ② -2 ③ -1
④ 0 ⑤ 1

0456 상중

n이 홀수일 때, $-1^n+(-1)^{n+2}-(-1)^n$을 계산하면?

① -2 ② -1 ③ 1
④ 2 ⑤ 3

0457 상중 서술형

n이 짝수일 때, $(-1)^n-(-1)^{n+1}-(-1)^{2\times n}$을 계산하시오.

유형 17 분배법칙

세 수 a, b, c에 대하여
① $a \times (b+c) = a \times b + a \times c$
② $(a+b) \times c = a \times c + b \times c$

0458 대표문제

세 수 a, b, c에 대하여 $a \times b = 3$, $a \times c = -9$일 때, $a \times (b-c)$의 값을 구하시오.

0459 중하

다음 계산 과정에서 사용하지 않은 계산 법칙은?

$$
\begin{aligned}
&(-2) \times (-7) + 3 \times (-2) + (-2) \times (-4) \\
&= (-2) \times (-7) + (-2) \times 3 + (-2) \times (-4) \\
&= (-2) \times \{(-7) + 3 + (-4)\} \\
&= (-2) \times \{3 + (-7) + (-4)\} \\
&= (-2) \times \{3 + (-11)\} \\
&= (-2) \times (-8) = 16
\end{aligned}
$$

① 덧셈의 교환법칙   ② 덧셈의 결합법칙
③ 분배법칙   ④ 곱셈의 교환법칙
⑤ 곱셈의 결합법칙

0460 중

세 수 a, b, c에 대하여 $a \times b = 10$, $a \times (b+c) = -7$일 때, $a \times c$의 값을 구하시오.

0461 중 서술형

두 수 a, b가 다음 식을 만족시킬 때, $a+b$의 값을 구하시오.

$$31 \times (-0.4) + 29 \times (-0.4) = a \times (-0.4) = b$$

유형 18 역수

$\triangle \times \bullet = 1$ ➡ $\triangle$와 $\bullet$는 서로 역수이다.

0462 대표문제

다음 중 두 수가 서로 역수가 아닌 것은?

① 2, $\dfrac{1}{2}$ ② $\dfrac{9}{8}$, $\dfrac{8}{9}$ ③ -1, -1

④ $\dfrac{1}{10}$, 0.1 ⑤ $-4\dfrac{1}{3}$, $-\dfrac{3}{13}$

0463 중하

$1\dfrac{2}{3}$의 역수를 a, -0.2의 역수를 b라 할 때, $a \times b$의 값은?

① -5 ② -3 ③ $-\dfrac{3}{25}$

④ 3 ⑤ 5

0464 중

a의 역수는 -4이고 b의 역수는 $\dfrac{4}{7}$일 때, $b-a$의 값을 구하시오.

유형 19 유리수의 나눗셈

(1) 두 수의 부호가 같으면 ➡ +(절댓값의 나눗셈의 몫)

(2) 두 수의 부호가 다르면 ➡ −(절댓값의 나눗셈의 몫)

(3) 역수를 이용한 나눗셈

나누는 수의 역수를 이용하여 곱셈으로 고쳐서 계산한다.

예 $\left(+\dfrac{2}{3}\right) \div \left(-\dfrac{1}{2}\right) = \left(+\dfrac{2}{3}\right) \times (-2) = -\dfrac{4}{3}$

0465 대표문제

다음 중 계산 결과가 옳지 <u>않은</u> 것은?

① $(+36) \div (-9) = -4$

② $0 \div (-5) = 0$

③ $(-27) \div \left(+\dfrac{3}{2}\right) = -18$

④ $\left(-\dfrac{3}{5}\right) \div \left(-\dfrac{9}{25}\right) = \dfrac{5}{2}$

⑤ $(+4.2) \div (+0.6) = 7$

0466 중하

다음 중 계산 결과가 가장 작은 것은?

① $(-48) \div (-8)$ ② $(+84) \div (-7)$

③ $(-12) \div \left(+\dfrac{3}{5}\right)$ ④ $\left(+\dfrac{5}{6}\right) \div \left(-\dfrac{1}{3}\right)$

⑤ $\left(-\dfrac{2}{3}\right) \div \left(-\dfrac{2}{9}\right)$

0467 중

$A = \left(-\dfrac{9}{14}\right) \div \left(+\dfrac{3}{7}\right)$, $B = \left(-\dfrac{1}{4}\right) \div (+0.5)$일 때,

$A \div B$의 값을 구하시오.

유형 20 곱셈과 나눗셈의 혼합 계산

❶ 거듭제곱이 있으면 거듭제곱을 먼저 계산한다.

❷ 나눗셈은 역수를 이용하여 곱셈으로 고쳐서 계산한다.

0468 대표문제

다음 중 계산 결과가 옳은 것은?

① $(-7) \times (-6) \div (-3) = 14$

② $\left(+\dfrac{5}{6}\right) \div \left(-\dfrac{3}{4}\right) \times \left(+\dfrac{1}{2}\right) = -\dfrac{2}{9}$

③ $(+2) \times \left(-\dfrac{1}{10}\right) \div \left(-\dfrac{1}{5}\right)^2 = 5$

④ $\left(-\dfrac{9}{4}\right) \div \left(-\dfrac{1}{16}\right) \div (-3^3) = -\dfrac{2}{3}$

⑤ $\left(-\dfrac{1}{2}\right)^2 \times (+6) \div (+24) = \dfrac{1}{16}$

0469 중하

다음 중 계산 결과가 나머지 넷과 <u>다른</u> 하나는?

① $\left(-\dfrac{3}{7}\right) \div (-9) \times (-21)$

② $\dfrac{8}{5} \times \left(-\dfrac{5}{12}\right) \div \dfrac{2}{3}$

③ $(-1)^5 \times \left(-\dfrac{1}{2}\right)^2 \div \dfrac{1}{4}$

④ $\left(-\dfrac{3}{4}\right)^2 \div \left(-\dfrac{3}{16}\right) \times \dfrac{1}{6}$

⑤ $\left(-\dfrac{1}{6}\right) \times (-3)^3 \div (-4.5)$

0470 중 서술형

$A = \left(-\dfrac{8}{5}\right) \div \dfrac{4}{5} \div \left(-\dfrac{4}{7}\right)$, $B = (-2)^3 \times \dfrac{4}{3} \div \left(-\dfrac{2}{3}\right)^2$

일 때, $A \times B$의 값을 구하시오.

유형 21 덧셈, 뺄셈, 곱셈, 나눗셈의 혼합 계산

❶ 거듭제곱이 있으면 거듭제곱을 먼저 계산한다.

❷ 괄호가 있으면 괄호 안을 먼저 계산한다.

이때 소괄호 ( ) ➡ 중괄호 { } ➡ 대괄호 [ ]의 순서로 계산한다.

❸ 곱셈, 나눗셈을 계산한다.

❹ 덧셈, 뺄셈을 계산한다.

0471 대표문제

$\dfrac{1}{6} \times \left[-20 - \left\{ 3^2 + \left(\dfrac{1}{4} - \dfrac{1}{6} \right) \times 12 \right\} \right]$를 계산하면?

① -6 ② -5 ③ -4

④ 4 ⑤ 5

0472 하

다음 식의 계산 순서를 차례대로 나열하시오.

$$2 - (-1) \times \left\{ 5 - \left(8 + 2 \div \dfrac{1}{3} \right) \right\}$$

ㄱ   ㄴ   ㄷ   ㄹ   ㅁ

0473 중

다음을 계산하시오.

(1) $-1 - \{ -2 - (3-4) \times (-2)^2 - 5 \}$

(2) $\left(-\dfrac{3}{4} \right) \div \left(-\dfrac{1}{2} \right)^2 - (-2)^3 \times \dfrac{5}{4}$

0474 중

$(-1)^3 \times \left\{ \left(-\dfrac{3}{2} \right)^2 \div \left(\dfrac{7}{4} - \dfrac{9}{4} \right) - 1 \right\} + 1$을 계산하면?

① $-\dfrac{11}{2}$ ② -2 ③ 2

④ $\dfrac{13}{2}$ ⑤ 7

0475 중

다음 중 계산 결과가 가장 큰 것은?

① $\dfrac{1}{2} + \left(-\dfrac{1}{2} \right)^2 \div \left(\dfrac{5}{6} - \dfrac{4}{3} \right) - 2$

② $\left(-\dfrac{1}{4} \right)^2 \times 8 - 3 \div \left(\dfrac{2}{3} + \dfrac{5}{6} \right)$

③ $-\dfrac{3}{4} - \left\{ -\dfrac{1}{5} - \left(-\dfrac{3}{4} + \dfrac{1}{2} \right) \right\}$

④ $-4 + \left\{ 1 - \left(-\dfrac{1}{2} \right) \times \dfrac{1}{3} \right\} \div \dfrac{7}{6}$

⑤ $\left\{ (-3-9) \div \dfrac{3}{5} + 13 \right\} \times \dfrac{1}{7}$

0476 중 서술형

다음 식을 계산한 결과의 역수를 구하시오.

$$34 - 4 \times \left[5 - \left\{ \left(-\dfrac{3}{2} \right)^3 - \left(\dfrac{7}{4} - \dfrac{3}{2} \right) \right\} \right]$$

유형 22 곱셈과 나눗셈 사이의 관계

곱셈과 나눗셈 사이의 관계를 이용한다.
(1) $A \times \square = B \Rightarrow \square = B \div A$
(2) $A \div \square = B \Rightarrow \square = A \div B$

0477 대표문제

두 수 a, b에 대하여 $\left(-\dfrac{7}{6} \right) \times a = 14$, $\dfrac{5}{3} \div b = -10$일 때, $a \times b$의 값을 구하시오.

0478 중하

$\square \times \left(-\dfrac{3}{5} \right) = -\dfrac{1}{2}$일 때, $\square$ 안에 알맞은 수를 구하시오.

0479 중

두 수 a, b에 대하여 $a \times (-2) = 4$, $b \div \left(-\dfrac{3}{4} \right) = -2$일 때, $b \div a$의 값을 구하시오.

0480 상중

$\left(-\dfrac{3}{4} \right) \div \square \times \left(-\dfrac{2}{3} \right) = \dfrac{2}{5}$일 때, $\square$ 안에 알맞은 수를 구하시오.

유형 23 바르게 계산한 답 구하기; 곱셈, 나눗셈

유리수의 곱셈과 나눗셈에서 바르게 계산한 답은 다음과 같은 순서로 구한다.
❶ 어떤 유리수를 $\square$라 하고 식을 세운다.
❷ $\square$를 구한다.
❸ 바르게 계산한 답을 구한다.

0481 대표문제

어떤 유리수를 $-\dfrac{1}{2}$로 나누어야 할 것을 잘못하여 곱했더니 그 결과가 $\dfrac{6}{5}$이 되었다. 바르게 계산한 답을 구하시오.

0482 중

24를 어떤 유리수로 나누어야 할 것을 잘못하여 곱했더니 그 결과가 -8이 되었다. 다음 물음에 답하시오.

(1) 어떤 유리수를 구하시오.
(2) 바르게 계산한 답을 구하시오.

0483 중 서술형

어떤 유리수에 $-\dfrac{3}{4}$을 곱해야 할 것을 잘못하여 나누었더니 그 결과가 $-\dfrac{2}{5}$가 되었다. 바르게 계산한 답을 구하시오.

유형 24 유리수의 부호 결정

(1) $a \times b > 0$ 또는 $a \div b > 0$ ➡ 두 수 a, b는 같은 부호
(2) $a \times b < 0$ 또는 $a \div b < 0$ ➡ 두 수 a, b는 다른 부호

0484 대표문제

세 유리수 a, b, c에 대하여 $a \times b < 0$, $a - b > 0$, $a \div c < 0$일 때, 다음 중 옳은 것은?

① $a < 0$, $b < 0$, $c < 0$　　② $a < 0$, $b > 0$, $c < 0$
③ $a > 0$, $b < 0$, $c > 0$　　④ $a > 0$, $b < 0$, $c < 0$
⑤ $a > 0$, $b > 0$, $c < 0$

0485 종하

두 유리수 a, b에 대하여 $a \times b < 0$, $a < b$일 때, 다음 중 옳지 않은 것은?

① $a < 0$　　② $b > 0$　　③ $a - b < 0$
④ $b - a > 0$　　⑤ $a \div b > 0$

0486 종

세 유리수 a, b, c에 대하여 $a + b < 0$, $a \times b > 0$, $b \div c > 0$일 때, 다음 중 옳은 것은?

① $a < 0$, $b < 0$, $c < 0$　　② $a < 0$, $b < 0$, $c > 0$
③ $a < 0$, $b > 0$, $c > 0$　　④ $a > 0$, $b < 0$, $c > 0$
⑤ $a > 0$, $b > 0$, $c < 0$

0487 종

세 유리수 a, b, c에 대하여 $a \times b > 0$, $b \div c < 0$, $b < c$일 때, a, b, c의 부호를 구하시오.

유형UP 25 문자로 주어진 수의 대소 관계

문자로 주어진 수의 대소 비교
➡ 조건을 만족시키는 적당한 수를 문자 대신 넣어 대소를 비교한다.

0488 대표문제

$-1 < a < 0$인 유리수 a에 대하여 다음 중 가장 큰 수는?

① $-a$　　② $-a^2$　　③ $-a^3$
④ $-\dfrac{1}{a}$　　⑤ $-\dfrac{1}{a^2}$

0489 상종

$a < -1$인 유리수 a에 대하여 다음 중 가장 작은 수는?

① a　　② $-a$　　③ a^2
④ $-a^2$　　⑤ $\dfrac{1}{a}$

0490 상종

$0 < a < 1$인 유리수 a에 대하여 다음 중 가장 큰 수는?

① $-a^2$　　② $(-a)^2$　　③ $\dfrac{1}{a}$
④ $-\dfrac{1}{a}$　　⑤ $\left(\dfrac{1}{a}\right)^2$

유형UP 26 실생활에서 유리수의 혼합 계산의 활용

가위바위보에서 이기면 2점, 지면 −1점을 받을 때
➡ 3번 이기면 $3 \times (+2) = 6$ (점)
   4번 지면 $4 \times (-1) = -4$ (점)

0491 대표문제

지애와 이서는 가위바위보를 하여 이기면 3점, 지면 −1점을 받는 놀이를 하였다. 0점으로 시작하여 5번의 가위바위보를 했더니 지애가 3번 이겼다고 할 때, 지애의 점수와 이서의 점수의 차를 구하시오. (단, 비긴 경우는 없다.)

0492 중

지우는 한 문제를 맞히면 5점을 얻고 틀리면 3점을 잃는 퀴즈를 풀었다. 기본 점수 50점에서 시작하여 총 6문제를 푼 결과가 다음 표와 같을 때, 지우의 점수를 구하시오.
(단, 맞히면 ○, 틀리면 ×로 표시한다.)

1번	2번	3번	4번	5번	6번
○	○	×	×	○	○

0493 상

A, B 두 사람이 주사위 놀이를 하는데 짝수의 눈이 나오면 그 눈의 수의 2배만큼 점수를 얻고, 홀수의 눈이 나오면 그 눈의 수만큼 점수를 잃는다고 한다. 다음 표는 두 사람이 주사위를 4번 던져서 나온 눈의 수를 나타낸 것이다. A, B 두 사람이 얻은 점수에 대하여 다음 중 옳은 것은?

	1회	2회	3회	4회
A	3	4	1	2
B	5	3	2	6

① A가 B보다 3점 더 많다.
② A가 B보다 5점 더 많다.
③ A, B의 점수가 같다.
④ B가 A보다 2점 더 많다.
⑤ B가 A보다 6점 더 많다.

유형UP 27 수직선에서 유리수의 혼합 계산의 활용

수직선 위의 두 점 A, B가 나타내는 수가 각각 a, b $(a<b)$일 때, 두 점 A, B 사이를 $m:n$ $(m>0, n>0)$으로 나누는 점 P가 나타내는 수는 다음과 같은 순서로 구한다.

❶ 두 점 A, B 사이의 거리를 구한다. ➡ $b-a$

❷ 두 점 A, P 사이의 거리를 구한다. ➡ $(b-a) \times \dfrac{m}{m+n}$

❸ 점 P가 나타내는 수를 구한다.
➡ (점 A가 나타내는 수)+(두 점 A, P 사이의 거리)
$= a + (b-a) \times \dfrac{m}{m+n}$

0494 대표문제

오른쪽 수직선에서 점 C는 두 점 A, B 사이를 3 : 2로 나누는 점일 때, 다음 물음에 답하시오.

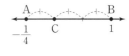

(1) 두 점 A, B 사이의 거리를 구하시오.
(2) 두 점 A, C 사이의 거리를 구하시오.
(3) 점 C가 나타내는 수를 구하시오.

0495 상

오른쪽 수직선에서 점 C는 두 점 A, B 사이를 1 : 2로 나누는 점일 때, 점 C가 나타내는 수를 구하시오.

0496 상 서술형

오른쪽 수직선에서 점 C는 두 점 A, B 사이를 2 : 3으로 나누는 점일 때, 점 C가 나타내는 수를 구하시오.

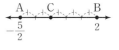

0497

다음 중 계산 결과가 옳은 것은?

① $(+9)+(-3)=-6$

② $(-2)+(-8)=10$

③ $(+4)-(-11)=-7$

④ $\left(-\dfrac{1}{3}\right)+\left(+\dfrac{2}{5}\right)=\dfrac{2}{15}$

⑤ $\left(-\dfrac{7}{4}\right)-(+0.25)=-2$

0498 중요

다음 계산 과정에서 ㈎~㈑에 알맞은 것을 구하시오.

$$
\begin{aligned}
&(+2.4)+\left(-\dfrac{1}{3}\right)+(+5.6)+\left(-\dfrac{5}{3}\right) \quad\left.\right\}\ \substack{\text{덧셈의}\\ \boxed{\text{㈎}}\ \text{법칙}}\\
&=(+2.4)+(+5.6)+\left(-\dfrac{1}{3}\right)+\left(-\dfrac{5}{3}\right)\quad\left.\right\}\ \substack{\text{덧셈의}\\ \boxed{\text{㈏}}\ \text{법칙}}\\
&=\{(+2.4)+(+5.6)\}+\left\{\left(-\dfrac{1}{3}\right)+\left(-\dfrac{5}{3}\right)\right\}\\
&=(+8)+(\ \boxed{\text{㈐}}\ )=\boxed{\text{㈑}}
\end{aligned}
$$

0499

다음 표는 어느 날 A, B, C, D, E 5개의 도시의 하루 중 최고 기온과 최저 기온을 나타낸 것이다. 일교차가 가장 큰 도시를 구하시오.

도시	최고 기온	최저 기온
A	$-2.6\,°C$	$-8.8\,°C$
B	$-1.5\,°C$	$-6\,°C$
C	$0\,°C$	$-3.2\,°C$
D	$3.7\,°C$	$-4.5\,°C$
E	$2.8\,°C$	$-1.9\,°C$

0500 중요

다음 중 계산 결과가 옳지 않은 것은?

① $(-5)-(+4)+(+9)=0$

② $\left(+\dfrac{2}{5}\right)+(-2.4)-(-3)=1$

③ $-4-7-8+4=-15$

④ $-\dfrac{3}{4}+\dfrac{11}{20}-\dfrac{3}{10}=-\dfrac{1}{4}$

⑤ $3-0.8-7-4.2=-9$

0501

두 수 A, B에 대하여 $A+\left(-\dfrac{1}{2}\right)=-\dfrac{5}{6}$, $1-B=-\dfrac{4}{3}$ 일 때, $A+B$의 값은?

① -2 ② $-\dfrac{3}{2}$ ③ $\dfrac{1}{2}$

④ $\dfrac{3}{2}$ ⑤ 2

0502

다음 표는 어느 전시관의 월별 관람객 수의 변화를 전월과 비교하여 증가했으면 부호 +, 감소했으면 부호 −를 사용하여 나타낸 것이다. 3월의 관람객이 5000명이었을 때, 7월의 관람객은 몇 명인지 구하시오.

4월	5월	6월	7월
−500명	+700명	−300명	+900명

0503 중요

오른쪽 그림에서 가로, 세로에 있는 네 수의 합이 모두 같을 때, $a-b-c$의 값을 구하시오.

7	6	c	0
-2			5
b			3
-4	5	a	-3

0504

다음 중 계산 결과가 나머지 넷과 다른 하나는?

① $(+9) \times \left(-\dfrac{1}{3}\right)$

② $(-0.75) \times (+4)$

③ $\left(-\dfrac{5}{2}\right) \times \left(+\dfrac{6}{5}\right)$

④ $(+3) \times \left(+\dfrac{1}{6}\right) \times (-8)$

⑤ $\left(-\dfrac{3}{4}\right) \times \left(-\dfrac{2}{3}\right) \times (-6)$

0505

다음 수를 작은 수부터 차례대로 나열할 때, 네 번째에 오는 수는?

① $(-1)^3$ ② $|-3|$ ③ 0

④ $(-2)^2$ ⑤ -3^2

0506

n이 홀수일 때, 다음을 계산하시오.

$$(-1)^{n+1} - (-1)^{n+2} + (-1)^{n \times 2}$$

0507

세 수 a, b, c에 대하여 $a \times b = -6$, $a \times (b+c) = -15$일 때, $a \times c$의 값은?

① -25 ② -21 ③ -9

④ 15 ⑤ 18

0508

어떤 수 a가 다음과 같을 때, a보다 작은 자연수의 개수를 구하시오.

$$a = 0.05 \times 127 + 0.05 \times (-27)$$

0509 중요

$-\dfrac{1}{9}$의 역수를 x, $2\dfrac{1}{3}$의 역수를 y라 할 때, $x \div y$의 값을 구하시오.

0510

오른쪽 그림과 같은 주사위에서 마주 보는 면에 적힌 두 수의 곱은 1이다. 이때 보이지 않는 세 면에 적힌 수의 곱은?

① $-\dfrac{2}{3}$ ② $-\dfrac{1}{2}$

③ $\dfrac{1}{2}$ ④ $\dfrac{2}{3}$

⑤ 1

0511

$A=\left(-\dfrac{5}{6}\right)\div(-2)^2\times\dfrac{8}{5}$,

$B=\dfrac{3}{4}\div\left(-\dfrac{15}{8}\right)\times(-1)^3\div\dfrac{2}{3}$일 때, $A+B$의 값을 구하시오.

0512 _{중요}

다음을 계산하면?

$$1-\left[(-1)^3-\left\{-2+\dfrac{3}{4}\times\left(1-\dfrac{1}{3}\right)\right\}\div\dfrac{1}{2}\right]$$

① -3 ② -2 ③ -1

④ 2 ⑤ 4

0513

다음 □ 안에 알맞은 수를 구하시오.

$$\left(-\dfrac{2}{3}\right)^2\times\square\div\left(-\dfrac{4}{27}\right)=\dfrac{1}{2}$$

0514 _{중요}

어떤 유리수에 $-\dfrac{9}{7}$를 더해야 할 것을 잘못하여 나누었더니 그 결과가 $-\dfrac{10}{3}$이 되었다. 바르게 계산한 답을 구하시오.

0515

두 유리수 a, b에 대하여 $a-b<0$, $a\times b<0$이고 $|a|<|b|$일 때, 다음 중 옳지 <u>않은</u> 것은?

① $a\div b<0$ ② $a+b>0$ ③ $-a+b<0$
④ $b-|a|>0$ ⑤ $-a-b<0$

📝 **서술형 주관식**

0516

$-\dfrac{9}{2}$보다 -1만큼 작은 수를 a, 3보다 $-\dfrac{1}{3}$만큼 큰 수를 b라 할 때, $a<x<b$를 만족시키는 정수 x의 개수를 구하시오.

0517 중요

두 수 a, b에 대하여 a의 절댓값은 $\dfrac{1}{3}$, b의 절댓값은 $\dfrac{3}{4}$이다. $a-b$의 값 중에서 가장 큰 값을 M, 가장 작은 값을 m이라 할 때, $M-m$의 값을 구하시오.

0518

네 유리수 $-\dfrac{2}{3}$, $\dfrac{7}{4}$, $-\dfrac{1}{2}$, -6 중에서 서로 다른 세 수를 뽑아 곱한 값 중 가장 큰 값과 가장 작은 값의 합을 구하시오.

0519

$A=\left(-\dfrac{1}{2}\right)^2\times(-3^2)\div\left(+\dfrac{3}{4}\right)$일 때, $A\times B=1$이 되는 B의 값을 구하시오.

👍 **실력 UP**

0520

자연수 n에 대하여 $\dfrac{1}{n\times(n+1)}=\dfrac{1}{n}-\dfrac{1}{n+1}$이 성립함을 이용하여 $\dfrac{1}{5\times6}+\dfrac{1}{6\times7}+\cdots+\dfrac{1}{9\times10}$을 계산하시오.

0521

네 수 a, b, c, d에 대하여 $a\times b\times c\times d>0$, $a<b$, $a\times c\times d<0$, $c+d<0$일 때, a, b, c, d의 부호를 구하시오.

0522

신양이와 민구가 수직선 위의 0을 나타내는 점에 각자의 돌을 놓고 가위바위보를 하여 이기면 오른쪽으로 5만큼, 지면 왼쪽으로 3만큼, 비기면 왼쪽으로 2만큼 움직이기로 하였다. 가위바위보를 15번 하여 신양이가 7번 이기고 3번 비겼을 때, 신양이와 민구의 돌 사이의 거리를 구하시오.

0523

오른쪽 수직선에서 점 C는 두 점 A, B 사이를 1 : 3으로 나누는 점일 때, 점 C가 나타내는 수를 구하시오.

공감 ♡
한 스푼

" 올라가기 위한 준비 "

때로는 가라앉는것 같지만

뒤집어봐요

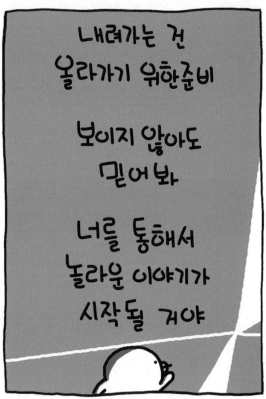

내려가는 건
올라가기 위한준비

보이지 않아도
믿어봐

너를 통해서
놀라운 이야기가
시작될 거야

『찌그러져도 괜찮아』, 임임(찌오) 지음, 북로망스, 2003

Ⅲ
문자와 식

05 문자의 사용과 식의 계산

III. 문자와 식

개념플러스 ∅

05-1) 문자를 사용한 식

(1) **문자의 사용**: 문자를 사용하면 수량 사이의 관계를 간단한 식으로 나타낼 수 있다.

> **예** 한 자루에 500원인 연필 x자루의 가격 ➡ $500 \times x$ (원)
> └→ 문자를 사용하여 식을 세울 때에는
> 반드시 단위를 쓰도록 한다.

(2) **문자를 사용하여 식 세우기**

❶ 문제의 뜻을 파악하여 그에 맞는 규칙을 찾는다.

❷ 문자를 사용하여 ❶의 규칙에 맞도록 식을 세운다.

참고 문자를 사용한 식에 자주 쓰이는 수량 사이의 관계

① (물건의 가격)=(물건 1개의 가격)×(물건의 개수)

② (속력)=$\dfrac{(거리)}{(시간)}$, (시간)=$\dfrac{(거리)}{(속력)}$, (거리)=(속력)×(시간)

③ (소금물의 농도)=$\dfrac{(소금의 양)}{(소금물의 양)}\times 100$ (%), (소금의 양)=$\dfrac{(소금물의 농도)}{100}\times$(소금물의 양)

수량을 나타내는 문자는 보통 a, b, c, x, y, z, ⋯를 사용한다.

05-2) 곱셈 기호와 나눗셈 기호의 생략

(1) **곱셈 기호의 생략**: 문자를 사용한 식에서 곱셈 기호 ×를 생략하고 다음과 같이 나타낸다.

① (수)×(문자): 곱셈 기호 ×를 생략하고 수를 문자 앞에 쓴다.

② $1\times$(문자), $(-1)\times$(문자): 곱셈 기호 ×와 1을 생략한다.

③ (문자)×(문자): 곱셈 기호 ×를 생략하고 알파벳 순서로 쓴다.

④ 같은 문자의 곱: 거듭제곱으로 나타낸다.

⑤ 괄호가 있는 식과 수의 곱: 곱셈 기호 ×를 생략하고 수를 괄호 앞에 쓴다.

> **예** ① $7 \times a = 7a$, $x \times (-3) = -3x$ ② $x \times y \times z \times 1 = xyz$, $(-1) \times x = -x$
> ③ $x \times c \times z \times a \times b = abcxz$ ④ $a \times a \times a = a^3$, $y \times x \times x = x^2 y$
> ⑤ $5 \times (x-y) = 5(x-y)$

(2) **나눗셈 기호의 생략**: 나눗셈 기호 ÷를 생략하고 분수의 꼴로 나타내거나 나눗셈을 역수의 곱셈으로 바꾼 후 곱셈 기호 ×를 생략한다.

> **예** $x \div 3 = \dfrac{x}{3}$, $a \div (-5) = a \times \left(-\dfrac{1}{5}\right) = -\dfrac{1}{5}a$

$\dfrac{1}{2} \times x$는 $\dfrac{1}{2}x$ 또는 $\dfrac{x}{2}$로 나타낸다.

$0.1 \times a$는 $0.a$로 쓰지 않고 $0.1a$로 쓴다.

문자를 1 또는 −1로 나눌 때에는 1을 생략한다.

예 ① $x \div 1 = \dfrac{x}{1} = x$

② $y \div (-1) = \dfrac{y}{-1} = -y$

05-3) 식의 값

(1) **대입**: 문자를 사용한 식에서 문자에 어떤 수를 바꾸어 넣는 것

(2) **식의 값**: 문자를 사용한 식에서 문자에 어떤 수를 대입하여 계산한 결과

(3) **식의 값을 구하는 방법**

주어진 수를 문자에 대입할 때

① 주어진 식에서 생략된 곱셈 기호 ×를 다시 쓴다.

> **예** $a=2$일 때, $3a-1$의 값은 $3a-1 = 3 \times 2 - 1 = 5$

② 대입하는 수가 음수이면 반드시 괄호 ( )를 사용한다.

> **예** $a=-3$일 때, $4a+2$의 값은 $4a+2 = 4 \times (-3) + 2 = -10$

③ 분모에 분수를 대입할 때에는 나눗셈 기호 ÷를 다시 쓴다.

> **예** $a=\dfrac{1}{4}$일 때, $\dfrac{3}{a}$의 값은 $\dfrac{3}{a} = 3 \div a = 3 \div \dfrac{1}{4} = 3 \times 4 = 12$

두 개 이상의 문자를 포함한 식에서도 각각의 문자에 수를 대입하여 식의 값을 구할 수 있다.

예 $a=2$, $b=-5$일 때, $3a+4b$의 값은

$3a+4b$
$=3 \times 2 + 4 \times (-5)$
$=6 + (-20) = -14$

74 III. 문자와 식

정답 및 풀이 42쪽

교과서문제 정복하기

05-1 문자를 사용한 식

[0524~0529] 다음을 문자를 사용한 식으로 나타내시오.

0524 10장에 k원인 우표 한 장의 가격

0525 매일 2시간씩 a일 운동하고 3시간 더 했을 때, 전체 운동 시간

0526 자동차가 시속 60 km로 x시간 동안 달린 거리

0527 전체 쪽수가 200쪽인 책을 a쪽 읽었을 때 남은 쪽수

0528 1000원의 $x \%$

0529 $a \%$의 소금물 b g에 들어 있는 소금의 양

05-2 곱셈 기호와 나눗셈 기호의 생략

[0530~0533] 다음 식을 곱셈 기호를 생략하여 나타내시오.

0530 $a \times b \times (-5)$ **0531** $(-1) \times a + 2 \times b$

0532 $a \times a \times 4 \times a \times b$ **0533** $a \times 4 \times (x+y)$

[0534~0537] 다음 식을 나눗셈 기호를 생략하여 나타내시오.

0534 $4 \div a$ **0535** $a - b \div 2$

0536 $(a+b) \div (-6)$ **0537** $3 \div (x+y)$

[0538~0541] 다음 식을 곱셈 기호와 나눗셈 기호를 생략하여 나타내시오.

0538 $a \times b \div 2$ **0539** $(-4) \div a \times b$

0540 $x \times 3 - y \div z$ **0541** $3 \div (4+y) \times x$

[0542~0545] 다음 식을 곱셈 기호를 사용하여 나타내시오.

0542 $3abc$ **0543** xy^2

0544 $0.1a(x-y)$ **0545** $-x^2y^2z$

[0546~0549] 다음 식을 나눗셈 기호를 사용하여 나타내시오.

0546 $\dfrac{1}{a}$ **0547** $\dfrac{a-b}{3}$

0548 $-\dfrac{4}{x+y}$ **0549** $\dfrac{1}{2}(x-y)$

05-3 식의 값

[0550~0553] 다음 식의 값을 구하시오.

0550 $a=6$일 때, $2a+5$의 값

0551 $x=-3$일 때, $4-7x$의 값

0552 $b=\dfrac{1}{4}$일 때, $-\dfrac{6}{b}+7$의 값

0553 $y=-5$일 때, y^2+4y-3의 값

[0554~0557] 다음 식의 값을 구하시오.

0554 $a=5$, $b=-6$일 때, $2a-b$의 값

0555 $a=3$, $b=-2$일 때, $3a^2-b^2$의 값

0556 $x=-\dfrac{1}{2}$, $y=\dfrac{1}{3}$일 때, $8x^2+18xy$의 값

0557 $x=3$, $y=-5$일 때, $\dfrac{6y}{x}-xy$의 값

05-4 다항식과 일차식

(1) **항**: 수 또는 문자의 곱으로만 이루어진 식

(2) **상수항**: 문자 없이 수로만 이루어진 항

(3) **계수**: 수와 문자의 곱으로 이루어진 항에서 문자에 곱해진 수

〈예〉 $3x-2y+7$에서

    (1) 항: $3x$, $-2y$, 7   (2) 상수항: 7   (3) x의 계수: 3, y의 계수: -2

(4) **다항식**: 한 개의 항이나 여러 개의 항의 합으로 이루어진 식 〈예〉 $6a$, $2x-5y$

  〈주의〉 $\dfrac{5}{x}$, $\dfrac{1}{x-2}$과 같이 분모에 문자가 있는 식은 다항식이 아니다.

(5) **단항식**: 다항식 중에서 한 개의 항으로만 이루어진 식 〈예〉 x, $-4b^2$, 5

(6) **차수**: 어떤 항에서 어떤 문자가 곱해진 개수를 그 문자에 대한 항의 차수라 한다.

  〈예〉 x에 대한 $3x^2$의 차수는 2, y에 대한 $-4y^3$의 차수는 3이다.

(7) **다항식의 차수**: 다항식에서 차수가 가장 큰 항의 차수

  〈예〉 다항식 $5x^2-3x+1$의 차수는 2이다.

(8) **일차식**: 차수가 1인 다항식 〈예〉 $-5x+3$, $\dfrac{1}{3}y$

개념플러스 ②

단항식은 항이 1개인 다항식이라 할 수 있다. 즉 단항식도 다항식이다.

상수항의 차수는 0이다.

05-5 일차식과 수의 곱셈, 나눗셈

(1) **단항식과 수의 곱셈, 나눗셈**

  ① (수)×(단항식), (단항식)×(수): 수끼리 곱한 후 수를 문자 앞에 쓴다.

  ② (단항식)÷(수): 나눗셈을 곱셈으로 고쳐서 계산한다. 즉 나누는 수의 역수를 곱한다.

(2) **일차식과 수의 곱셈, 나눗셈**

  ① (수)×(일차식), (일차식)×(수): 분배법칙을 이용하여 일차식의 각 항에 수를 곱한다.

    〈예〉 $-2(5x-3)=(-2)\times5x+(-2)\times(-3)=-10x+6$

  ② (일차식)÷(수): 나눗셈을 곱셈으로 고쳐서 계산한다. 즉 분배법칙을 이용하여 일차식의 각 항에 나누는 수의 역수를 곱한다.

    〈예〉 $(8x+4)\div(-2)=(8x+4)\times\left(-\dfrac{1}{2}\right)=8x\times\left(-\dfrac{1}{2}\right)+4\times\left(-\dfrac{1}{2}\right)=-4x-2$

곱셈의 교환법칙과 결합법칙을 이용한다.

괄호 앞에 음수가 있으면 숫자뿐만 아니라 부호 −도 괄호 안의 모든 항에 곱해야 한다.

05-6 일차식의 덧셈, 뺄셈

(1) **동류항**: 다항식에서 문자와 차수가 각각 같은 항을 그 문자에 대한 동류항이라 한다.

  〈예〉 ① $4x$와 $-x$, -1과 3은 각각 동류항이다.

    ② x^2과 x는 곱해진 문자는 같지만 차수가 각각 2, 1로 다르므로 동류항이 아니다.

    ③ $2x$와 $3y$는 차수는 1로 같지만 문자가 각각 x, y로 다르므로 동류항이 아니다.

  〈참고〉 상수항끼리는 모두 동류항이다.

(2) **동류항의 덧셈, 뺄셈**: 분배법칙을 이용하여 동류항의 계수끼리 더하거나 뺀 후 문자 앞에 쓴다.

  〈예〉 $5a+2a=(5+2)a=7a$, $5a-2a=(5-2)a=3a$

(3) **일차식의 덧셈, 뺄셈**

  ❶ 괄호가 있으면 분배법칙을 이용하여 괄호를 푼다.

  ❷ 동류항끼리 모아서 계산한다.

  〈예〉 $(3a+2)-(a-3)=3a+2-a+3=(3-1)a+(2+3)=2a+5$

괄호 푸는 방법

① 괄호 앞에 $+$가 있으면

  ➡ 괄호 안의 부호를 그대로

  ➡ $A+(B-C)=A+B-C$

② 괄호 앞에 $-$가 있으면

  ➡ 괄호 안의 부호를 반대로

  ➡ $A-(B-C)=A-B+C$

교과서문제 정복하기

05-4 다항식과 일차식

0558 다음 표를 완성하시오.

	항	상수항
(1) $\frac{1}{4}a+1$		
(2) $x-3y+5$		
(3) b^2+2b-3		
(4) $-x^2+2y+3$		

0559 다음 표를 완성하시오.

	계수	다항식의 차수
(1) $3x+2$	x의 계수:	
(2) $-\frac{b}{4}+\frac{1}{5}$	b의 계수:	
(3) $\frac{1}{2}x^2+x-3$	x^2의 계수: x의 계수:	
(4) $5a^3-4a^2$	a^3의 계수: a^2의 계수:	

[0560~0565] 다음 중 일차식인 것은 ◯, 일차식이 아닌 것은 ×를 ( ) 안에 써넣으시오.

0560 $10a-7$　( )　**0561** $\frac{1}{x}+2$　( )

0562 y^2-5y-1 ( )　**0563** $\frac{b+3}{4}$　( )

0564 $0\times x+5$　( )　**0565** $0.1y-7$　( )

05-5 일차식과 수의 곱셈, 나눗셈

[0566~0571] 다음 식을 계산하시오.

0566 $3\times 2x$　　　**0567** $4a\times(-2)$

0568 $-3a\times\left(-\frac{5}{6}\right)$　　**0569** $15a\div(-3)$

0570 $14y\div\frac{7}{5}$　　**0571** $(-2x)\div\left(-\frac{1}{6}\right)$

[0572~0575] 다음 식을 계산하시오.

0572 $3(2x-4)$

0573 $-(-2y+3)$

0574 $\frac{2}{3}(6b-9)$

0575 $(a-3)\div\frac{1}{3}$

05-6 일차식의 덧셈, 뺄셈

[0576~0579] 다음 식을 간단히 하시오.

0576 $2x+9x$　　　**0577** $-7y-y$

0578 $-0.5a+1.8a$　　**0579** $\frac{1}{2}b-\frac{5}{3}b$

[0580~0583] 다음 식을 간단히 하시오.

0580 $5x+3x-2x$

0581 $2y-7y+4y$

0582 $-11x+5+3x+7$

0583 $\frac{3}{2}y+1+\frac{1}{2}y-\frac{2}{3}$

[0584~0587] 다음 식을 계산하시오.

0584 $4(x+2)+2(-2x+3)$

0585 $-(2x+5)+2(3x-1)$

0586 $3(-10x+8)-(-15x+7)$

0587 $\frac{2}{3}(6x-3)-\frac{1}{2}(2-4x)$

유형 익히기

개념원리 중학 수학 1-1 107쪽

유형 01 곱셈 기호와 나눗셈 기호의 생략

(1) 곱셈 기호의 생략
  ① (수)×(문자): 수는 문자 앞에 쓰고, 1은 생략한다.
  ② (문자)×(문자): 알파벳 순서로 쓴다.
  ③ 같은 문자의 곱은 거듭제곱으로 나타낸다.
(2) 나눗셈 기호의 생략
  분수의 꼴로 나타내거나 나눗셈을 역수의 곱셈으로 바꾼 후 곱셈 기호를 생략한다.

0588 대표문제

다음 중 옳지 <u>않은</u> 것을 모두 고르면? (정답 2개)

① $x \times 2 \div b = \dfrac{2x}{b}$

② $0.1 \div a \times b = \dfrac{10b}{a}$

③ $(-7) \times (x-y) \div 3 = -\dfrac{7(x-y)}{3}$

④ $(a+b) \div (-2) \times c = -\dfrac{(a+b)c}{2}$

⑤ $x \times x \times x \times x \div \dfrac{5}{9} = \dfrac{5}{9}x^4$

0589 중하

다음 식을 곱셈 기호와 나눗셈 기호를 생략하여 나타내시오.

$$a \div \dfrac{2}{3} \times (b+1) + a \div (7-b) \times c$$

0590 중

다음 중 $a \div b \div c$와 같은 것은?

① $a \div (b \div c)$ ② $a \div b \times c$ ③ $a \times b \div c$

④ $a \div (b \times c)$ ⑤ $a \times b \times c$

개념원리 중학 수학 1-1 107쪽

유형 02 문자를 사용한 식으로 나타내기; 수, 단위, 금액

(1) 백의 자리의 숫자가 a, 십의 자리의 숫자가 b, 일의 자리의 숫자가 c인 세 자리 자연수 ➡ $100a+10b+c$
(2) $a \%$ ➡ $\dfrac{a}{100}$, a시간 ➡ $60a$분, a m ➡ $100a$ cm
(3) 정가가 a원인 물건을 $b \%$ 할인한 판매 가격
  ➡ (정가)−(할인 금액)$=a-a \times \dfrac{b}{100}=a-\dfrac{ab}{100}$ (원)

0591 대표문제

다음 중 옳지 <u>않은</u> 것은?

① 길이가 a cm인 끈을 6등분 할 때, 한 조각의 길이는 $\dfrac{a}{6}$ cm이다.

② 십의 자리의 숫자가 a, 일의 자리의 숫자가 b인 두 자리 자연수보다 27만큼 큰 수는 $10a+b+27$이다.

③ 5000원의 $x \%$는 $50x$원이다.

④ 1개에 300원인 물건을 x개 사고 2000원을 냈을 때의 거스름돈은 $(300x-2000)$원이다.

⑤ 1반은 a명, 2반은 b명이 있을 때, 두 반의 평균 학생 수는 $\dfrac{a+b}{2}$이다.

0592 중하

다음 중 옳은 것은?

① a시간 b분은 $(a+b)$분이다.

② a kg b g은 $(100a+b)$ g이다.

③ a L 40 mL는 $(1000a+40)$ mL이다.

④ a m b cm는 $(a+100b)$ cm이다.

⑤ 3분 x초는 $(60+x)$초이다.

0593 중

다음을 문자를 사용한 식으로 나타내시오.

(1) 정가가 20000원인 이어폰을 $a \%$ 할인하여 샀을 때, 지불한 금액

(2) 2자루에 a원인 연필 3자루와 4권에 b원인 공책 5권을 샀을 때, 지불한 금액

정답 및 풀이 44쪽

유형 **03** 문자를 사용한 식으로 나타내기; 도형

(1) (직사각형의 둘레의 길이)
=2×{(가로의 길이)+(세로의 길이)}

(2) 다각형의 넓이

① (삼각형의 넓이)=$\frac{1}{2}$×(밑변의 길이)×(높이)

② (직사각형의 넓이)=(가로의 길이)×(세로의 길이)

③ (사다리꼴의 넓이)
=$\frac{1}{2}$×{(윗변의 길이)+(아랫변의 길이)}×(높이)

0594 대표문제

다음 중 옳은 것은?

① 밑변의 길이가 4 cm, 높이가 x cm인 삼각형의 넓이는 $4x$ cm²이다.

② 한 변의 길이가 a cm인 정사각형의 넓이는 $4a$ cm²이다.

③ 한 변의 길이가 x cm인 정삼각형의 둘레의 길이는 $\frac{3}{2}x$ cm이다.

④ 가로의 길이가 a cm, 세로의 길이가 $3b$ cm인 직사각형의 둘레의 길이는 $2(a+3b)$ cm이다.

⑤ 밑변의 길이가 x cm, 높이가 y cm인 평행사변형의 넓이는 $\frac{xy}{2}$ cm²이다.

0595 하

윗변의 길이가 a, 아랫변의 길이가 5이고 높이가 h인 사다리꼴의 넓이를 문자를 사용한 식으로 나타내시오.

0596 중

다음 그림과 같은 도형의 넓이를 문자를 사용한 식으로 나타내시오.

(1)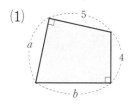

(2)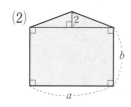

유형 **04** 문자를 사용한 식으로 나타내기; 속력, 농도

(1) (속력)=$\frac{(거리)}{(시간)}$,   (시간)=$\frac{(거리)}{(속력)}$,

(거리)=(속력)×(시간)

(2) (소금물의 농도)=$\frac{(소금의 양)}{(소금물의 양)}$×100 (%)

(소금의 양)=$\frac{(소금물의 농도)}{100}$×(소금물의 양)

0597 대표문제

육지에서 출발하여 150 km만큼 떨어진 섬을 향해 가는데 시속 60 km인 보트를 이용하여 a시간 동안 갔을 때, 남은 거리를 문자를 사용한 식으로 나타내면? $\left(\text{단, } a<\frac{5}{2}\right)$

① $(150-6a)$ km   ② $(150-60a)$ km

③ $\left(150-\dfrac{a}{6}\right)$ km   ④ $\left(150-\dfrac{a}{60}\right)$ km

⑤ $\left(150-\dfrac{a}{600}\right)$ km

0598 하

김치를 담그는 데 필요한 소금물의 농도는 a %이다. 이 소금물 3000 g에 들어 있는 소금의 양을 문자를 사용한 식으로 나타내시오.

0599 중

A 지점을 출발하여 a km만큼 떨어진 B 지점까지 시속 80 km로 가다가 도중에 40분 동안 휴식을 취하였다. A 지점에서 출발하여 B 지점에 도착할 때까지 걸린 시간을 문자를 사용한 식으로 나타내시오.

0600 중 서술형

a %의 소금물 200 g과 b %의 소금물 300 g을 섞어 소금물을 만들 때, 다음을 문자를 사용한 식으로 나타내시오.

(1) 새로 만든 소금물에 녹아 있는 소금의 양

(2) 새로 만든 소금물의 농도

유형 05 식의 값 구하기

(1) 문자에 수를 대입할 때에는 생략된 곱셈 기호를 다시 쓴다.

(2) 문자에 대입하는 수가 음수이면 반드시 괄호를 사용한다.

예 $x=-1$일 때, $2x-3$의 값은

$$2x-3=2\times x-3=2\times(-1)-3=-5$$

0601 대표문제

$x=-2$, $y=4$일 때, 다음 중 식의 값이 나머지 넷과 다른 하나는?

① $3x+4y$ ② $-x^2y$ ③ $-x+2y$

④ $-\dfrac{5y}{x}$ ⑤ $-\dfrac{x^2+y^2}{x}$

0602 중하

$a=-3$일 때, 다음 중 식의 값이 가장 작은 것은?

① a^2 ② $\dfrac{1}{a^2}$ ③ $-\dfrac{1}{a^2}$

④ $-a^2$ ⑤ a^3

0603 중 서술형

$x=-2$, $y=3$, $z=-4$일 때, $\dfrac{y}{x}-\dfrac{xy+z}{z}$의 값을 구하시오.

0604 상중

$x=3$, $y=-2$일 때, 다음 식의 값을 구하시오.

(1) $-x^3-8xy\div\left(-\dfrac{2}{3}y\right)^2$

(2) $\left|3x^2+\dfrac{1}{2}y^3\right|-\left|\dfrac{xy}{3}-\dfrac{1}{x+y}\right|$

유형 06 식의 값 구하기; 분모에 분수 대입하기

분모에 분수를 대입할 때에는 생략된 나눗셈 기호를 다시 쓴다.

예 $x=\dfrac{1}{2}$일 때, $\dfrac{5}{x}$의 값은

$$\dfrac{5}{x}=5\div x=5\div\dfrac{1}{2}=5\times2=10$$

0605 대표문제

$x=\dfrac{1}{3}$, $y=-\dfrac{1}{5}$일 때, $\dfrac{3}{x}-\dfrac{5}{y}$의 값을 구하시오.

0606 중하

$x=-\dfrac{1}{4}$일 때, 다음 중 식의 값이 가장 큰 것은?

① $-x$ ② $\dfrac{1}{x}$ ③ $-\dfrac{2}{x}$

④ $-x^2$ ⑤ $2x^2$

0607 중

$a=\dfrac{1}{2}$, $b=-\dfrac{1}{3}$, $c=\dfrac{1}{4}$일 때, $\dfrac{2}{a}-\dfrac{3}{b}-\dfrac{8}{c}$의 값은?

① -21 ② -20 ③ -19

④ -18 ⑤ -17

0608 상중 서술형

$a=-\dfrac{3}{2}$, $b=\dfrac{1}{4}$, $c=-\dfrac{1}{6}$일 때, $\dfrac{ab+bc+ca}{abc}$의 값을 구하시오.

유형 07 식의 값의 활용; 식이 주어진 경우

식이 주어진 경우
➡ 문자에 어떤 수를 대입해야 하는지 파악한 후 식의 값을 구한다.

0609 대표문제

섭씨 x °C는 화씨 $\left(\dfrac{9}{5}x+32\right)$ °F일 때, 섭씨 15 °C는 화씨 몇 °F인지 구하시오.

0610 중하

건물 옥상에서 던져 올린 물체의 t초 후의 높이는 $(30+40t-5t^2)$ m라 한다. 이 물체의 6초 후의 높이는?

① 70 m ② 80 m ③ 90 m
④ 100 m ⑤ 110 m

0611 중

기온이 x °C일 때, 소리의 속력은 초속 $(331+0.6x)$ m이다. 기온이 15 °C일 때, 소리가 5초 동안 이동한 거리는?

① 1650 m ② 1700 m ③ 1750 m
④ 1800 m ⑤ 1850 m

0612 중

불쾌지수는 기온과 습도를 이용하여 사람이 불쾌감을 느끼는 정도를 나타낸 것이다. 다음은 기온이 x °C, 습구 온도가 y °C일 때, 불쾌지수를 나타내는 식이다. 기온이 36 °C, 습구 온도가 24 °C일 때, 불쾌지수를 구하시오.

$$0.72(x+y)+40.6$$

유형 08 식의 값의 활용; 식이 주어지지 않은 경우

식이 주어지지 않은 경우
➡ 주어진 상황을 문자를 사용한 식으로 나타낸 후 문자에 수를 대입하여 식의 값을 구한다.

0613 대표문제

물의 높이가 1시간에 10 cm씩 줄어드는 물탱크가 있다. 이 물탱크의 현재 물의 높이가 5 m일 때, 다음 물음에 답하시오.

(1) 지금부터 x시간 후의 물의 높이를 x를 사용한 식으로 나타내시오.
(2) 지금부터 10시간 후의 물의 높이를 구하시오.

0614 하

화성에서의 무게는 지구에서의 무게의 0.38배라 한다. 다음 물음에 답하시오.

(1) 지구에서 측정한 무게가 x kg일 때, 화성에서 측정한 무게를 x를 사용한 식으로 나타내시오.
(2) 지구에서의 무게가 50 kg인 물체의 화성에서의 무게를 구하시오.

0615 중 서술형

G 통신사의 휴대 전화 요금은 한 달에 기본 요금이 9000원이고, 통화 시간 1분당 180원씩 요금이 추가된다고 한다. 다음 물음에 답하시오.

(1) 한 달에 x분 통화했을 때, 휴대 전화 요금을 x를 사용한 식으로 나타내시오.
(2) 한 달에 150분 통화했을 때, 휴대 전화 요금을 구하시오.

0616 중

어느 학교의 농구 경기 예선에서 한 경기마다 승리하면 2점, 무승부이면 1점, 패하면 0점의 승점을 주기로 했다. 우제네 팀의 경기 결과가 x승 y무 2패였을 때, 다음 물음에 답하시오.

(1) 우제네 팀의 승점을 x, y를 사용한 식으로 나타내시오.
(2) 우제네 팀이 5승 3무 2패를 하였을 때, 승점을 구하시오.

유형 09 다항식

예 다항식 $3x^2 - x + 5$에서
① 항: $3x^2$, $-x$, 5 ② 다항식의 차수: 2
③ x^2의 계수: 3, x의 계수: -1 ④ 상수항: 5

0617 대표문제

다음 중 다항식 $4y^2 - \dfrac{y}{2} + 3$에 대한 설명으로 옳지 <u>않은</u> 것은?

① 항은 $4y^2$, $-\dfrac{y}{2}$, 3이다.

② 다항식의 차수는 2이다.

③ y^2의 계수는 4이다.

④ y의 계수는 $\dfrac{1}{2}$이다.

⑤ 상수항은 3이다.

0618 하

다음 중 단항식인 것은?

① $\dfrac{5}{x}$ ② $-xy^5$ ③ $-x^2 + x - 5$

④ $\dfrac{x}{3} - y$ ⑤ $-x + y + 1$

0619 중

다음 중 옳은 것은?

① $\dfrac{7}{x}$은 다항식이다.

② $\dfrac{x}{5} + 2$에서 x의 계수는 5이다.

③ $xy + z$에서 항은 3개이다.

④ $8 - x$에서 상수항은 8이다.

⑤ $2x^2 - 3x + 6$에서 x의 계수와 상수항의 곱은 18이다.

0620 중 서술형

다항식 $-x^2 + \dfrac{2}{3}x - \dfrac{1}{3}$에서 x의 계수를 A, 상수항을 B, 다항식의 차수를 C라 할 때, $A - B + C$의 값을 구하시오.

유형 10 일차식

① 일차식: 차수가 1인 다항식
② x에 대한 일차식은 $ax + b$ (a, b는 상수, $a \neq 0$)의 꼴

0621 대표문제

다음 중 일차식인 것을 모두 고르면? (정답 2개)

① $1 - x^2$ ② $\dfrac{3}{x}$ ③ $2x + 7$

④ $\dfrac{2}{5}x - 3$ ⑤ $0 \times x - 6$

0622 중하

다음 보기 중 일차식의 개수를 구하시오.

보기

ㄱ. $\dfrac{6}{x-1}$ ㄴ. $0 \times x^2 + 2x - \dfrac{1}{3}$

ㄷ. $\dfrac{x}{4} + \dfrac{y}{2} - 1$ ㄹ. $7 - 0.1x$

ㅁ. $\dfrac{2-x}{5}$ ㅂ. $x - x^2$

0623 중

다항식 $(2-a)x^2 - 4x + 3$이 x에 대한 일차식이 되도록 하는 상수 a의 값은?

① -2 ② -1 ③ 1

④ 2 ⑤ 4

유형 11 일차식과 수의 곱셈, 나눗셈

(1) (수)×(일차식), (일차식)×(수)의 계산
→ 분배법칙을 이용하여 일차식의 각 항에 수를 곱한다.

(2) (일차식)÷(수)의 계산
→ 나눗셈을 곱셈으로 고쳐서 계산한다. 즉 분배법칙을 이용하여 일차식의 각 항에 나누는 수의 역수를 곱한다.

0624 대표문제

다음 중 옳은 것은?

① $3 \times (-6x) = -18x^2$

② $(-15x) \div (-3) = -5x$

③ $-3(2x-4) = -6x+12$

④ $(4x-6) \times \dfrac{3}{2} = 6x-18$

⑤ $(-8x+4) \div (-2) = 4x+2$

0625 하

$(2-0.3x) \times 10$을 계산하면 $ax+b$일 때, 상수 a, b에 대하여 $a+b$의 값을 구하시오.

0626 중하

다음 중 옳지 <u>않은</u> 것은?

① $\dfrac{4}{3}\left(6x-\dfrac{1}{2}\right) = 8x-\dfrac{2}{3}$

② $(-1) \times (4x-3) = -4x+3$

③ $(5x+10) \div \dfrac{5}{6} = 6x+12$

④ $(3x-6) \div \left(-\dfrac{3}{5}\right) = -5x+10$

⑤ $(14x-21) \div \left(-\dfrac{7}{5}\right) = 10x-15$

0627 중

다음 중 식을 계산한 결과가 $-5(2x-1)$과 같은 것은?

① $(2x+1) \times 5$

② $(-2x+1) \times (-5)$

③ $(2x-1) \div \dfrac{1}{5}$

④ $(-2x+1) \div \dfrac{1}{5}$

⑤ $(-2x+1) \div \left(-\dfrac{1}{5}\right)$

유형 12 동류항

(1) 동류항: 다항식에서 문자와 차수가 각각 같은 항

(2) 상수항끼리는 모두 동류항이다.

0628 대표문제

다음 중 동류항끼리 짝 지은 것은?

① a, b

② ab, b^2

③ x, $-4x$

④ x^2, $2x$

⑤ $-3x^2$, $5y^2$

0629 하

다음 중 $-2x$와 동류항인 것은?

① 2

② $-\dfrac{2}{x}$

③ $2x^2$

④ $-\dfrac{1}{2}x$

⑤ $2y$

0630 하

다음 중 $2y$와 동류항인 것의 개수는?

$$-2, \quad -4y, \quad y^2, \quad -\dfrac{y}{3}, \quad \dfrac{2}{y}, \quad y$$

① 1

② 2

③ 3

④ 4

⑤ 5

0631 중하

다음 보기 중 동류항끼리 짝 지은 것을 모두 고르시오.

┃ 보기 ┃

ㄱ. a, $2a^2$

ㄴ. $2a$, a^2

ㄷ. $\dfrac{a^2}{2}$, $-a^2$

ㄹ. $\dfrac{a}{2}$, $-2a$

ㅁ. $-a$, b

유형 13 일차식의 덧셈과 뺄셈

❶ 괄호가 있으면 분배법칙을 이용하여 괄호를 푼다.
❷ 동류항끼리 모아서 계산한다.

예 $3x+2-(x+1)$
$=3x+2-x-1$ ❶
$=(3-1)x+(2-1)$ ❷
$=2x+1$

0632 대표문제

$\dfrac{2}{3}(6x-3)-\dfrac{1}{4}(-4x+12)$를 계산하였을 때, x의 계수와 상수항의 합을 구하시오.

0633 중

다음 중 옳지 않은 것은?

① $(3x-2)+(2x+3)=5x+1$

② $2(6x-5)-3(-2x+4)=18x-22$

③ $-(5x-2)-(4x-3)=-9x+5$

④ $\dfrac{1}{3}(3x+6)+(x-4)=2x-2$

⑤ $\dfrac{1}{2}(4x-2)-\dfrac{3}{4}(4x+8)=-x+7$

0634 중 서술형

$\dfrac{3}{4}(8x-4)-\dfrac{1}{3}(3x+9)$를 계산하면 $ax+b$일 때, 상수 a, b에 대하여 ab의 값을 구하시오.

0635 중

$ax-9-(5x+b)$를 계산하면 x의 계수는 4, 상수항은 -11이다. 상수 a, b에 대하여 $a-b$의 값을 구하시오.

유형 14 괄호가 여러 개인 일차식의 덧셈과 뺄셈

괄호는 ( ) → { } → [ ] 순으로 풀어서 계산한다.
이때 괄호 앞의 부호에 주의한다.

➡ 괄호 앞에 $\begin{cases} +$ 가 있으면 괄호 안의 부호를 그대로 \\ -$ 가 있으면 괄호 안의 부호를 반대로 \end{cases}$

0636 대표문제

$2x-[3x+4\{2x-(3x-1)\}]$을 계산하면?

① $-3x+2$ ② $-x-5$ ③ $2x+7$

④ $3x-4$ ⑤ $4x+1$

0637 중하

$x+1-\{4x+3-(x+5)\}$를 계산하면 $ax+b$일 때, 상수 a, b에 대하여 $a+b$의 값을 구하시오.

0638 중

$-4x-[5y-3x-\{-2x-4(x-3y)\}]$를 계산하면?

① $-x-7y$ ② $-5x-5y$ ③ $-7x+7y$

④ $5x+7y$ ⑤ $7x-7y$

0639 상중

다음 식을 계산하시오.

$$-5x+[8-2\{4x-(3-7x)\}+6x]+1$$

[중요] 유형 **15** **분수 꼴인 일차식의 덧셈과 뺄셈**

분수 꼴인 일차식의 덧셈과 뺄셈

➡ 분모의 최소공배수로 통분한 후 동류항끼리 모아서 계산
한다.

0640 대표문제

$\dfrac{2x+1}{4}-\dfrac{3x-2}{3}$ 를 계산하였을 때, x의 계수와 상수항의

합을 구하시오.

0641 중

$\dfrac{3x-4}{2}-\dfrac{2x-1}{3}+\dfrac{x}{6}+1$을 계산하면?

① $-x-\dfrac{2}{3}$ ② $x-\dfrac{2}{3}$ ③ $x+\dfrac{2}{3}$

④ $2x-\dfrac{2}{3}$ ⑤ $2x+\dfrac{2}{3}$

0642 중

다음 식을 계산하시오.

$$\dfrac{3x-y}{2}-\dfrac{2x-5y}{3}-\dfrac{2x+3y}{5}$$

0643 상중

$6x-\dfrac{5}{3}+\dfrac{x-4}{2}-\dfrac{3x+1}{3}$ 을 계산하면 $ax-b$일 때, 상수

a, b에 대하여 $2(a+b)$의 값을 구하시오.

유형 **16** **문자에 일차식을 대입하기**

문자에 일차식을 대입할 때는 괄호를 사용한다.

이때 주어진 식이 복잡하면 먼저 식을 간단히 한다.

예 $A=x+2$, $B=2x-3$일 때,

$A+B=(x+2)+(2x-3)=3x-1$

0644 대표문제

$A=3x-2$, $B=-x+4$일 때, $-A-3B+3(A+2B)$

를 계산하면?

① $-3x+8$ ② $-3x+12$ ③ $3x-8$

④ $3x+8$ ⑤ $3x+12$

0645 중하

$A=x-\dfrac{1}{3}y$, $B=\dfrac{3}{4}x-\dfrac{1}{8}y$일 때, $3A-8B$를 계산하면?

① $-3x-2y$ ② $-3x$ ③ $3x+2y$

④ $6x-2y$ ⑤ $9x$

0646 중 서술형

$A=-3(x-1)$, $B=\dfrac{x+1}{2}-1$일 때,

$A+4B-2(A+3B)$를 계산하였더니 $ax+b$가 되었다.

상수 a, b에 대하여 $a+b$의 값을 구하시오.

0647 상중

$A=\dfrac{x-2}{3}+\dfrac{x-1}{2}$, $B=\dfrac{10x+5}{2}\div\dfrac{5}{2}$일 때,

$2A+\{6A-2(A+2B)-1\}$을 계산하시오.

유형 17 어떤 식 구하기

(1) 어떤 다항식 □에 다항식 A를 더했더니 다항식 B가 되었다.
➡ $□+A=B$ ∴ $□=B-A$

(2) 어떤 다항식 □에서 다항식 A를 뺐더니 다항식 B가 되었다.
➡ $□-A=B$ ∴ $□=B+A$

0648 대표문제
어떤 다항식에서 $6x-3y$를 뺐더니 $-4x-8y$가 되었다. 이때 어떤 다항식을 구하시오.

0649 중
$3(2x+1)-\boxed{}=4x+5$에서 □ 안에 알맞은 식은?

① $-2x-2$ ② $-x+2$ ③ $2x-2$
④ $3x+2$ ⑤ $4x-2$

0650 중
다음 □ 안에 알맞은 식을 구하시오.

$$\frac{3}{4}(x-12)+\boxed{}=2x-3$$

0651 상중 서술형
다음 조건을 만족시키는 두 다항식 A, B에 대하여 $A-B$를 계산하시오.

㈎ A에 3을 곱했더니 $12x-9$가 되었다.
㈏ $-6x+5$에서 B를 뺐더니 $-7x+3$이 되었다.

유형 18 바르게 계산한 식 구하기

❶ 어떤 다항식을 □로 놓고 주어진 조건에 따라 식을 세운다.
❷ □를 구한다.
❸ 바르게 계산한 식을 구한다.

0652 대표문제
어떤 다항식에서 $5x-2$를 빼야 할 것을 잘못하여 더했더니 $3x-7$이 되었다. 이때 바르게 계산한 식은?

① $-7x-3$ ② $-5x+2$ ③ $2x-3$
④ $5x+4$ ⑤ $8x-5$

0653 중
$9x-4$에서 어떤 다항식을 빼야 할 것을 잘못하여 더했더니 $-3x-8$이 되었다. 이때 바르게 계산한 식을 구하시오.

0654 중 서술형
$3x-2y+4$에 어떤 다항식을 더해야 할 것을 잘못하여 뺐더니 $-x+2y-6$이 되었다. 다음 물음에 답하시오.

(1) 어떤 다항식을 구하시오.
(2) 바르게 계산한 식을 구하시오.

0655 상중
다항식 A에서 $-2x-5$를 빼야 할 것을 잘못하여 더했더니 $-5x+3$이 되었다. 바르게 계산한 식을 B라 할 때, $A-3B$를 계산하시오.

정답 및 풀이 49쪽

유형UP 19 도형에서의 일차식의 덧셈과 뺄셈의 활용

도형의 둘레의 길이와 넓이의 공식을 이용하여 식을 세운 후 계산한다.

0656 대표문제

오른쪽 그림과 같은 직사각형에서 색칠한 부분의 넓이를 x를 사용한 식으로 나타내면?

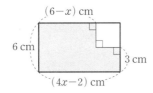

① $(-21x+60)$ cm²

② $(-15x+24)$ cm²

③ $(9x+12)$ cm²

④ $(15x+36)$ cm²

⑤ $(21x+36)$ cm²

0657 상중

오른쪽 그림과 같은 사다리꼴에서 색칠한 부분의 넓이를 x를 사용한 식으로 나타내시오.

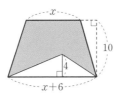

0658 상중

오른쪽 그림과 같이 가로, 세로의 길이가 각각 40 m, 30 m인 직사각형 모양의 꽃밭에 폭이 x m로 일정한 길을 만들었다. 네 꽃밭의 둘레의 길이의 합을 x를 사용한 식으로 나타내면?

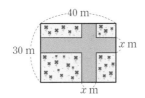

① $(140-4x)$ m

② $(140+4x)$ m

③ $(280-8x)$ m

④ 280 m

⑤ $(280+8x)$ m

유형UP 20 $(-1)^n$의 꼴이 포함된 일차식의 계산

$(-1)^n$의 꼴에서 지수 n이 짝수인지 홀수인지 판단하여
$$(-1)^{짝수}=1, (-1)^{홀수}=-1$$
임을 이용한다.

0659 대표문제

n이 자연수일 때,
$$(-1)^{2n+1}(3x-4)-(-1)^{2n}(3x+4)$$
를 계산하면?

① $-6x-8$

② $-6x-4$

③ $-6x$

④ $6x$

⑤ $6x+8$

0660 상중

n이 홀수일 때, 다음 식을 계산하시오.

$$(-1)^n(5x+2)-(-1)^{n+1}(5x-2)$$

0661 상중 서술형

$3(6x+4)-\dfrac{1}{3}(6x+15)$를 계산하면 $mx+n$일 때,

$(-1)^m(4a-2b)+(-1)^n(2a-4b)$를 계산하시오.

(단, m, n은 상수이다.)

0662 상

n이 자연수일 때,
$$(-1)^{2n}\times\dfrac{x+1}{3}+(-1)^{2n+1}\times\dfrac{3x-1}{2}$$

을 계산한 식에서 x의 계수를 a, 상수항을 b라 하자. 이때 $a-b$의 값을 구하시오.

05

문자의 사용과 식의 계산

시험에 꼭 나오는 문제

0663

다음 중 옳은 것은?

① $(-4) \times a \times (-0.1) = -0.4a$

② $x + y \div 3 = \dfrac{x+y}{3}$

③ $(a-b) \div c = \dfrac{c}{a} - \dfrac{b}{c}$

④ $a \times a \times a \times b \div c = \dfrac{a^3}{bc}$

⑤ $x \times (y+3) \div (z-5) = \dfrac{x(y+3)}{z-5}$

0664 중요

다음 중 옳지 <u>않은</u> 것을 모두 고르면? (정답 2개)

① x명의 학생 중 10 %가 감소하였을 때 남은 학생 수
➡ $0.9x$

② 10자루에 a원인 펜 3자루의 가격 ➡ $\dfrac{3}{10}a$원

③ 백의 자리의 숫자가 a, 십의 자리의 숫자가 3, 일의 자리의 숫자가 b인 세 자리 자연수 ➡ $100a + 3b$

④ 가로의 길이가 a cm, 세로의 길이가 b cm인 직사각형의 둘레의 길이 ➡ $(4a+b)$ cm

⑤ 시속 a km로 13 km를 달렸을 때 걸린 시간 ➡ $\dfrac{13}{a}$ 시간

0665

남학생이 20명, 여학생이 15명인 어느 학급에서 중간고사를 본 결과 남학생의 평균이 x점, 여학생의 평균이 y점이었다. 이 학급 학생들의 중간고사 점수의 평균을 문자를 사용한 식으로 나타내시오.

0666

$x = -\dfrac{1}{2}$일 때, 다음 중 식의 값이 가장 큰 것은?

① $4x - 2$ ② $4x^2$ ③ $-x^3$

④ $\dfrac{3}{x}$ ⑤ $-\dfrac{2}{3}x$

0667 중요

$x = \dfrac{1}{4}$, $y = -\dfrac{3}{4}$일 때, $\dfrac{x}{y} - 16xy$의 값을 구하시오.

0668

체중이 a kg, 키가 b m일 때, 비만을 판정하는 지표인 신체질량지수(BMI)의 계산식은

$$(\text{신체질량지수}) = \dfrac{a}{b^2} \ (\text{kg/m}^2)$$

이다. 현재 체중이 64 kg이고, 키가 160 cm인 학생의 비만 정도를 구하시오.

신체질량지수 (kg/m²)	비만 정도
18.5 미만	저체중
18.5 이상 25 미만	정상
25 이상 30 미만	과체중
30 이상	비만

0669

오른쪽 그림과 같이 가로의 길이, 세로의 길이, 높이가 각각 a cm, b cm, c cm인 직육면체의 부피를 V cm³라 할 때, 다음 **보기** 중 옳은 것을 모두 고른 것은?

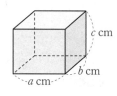

■ 보기 ■

ㄱ. $V = abc$

ㄴ. $a = 2$, $b = 2$, $c = 5$일 때, 직육면체의 부피는 12 cm³이다.

ㄷ. $a = 4$, $b = 3$, $c = 2$일 때, 직육면체의 부피는 24 cm³이다.

① ㄱ   ② ㄴ   ③ ㄱ, ㄴ

④ ㄱ, ㄷ   ⑤ ㄴ, ㄷ

0670 중요

다음 중 다항식 $-\dfrac{1}{2}x^2+5x-1$에 대한 설명으로 옳지 <u>않은</u> 것은?

① 항은 3개이다.　　　② x^2의 계수는 $\dfrac{1}{2}$이다.

③ x의 계수는 5이다.　　④ 상수항은 -1이다.

⑤ 다항식의 차수는 2이다.

0671

다음 **보기** 중 일차식인 것을 모두 고른 것은?

― 보기 ―

ㄱ. $-5x$　　　ㄴ. 4　　　ㄷ. $\dfrac{1}{x}+3$

ㄹ. x^2+1　　ㅁ. $\dfrac{x}{3}-2$　　ㅂ. $1+x-x^2$

① ㄱ, ㄷ　　　② ㄱ, ㅁ　　　③ ㄴ, ㄹ

④ ㄱ, ㄷ, ㅁ　　⑤ ㄴ, ㅁ, ㅂ

0672

다항식 $2x^2-ax+1-bx^2+5x$를 간단히 하였을 때, x에 대한 일차식이 되도록 하는 상수 a, b의 조건은?

① $a=5$, $b=2$　　　② $a\neq-5$, $b\neq2$

③ $a=5$, $b\neq2$　　　④ $a\neq5$, $b=-2$

⑤ $a\neq5$, $b=2$

0673

x의 계수가 -2, 상수항이 6인 x에 대한 일차식이 있다. $x=1$일 때의 식의 값을 a, $x=-1$일 때의 식의 값을 b라 할 때, $a-b$의 값을 구하시오.

0674

다음 중 계산 결과의 x의 계수가 가장 큰 것은?

① $5\times(-x)$　　　② $(-6x)\div3$

③ $0.5(x-12)$　　　④ $(32x-4)\div16$

⑤ $(5x+6)\div\left(-\dfrac{1}{3}\right)$

0675

다음 중 $-\dfrac{1}{2}x$와 동류항인 것의 개수는?

$-\dfrac{1}{x},\quad -\dfrac{1}{2}y,\quad 4y^2,\quad -x^2+3,\quad 0.3x,\quad -2$

① 1　　　② 2　　　③ 3

④ 4　　　⑤ 5

0676 중요

다음 중 옳지 <u>않은</u> 것을 모두 고르면? (정답 2개)

① $(8x-12)\div\left(-\dfrac{4}{5}\right)=-10x+15$

② $(x-6)\div\dfrac{1}{5}=-5x-30$

③ $3(2x-1)-\dfrac{1}{4}(4x-8)=5x-1$

④ $-\dfrac{1}{4}(4x-12)+\dfrac{1}{3}(9x+6)=2x+5$

⑤ $\dfrac{3}{4}\left(16x-\dfrac{8}{3}\right)-14\left(\dfrac{1}{2}x-\dfrac{3}{7}\right)=5x-4$

0677

$4(3x-5)-(15x+9)\div\left(-\dfrac{3}{2}\right)$을 계산하면 $ax+b$일 때, 상수 a, b에 대하여 $a+b$의 값을 구하시오.

0678

$3x-[10y-4x-\{2x-(-x+y)\}]$를 계산하면?

① $-11x-10y$ ② $-10x+11y$ ③ $7x-11y$

④ $10x-11y$ ⑤ $11x-10y$

0679

$\left(\dfrac{3}{4}a-\dfrac{2}{5}\right)-\left(\dfrac{1}{3}a-\dfrac{1}{2}\right)$을 계산하면?

① $-\dfrac{5}{12}a+\dfrac{1}{12}$ ② $\dfrac{5}{12}a+\dfrac{1}{12}$ ③ $\dfrac{5}{12}a+\dfrac{1}{10}$

④ $-5a+1$ ⑤ $5a+1$

0680

$\dfrac{2-x}{3}+\dfrac{5x+2}{6}-\dfrac{3x+5}{2}$를 계산하면 $ax+b$일 때, 상수 a, b에 대하여 $a-b$의 값을 구하시오.

0681

$A=2x-\dfrac{1}{2}$, $B=\dfrac{-x+5}{3}$일 때, $3A-2(A+B)-B$를 x를 사용한 식으로 나타내시오.

0682

$\dfrac{-2x+3}{6}-\boxed{}=\dfrac{x-5}{2}$일 때, $\boxed{}$ 안에 알맞은 식은?

① $\dfrac{x-8}{3}$ ② $x-8$ ③ $\dfrac{-2x-9}{6}$

④ $\dfrac{-5x+18}{6}$ ⑤ $\dfrac{-3x+9}{2}$

0683

오른쪽과 같은 규칙을 이용하여 (가), (나), (다)에 알맞은 식을 구하시오.

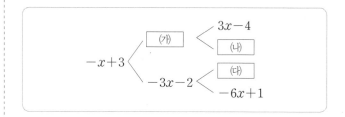

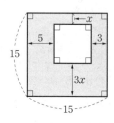

0684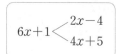

오른쪽 그림과 같이 큰 정사각형 안에 각 변끼리 평행한 작은 직사각형이 있다. 이때 색칠한 부분의 넓이를 x를 사용한 식으로 나타내시오.

0685

$x=-1$, $y=3$일 때,

$-x^{101}-(-y)^3\times(-x^{50})\div\left(-\dfrac{y}{x}\right)^2$의 값을 구하시오.

서술형 주관식

0686

원가가 a원인 물건에 30 %의 이익을 붙여 정가를 매겼다. 이 물건을 20 % 할인하여 판매한 가격을 문자를 사용한 식으로 나타내시오.

0687

$(36x-24)\div6-(20x-6)\div\dfrac{2}{3}$를 계산하였을 때의 x의 계수를 a, $\left(\dfrac{2}{5}y-9\right)\div\dfrac{3}{4}+\dfrac{7}{2}$을 계산하였을 때의 상수항을 b라 할 때, ab의 값을 구하시오.

0688

오른쪽 표의 가로, 세로, 대각선에 놓인 세 식의 합이 모두 같도록 빈칸을 채울 때, 다항식 A, B에 대하여 $B-A$를 계산하시오.

		B
$-3x-3$	$x-1$	$5x+1$
A		-4

0689 중요

어떤 다항식에 $\dfrac{1}{3}x+5$를 더해야 할 것을 잘못하여 뺐더니 $\dfrac{3}{2}x-6$이 되었다. 다음 물음에 답하시오.

(1) 어떤 다항식을 구하시오.
(2) 바르게 계산한 식을 구하시오.
(3) 바르게 계산한 식에서 x의 계수를 a, 상수항을 b라 할 때, $b-a$의 값을 구하시오.

실력 UP

0690

$a=\dfrac{1}{2}$, $b=\dfrac{2}{3}$, $c=-\dfrac{3}{4}$일 때, $\dfrac{bc-2ac-3ab}{abc}$의 값을 구하시오.

0691

아래 그림과 같이 성냥개비를 사용하여 정삼각형을 만들 때, 다음 물음에 답하시오.

(1) x개의 정삼각형을 만들 때, 필요한 성냥개비의 개수를 x를 사용한 식으로 나타내시오.
(2) 정삼각형을 20개 만드는 데 필요한 성냥개비의 개수를 구하시오.

0692

오른쪽 그림과 같은 직사각형에서 색칠한 부분의 넓이를 x를 사용한 식으로 나타내시오.

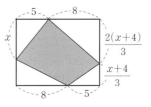

0693

n이 자연수일 때,
$$\dfrac{-x+1}{2}-\left\{(-1)^{2n-1}\times\dfrac{2x-5}{3}-(-1)^{2n}\times\dfrac{5x+3}{4}\right\}$$
을 계산하시오.

06 일차방정식의 풀이

06-1 방정식과 항등식

(1) **등식**: 등호 =를 사용하여 두 수 또는 두 식이 서로 같음을 나타
낸 식

① **좌변**: 등식에서 등호의 왼쪽 부분

② **우변**: 등식에서 등호의 오른쪽 부분

③ **양변**: 등식의 좌변과 우변을 통틀어 양변이라 한다.

〈예〉 $4-3=1$, $x+6=8$ ➡ 등식 $2x-1$, $x+3 \leq 5$ ➡ 등식이 아니다.

(2) **방정식**: 문자의 값에 따라 참이 되기도 하고 거짓이 되기도 하는 등식

① **미지수**: 방정식에 있는 문자

② **방정식의 해(근)**: 방정식을 참이 되게 하는 미지수의 값

③ **방정식을 푼다**: 방정식의 해(근)을 모두 구하는 것

(3) **항등식**: 미지수가 어떤 값을 갖더라도 항상 참이 되는 등식

06-2 등식의 성질

(1) 등식의 양변에 같은 수를 더해도 등식은 성립한다.

➡ $a=b$이면 $a+c=b+c$

(2) 등식의 양변에서 같은 수를 빼도 등식은 성립한다.

➡ $a=b$이면 $a-c=b-c$

(3) 등식의 양변에 같은 수를 곱해도 등식은 성립한다.

➡ $a=b$이면 $ac=bc$

(4) 등식의 양변을 0이 아닌 같은 수로 나누어도 등식은 성립한다.

➡ $a=b$이고 $c \neq 0$이면 $\dfrac{a}{c}=\dfrac{b}{c}$ └➤ 수를 나눌 때, 0으로 나누는 것은 생각하지 않는다.

06-3 일차방정식의 풀이

(1) **이항**: 등식의 성질을 이용하여 등식의 한 변에 있는 항을 부호를
바꾸어 다른 변으로 옮기는 것

$+ \blacksquare$를 이항 ➡ $- \blacksquare$ ┐ 이항하면
$- \blacksquare$를 이항 ➡ $+ \blacksquare$ ┘ 부호가 바뀐다.

(2) **일차방정식**: 등식의 모든 항을 좌변으로 이항하여 정리했을 때,

(x에 대한 일차식)$=0$, 즉 $ax+b=0$ $(a \neq 0)$

의 꼴로 나타나는 방정식을 x에 대한 일차방정식이라 한다.

(3) **일차방정식의 풀이**

일차방정식은 다음과 같은 순서로 푼다.

❶ 괄호가 있으면 분배법칙을 이용하여 괄호를 먼저 푼다.

❷ 미지수 x를 포함한 항은 좌변으로, 상수항은 우변으로 이항한다.

❸ 양변을 정리하여 $ax=b$ $(a \neq 0)$의 꼴로 나타낸다.

❹ 양변을 미지수 x의 계수로 나누어 해를 구한다.

개념플러스 🖉

등식의 참, 거짓
등식에서 등호가 성립하면 참이라 하고, 성립하지 않으면 거짓이라 한다.

등식의 좌변, 우변을 간단히 정리했을 때, 좌변과 우변의 식이 같으면 항등식이다.

양변에서 c를 빼는 것은 양변에 $-c$를 더하는 것과 같다.

$ac=bc$라 해서 반드시 $a=b$인 것은 아니다.
예 $3 \times 0 = 4 \times 0$이지만 $3 \neq 4$이다.

양변을 c $(c \neq 0)$로 나누는 것은 양변에 $\dfrac{1}{c}$을 곱하는 것과 같다.

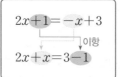

이항은 등식의 성질 중 '등식의 양변에 같은 수를 더하거나 빼도 등식은 성립한다.'를 이용한 것이다.

일차방정식의 계수가 소수 또는 분수이면 양변에 적당한 수를 곱하여 계수를 정수로 고친다.

① 계수가 소수 ➡ 양변에 10, 100, …을 곱한다.

② 계수가 분수 ➡ 양변에 분모의 최소공배수를 곱한다.

교과서문제 정복하기

06-1 방정식과 항등식

0694 다음 **보기** 중 등식인 것을 모두 고르시오.

┃ 보기 ┃

ㄱ. $3+6=4$ ㄴ. $5x-1$

ㄷ. $2x+3x=5x$ ㄹ. $x+5<9$

[0695~0697] 다음 문장을 등식으로 나타내시오.

0695 x를 2배 한 후 3을 더하면 10이다.

0696 한 권에 x원인 공책 5권과 한 자루에 500원인 펜 3자루의 가격은 5000원이다.

0697 가로의 길이가 3 cm, 세로의 길이가 x cm인 직사각형의 넓이는 15 cm²이다.

0698 x의 값이 -1, 0, 1, 2일 때, 방정식 $3x-2=-5$를 푸시오.

[0699~0701] 다음 중 항등식인 것은 ○, 항등식이 아닌 것은 ×를 ( ) 안에 써넣으시오.

0699 $2x=6$ ( )

0700 $x+3x=4x$ ( )

0701 $2(x+2)=2x+4$ ( )

06-2 등식의 성질

[0702~0705] 등식의 성질을 이용하여 다음 □ 안에 알맞은 수를 써넣으시오.

0702 $2x-5=1$의 양변에 □를 더하면 $2x=6$이다.

0703 $-7x+3=10$의 양변에서 □을 빼면 $-7x=7$이다.

0704 $\frac{1}{3}x=2$의 양변에 □을 곱하면 $x=6$이다.

0705 $4x=-8$의 양변을 □로 나누면 $x=-2$이다.

06-3 일차방정식의 풀이

[0706~0709] 다음 등식에서 밑줄 친 항을 이항하시오.

0706 $\underline{x}-1=1$ **0707** $2x=5\underline{-3x}$

0708 $2x\underline{+6}=3$ **0709** $-4x=\underline{x}+7$

0710 다음 **보기** 중 일차방정식인 것을 모두 고르시오.

┃ 보기 ┃

ㄱ. $x=1$ ㄴ. $2x+1$

ㄷ. $x^2+2x-1=7$ ㄹ. $\frac{1}{3}x=-5$

[0711~0714] 다음 방정식을 푸시오.

0711 $2x+10=4$ **0712** $3x=x+2$

0713 $5x-2=3x+6$ **0714** $x+5=-4x-10$

[0715~0720] 다음 방정식을 푸시오.

0715 $4(x+1)=6(9-x)$

0716 $5-2(3x+1)=3(5-x)$

0717 $0.7x+2.4=0.3x-1.6$

0718 $0.12x-0.3=0.08x-0.22$

0719 $\frac{x-3}{2}-\frac{2x-1}{3}=0$

0720 $-\frac{1}{2}-\frac{1-x}{4}=\frac{4}{3}\left(x+\frac{1}{4}\right)$

유형 익히기

개념원리 중학 수학 1–1 134쪽

유형 **01** 등식

등식
➡ 등호 =를 사용하여 두 수 또는 두 식이 서로 같음을 나타낸 식

예 $2x-4=5$, $3x+x=6x$ ➡ 등식이다.

$-x+5$, $4x \geq 8$ ➡ 등식이 아니다.

0721 대표문제

다음 중 등식인 것은?

① $3x-6$ ② $9 \geq 6x$ ③ $1+7 < 10$
④ $x+3y-1$ ⑤ $3x+2x=10$

0722 중하

다음 보기 중 등식인 것의 개수는?

> 보기
> ㄱ. $8x$ ㄴ. $6+8=10$
> ㄷ. $4x-y=2$ ㄹ. $x+(x-9)$
> ㅁ. $\dfrac{2x-1}{3}+\dfrac{x+5}{2}=4$ ㅂ. $3(x+1)-(x-4)>0$

① 2 ② 3 ③ 4
④ 5 ⑤ 6

0723 중

다음 식에 대한 설명 중 옳은 것을 모두 고르면? (정답 2개)

$$\frac{5x-2}{6}+2=\frac{2}{3}x-1$$

① 등식이다.
② 좌변은 $\dfrac{2}{3}x-1$이다.
③ 우변의 상수항은 2이다.
④ 좌변의 x의 계수는 $\dfrac{5}{6}$이다.
⑤ 우변의 x의 계수는 -1이다.

개념원리 중학 수학 1–1 135쪽

유형 **02** 문장을 등식으로 나타내기

주어진 문장에서 좌변과 우변에 해당하는 식을 각각 구한 후 등호를 사용하여 나타낸다.

예 어떤 수 x에 3을 더한 값은 5이다.

➡ $x+3=5$

0724 대표문제

다음 중 문장을 등식으로 나타낸 것으로 옳지 않은 것은?

① 어떤 수 x에서 3을 뺀 것은 x의 5배와 같다.
➡ $x-3=5x$
② 한 변의 길이가 a cm인 정오각형의 둘레의 길이는 35 cm이다. ➡ $5a=35$
③ 1 g당 9 kcal의 열량을 내는 지방 x g이 내는 열량은 540 kcal이다. ➡ $9(x+1)=540$
④ 한 자루에 x원인 연필 7자루와 한 개에 y원인 지우개 3개를 구입한 금액은 2500원이다. ➡ $7x+3y=2500$
⑤ 6000원을 내고 500원짜리 우표를 x장 샀더니 거스름돈이 1000원이었다. ➡ $6000-500x=1000$

0725 하

다음 문장을 등식으로 바르게 나타낸 것은?

> 한 개에 x원인 호두과자 15개를 한 개에 1500원인 상자에 담았을 때, 이 상자의 총가격은 13500원이다.

① $x+15+1500=13500$ ② $15x-1500=13500$
③ $15x+1500=13500$ ④ $1500x-15=13500$
⑤ $1500x+15=13500$

0726 중

다음 문장을 등식으로 나타내시오.

(1) 어떤 수 x를 6배 한 수보다 3만큼 작은 수는 x의 2배와 같다.
(2) x명의 학생들에게 귤을 나누어 주는데 5개씩 주면 2개가 남고 6개씩 주면 3개가 부족하다.

유형 03 방정식의 해

$x=a$가 방정식의 해인지 확인하려면 $x=a$를 방정식에 대입하여 등식이 성립하는지 알아본다.

예 방정식 $2x-1=x+2$에서 $x=3$일 때
$$2 \times 3 - 1 = 3 + 2$$
즉 (좌변)=(우변)이므로 $x=3$은 방정식의 해이다.

0727 대표문제

다음 방정식 중 해가 $x=2$가 아닌 것은?

① $2x=4$ ② $3x+2=8$ ③ $5x-2=8$

④ $2(x+1)=4$ ⑤ $-(x-3)=1$

0728 하

다음 방정식 중 해가 $x=-1$인 것은?

① $4x-1=3x$ ② $2x-5=-x+4$

③ $2(x-1)=-3$ ④ $2-(4+x)=x$

⑤ $\dfrac{x}{2}+1=1$

0729 중

다음 중 [ ] 안의 수가 주어진 방정식의 해가 아닌 것은?

① $2x-3=-1$ $[1]$ ② $6x=2x+12$ $[3]$

③ $3(x+2)=5x-2$ $[4]$ ④ $-\dfrac{2}{3}x=1$ $\left[-\dfrac{3}{2}\right]$

⑤ $\dfrac{x-6}{4}=\dfrac{x}{2}-4$ $[2]$

0730 상중 서술형

x가 절댓값이 3인 수일 때, 방정식 $x-2(3x+5)=5$의 해를 구하시오.

유형 04 항등식

(1) 항등식: 미지수가 어떤 값을 갖더라도 항상 참이 되는 등식

(2) 어떤 등식이 항등식인지 확인하려면 좌변, 우변을 각각 정리한 후 (좌변)=(우변)인지 확인한다.

예 $3x+x=4x$

➡ (좌변)=$4x$, (우변)=$4x$이므로 항등식이다.

0731 대표문제

다음 보기 중 항등식인 것을 모두 고른 것은?

┤ 보기 ├

ㄱ. $2x-1=x$ ㄴ. $x+x=2x$

ㄷ. $3x=0$ ㄹ. $18-3x=x+18$

ㅁ. $5x+2-3x=2x+2$ ㅂ. $6(x+1)=6x+6$

① ㄱ, ㄴ, ㅂ ② ㄱ, ㄹ, ㅁ ③ ㄴ, ㄷ, ㅁ

④ ㄴ, ㅁ, ㅂ ⑤ ㄷ, ㄹ, ㅂ

0732 하

다음 중 항등식인 것은?

① $3x+2(x-1)$ ② $x+5=3$

③ $2x+1 \geq 7$ ④ $3x-2y$

⑤ $2x+7=2(x+3)+1$

0733 중

다음 중 x의 값에 관계없이 항상 성립하는 등식은?

① $9x=18$ ② $x-6=6-x$

③ $2x+4=8x+1$ ④ $7(x-5)=7x-35$

⑤ $-3(x+2)=3(x-3)$

06 일차방정식의 풀이

유형 05 항등식이 되는 조건

상수 a, b, c, d에 대하여 $ax+b=cx+d$가 x에 대한 항등식

➡ 양변의 x의 계수와 상수항이 각각 같아야 한다.

$$ax+b=cx+d$$

➡ $a=c$, $b=d$

0734 대표문제

등식 $5x-3=a+b(1-x)$가 x에 대한 항등식일 때, 상수 a, b에 대하여 ab의 값은?

① -10 ② -4 ③ -3

④ 4 ⑤ 8

0735 중하

등식 $ax+3=2x-b$가 x에 대한 항등식일 때, 상수 a, b에 대하여 $a+b$의 값을 구하시오.

0736 중

등식 $3(x-1)=-2x+\boxed{}$가 x의 값에 관계없이 항상 성립할 때, ☐ 안에 알맞은 식은?

① $2x+4$ ② $3x-1$ ③ $3x+1$

④ $5x-3$ ⑤ $5x+3$

0737 중 서술형

등식 $4x+3=a(1+2x)+b$가 모든 x의 값에 대하여 항상 참일 때, 상수 a, b에 대하여 $a-b$의 값을 구하시오.

유형 06 등식의 성질

등식의 양변에 같은 수를 더하거나 빼거나 곱하거나 0이 아닌 같은 수로 나누어도 등식은 성립한다.

➡ $a=b$이면

① $a+c=b+c$ ② $a-c=b-c$

③ $ac=bc$ ④ $\dfrac{a}{c}=\dfrac{b}{c}$ (단, $c\neq0$)

0738 대표문제

다음 중 옳은 것을 모두 고르면? (정답 2개)

① $3a=6b$이면 $2a=b$이다.

② $a=5b$이면 $a+5=5(b+5)$이다.

③ $-a=b$이면 $a+7=7-b$이다.

④ $\dfrac{3}{2}a=\dfrac{b}{4}$이면 $6a=b$이다.

⑤ $a=3b$이면 $-2a+3=6b+3$이다.

0739 중

다음 보기 중 옳지 않은 것을 고르시오.

보기

ㄱ. $a+c=b+c$이면 $a=b$이다.

ㄴ. $a=b$이면 $a-c=b-c$이다.

ㄷ. $ac=bc$이면 $a=b$이다.

ㄹ. $\dfrac{1}{2}a=\dfrac{1}{2}b$이면 $a=b$이다.

ㅁ. $a=b$이면 $ac=bc$이다.

0740 상중

$4a=3b$일 때, 다음 중 옳은 것은?

① $2a=\dfrac{3}{4}b$ ② $6a-2=8b-2$

③ $4a-4=3(b-4)$ ④ $-16a+4=-12b-4$

⑤ $\dfrac{a}{3}-1=\dfrac{b}{4}-1$

유형 07 등식의 성질을 이용한 방정식의 풀이

주어진 방정식을 등식의 성질을 이용하여 $x=$(수)의 꼴로 바꾸어 해를 구한다.

예 $2x-9=1$ ⟩ 양변에 9를 더한다.
  $2x=10$ ⟩ 양변을 2로 나눈다.
  $\therefore x=5$

0741 대표문제

오른쪽은 방정식 $\dfrac{2}{3}x-1=1$을 푸는 과정이다. 이때 등식의 성질 '$a=b$이면 $\dfrac{a}{c}=\dfrac{b}{c}$이다.'를 이용한 곳을 고르시오.
(단, c는 자연수이다.)

$\dfrac{2}{3}x-1=1$ ⟩ ㉠
$2x-3=3$ ⟩ ㉡
$2x=6$ ⟩ ㉢
$\therefore x=3$

0742 중하

오른쪽은 등식의 성질을 이용하여 방정식 $\dfrac{x+3}{2}=5$를 푸는 과정이다. 이때 (개), (내)에서 이용된 등식의 성질을 보기에서 찾아 바르게 짝 지은 것은?

$\dfrac{x+3}{2}=5$ ⟩ (개)
$x+3=10$ ⟩ (내)
$\therefore x=7$

┃ 보기 ┃
$a=b$이고, c는 자연수일 때
ㄱ. $a+c=b+c$ ㄴ. $a-c=b-c$
ㄷ. $ac=bc$ ㄹ. $\dfrac{a}{c}=\dfrac{b}{c}$

① (개) - ㄷ, (내) - ㄱ   ② (개) - ㄷ, (내) - ㄴ
③ (개) - ㄷ, (내) - ㄹ   ④ (개) - ㄹ, (내) - ㄱ
⑤ (개) - ㄹ, (내) - ㄴ

0743 중

다음 중 방정식을 푸는 과정에서 등식의 성질 '$a=b$이면 $a-c=b-c$이다.'를 이용한 것은? (단, c는 자연수이다.)

① $x+3=-4 \Rightarrow x=-7$
② $x-9=2 \Rightarrow x=11$
③ $\dfrac{x}{7}=-2 \Rightarrow x=-14$
④ $5x-2=-12 \Rightarrow x=-2$
⑤ $\dfrac{x-5}{6}=-1 \Rightarrow x=-1$

유형 08 이항

이항: 등식의 어느 한 변에 있는 항을 그 항의 부호를 바꾸어 다른 변으로 옮기는 것
$+\blacksquare$를 이항하면 ➡ $-\blacksquare$
$-\blacksquare$를 이항하면 ➡ $+\blacksquare$
예 $2x-9=1 \Rightarrow 2x=1+9$ 이항

0744 대표문제

다음 중 밑줄 친 항을 바르게 이항한 것은?

① $3x\underline{-5}=7 \Rightarrow 3x=7-5$
② $4x=6\underline{-3x} \Rightarrow 4x-3x=6$
③ $5x\underline{-1}=\underline{4x}+7 \Rightarrow 5x-4x=7+1$
④ $2x\underline{+1}=\underline{x}-4 \Rightarrow 2x+x=-4+1$
⑤ $4x\underline{+2}=\underline{-x}-3 \Rightarrow 4x+x=-3+2$

0745 중하

다음 중 등식 $3x+5=11$에서 좌변의 5를 이항한 것과 결과가 같은 것을 모두 고르면? (정답 2개)

① 양변에 -5를 더한다.   ② 양변에 5를 곱한다.
③ 양변을 5로 나눈다.   ④ 양변에 -5를 곱한다.
⑤ 양변에서 5를 뺀다.

0746 중하

다음 중 밑줄 친 항을 이항하여 간단히 한 것으로 옳은 것은?

① $6x\underline{-4}=2 \Rightarrow 6x=-2$
② $2x=5\underline{-x} \Rightarrow x=5$
③ $-3x=7\underline{+x} \Rightarrow -2x=7$
④ $4x\underline{+3}=7 \Rightarrow 4x=4$
⑤ $5x\underline{+1}=\underline{-x}+6 \Rightarrow 6x=7$

0747 중 서술형

등식 $3x+1=2x-6$을 이항만을 이용하여 $ax=b\,(a>0)$의 꼴로 나타내었을 때, 상수 a, b에 대하여 $a+b$의 값을 구하시오.

유형 09 일차방정식

x에 대한 일차방정식 ➡ (x에 대한 일차식)$=0$의 꼴
➡ $ax+b=0\ (a\neq0)$의 꼴

0748 대표문제

다음 **보기** 중 일차방정식인 것을 모두 고르시오.

── 보기 ──
ㄱ. $3x-1=x+5$ ㄴ. $5(x-3)=15-5x$
ㄷ. $2x+4=2(x+2)$ ㄹ. $x^2+3=x$
ㅁ. $0\times x^2+x=-1$

0749 중하

다음 중 일차방정식이 <u>아닌</u> 것은?

① $x=0$ ② $x+1=3x-5$
③ $x-5=-5+x$ ④ $x^2+x=x^2-2$
⑤ $8(x+1)=8-8x$

0750 중

다음 중 문자를 사용한 식으로 나타내었을 때, x에 대한 일차방정식인 것은?

① x에 2를 더한 수는 x의 제곱과 같다.
② x를 3으로 나눈 것에 1을 더한다.
③ x에 1을 더한 것의 2배는 15보다 크다.
④ x의 $\dfrac{1}{2}$에 5를 더한 것은 $\dfrac{x}{2}+5$와 같다.
⑤ x의 4배에 3을 더하면 11이 된다.

0751 중 서술형

등식 $3x-2=5-ax$가 x에 대한 일차방정식이 되기 위한 상수 a의 조건을 구하시오.

유형 10 일차방정식의 풀이

❶ 괄호가 있으면 분배법칙을 이용하여 괄호를 먼저 푼다.
❷ $ax=b\ (a\neq0)$의 꼴로 나타낸다.
❸ 양변을 x의 계수 a로 나누어 해를 구한다. 즉 $x=\dfrac{b}{a}$

0752 대표문제

일차방정식 $5x-(x+2)=3-2(4-x)$를 풀면?

① $x=-7$ ② $x=-3$ ③ $x=-\dfrac{3}{2}$
④ $x=\dfrac{2}{3}$ ⑤ $x=2$

0753 중

다음 중 일차방정식 $3(x-1)=x+5$와 해가 같은 것은?

① $x+1=4$ ② $2x-5=4$
③ $5x-4=3(x+2)$ ④ $\dfrac{1}{2}(x-2)=1$
⑤ $x-5=2(8-x)$

0754 중 서술형

일차방정식 $-3(5+x)=-(4x-3)$의 해를 $x=a$, 일차방정식 $-(2x-6)=5-(-x+1)$의 해를 $x=b$라 할 때, ab의 값을 구하시오.

0755 상중

다음 일차방정식을 푸시오.

$$2\{5x-(3-2x)\}+x-6=18$$

유형 11 계수가 소수인 일차방정식의 풀이

양변에 10, 100, … 을 곱하여 계수를 정수로 고쳐서 푼다.

예 $0.3x - 0.3 = 0.05x + 0.2$의 양변에 100을 곱하면

$$30x - 30 = 5x + 20, \qquad 25x = 50$$
$$\therefore x = 2$$

0756 대표문제

일차방정식 $0.5x - 0.05 = 3(0.2x + 0.15)$를 풀면?

① $x = -5$ ② $x = -3$ ③ $x = -1$
④ $x = 1$ ⑤ $x = 3$

0757 하

일차방정식 $-0.4(x+1) = -0.6x + 4$를 푸시오.

0758 중

일차방정식 $0.3x - 0.01 = 0.2(x+2) + 0.04$의 해를 $x = a$라 할 때, $2a - 5$의 값은?

① 2 ② 3 ③ 4
④ 5 ⑤ 6

0759 상중

일차방정식 $-0.3(x+2) = -0.6x + 2.7$의 해를 $x = a$라 할 때, 일차방정식 $a + 1.5x = -2.5x + 3$의 해를 구하시오.

유형 12 계수가 분수인 일차방정식의 풀이

양변에 분모의 최소공배수를 곱하여 계수를 정수로 고쳐서 푼다.

예 $\frac{1}{2}x = \frac{1}{3}x + 6$에서 분모 2, 3의 최소공배수가 6이므로

양변에 6을 곱하면 $3x = 2x + 36$ $\therefore x = 36$

0760 대표문제

일차방정식 $\dfrac{x-3}{2} - \dfrac{2x-5}{6} = \dfrac{5}{3} - x$를 푸시오.

0761 중

일차방정식 $\dfrac{x+5}{6} - 2 = \dfrac{6-4x}{9}$를 풀면?

① $x = -3$ ② $x = -2$ ③ $x = 2$
④ $x = 3$ ⑤ $x = 5$

0762 상중

다음 방정식 중 해가 가장 큰 것은?

① $\dfrac{1}{2}x - 4 = -\dfrac{3}{2}$ ② $\dfrac{x}{4} = \dfrac{x}{6} - \dfrac{1}{3}$

③ $\dfrac{5x-2}{6} = 3$ ④ $\dfrac{x+1}{2} - \dfrac{2x+1}{3} = 2$

⑤ $\dfrac{2x-3}{4} = \dfrac{x-3}{5}$

유형 13 계수에 소수와 분수가 섞인 일차방정식의 풀이

계수에 소수와 분수가 섞인 일차방정식은 양변에 적당한 수를 곱하여 계수를 모두 정수로 고친 후 일차방정식을 푼다.

0763 대표문제

일차방정식 $\frac{2}{5}x - \frac{6-x}{4} = 0.3x - 0.45$를 풀면?

① $x=-2$ ② $x=-1$ ③ $x=1$
④ $x=2$ ⑤ $x=3$

0764 중

다음 일차방정식을 풀면?

$$0.3(x+1) - \frac{2x-5}{4} = 0.7x + 2$$

① $x=-\frac{9}{2}$ ② $x=-\frac{1}{2}$ ③ $x=\frac{1}{2}$
④ $x=\frac{3}{2}$ ⑤ $x=\frac{9}{2}$

0765 상중 서술형

일차방정식 $\frac{1}{2} - \frac{2-x}{3} = 0.25x$의 해를 $x=a$, 일차방정식 $\frac{3(x-1)}{2} = 0.75(x+1) + \frac{2(x-1)}{3}$의 해를 $x=b$라 할 때, $a+b$의 값을 구하시오.

유형 14 비례식으로 주어진 일차방정식의 풀이

비례식 $a:b=c:d$로 주어지는 경우
➡ $ad=bc$임을 이용하여 일차방정식을 세운다.

0766 대표문제

비례식 $\frac{1}{7}(x-2):3=(0.3x+1):7$을 만족시키는 x의 값은?

① -50 ② -30 ③ -10
④ 30 ⑤ 50

0767 하

비례식 $(x+3):2=(3x-2):5$를 만족시키는 x의 값을 구하시오.

0768 중

비례식 $\frac{1}{3}(x+2):(2x-3)=4:3$을 만족시키는 x의 값을 구하시오.

0769 상중

비례식 $(0.5x+2):5=\frac{3}{5}(x-8):3$을 만족시키는 x의 값은?

① 10 ② 15 ③ 20
④ 25 ⑤ 30

(중요) 유형 **15** **일차방정식의 해가 주어진 경우**

일차방정식의 해가 $x = \blacktriangle$

➡ 주어진 일차방정식에 $x = \blacktriangle$를 대입하면 등식이 성립한다.

0770 대표문제

일차방정식 $6 - \dfrac{x+a}{2} = a + 5x$의 해가 $x = 3$일 때, 상수 a의 값은?

① -9 ② -7 ③ -5
④ -3 ⑤ -1

0771 (중하)

일차방정식 $3x - a = 2x + 7$의 해가 $x = 6$일 때, 상수 a의 값을 구하시오.

0772 (중)

일차방정식 $\dfrac{a(x+3)}{3} - \dfrac{2-ax}{4} = \dfrac{1}{6}$의 해가 $x = -1$일 때, 상수 a의 값을 구하시오.

0773 (상중)

일차방정식 $a(x-1) = 5$의 해가 $x = 2$일 때, 일차방정식 $3x - a(x+3) = 1$의 해를 구하시오. (단, a는 상수이다.)

(중요) 유형 **16** **두 일차방정식의 해가 서로 같은 경우**

해를 구할 수 있는 방정식의 해를 먼저 구한 후 구한 해를 다른 방정식에 대입하면 등식이 성립한다.

0774 대표문제

x에 대한 두 일차방정식 $0.4x - 1.3 = 0.1x - 1$, $\dfrac{x-5}{6} = \dfrac{2x+a}{9} - 2$의 해가 같을 때, 상수 a의 값을 구하시오.

0775 (중)

x에 대한 두 일차방정식 $\dfrac{x}{4} - 1 = \dfrac{2(x+1)}{3}$, $2x + 5 = a$의 해가 같을 때, 상수 a의 값을 구하시오.

0776 (상중)

x에 대한 두 일차방정식 $2(0.6 - 0.1x) = 0.2(2x+3)$, $\dfrac{ax-4}{5} = 2$의 해가 같을 때, 상수 a의 값은?

① 12 ② 13 ③ 14
④ 15 ⑤ 16

0777 (상중) 서술형

일차방정식 $0.3(x+1) - 1.6 = \dfrac{x-3}{5}$의 해가 비례식 $(x+a) : 2 = 4(x-3) : 4$를 만족시키는 x의 값일 때, 상수 a의 값을 구하시오.

유형UP 17 해에 대한 조건이 주어진 경우

❶ 주어진 방정식의 해를 미지수를 포함한 식으로 나타낸다.
❷ 해의 조건을 만족시키는 미지수의 값을 구한다.

➡ $\dfrac{\blacksquare}{\blacktriangle}$가 자연수이면 $\blacktriangle$는 $\blacksquare$의 배수이다.

0778 [대표문제]

x에 대한 일차방정식 $6x+a=4x+7$의 해가 자연수가 되도록 하는 자연수 a의 값을 모두 구하시오.

0779 (중)

x에 대한 일차방정식 $4x+18=3x+a$의 해가 음의 정수가 되도록 하는 자연수 a의 개수를 구하시오.

0780 (상중)

x에 대한 일차방정식 $2(7-2x)=a$의 해가 양의 정수가 되도록 하는 모든 자연수 a의 값의 합을 구하시오.

0781 (상중) [서술형]

x에 대한 일차방정식 $3(2x+1)=ax-6$의 해가 음의 정수가 되도록 하는 모든 정수 a의 값의 합을 구하시오.

유형UP 18 특수한 해를 갖는 경우

x에 대한 방정식 $ax=b$에 대하여
(1) 해가 무수히 많다. ➡ $0 \times x = 0$의 꼴 ➡ $a=0$, $b=0$
(2) 해가 없다. ➡ $0 \times x = (0$이 아닌 상수$)$의 꼴
➡ $a=0$, $b \neq 0$

0782 [대표문제]

x에 대한 방정식 $ax-5=2(x-b)+1$의 해가 무수히 많을 때, $a+b$의 값은? (단, a, b는 상수이다.)

① -5 ② -3 ③ -2
④ 3 ⑤ 5

0783 (중)

x에 대한 방정식 $5x-a=bx+3$의 해가 없을 조건은?
(단, a, b는 상수이다.)

① $a=3$, $b=5$ ② $a \neq 3$, $b=5$
③ $a \neq -3$, $b=5$ ④ $a=-3$, $b \neq 5$
⑤ $a \neq -3$, $b \neq 5$

0784 (중)

등식 $(a+6)x=1-ax$를 만족시키는 x의 값이 존재하지 않을 때, 상수 a의 값을 구하시오.

0785 (상중)

x에 대한 방정식 $(a-3)x-1=5$는 해가 없고, x에 대한 방정식 $bx+a=c-2$는 해가 무수히 많을 때, 상수 a, b, c에 대하여 $a+b+c$의 값은?

① -8 ② -2 ③ 0
④ 2 ⑤ 8

▶ 정답 및 풀이 61쪽

시험에 꼭 나오는 문제

0786

다음 중 등식으로 나타낼 수 있는 것을 모두 고르면?

(정답 2개)

① 어떤 수 x의 4배에서 10을 뺀다.
② 시속 x km로 3시간 동안 달린 거리
③ 국어 점수가 x점, 수학 점수가 y점, 영어 점수가 90점일 때 세 과목의 평균 점수는 85점이다.
④ 한 사람당 입장료가 15000원인 놀이공원에 x명이 갔을 때 드는 전체 비용은 40000원보다 비싸다.
⑤ 한 그릇에 8000원인 우동 x그릇과 한 개에 1000원인 튀김 y개의 가격은 10000원이다.

0787 중요

다음 중 [ ] 안의 수가 주어진 방정식의 해인 것은?

① $3x-5=1$　$[-2]$
② $-6-4x=10$　$[4]$
③ $7x+4=8x-2$　$[6]$
④ $x-1=2(x+3)$　$[0]$
⑤ $\dfrac{x-5}{3}=\dfrac{x}{2}-3$　$[2]$

0788

다음 **보기** 중 등식 $3x+\dfrac{1}{2}=\dfrac{1}{4}(2+12x)$에 대한 설명으로 옳은 것을 모두 고르시오.

┤ 보기 ├

ㄱ. $x=-1$일 때 참이다.
ㄴ. $x=4$일 때 거짓이다.
ㄷ. x에 대한 일차방정식이다.
ㄹ. x의 값에 관계없이 항상 성립한다.

0789 중요

다음 중 옳은 것은?

① $2a=6b$이면 $a=2b$이다.
② $\dfrac{a}{2}=\dfrac{b}{3}$이면 $2a=3b$이다.
③ $a=3b$이면 $a+1=3(b+1)$이다.
④ $a-b=x-y$이면 $a-x=b-y$이다.
⑤ $ac=bc$이면 $a=b$이다.

0790

다음은 등식의 성질을 이용하여 방정식 $-5x-8=2x+6$을 푸는 과정이다. ㈎~㈑에 알맞은 것으로 옳지 **않은** 것은?

$$-5x-8=2x+6$$
$$-5x-8+(\boxed{㈎})=2x+6+(\boxed{㈎})$$
$$-7x-8=6$$
$$-7x-8+\boxed{㈏}=6+\boxed{㈏}$$
$$-7x=\boxed{㈐}$$
$$\dfrac{-7x}{\boxed{㈑}}=\dfrac{\boxed{㈐}}{\boxed{㈑}}$$
$$\therefore x=\boxed{㈒}$$

① ㈎ $-2x$ 　② ㈏ -6 　③ ㈐ 14
④ ㈑ -7 　⑤ ㈒ -2

0791 중요

다음은 방정식에서 밑줄 친 항을 이항한 것이다. 이때 이용된 등식의 성질은? (단, $c>0$)

$$-3x\underline{+10}=-5 \;\Rightarrow\; -3x=-5-10$$

① $a=b$이면 $a+b=b+a$이다.
② $a=b$이면 $\dfrac{a}{c}=\dfrac{b}{c}$이다.
③ $a=b$이면 $a+c=b+c$이다.
④ $a=b$이면 $a-c=b-c$이다.
⑤ $a=b$이면 $ac=bc$이다.

0792

방정식 $2x+1=-ax-3$이 x에 대한 일차방정식일 때, 다음 중 상수 a의 값이 될 수 **없는** 것은?

① -2 　② -1 　③ 0
④ 1 　⑤ 2

0793

일차방정식 $2(x-10)-5=-6x-1$의 해를 $x=a$라 할 때, a보다 작은 자연수의 개수를 구하시오.

0794

다음 중 방정식 $0.3(x-2)=0.4(x+2)-1.5$와 해가 같은 것은?

① $4(x+1)=3x-5$ ② $0.5x+1=0.3(x-4)$

③ $\dfrac{1}{2}x+3=\dfrac{3}{2}+2x$ ④ $0.2x-1.6=0.4(x-3)$

⑤ $2\{x-3(x+1)+2\}=1-3x$

0795 중요

일차방정식 $\dfrac{3}{4}x+1=\dfrac{1}{2}x+\dfrac{1}{4}$의 해가 $x=a$, 일차방정식 $0.3(x+2)+0.2=0.8(x-4)$의 해가 $x=b$일 때, $a+b$의 값을 구하시오.

0796

일차방정식 $\dfrac{x-2}{3}=0.25(x-3)-2$를 풀면?

① $x=-29$ ② $x=-28$ ③ $x=-27$

④ $x=-26$ ⑤ $x=-25$

0797

일차방정식 $a-10x=-2x-1$의 해가 $x=1$일 때, 일차방정식 $\dfrac{4x-2}{a}=\dfrac{x}{2}+\dfrac{5}{7}$의 해는? (단, a는 상수이다.)

① $x=-14$ ② $x=-7$ ③ $x=-1$

④ $x=7$ ⑤ $x=14$

0798

승리는 일차방정식 $3x-3=6x-7$을 푸는데 좌변의 x의 계수 3을 잘못 보고 풀었더니 해가 $x=-2$이었다. 이때 3을 어떤 수로 잘못 보았는가?

① 4   ② 6   ③ 8

④ 10   ⑤ 12

0799 중요

x에 대한 일차방정식 $\dfrac{a(x-6)}{4}-\dfrac{x-2a}{3}=5$의 해가 방정식 $2(2x+1)=3(x+1)$을 만족시키는 x의 값의 2배일 때, 상수 a의 값을 구하시오.

0800

x에 대한 두 일차방정식 $5-x=\dfrac{x-1}{3}$과 $\dfrac{x+a}{4}=2(x-2a)+\dfrac{9}{4}$의 해의 비가 $2:3$일 때, 상수 a의 값을 구하시오.

📝 서술형 주관식

0801

등식 $5-3(a+2)x=2b+9x+1$이 x의 값에 관계없이 항상 성립할 때, 상수 a, b에 대하여 $a+b$의 값을 구하시오.

0802

비례식 $\left(\dfrac{x}{3}-1\right):4=\dfrac{x+3}{4}:6$을 만족시키는 x의 값이 다음 두 일차방정식의 해일 때, 상수 a, b에 대하여 ab의 값을 구하시오.

$$\frac{x-a}{2}-\frac{2x-1}{4}=-2, \quad x-b=-9$$

0803 중요

다음 x에 대한 두 일차방정식의 해가 같을 때, 상수 a의 값을 구하시오.

$$ax+4=2x+8, \quad 0.2(x-3)=0.4(x+3)-1$$

👍 실력UP

0804

x에 대한 두 일차방정식 $2(x+a)=x+6$,

$x-\dfrac{x+a}{3}=4$의 해가 절댓값은 같고 부호는 서로 다를 때, 상수 a의 값을 구하시오.

0805

x에 대한 일차방정식 $x-\dfrac{1}{4}(x+3a)=-3$의 해가 음의 정수일 때, 자연수 a의 값을 모두 구하시오.

0806

방정식 $ax+3=4x-2$를 만족시키는 x의 값이 존재하지 않고, 방정식 $(b-2)x-5=x+c$를 만족시키는 x의 값이 무수히 많을 때, 상수 a, b, c에 대하여 $a+b+c$의 값을 구하시오.

07 일차방정식의 활용

07-1 일차방정식의 활용 문제

일차방정식의 활용 문제를 풀 때에는 다음과 같은 순서로 해결한다.

❶ 미지수 x 정하기 ➡ 문제의 뜻을 파악하고 구하려고 하는 것을 x로 놓는다.

❷ 방정식 세우기 ➡ 주어진 조건에 맞는 x에 대한 일차방정식을 세운다.

❸ 방정식 풀기 ➡ 일차방정식을 풀어 x의 값을 구한다.

❹ 확인하기 ➡ 구한 x의 값이 문제의 뜻에 맞는지 확인한다.

〈참고〉 연속하는 수에 대한 문제에서 미지수는 다음과 같이 정하는 것이 편리하다.

① 연속하는 두 정수: x, $x+1$ 또는 $x-1$, x

② 연속하는 세 정수: $x-1$, x, $x+1$ 또는 x, $x+1$, $x+2$

③ 연속하는 두 홀수(짝수): x, $x+2$ 또는 $x-2$, x

④ 연속하는 세 홀수(짝수): $x-2$, x, $x+2$ 또는 x, $x+2$, $x+4$

개념플러스 ✅

> 방정식을 세울 때, 일반적으로 구하려는 것을 x로 놓지만 식이나 계산 과정을 간단하게 하기 위해 다른 것을 x로 놓기도 한다.

> 일차방정식의 활용 문제의 답을 쓸 때에는 단위가 있는 경우 반드시 단위를 쓰도록 한다.

07-2 거리, 속력, 시간에 대한 문제

거리, 속력, 시간에 대한 문제는 다음 관계를 이용하여 방정식을 세운다.

(1) (거리) = (속력) × (시간)

(2) (속력) = $\dfrac{(거리)}{(시간)}$

(3) (시간) = $\dfrac{(거리)}{(속력)}$

〈예〉 ① 시속 30 km로 x시간 동안 달린 거리는　　30x km

② x km의 거리를 5시간 동안 달렸을 때의 속력은　시속 $\dfrac{x}{5}$ km

③ 시속 100 km로 x km를 가는 데 걸린 시간은　$\dfrac{x}{100}$ 시간

> 거리, 속력, 시간에 대한 문제를 풀 때, 단위가 각각 다른 경우에는 먼저 단위를 통일시킨 후 방정식을 세운다.
> ① 1 km = 1000 m
> ② 1시간 = 60분

07-3 농도에 대한 문제

소금물의 농도에 대한 문제는 다음 관계를 이용하여 방정식을 세운다.

(1) (소금물의 농도) = $\dfrac{(소금의 양)}{(소금물의 양)}$ × 100 (%)
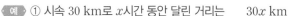
　　　　　　　　　➡ (물의 양)+(소금의 양)

(2) (소금의 양) = $\dfrac{(소금물의 농도)}{100}$ × (소금물의 양)

〈예〉 ① 물 200 g에 소금 50 g을 넣었을 때의 소금물의 농도는　$\dfrac{50}{200+50}$ × 100 = 20 (%)

② 10 %의 소금물 300 g에 들어 있는 소금의 양은　$\dfrac{10}{100}$ × 300 = 30 (g)

> 농도는 물에 녹는 물질이 물속에 녹아 있는 양의 정도를 백분율(%)로 나타낸 것이다.

> 소금물에 물을 넣거나 증발시키는 경우 소금물의 양과 농도는 변하지만 소금의 양은 변하지 않음을 이용하여 방정식을 세운다.

정답 및 풀이 64쪽

교과서문제 정복하기

07-1) 일차방정식의 활용 문제

0807 다연이는 농구 시합에서 2점 슛을 3점 슛보다 8개 더 넣어 총 41점을 득점하였다. 다연이가 넣은 3점 슛의 개수를 구하려고 할 때, 다음 물음에 답하시오.

(1) 다연이가 넣은 3점 슛의 개수를 x라 할 때, 다음 표를 완성하시오.

	2점	3점
슛의 개수		x
득점 (점)		

(2) 방정식을 세우시오.
(3) 방정식을 푸시오.
(4) 다연이가 넣은 3점 슛의 개수를 구하시오.

[0808~0812] 다음 문장을 방정식으로 나타내고 x의 값을 구하시오.

0808 어떤 수 x에 8을 더하여 4배 한 것은 x의 5배와 같다.

0809 어떤 수 x에서 7을 빼서 3배 한 것은 x에 2를 더하여 2배 한 것과 같다.

0810 한 개에 500원 하는 사탕 x개와 한 개에 700원 하는 젤리를 합하여 10개 사고 6200원을 지불하였다.

0811 가로의 길이가 6 cm, 세로의 길이가 x cm인 직사각형의 둘레의 길이는 30 cm이다.

0812 학생 x명에게 연필을 6자루씩 나누어 주면 4자루가 남고, 7자루씩 나누어 주면 3자루가 부족하다.

0813 올해 민준이의 나이는 14살, 아버지의 나이는 46살이다. 아버지의 나이가 민준이의 나이의 3배가 되는 것은 몇 년 후인지 구하시오.

07-2) 거리, 속력, 시간에 대한 문제

0814 두 지점 A, B 사이를 왕복하는데 갈 때는 시속 2 km로 걷고, 올 때는 시속 3 km로 걸어서 모두 5시간이 걸렸다. 두 지점 A, B 사이의 거리를 구하려고 할 때, 다음 물음에 답하시오.

(1) 두 지점 A, B 사이의 거리를 x km라 할 때, 다음 표를 완성하시오.

	갈 때	올 때
거리	x km	x km
속력	시속 2 km	시속 3 km
시간		

(2) 방정식을 세우시오.
(3) 방정식을 푸시오.
(4) 두 지점 A, B 사이의 거리를 구하시오.

07-3) 농도에 대한 문제

0815 8 %의 소금물 200 g에서 물을 증발시켜 10 %의 소금물을 만들려고 한다. 증발시켜야 하는 물의 양을 구하려고 할 때, 다음 물음에 답하시오.

(1) 증발시켜야 하는 물의 양을 x g이라 할 때, 다음 표를 완성하시오.

	증발시키기 전	증발시킨 후
농도 (%)	8	10
소금물의 양 (g)	200	
소금의 양 (g)	$\frac{8}{100} \times 200$	

(2) 방정식을 세우시오.
(3) 방정식을 푸시오.
(4) 증발시켜야 하는 물의 양을 구하시오.

유형 익히기

개념원리 중학 수학 1-1 157쪽

유형 01 어떤 수에 대한 문제

❶ 어떤 수를 x로 놓는다.

❷ 주어진 조건에 맞는 x에 대한 방정식을 세운다.

❸ x에 대한 방정식을 푼다.

❹ 예 어떤 수 x에 5를 더하면 어떤 수 x의 3배와 같다.
$$x+5 \qquad 3x \qquad =$$
➡ $x+5=3x$

0816 대표문제

어떤 수에서 4를 뺀 후 2배 한 수는 어떤 수의 $\dfrac{1}{3}$배보다 2만큼 클 때, 어떤 수를 구하시오.

0817 중하

서로 다른 두 자연수의 차는 8이고, 큰 수는 작은 수의 5배보다 4만큼 작다. 이때 작은 수를 구하시오.

0818 중

서로 다른 두 자연수에 대하여 큰 수를 작은 수로 나누었을 때 몫이 3이고 나머지가 2이었다. 큰 수와 작은 수의 합이 38일 때, 큰 수를 구하시오.

0819 중

어떤 수의 5배에 2를 더해야 할 것을 잘못하여 어떤 수의 2배에 5를 더했더니 처음 구하려고 했던 수보다 6만큼 작아졌다. 다음을 구하시오.

(1) 어떤 수

(2) 처음 구하려고 했던 수

개념원리 중학 수학 1-1 158쪽

중요

유형 02 연속하는 자연수에 대한 문제

(1) 연속하는 세 자연수

➡ $x-1$, x, $x+1$ 또는 x, $x+1$, $x+2$

(2) 연속하는 세 홀수(짝수)

➡ $x-2$, x, $x+2$ 또는 x, $x+2$, $x+4$

0820 대표문제

연속하는 세 짝수의 합이 114일 때, 이 세 수 중 가장 작은 수는?

① 28 　　② 32 　　③ 36

④ 38 　　⑤ 40

0821 중하

연속하는 세 홀수의 합이 75일 때, 이 세 수 중 가장 큰 수를 구하시오.

0822 중

연속하는 세 자연수 중에서 가운데 수의 4배는 나머지 두 수의 합보다 30만큼 크다고 한다. 이때 세 자연수의 합은?

① 42 　　② 45 　　③ 48

④ 51 　　⑤ 54

0823 중 서술형

연속하는 세 짝수 중에서 가장 큰 수의 3배는 나머지 두 수의 합의 2배보다 4만큼 크다고 한다. 이때 세 짝수를 구하시오.

유형 03 자릿수에 대한 문제

(1) 십의 자리의 숫자가 a, 일의 자리의 숫자가 b인 두 자리 자연수 ➡ $10a+b$

(2) 백의 자리의 숫자가 a, 십의 자리의 숫자가 b, 일의 자리의 숫자가 c인 세 자리 자연수 ➡ $100a+10b+c$

0824 대표문제

일의 자리의 숫자가 3인 두 자리 자연수가 있다. 이 자연수의 십의 자리의 숫자와 일의 자리의 숫자를 바꾼 수는 처음 수보다 9만큼 클 때, 처음 자연수를 구하시오.

0825 중하

십의 자리의 숫자가 6인 두 자리 자연수가 있다. 이 자연수는 각 자리의 숫자의 합의 9배보다 2만큼 작을 때, 이 자연수는?

① 61   ② 62   ③ 63
④ 64   ⑤ 65

0826 중

십의 자리의 숫자가 일의 자리의 숫자보다 2만큼 작은 두 자리 자연수가 있다. 이 자연수는 각 자리의 숫자의 합의 3배보다 16만큼 클 때, 이 자연수를 구하시오.

0827 상중 서술형

일의 자리의 숫자와 십의 자리의 숫자의 합이 12인 두 자리 자연수가 있다. 이 자연수의 십의 자리의 숫자와 일의 자리의 숫자를 바꾼 수는 처음 수보다 18만큼 클 때, 처음 자연수를 구하시오.

중요 유형 04 나이에 대한 문제

(1) (a년 후의 나이)＝(현재의 나이)＋a

(2) (a년 전의 나이)＝(현재의 나이)－a

0828 대표문제

현재 아버지와 아들의 나이의 합은 58살이고 10년 후에는 아버지의 나이가 아들의 나이의 2배가 된다고 한다. 현재 아들의 나이를 구하시오.

0829 중하

2023년도에 어머니의 나이는 44살, 시우의 나이는 10살이었다. 어머니의 나이가 시우의 나이의 3배가 되는 것은 몇 년도인가?

① 2030년   ② 2031년   ③ 2032년
④ 2033년   ⑤ 2034년

0830 중

현재 아버지와 아들의 나이의 차는 24살이고 5년 후에 아버지의 나이가 아들의 나이의 2배보다 4살이 더 많아진다고 한다. 현재 아버지의 나이를 구하시오.

0831 상중

어느 가족의 삼남매의 나이는 다음 조건을 만족시킨다. 3년 전 둘째의 나이는?

㉮ 현재 삼남매의 나이의 합은 43살이다.
㉯ 첫째는 둘째보다 3살이 많다.
㉰ 셋째는 첫째보다 5살이 적다.

① 9살   ② 10살   ③ 11살
④ 12살   ⑤ 13살

07
일차방정식의 활용

유형 05 예금에 대한 문제

매달 a원씩 x개월 동안 예금할 때
  (x개월 후의 예금액)
  =(현재의 예금액)+(x개월 동안의 예금액)
  =(현재의 예금액)+ax (원)

0832 대표문제

현재 형은 통장에 30000원, 동생은 통장에 15000원이 예금되어 있다. 형은 매달 500원씩 예금하고, 동생은 매달 3000원씩 예금할 때, 동생의 예금액이 형의 예금액의 3배가 되는 것은 몇 개월 후인지 구하시오.

0833 ㈜

현재 이서는 60000원, 유리는 46000원의 돈을 가지고 있다. 이번 주부터 이서는 매주 3000원씩, 유리는 매주 2000원씩 사용할 때, 이서와 유리가 가지고 있는 돈이 같아지는 것은 몇 주 후인지 구하시오.

0834 ㈜ 서술형

현재 언니와 동생의 예금액은 각각 74000원, 32000원이다. 언니는 매달 5000원씩, 동생은 매달 x원씩 예금한다면 10개월 후에 언니의 예금액이 동생의 예금액의 2배가 된다고 할 때, x의 값을 구하시오.

0835 ㈜

현재 형의 저금통에는 23000원, 동생의 저금통에는 12000원이 들어 있다. 내일부터 두 사람이 매일 2000원씩 저금통에 넣을 때, 형의 저금통에 들어 있는 금액의 2배와 동생의 저금통에 들어 있는 금액의 3배가 같아지는 것은 며칠 후인가?

① 4일   ② 5일   ③ 6일
④ 7일   ⑤ 8일

유형 06 개수의 합이 일정한 문제

(1) A와 B의 개수의 합이 a로 일정한 경우
  ➡ A의 개수를 x라 하면 B의 개수는 $a-x$임을 이용하여 x에 대한 방정식을 세운다.
(2) (물건 값)=(한 개의 가격)×(개수)
  (거스름돈)=(지불한 돈)-(물건 값)

0836 대표문제

한 개에 700원인 과자와 한 개에 500원인 아이스크림을 합하여 모두 10개를 구입하고 7000원을 내었더니 800원을 거슬러 주었다. 이때 구입한 과자의 개수는?

① 4   ② 5   ③ 6
④ 7   ⑤ 8

0837 ㈜하

어느 농장에 개와 닭이 합하여 모두 12마리가 있다. 다리의 수의 합이 36일 때, 개는 모두 몇 마리인지 구하시오.

0838 ㈜하

100점이 만점인 어느 시험에 3점짜리 문제와 4점짜리 문제로만 구성하여 총 29문제를 출제하려고 한다. 3점짜리 문제의 수를 구하시오.

0839 ㈜

장미와 백합이 섞인 꽃바구니를 만들려고 한다. 장미는 한 송이에 500원, 백합은 한 송이에 700원으로 두 꽃을 합하여 15송이를 사서 1500원짜리 바구니에 담았더니 10000원이 되었다. 장미와 백합을 각각 몇 송이씩 샀는지 구하시오.

정답 및 풀이 66쪽

개념원리 중학 수학 1-1 159쪽

유형 07 도형에 대한 문제 (중요)

도형의 둘레의 길이와 넓이에 대한 공식을 이용하여 방정식을 세운다.

(1) (직사각형의 둘레의 길이)
   $= 2 \times \{($가로의 길이$) + ($세로의 길이$)\}$

(2) (사다리꼴의 넓이)
   $= \dfrac{1}{2} \times \{($윗변의 길이$) + ($아랫변의 길이$)\} \times ($높이$)$

0840 대표문제

한 변의 길이가 12 cm인 정사각형에서 가로의 길이를 4 cm 늘이고 세로의 길이를 x cm 줄여서 만든 직사각형의 넓이는 처음 정사각형의 넓이보다 32 cm²만큼 줄었다. 이때 x의 값을 구하시오.

0841 중하

윗변의 길이가 3 cm, 아랫변의 길이가 7 cm, 높이가 6 cm 인 사다리꼴에서 아랫변의 길이를 x cm만큼 늘였더니 그 넓이가 처음 넓이보다 6 cm²만큼 늘어났다. 이때 x의 값을 구하시오.

0842 중

오른쪽 그림과 같이 가로의 길이가 20 m, 세로의 길이가 15 m 인 직사각형 모양의 땅에 가로로는 폭이 2 m인 직선 도로를 만들고, 세로로는 폭이 x m인 직선 도로를 만들었다. 도로를 제외한 땅의 넓이가 221 m² 일 때, x의 값을 구하시오.

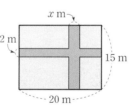

0843 중 서술형

둘레의 길이가 44 m이고, 가로의 길이가 세로의 길이의 3 배보다 2 m 짧은 직사각형 모양의 수영장을 만들려고 한다. 이때 이 수영장의 가로의 길이를 구하시오.

개념원리 중학 수학 1-1 160쪽

유형 08 과부족에 대한 문제 (중요)

학생들에게 물건을 나누어 줄 때

❶ 학생 수를 x로 놓는다.

❷ 나누어 주는 방법에 관계없이 나누어 주는 물건의 전체 개수가 일정함을 이용하여 방정식을 세운다.
   ➡ (남는 경우의 물건의 개수) = (모자란 경우의 물건의 개수)

0844 대표문제

학생들에게 귤을 나누어 주는데 한 학생에게 5개씩 나누어 주면 3개가 남고, 6개씩 나누어 주면 13개가 부족하다. 이 때 귤의 개수를 구하시오.

0845 중

진수가 가지고 있는 돈으로 같은 아이스크림 6개를 사면 1400원이 남고, 9개를 사면 400원이 부족하다. 이 아이스 크림 한 개의 가격은?

① 450원   ② 500원   ③ 550원
④ 600원   ⑤ 650원

0846 중

오늘 모임에 참여한 사람들에게 기념품을 나누어 주는데 한 사람에게 7개씩 나누어 주면 4개가 모자라고, 6개씩 나 누어 주면 3개가 남는다. 이때 기념품의 개수는?

① 37   ② 40   ③ 45
④ 52   ⑤ 56

07 일차방정식의 활용

유형 09 증가, 감소에 대한 문제

증가, 감소에 대한 문제는 다음을 이용하여 방정식을 세운다.

x가 a % 증가	변화량	$+\dfrac{a}{100}x$
	증가한 후의 양	$x+\dfrac{a}{100}x$
y가 b % 감소	변화량	$-\dfrac{b}{100}y$
	감소한 후의 양	$y-\dfrac{b}{100}y$

➡ (전체의 변화량)$=+\dfrac{a}{100}x-\dfrac{b}{100}y$

0847 대표문제

어느 중학교의 올해의 남학생과 여학생 수는 작년에 비하여 남학생은 5 % 증가하고, 여학생은 3 % 감소하였다. 작년의 전체 학생은 1600명이고, 올해는 작년에 비하여 전체적으로 16명이 증가하였을 때, 올해의 남학생 수를 구하시오.

0848 중하

어느 봉사 단체의 회원은 작년보다 5 % 증가하여 올해는 1302명이 되었다. 작년의 회원 수를 구하시오.

0849 중

어느 중학교의 올해의 남학생 수는 작년에 비하여 10 % 증가하고, 여학생 수는 그대로였다. 작년의 전체 학생이 400명이고, 올해는 작년에 비하여 전체적으로 6 % 증가하였을 때, 작년의 여학생 수를 구하시오.

0850 중 서술형

어느 중학교의 작년의 전체 학생은 560명이었다. 올해는 작년에 비하여 여학생 수는 10 % 증가하고 남학생은 4명 감소하여 전체적으로 5 % 증가하였을 때, 올해의 여학생 수를 구하시오.

유형 10 전체의 양에 대한 문제

전체의 양을 x라 하고 x에 대한 방정식을 세운다.

➡ 전체 양의 $\dfrac{1}{a}$은 $\dfrac{1}{a}x$

0851 대표문제

준희가 책 한 권을 읽는데 첫째 날에는 전체의 $\dfrac{1}{4}$, 둘째 날에는 전체의 $\dfrac{1}{2}$, 셋째 날에는 30쪽을 읽어 3일 만에 다 읽었다고 한다. 이때 이 책의 전체 쪽수는?

① 110   ② 120   ③ 128
④ 132   ⑤ 140

0852 중

민정이는 며칠 동안 여행을 다녀왔다. 전체의 $\dfrac{1}{4}$은 잠을 자고 전체의 $\dfrac{1}{5}$은 차를 탔다. 8시간은 먹는 데 썼고, 전체의 $\dfrac{1}{3}$은 유적지를 돌아보았으며, 나머지 5시간은 할머니 댁에 머물렀다. 민정이가 여행한 총시간을 구하시오.

0853 중

다음은 고대 그리스의 수학자 피타고라스의 제자에 대한 이야기이다. 이때 피타고라스의 제자는 몇 명인지 구하시오.

> 내 제자의 $\dfrac{1}{2}$은 수의 아름다움을 탐구하고 $\dfrac{1}{4}$은 자연의 이치를 연구한다. 또 $\dfrac{1}{7}$의 제자들은 굳게 입을 다물고 깊은 사색에 잠겨 있다. 그 외에 여자인 제자가 세 사람이 있다. 그들이 제자의 전부이다.

유형 11 거리, 속력, 시간에 대한 문제
; 속력이 바뀌는 경우

속력에 따라 구간을 나누어 시간에 대한 방정식을 세운다.
➡ (시속 a km로 이동한 시간)+(시속 b km로 이동한 시간)
= (총 걸린 시간)

0854 대표문제

등산을 하는데 올라갈 때는 시속 3 km로, 내려올 때는 같은 길을 시속 2 km로 걸어서 총 3시간 20분이 걸렸다. 내려올 때 걸린 시간은?

① 1시간 　　② 1시간 30분 　　③ 2시간
④ 2시간 30분 　　⑤ 3시간

0855 중하

두 지점 A, B 사이를 왕복하는데 갈 때는 시속 5 km로 걷고, 올 때는 시속 4 km로 걸어서 총 54분이 걸렸다고 한다. 두 지점 A, B 사이의 거리를 구하시오.

0856 중

차를 타고 집에서 70 km 떨어진 온천에 가는데 처음에는 시속 80 km로 가다가 중간에 시속 100 km로 가서 총 48분이 걸렸다. 시속 80 km로 간 거리는?

① 30 km 　　② 35 km 　　③ 40 km
④ 45 km 　　⑤ 50 km

0857 상중 서술형

지혜네 가족이 주말 체험 마을에 다녀왔는데 갈 때는 자동차를 타고 시속 80 km로 달렸고, 올 때는 갈 때보다 30 km 더 먼 길을 시속 60 km로 달려서 총 4시간이 걸렸다. 체험 마을에서 집으로 돌아오는 데 걸린 시간을 구하시오.

유형 12 거리, 속력, 시간에 대한 문제
; 시간 차가 발생하는 경우

같은 거리를 가는데 속력이 달라서 시간 차가 발생하는 경우에는 시간에 대한 방정식을 세운다.
➡ (느린 쪽이 걸린 시간)−(빠른 쪽이 걸린 시간)
= (걸린 시간 차)

0858 대표문제

두 지점 A, B 사이를 자동차로 왕복하는데 시속 60 km로 달릴 때와 시속 70 km로 달릴 때는 5분의 차가 생긴다고 한다. 두 지점 A, B 사이의 거리는?

① 17.5 km 　　② 20 km 　　③ 22.5 km
④ 25 km 　　⑤ 27.5 km

0859 중

A 지점에서 B 지점까지 가는데 시속 40 km로 달리는 자동차로 가면 시속 15 km로 달리는 자전거로 갈 때보다 1시간 30분 빨리 도착한다고 한다. 이때 두 지점 A, B 사이의 거리를 구하시오.

0860 상중

집에서 극장까지 가는데 시속 5 km로 걸으면 극장 상영시간 15분 후에 도착하고, 시속 7 km로 자전거를 타고 가면 상영시간 5분 전에 도착한다고 한다. 이때 집에서 극장까지의 거리는?

① $\frac{25}{6}$ km 　　② 5 km 　　③ $\frac{35}{6}$ km
④ 6 km 　　⑤ $\frac{20}{3}$ km

07
일차방정식의 활용

유형 13 거리, 속력, 시간에 대한 문제
; 시간 차를 두고 출발하는 경우

두 사람 A, B가 시간 차를 두고 같은 지점에서 출발하여 만나는 경우는 두 사람의 이동 거리가 같으므로 거리에 대한 방정식을 세운다.

➡ (A가 이동한 거리)=(B가 이동한 거리)

0861 대표문제

동생이 집을 출발한 지 6분 후에 형이 동생을 따라나섰다. 동생은 매분 50 m의 속력으로 걷고 형은 매분 125 m의 속력으로 자전거를 타고 따라간다고 할 때, 형은 출발한 지 몇 분 후에 동생을 만나게 되는가?

① 2분   ② 3분   ③ 4분
④ 5분   ⑤ 7분

0862 중

아빠가 오토바이를 타고 시속 60 km로 집을 출발하였다. 아빠가 출발한 지 15분 후에 엄마가 차를 타고 시속 80 km로 따라간다면 엄마는 아빠가 출발한 지 몇 시간 후에 만나는지 구하시오.

0863 중

친척들과 함께 여행을 가는데 두 대의 차로 나누어 타고 출발하였다. 한 차는 먼저 출발하여 시속 60 km로 달렸으며 또 다른 차는 20분 늦게 출발하여 시속 70 km로 달려서 목적지에 두 대의 차가 동시에 도착하였다. 출발지에서 목적지까지의 거리는?

① 70 km   ② 100 km   ③ 120 km
④ 140 km   ⑤ 160 km

유형 14 거리, 속력, 시간에 대한 문제
; 마주 보고 가거나 둘레를 도는 경우

두 사람이 동시에 출발하여 이동하다가 처음으로 만나는 경우

(1) 서로 다른 지점에서 마주 보고 이동하는 경우
➡ (두 사람이 이동한 거리의 합)=(두 지점 사이의 거리)
(2) 같은 지점에서 둘레를 반대 방향으로 도는 경우
➡ (두 사람이 이동한 거리의 합)=(둘레의 길이)
(3) 같은 지점에서 둘레를 같은 방향으로 도는 경우
➡ (두 사람이 이동한 거리의 차)=(둘레의 길이)

0864 대표문제

둘레의 길이가 3000 m인 호숫가를 A, B 두 사람이 같은 지점에서 서로 반대 방향으로 동시에 출발하여 걸어갔다. A는 분속 80 m로, B는 분속 70 m로 걸었다면 두 사람은 출발한 지 몇 분 후에 처음으로 만나게 되는지 구하시오.

0865 중 서술형

하늘이와 수영이네 집 사이의 거리는 1400 m이다. 하늘이는 분속 80 m로, 수영이는 분속 60 m로 각자의 집에서 상대방의 집을 향하여 동시에 출발하여 걸어갔다. 다음 물음에 답하시오.

(1) 두 사람은 출발한 지 몇 분 후에 만나게 되는지 구하시오.
(2) 두 사람이 만나는 지점은 하늘이네 집에서 몇 m 떨어진 곳인지 구하시오.

0866 상중

둘레의 길이가 1100 m인 트랙이 있다. 매분 60 m의 속력으로 걷는 형과 매분 50 m의 속력으로 걷는 동생이 트랙의 같은 지점에서 동시에 출발하여 같은 방향으로 걷기 시작하였다. 이때 형과 동생은 출발한 지 몇 분 후에 처음으로 만나게 되는지 구하시오.

유형 15 농도에 대한 문제
; 물을 넣거나 증발시키는 경우

(1) (소금의 양)$=\dfrac{(소금물의 농도)}{100}\times(소금물의 양)$

(2) (소금물의 양)$=$(소금의 양)$+$(물의 양)

(3) 물을 넣기 전이나 물을 넣은 후의 소금의 양은 변하지 않음을 이용하여 방정식을 세운다.

0867 대표문제

10 %의 소금물 200 g이 있다. 이 소금물에 몇 g의 물을 넣으면 8 %의 소금물이 되는가?

① 35 g ② 40 g ③ 46 g
④ 50 g ⑤ 60 g

0868 중

15 %의 소금물 300 g이 있다. 이 소금물에서 몇 g의 물을 증발시키면 25 %의 소금물이 되는지 구하시오.

0869 중

소금물 240 g에 물 60 g을 넣었더니 농도가 12 %인 소금물이 되었다. 처음 소금물의 농도는?

① 13 % ② 15 % ③ 18 %
④ 21 % ⑤ 25 %

0870 중 서술형

설탕물 400 g에서 100 g의 물을 증발시켰더니 16 %의 설탕물이 되었을 때, 처음 설탕물의 농도를 구하시오.

유형 16 농도에 대한 문제; 소금을 더 넣는 경우

더 넣은 소금의 양만큼 소금의 양과 소금물의 양이 모두 증가한다.

➡ (처음 소금물의 소금의 양)$+$(더 넣은 소금의 양)
  $=$(나중 소금물의 소금의 양)
  (처음 소금물의 소금의 양)$+$(더 넣은 소금의 양)
  $=$(나중 소금물의 소금의 양)

0871 대표문제

20 %의 소금물이 있다. 여기에 소금 100 g을 더 넣어 30 %의 소금물을 만든다면 처음 20 %의 소금물은 몇 g인가?

① 600 g ② 670 g ③ 700 g
④ 770 g ⑤ 800 g

0872 중하

10 %의 소금물 200 g이 있다. 여기에 몇 g의 소금을 더 넣으면 20 %의 소금물이 되는지 구하시오.

0873 중

6 %의 소금물 500 g에 물 290 g과 소금을 더 넣어서 5 %의 소금물을 만들려고 한다. 이때 더 넣어야 하는 소금의 양을 구하시오.

0874 상중

소금물 200 g에 물 70 g과 소금 30 g을 더 넣었더니 농도가 처음 소금물의 농도의 2배가 되었다. 처음 소금물의 농도를 구하시오.

07
일차 방정식의 활용

유형 17 농도에 대한 문제
; 농도가 다른 두 소금물을 섞는 경우

농도가 다른 두 소금물을 섞는 경우
➡ (섞기 전 두 소금물에 들어 있는 소금의 양의 합)
  =(섞은 후 소금물에 들어 있는 소금의 양)

0875 대표문제

10 %의 소금물 100 g과 20 %의 소금물을 섞어서 12 %의 소금물을 만들려고 한다. 이때 20 %의 소금물은 몇 g을 섞어야 하는가?

① 20 g   ② 25 g   ③ 30 g
④ 34 g   ⑤ 38 g

0876 중

11 %의 소금물 200 g과 x %의 소금물 100 g을 섞었더니 13 %의 소금물이 되었다. 이때 x의 값을 구하시오.

0877 중 서술형

3 %의 소금물과 8 %의 소금물을 섞어서 6 %의 소금물 100 g을 만들려고 한다. 이때 3 %의 소금물은 몇 g을 섞어야 하는지 구하시오.

0878 상중

6 %의 소금물 120 g과 8 %의 소금물을 섞은 후 물을 더 넣어서 5 %의 소금물 240 g을 만들었다. 이때 더 넣은 물의 양을 구하시오.

유형UP 18 원가, 정가에 대한 문제

(1) (정가)=(원가)+(이익)
(2) (판매 가격)=(정가)-(할인 금액)
  ➡ 정가가 x원인 물건을 a % 할인한 판매 가격은
  $$\left(x-\frac{a}{100}x\right)원$$
(3) (이익)=(판매 가격)-(원가)

0879 대표문제

어떤 선풍기의 원가에 20 %의 이익을 붙여서 정가를 정했다가 선풍기가 팔리지 않아 정가에서 6000원을 할인하여 팔았더니 원가의 10 %의 이익이 생겼다. 이 선풍기의 원가를 구하시오.

0880 상중

어떤 물건의 원가에 50 %의 이익을 붙여서 정가를 정했다가 다시 정가에서 400원을 할인하여 팔았더니 800원의 이익이 생겼다. 이 물건의 원가는?

① 1800원   ② 2000원   ③ 2200원
④ 2400원   ⑤ 2600원

0881 상

원가가 8000원인 상품이 있다. 정가의 20 %를 할인하여 팔았더니 원가의 15 %의 이익이 생겼다. 이 상품의 정가를 구하시오.

0882 상

원가에 x %의 이익을 붙여서 정가를 정했다가 팔리지 않아 정가의 20 %를 할인하여 팔았더니 원가의 20 %의 이익이 생겼다. 이때 x의 값을 구하시오.

개념원리 중학 수학 1-1 161쪽

유형UP (19) 일에 대한 문제

전체 일의 양을 1로 놓고 각자 단위 시간(1일, 1시간, 1분) 동안 할 수 있는 일의 양을 구한 다음 조건에 맞는 식을 세운다.

예 어떤 일을 완성하는 데 a일이 걸린다.

➡ 전체 일의 양을 1이라 하면 a일 동안 1을 완성하므로 하루 동안 하는 일의 양은 $\dfrac{1}{a}$이다.

0883 대표문제

어떤 일을 완성하는 데 형은 12일, 동생은 20일이 걸린다고 한다. 이 일을 동생이 혼자 4일 동안 일한 후 나머지는 형과 동생이 함께 일하여 완성하였을 때, 형과 동생이 함께 일한 기간은 며칠인지 구하시오.

0884 중

어떤 일을 완성하는 데 진우는 10일, 예나는 20일이 걸린다고 한다. 이 일을 진우가 혼자 며칠 동안 하다가 쉬고 예나가 그 일을 완성하였을 때, 예나가 진우보다 5일 더 일했다고 하면 진우는 며칠 동안 일했는지 구하시오.

0885 중

어떤 장난감 로봇을 조립하여 완성하는 데 태진이는 20시간, 창민이는 30시간이 걸린다고 한다. 이 조립을 둘이 함께 하다가 도중에 창민이가 쉬어서 나머지는 태진이가 혼자서 10시간 만에 완성하였다. 이 조립을 완성하는 데 걸린 시간을 구하시오.

0886 상중

어떤 빈 물통에 물을 가득 채우는 데 A 호스로는 3시간, B 호스로는 4시간이 걸리고, 이 물통에 가득 찬 물을 C 호스로 빼내는 데에는 6시간이 걸린다. A, B 두 호스로 물을 채우는 동시에 C 호스로 물을 빼낸다면 물통에 물을 가득 채우는 데 걸리는 시간을 구하시오.

개념원리 중학 수학 1-1 170쪽

유형UP (20) 긴 의자에 대한 문제

긴 의자에 학생들이 앉을 때

❶ 긴 의자의 개수를 x로 놓는다.

❷ 앉는 방법에 관계없이 전체 학생 수가 같음을 이용하여 x에 대한 방정식을 세운다.

0887 대표문제

강당의 긴 의자에 학생들이 앉는데 한 의자에 5명씩 앉으면 4명이 앉지 못하고, 한 의자에 6명씩 앉으면 빈 의자는 없고 마지막 의자에는 2명이 앉는다고 한다. 이때 긴 의자의 개수는?

① 8   ② 9   ③ 10
④ 11   ⑤ 12

0888 상중 서술형

학생들이 바다에 가서 보트를 타는데 한 보트에 5명씩 타면 1명이 남고, 7명씩 타면 마지막 보트에는 1명이 타고 보트 1척이 남는다. 다음 물음에 답하시오.

(1) 보트의 수를 구하시오.
(2) 학생 수를 구하시오.

0889 상

학생들이 야외 훈련을 위해 텐트를 설치했다. 한 텐트에 3명씩 자면 9명이 남고, 4명씩 자면 25개의 텐트가 남고 마지막 1개에는 3명이 자게 된다. 이때 학생 수를 구하시오.

개념원리 중학 수학 1-1 170쪽

유형UP 21 규칙을 찾는 문제

(1) 반복되는 규칙으로 도형을 만드는 문제
→ 1번째, 2번째, 3번째, … 도형을 만들 때 추가되는 바둑돌 또는 성냥개비의 개수를 이용하여 규칙을 찾는다.
(2) 달력에서 조건을 만족시키는 날짜를 찾는 문제
① x일의 ┌ 전날: $(x-1)$일
└ 다음 날: $(x+1)$일
② x일로부터 ┌ 일주일 전: $(x-7)$일
└ 일주일 후: $(x+7)$일

0890 대표문제

바둑돌을 이용하여 다음 그림과 같이 Y자 모양의 도형을 만든다고 할 때, 100개의 바둑돌을 이용하면 몇 단계의 도형을 만들 수 있는지 구하시오.

[1단계]　　[2단계]　　[3단계]

0891 중

어린이날 어느 행사의 체험 부스에서 어린이들이 그린 그림을 다음과 같이 자석을 이용하여 벽에 고정시키려고 한다. 자석 40개를 이용하여 고정시킬 수 있는 그림은 모두 몇 장인지 구하시오.

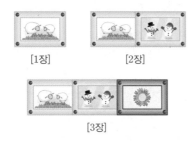

[1장]　　[2장]

[3장]

0892 중

오른쪽은 어느 달의 달력이다. 이 달력에서 4개의 날짜를 오른쪽 그림과 같이 사각형으로 묶을 때, 사각형 안의 날짜의 합이 104가 되도록 하는 4개의 수 중 가장 작은 수를 구하시오.

일	월	화	수	목	금	토
			1	2	3	4
5	6	7	8	9	10	11
12	13	14	15	16	17	18
19	20	21	22	23	24	25
26	27	28	29	30	31	

개념원리 중학 수학 1-1 171쪽

유형UP 22 거리, 속력, 시간에 대한 문제 ; 기차가 다리 또는 터널을 지나는 경우

(1) 기차가 터널을 완전히 통과한다는 것은 기차의 맨 앞부분이 터널에 들어가기 시작하여 기차의 맨 뒷부분이 터널을 완전히 빠져나오는 것을 의미한다.
(2) (기차가 터널을 완전히 통과할 때 움직인 거리)
= (터널의 길이) + (기차의 길이)

터널의 길이 → ← 기차의 길이
움직인 거리

0893 대표문제

일정한 속력으로 달리는 열차가 있다. 이 열차가 길이가 1300 m인 터널을 완전히 통과하는 데 40초가 걸렸고, 길이가 400 m인 다리를 완전히 통과하는 데 15초가 걸렸을 때, 이 열차의 길이를 구하시오.

0894 상중

1초에 45 m를 달리는 기차가 길이가 1600 m인 다리를 완전히 통과하는 데 40초가 걸렸다. 이때 이 기차의 길이는?

① 100 m　　② 150 m　　③ 180 m
④ 200 m　　⑤ 230 m

0895 상

길이가 240 m인 기차가 일정한 속력으로 달려서 길이가 960 m인 터널을 완전히 통과하는 데 30초가 걸렸다고 한다. 이때 기차는 몇 초 동안 보이지 않는가?

① 12초　　② 15초　　③ 18초
④ 21초　　⑤ 24초

정답 및 풀이 73쪽

시험에 꼭 나오는 문제

0896

연속하는 세 자연수의 합이 57일 때, 세 자연수 중 가장 큰 수는?

① 17   ② 18   ③ 19
④ 20   ⑤ 21

0897

일의 자리의 숫자가 8인 두 자리 자연수에서 십의 자리의 숫자와 일의 자리의 숫자를 바꾸면 처음 수의 2배보다 7만큼 크다. 이때 처음 수를 구하시오.

0898

현재 우찬이가 가지고 있는 돈은 50000원, 세진이가 가지고 있는 돈은 31000원이다. 두 사람이 각각 매일 1000원씩 사용할 때, 우찬이가 가지고 있는 돈이 세진이가 가지고 있는 돈의 2배가 되는 것은 며칠 후인지 구하시오.

0899 중요

길이가 120 cm인 철사를 구부려 직사각형을 만드는데 가로의 길이와 세로의 길이의 비가 2 : 1이 되도록 하려고 한다. 이 직사각형의 가로의 길이를 구하시오.

0900

오른쪽 그림과 같이 가로의 길이가 30 m, 세로의 길이가 25 m인 직사각형 모양의 잔디밭에 폭이 6 m로 일정한 길과 폭이 x m로 일정한 길을 내었더니 길을 제외한 잔디밭의 넓이가 480 m^2가 되었다. 이때 x의 값을 구하시오.

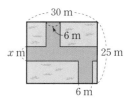

0901 중요

수철이네 학교의 작년의 전체 학생은 650명이었다. 올해는 작년에 비하여 남학생 수는 8 % 증가하고 여학생은 2명 감소하여 전체적으로 4 % 증가하였을 때, 올해의 남학생 수를 구하시오.

0902

어느 학교의 입학 시험에서 입학 지원자의 남녀의 비는 4 : 3, 합격자의 남녀의 비는 5 : 3, 불합격자의 남녀의 비는 1 : 1이다. 합격자 수가 160일 때, 입학 지원자의 수를 구하시오.

0903 중요

어머니가 집에서 시속 70 km로 자동차를 타고 떠났다. 그런데 어머니가 출발한 지 9분 후에 두고 간 물건이 발견되어서 아버지가 자동차를 타고 어머니를 뒤따라갔다. 아버지는 시속 100 km로 자동차를 운전한다면 아버지가 출발한 지 몇 분 후에 어머니를 만나게 되는가?

① 19분 　　　② 20분 　　　③ 21분
④ 22분 　　　⑤ 23분

0904

둘레의 길이가 480 m인 호수가 있다. 현정이와 성현이가 각각 초속 10 m, 초속 7 m로 같은 지점에서 동시에 출발하여 같은 방향으로 16분 동안 달린다면 총 몇 번 만나게 되는지 구하시오.

0905

원가에 40 %의 이익을 붙여서 정가를 정한 물건이 팔리지 않아 정가에서 1600원을 할인하여 팔았더니 1400원의 이익이 생겼다. 다음 물음에 답하시오.

(1) 이 물건의 원가를 구하시오.
(2) 이 물건의 정가를 구하시오.

0906 중요

어떤 일을 완성하는 데 A는 8일, B는 16일이 걸린다고 한다. 처음에 A가 2일 동안 일한 후에 A와 B가 함께 일하여 이 일을 완성했다면 A는 며칠 동안 일했는지 구하시오.

0907

강당의 긴 의자에 학생들이 앉는데 한 의자에 4명씩 앉으면 5명이 앉지 못하고, 한 의자에 5명씩 앉으면 의자 3개가 비어 있고 마지막 의자에는 4명이 앉는다고 한다. 이때 학생 수는?

① 68 　　　② 72 　　　③ 78
④ 85 　　　⑤ 89

0908

오른쪽 그림은 어느 달의 달력이다. 이 달력에서 ✛ 모양으로 선택할 때 가운데 수는 9이다. ✛ 모양 안의 날짜의 합이 115가 되도록 날짜 5개를 선택할 때, 가운데 수를 구하시오.

일	월	화	수	목	금	토
		1	2	3	4	5
6	7	8	9	10	11	12
13	14	15	16	17	18	19
20	21	22	23	24	25	26
27	28	29	30	31		

▶ 정답 및 풀이 74쪽

📝 서술형 주관식

0909

규리네 가족은 부모님과 남동생을 포함하여 모두 네 명이다. 규리네 가족의 나이가 다음 조건을 만족시킬 때, 현재 아버지의 나이를 구하시오.

> ㈎ 현재 규리의 나이의 3배에 2살을 더하면 어머니의 나이인 44살과 같다.
>
> ㈏ 현재 남동생의 나이는 규리의 나이의 $\frac{6}{7}$배이다.
>
> ㈐ 17년 후에 아버지의 나이는 남동생의 나이의 2배가 된다.

0910

현진이는 친구들과 박물관에 가서 입장권을 사려고 한다. 1명당 2000원씩 걷으면 1800원이 부족하고, 2200원씩 걷으면 600원이 남는다고 할 때, 현진이를 포함한 모든 친구들이 박물관에 입장하는 데 필요한 금액을 구하시오.

0911

42 km 떨어진 두 지점 A, B 사이를 시속 60 km로 달리는 열차가 있다. A 지점을 출발한 후 도중에 열차에 이상이 생겨 시속 40 km로 감속하여 운행을 하였더니 B 지점에 도착 예정 시간보다 8분 늦게 도착하였다. 열차가 시속 60 km로 달린 거리를 구하시오.

👍 실력 UP

0912

A 그릇에는 20 %의 소금물 300 g, B 그릇에는 30 %의 소금물 200 g이 들어 있다. A 그릇의 소금물 50 g을 B 그릇에 넣고 섞은 다음 다시 B 그릇의 소금물 50 g을 A 그릇에 넣고 섞었다. 이때 A 그릇의 소금물의 농도를 구하시오.

0913

한 변의 길이가 8인 정사각형 모양의 종이를 다음 그림과 같이 이어 붙이려고 한다. 이웃하는 종이끼리 겹쳐지는 부분이 한 변의 길이가 4인 정사각형 모양일 때, 종이 몇 장을 이어 붙이면 둘레의 길이가 240이 되는가?

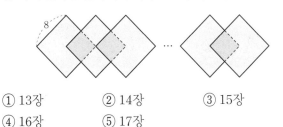

① 13장   ② 14장   ③ 15장
④ 16장   ⑤ 17장

0914

다음 물음에 답하시오.

(1) 5시와 6시 사이에서 시계의 시침과 분침이 일치하는 시각을 구하시오.

(2) 9시와 10시 사이에서 시계의 시침과 분침이 서로 반대 방향으로 일직선을 이루는 시각을 구하시오.

오늘보다
내일이 빛날거야

IV

좌표평면과
그래프

08 좌표와 그래프

08-1 좌표와 좌표평면

(1) **좌표**: 수직선 위의 한 점에 대응하는 수를 그 점의 좌표라 하며, 점 P의 좌표가 a일 때, 기호로 P(a)와 같이 나타낸다. 또 좌표가 0인 점을 **원점**이라 하며, 기호로 O(0)과 같이 나타낸다.

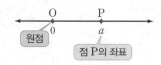

(2) **좌표평면**

두 수직선이 점 O에서 서로 수직으로 만날 때

① x**축**: 가로의 수직선

② y**축**: 세로의 수직선

③ x축과 y축을 통틀어 **좌표축**이라 한다.

④ **원점**: 두 좌표축이 만나는 점 O

⑤ **좌표평면**: 좌표축이 정해져 있는 평면

(3) **좌표평면 위의 점의 좌표**

① **순서쌍**: 두 수나 문자의 순서를 정하여 짝 지어 나타낸 쌍　예　$(-1, 2)$, $(3, -2)$

② 좌표평면 위의 한 점 P에서 x축, y축에 각각 수선을 그어 이 수선이 x축, y축과 만나는 점에 대응하는 수를 각각 a, b라 할 때, 순서쌍 (a, b)를 점 P의 **좌표**라 하고, 기호로 P(a, b)와 같이 나타낸다.

이때 a를 점 P의 x**좌표**, b를 점 P의 y**좌표**라 한다.

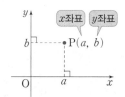

08-2 사분면

좌표평면은 좌표축에 의하여 네 부분으로 나뉜다. 이 네 부분을 각각

　　제1사분면, 제2사분면, 제3사분면, 제4사분면

이라 한다.

참고　**대칭인 점의 좌표**

점 (a, b)와

① x축에 대하여 대칭인 점의 좌표 ➡ $(a, -b)$ ⌐ y좌표의 부호만 바뀐다.

② y축에 대하여 대칭인 점의 좌표 ➡ $(-a, b)$ ⟶ x좌표의 부호만 바뀐다.

③ 원점에 대하여 대칭인 점의 좌표 ➡ $(-a, -b)$ ⟶ x좌표, y좌표의 부호가 모두 바뀐다.

08-3 그래프와 그 해석

(1) **변수**: x, y와 같이 여러 가지로 변하는 값을 나타내는 문자

(2) **그래프**: 두 변수 x, y의 순서쌍 (x, y)를 좌표로 하는 점을 좌표평면 위에 모두 나타낸 것

(3) 일상에서 나타나는 다양한 상황을 점, 직선, 곡선, 꺾은선 등의 그래프로 나타낼 수 있다.

(4) 그래프로부터 두 변수 사이의 증가와 감소, 주기적 변화 등을 파악하여 다양한 상황을 이해하고 문제를 해결할 수 있다.

개념플러스 ✓

원점 O는 Origin의 첫 글자인 O를 나타내며 숫자 0 대신 기호 O로 나타낸다.

$a \neq b$일 때, 순서쌍 (a, b)와 (b, a)는 서로 다르다.

① 원점의 좌표 ➡ $(0, 0)$

② x축 위의 점의 좌표

　➡ $(x$좌표, $0)$

③ y축 위의 점의 좌표

　➡ $(0, y$좌표$)$

각 사분면 위의 점의 x좌표, y좌표의 부호

① 제1사분면: $x > 0$, $y > 0$

② 제2사분면: $x < 0$, $y > 0$

③ 제3사분면: $x < 0$, $y < 0$

④ 제4사분면: $x > 0$, $y < 0$

좌표축 위의 점은 어느 사분면에도 속하지 않는다.

예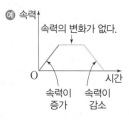

정답 및 풀이 76쪽

교과서문제 정복하기

08-1 좌표와 좌표평면

0915 다음 수직선 위의 점 A, B, C, D의 좌표를 기호로 나타내시오.

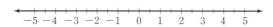

0916 다음 점을 아래의 수직선 위에 나타내시오.

$$A(2), \quad B\left(\frac{7}{2}\right), \quad C(-1), \quad D(-4)$$

0917 오른쪽 좌표평면 위의 점 A, B, C, D, E, F의 좌표를 기호로 나타내시오.

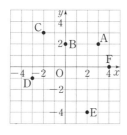

0918 다음 점을 오른쪽 좌표평면 위에 나타내시오.

$A(3, 3), \quad B(-3, 2),$
$C(-1, 0), \quad D(-4, -3),$
$E(0, -3), \quad F(1, -4)$

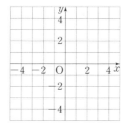

[0919~0922] 다음 좌표평면 위의 점의 좌표를 구하시오.

0919 x좌표가 5, y좌표가 -2인 점

0920 x축 위에 있고, x좌표가 -4인 점

0921 y축 위에 있고, y좌표가 3인 점

0922 원점

08-2 사분면

0923 다음 표에서 각 사분면 위에 있는 점의 x좌표와 y좌표의 부호를 써넣으시오.

	제1사분면	제2사분면	제3사분면	제4사분면
x좌표의 부호				
y좌표의 부호				

[0924~0927] 다음 점은 제몇 사분면 위의 점인지 구하시오.

0924 $(-2, 1)$

0925 $(3, -4)$

0926 $(5, 2)$

0927 $(-1, -5)$

[0928~0930] 점 $(3, -2)$에 대하여 다음 점의 좌표를 구하시오.

0928 x축에 대하여 대칭인 점

0929 y축에 대하여 대칭인 점

0930 원점에 대하여 대칭인 점

08-3 그래프와 그 해석

[0931~0933] 오른쪽 그래프는 이서가 집에서 출발하여 2 km 떨어져 있는 공연장에 다녀왔을 때, 경과 시간에 따른 집으로부터 떨어진 거리를 나타낸 것이다. 집에서 출발한 지 x분 후 집으로부터 떨어진 거리를 y km라 할 때, 다음 물음에 답하시오.

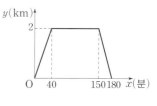

0931 집에서 출발한 지 몇 분 후에 공연장에 도착하였는지 구하시오.

0932 집에서 출발하여 공연장에 다녀오는 데 걸린 시간을 구하시오.

0933 공연장에 머문 시간을 구하시오.

유형 익히기

개념원리 중학 수학 1-1 179쪽

유형 01 순서쌍과 좌표평면 위의 점의 좌표

(1) 두 순서쌍 (a, b), (c, d)가 같다. ➡ $a=c$, $b=d$

(2) 좌표평면 위의 한 점 P에 대하여
① 점 P의 x좌표: a
② 점 P의 y좌표: b
③ 점 P의 좌표가 (a, b)
➡ P(a, b)

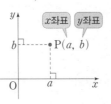

0934 대표문제

다음 중 오른쪽 좌표평면 위의 점 A, B, C, D, E의 좌표를 나타낸 것으로 옳지 <u>않은</u> 것은?

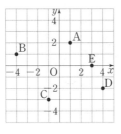

① A$(1, 2)$ ② B$(-4, 1)$
③ C$(-1, -3)$ ④ D$(4, -2)$
⑤ E$(0, 3)$

0935 하

오른쪽 좌표평면 위의 점 A, B, C, D의 좌표를 기호로 나타내시오.

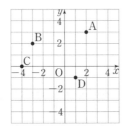

0936 하

두 수 a, b에 대하여 $|a|=2$, $|b|=3$일 때, 순서쌍 (a, b)를 모두 구하시오.

0937 중하

두 순서쌍 $(3a-6, -b+4)$, $(a-2, -2b+1)$이 같을 때, $a-b$의 값을 구하시오.

개념원리 중학 수학 1-1 180쪽

유형 02 x축 또는 y축 위의 점의 좌표

(1) x축 위의 점의 좌표 ➡ y좌표가 0 ➡ (x좌표, 0)

(2) y축 위의 점의 좌표 ➡ x좌표가 0 ➡ (0, y좌표)

0938 대표문제

두 점 A$(2a-1, a+3)$, B$(b+2, b-1)$이 모두 x축 위의 점일 때, $a-b$의 값을 구하시오.

0939 하

y축 위에 있고, y좌표가 -7인 점의 좌표는?

① $(-7, 0)$ ② $(0, -7)$ ③ $(0, 7)$
④ $(-7, -7)$ ⑤ $(7, 7)$

0940 중하 서술형

점 $(a+3, a-2)$는 x축 위의 점이고 점 $(b-5, 2-b)$는 y축 위의 점일 때, $a+b$의 값을 구하시오.

0941 중

원점이 아닌 점 (a, b)가 y축 위에 있을 때, 다음 중 옳은 것은?

① $a \neq 0$, $b>0$ ② $a \neq 0$, $b=0$
③ $a=0$, $b \neq 0$ ④ $a>0$, $b \neq 0$
⑤ $a>0$, $b<0$

정답 및 풀이 77쪽

유형 03 좌표평면 위의 도형의 넓이

좌표평면 위의 도형의 넓이는 다음과 같은 순서로 구한다.
❶ 도형의 꼭짓점을 좌표평면 위에 나타낸다.
❷ 점을 선분으로 연결하여 도형을 그린다.
❸ 공식을 이용하여 도형의 넓이를 구한다.

0942 대표문제

세 점 $A(5, 4)$, $B(-3, -2)$, $C(2, -2)$를 꼭짓점으로 하는 삼각형 ABC의 넓이는?

① 9   ② 12   ③ $\dfrac{25}{2}$

④ 15   ⑤ 21

0943 중

네 점 $A(-3, 4)$, $B(-3, -2)$, $C(5, -2)$, $D(3, 4)$를 꼭짓점으로 하는 사각형 ABCD의 넓이를 구하시오.

0944 상중

세 점 $A(-2, 1)$, $B(3, 0)$, $C(1, 4)$를 꼭짓점으로 하는 삼각형 ABC의 넓이를 구하시오.

0945 상중 서술형

세 점 $A(-2, 2)$, $B(4, -2)$, $C(4, a)$를 꼭짓점으로 하는 삼각형 ABC의 넓이가 21일 때, 양수 a의 값을 구하시오.

유형 04 사분면

(1) 각 사분면 위의 점의 x좌표와 y좌표의 부호
① 제1사분면 ➡ $(+, +)$ ② 제2사분면 ➡ $(-, +)$
③ 제3사분면 ➡ $(-, -)$ ④ 제4사분면 ➡ $(+, -)$
(2) 좌표축 위의 점은 어느 사분면에도 속하지 않는다.
　└→ x축 또는 y축

0946 대표문제

다음 중 옳지 <u>않은</u> 것을 모두 고르면? (정답 2개)

① x축 위의 점은 y좌표가 0이다.
② x축과 y축이 만나는 점의 좌표는 $(0, 0)$이다.
③ 점 $(2, -5)$는 제2사분면 위의 점이다.
④ 점 $(-1, 3)$과 점 $(3, -1)$은 같은 사분면 위의 점이다.
⑤ 좌표축 위의 점은 어느 사분면에도 속하지 않는다.

0947 하

다음 중 제3사분면 위의 점은?

① $(3, -3)$ ② $(0, 2)$ ③ $(2, 5)$
④ $(-5, -2)$ ⑤ $(-2, 4)$

0948 중하

다음 중 주어진 점이 속하는 사분면을 바르게 나타낸 것은?

① $(6, 3)$ ➡ 제4사분면   ② $(-6, -4)$ ➡ 제2사분면
③ $(5, -2)$ ➡ 제4사분면   ④ $(-3, 1)$ ➡ 제3사분면
⑤ $(-5, 0)$ ➡ 제1사분면

0949 중하

다음 보기 중 제2사분면 위의 점인 것을 모두 고르시오.

┌─── 보기 ───
ㄱ. $(-1, -5)$　　　ㄴ. $(1, -6)$
ㄷ. $(-4, 1)$　　　ㄹ. $(2, 1)$
ㅁ. $(3, -6)$　　　ㅂ. $(-8, 7)$
└─────────

08
좌표와 그래프

유형 05 사분면 위의 점; 점 (a, b)가 속한 사분면이 주어진 경우

예 점 (a, b)가 제3사분면 위의 점일 때, 점 $(-b, -a)$가 속한 사분면 구하기
➡ $a<0$, $b<0$이므로 ← a, b의 부호를 구한다.
$-b>0$, $-a>0$ ← x좌표, y좌표의 부호를 구한다.
따라서 점 $(-b, -a)$는 제1사분면 위의 점이다.

0950 대표문제

점 $(-b, a)$가 제4사분면 위의 점일 때, 점 $(-ab, a+b)$는 제몇 사분면 위의 점인지 구하시오.

0951 중하

점 (a, b)가 제2사분면 위의 점일 때, 다음 중 점 $(b-a, a)$와 같은 사분면 위에 있는 점은?

① $(3, 1)$　　② $(-2, 3)$　　③ $(-1, -1)$
④ $(2, -2)$　　⑤ $(5, 2)$

0952 중

점 (x, y)가 제3사분면 위의 점일 때, 다음 중 항상 옳은 것을 모두 고르면? (정답 2개)

① $xy>0$　　② $x+y>0$　　③ $\dfrac{y}{x}<0$
④ $-x+y<0$　　⑤ $-x-y>0$

0953 상중

점 $(-a, b)$가 제2사분면 위의 점일 때, 다음 중 제3사분면 위에 있는 점은?

① (ab, a)　　② $(ab, -b)$　　③ $\left(-b, \dfrac{a}{b}\right)$
④ $\left(\dfrac{b}{a}, ab\right)$　　⑤ $(-a-b, -b)$

유형 06 사분면 위의 점; 두 수의 부호를 이용하는 경우

a, b의 곱의 부호가 주어지고 점 P의 좌표가 a, b에 대한 식으로 주어지면 다음을 이용하여 점 P가 속한 사분면을 구한다.
(1) $ab>0$이면 두 수 a, b의 부호가 같다.
└→ 곱이 양수
➡ $a>0$, $b>0$인 경우: $a+b>0$
$a<0$, $b<0$인 경우: $a+b<0$
(2) $ab<0$이면 두 수 a, b의 부호가 다르다.
└→ 곱이 음수
➡ $a>0$, $b<0$인 경우: $a-b>0$
$a<0$, $b>0$인 경우: $a-b<0$

0954 대표문제

$ab<0$, $a>b$일 때, 점 $\left(\dfrac{a}{b}, b-a\right)$는 제몇 사분면 위의 점인가?

① 제1사분면　　　　② 제2사분면
③ 제3사분면　　　　④ 제4사분면
⑤ 어느 사분면에도 속하지 않는다.

0955 중 서술형

$\dfrac{b}{a}>0$, $a+b<0$일 때, 점 $(a, -b)$는 제몇 사분면 위의 점인지 구하시오.

0956 상중

$x-y<0$, $xy<0$일 때, 다음 중 제4사분면 위의 점은?

① (x, y)　　② $(-y, -x)$　　③ $(x-y, xy^2)$
④ $\left(x^2, -\dfrac{x}{y}\right)$　　⑤ $\left(y-x, \dfrac{y}{x}\right)$

유형 07 상황을 그래프로 나타내기

그래프가 주어질 때, 그래프를 바르게 해석함으로써 다양한 상황을 이해하고 문제를 해결할 수 있다.

그래프 모양	오른쪽 위로 향하는 직선이다.(↗)	수평이다.(→)	오른쪽 아래로 향하는 직선이다.(↘)
상황	일정하게 증가	변화가 없다.	일정하게 감소

0957 대표문제

다음은 경과 시간 x와 집으로부터의 거리 y 사이의 관계를 나타낸 그래프이다. 각 그래프에 알맞은 상황을 **보기**에서 고르시오.

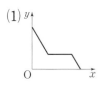
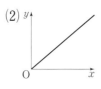
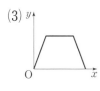

─ 보기 ─

ㄱ. 하준이는 도서관에서 책을 읽고 있었다.

ㄴ. 승아는 집에서 출발하여 일정한 속력으로 문구점에 갔다.

ㄷ. 재원이는 박물관에서 일정한 속력으로 집으로 오는 도중 서점에 들러 책을 구경하고 일정한 속력으로 집에 돌아왔다.

ㄹ. 윤후는 집에서 출발하여 일정한 속력으로 슈퍼에 가서 주스를 사고 일정한 속력으로 집에 돌아왔다.

0958 중하

현명이가 일정한 속력으로 자전거를 타고 갈 때, 다음 **보기** 중 경과 시간 x와 자전거의 속력 y 사이의 관계를 나타낸 그래프를 고르시오.

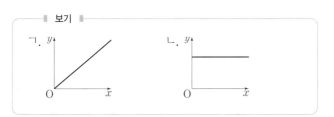

0959 중

다음 그림과 같은 빈 그릇에 시간당 일정한 양의 물을 채울 때, 경과 시간 x와 물의 높이 y 사이의 관계를 나타낸 그래프로 알맞은 것을 **보기**에서 고르시오.

(1) 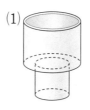 (2)

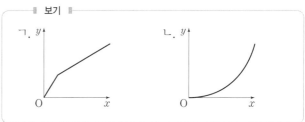

0960 중

아래 상황에서 경과 시간 x와 초의 길이 y 사이의 관계를 나타낸 그래프로 알맞은 것은?

(단, 초에 불을 붙이면 초의 길이는 일정하게 줄어든다.)

지은이는 초에 불을 붙였다가 잠시 뒤에 껐다. 그리고 조금 있다가 다시 불을 붙이고 초의 길이가 처음 길이의 $\frac{1}{3}$이 되었을 때 불을 껐다.

① ②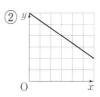

③ ④

⑤

유형 08 그래프의 해석

(1) 그래프가 오른쪽 위로 향한다. (↗)
→ 속력의 증가, 온도의 상승, 출발 지점에서 멀어짐 등
(2) 그래프가 수평이다. (→)
→ 일정한 속력 유지, 일정한 온도 유지, 출발 지점과 일정한 거리 유지, 휴식 또는 정지 등
(3) 그래프가 오른쪽 아래로 향한다. (↘)
→ 속력의 감소, 온도의 하강, 출발 지점에 가까워짐 등

0961 대표문제

아래 그래프는 다은이네 가족이 자동차를 타고 집에서 출발하여 캠핑장에 도착할 때까지 경과 시간에 따른 속력의 변화를 나타낸 것이다. x분 후 자동차의 속력을 시속 y km라 할 때, 다음 물음에 답하시오.

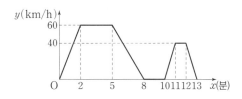

(1) 자동차의 속력이 두 번째로 감소하기 시작한 때는 집에서 출발한 지 몇 분 후인지 구하시오.
(2) 집에서 출발하여 캠핑장에 도착할 때까지 자동차의 속력이 일정하게 유지된 시간은 모두 몇 분 동안인지 구하시오. (단, 자동차가 정지한 시간은 제외한다.)

0962 중

아래 그래프는 하람이가 집에서 출발하여 2000 m 떨어진 학교까지 갈 때, 하람이가 출발한 지 x분 후 집으로부터 떨어진 거리 y m 사이의 관계를 나타낸 것이다. 다음 **보기** 중 옳은 것을 고르시오.
(단, 집에서 학교까지 직선 거리로 움직인다.)

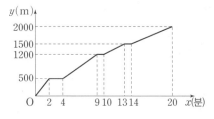

┃ 보기 ┃
ㄱ. 하람이가 학교까지 가는 데 걸린 시간은 20분이다.
ㄴ. 하람이가 세 번째로 멈춰 있기 시작한 때는 집에서 출발한 지 9분 후이다.
ㄷ. 하람이가 학교까지 가는 데 멈춰 있었던 시간은 모두 5분이다.

유형 09 주기적 변화를 나타내는 그래프

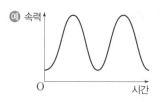

→ 시간에 따라 속력이 증가와 감소를 반복한다.

0963 대표문제

아래 그래프는 관람차에 탑승한 지 x분 후의 탑승한 칸의 지면으로부터의 높이를 y m라 할 때, x와 y 사이의 관계를 나타낸 것이다. 다음 물음에 답하시오.
(단, 관람차는 일정한 속력으로 움직인다.)

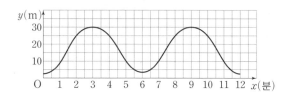

(1) 탑승한 칸이 지면으로부터 가장 높이 올라갔을 때의 높이를 구하시오.
(2) 탑승한 칸의 지면으로부터의 높이가 처음으로 25 m가 되는 때는 탑승한 지 몇 분 후인지 구하시오.
(3) 관람차가 한 바퀴 도는 데 걸리는 시간을 구하시오.

0964 중 서술형

다음 그래프는 출발점에서 반환점까지 1000 m의 거리를 2회 왕복하여 걸을 때, 경과 시간 x분과 출발점으로부터의 거리 y m 사이의 관계를 나타낸 것이다. 출발점에서 반환점까지 가는 데 걸린 시간이 a분, 반환점에서 출발점까지 오는 데 걸린 시간이 b분, 출발점에서 반환점까지 1회 왕복하는 데 걸린 시간이 c분일 때, $a-b+c$의 값을 구하시오.

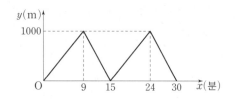

정답 및 풀이 79쪽

유형UP 10 대칭인 점의 좌표

점 (a, b)와

① x축에 대하여 대칭인 점의 좌표

　➡ $(a, -b)$ ➝ y좌표의 부호만 바뀐다.

② y축에 대하여 대칭인 점의 좌표

　➡ $(-a, b)$ ➝ x좌표의 부호만 바뀐다.

③ 원점에 대하여 대칭인 점의 좌표

　➡ $(-a, -b)$ ➝ x좌표, y좌표의 부호가 모두 바뀐다.

0965 대표문제

두 점 $(a+2, 6)$, $(-2, b-4)$가 x축에 대하여 대칭일 때, $a+b$의 값은?

① -6　　　　② -4　　　　③ -2

④ 0　　　　⑤ 2

0966 (중)

점 $(6, -2)$와 y축에 대하여 대칭인 점의 좌표가 (a, b)이고 원점에 대하여 대칭인 점의 좌표가 (c, d)일 때, $a+b+c+d$의 값을 구하시오.

0967 (상중) 서술형

점 $A(2, -4)$와 x축에 대하여 대칭인 점을 B, 원점에 대하여 대칭인 점을 C라 할 때, 삼각형 ABC의 넓이를 구하시오.

유형UP 11 그래프의 해석; 두 그래프의 비교

그래프에서 가로축과 세로축이 각각 무엇을 나타내는지 확인한 후 좌표를 읽어 필요한 값을 구한다.

0968 대표문제

민준이와 도희가 학교에서 출발하여 학교에서 3 km만큼 떨어진 도서관까지 가는데 민준이는 걸어가고 도희는 자전거를 타고 간다고 한다. 위

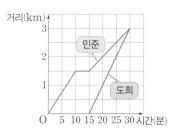

의 그래프는 민준이와 도희가 도서관에 도착할 때까지 학교로부터 떨어진 거리를 시간에 따라 나타낸 것이다. 다음 중 옳지 <u>않은</u> 것은?

(단, 학교에서 도서관까지 가는 길은 하나이다.)

① 민준이가 휴식을 취한 시간은 5분이다.

② 민준이가 출발하고 나서 15분 후에 도희가 출발하였다.

③ 도희는 도서관까지 쉬지 않고 갔다.

④ 두 사람이 만난 것은 민준이가 출발하고 30분 후이다.

⑤ 도희는 출발한 지 20분 후에 민준이를 만났다.

0969 (중)

오른쪽 그래프는 태희와 예인이의 출생 시부터 12세까지의 키의 변화를 나타낸 것이다. x세 때의 키를 y cm라 할 때, 다음 **보기** 중 옳은 것을 모두 고른 것은?

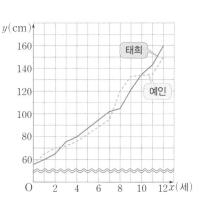

┤ 보기 ├

ㄱ. 1세 때 태희가 예인이보다 키가 크다.

ㄴ. 태희와 예인이의 키가 같았을 때는 3번 있었다.

ㄷ. 1세부터 12세까지 태희가 예인이보다 키가 더 많이 자랐다.

① ㄱ　　　　② ㄴ　　　　③ ㄱ, ㄴ

④ ㄴ, ㄷ　　　　⑤ ㄱ, ㄴ, ㄷ

시험에 꼭 나오는 문제

0970

다음 중 오른쪽 좌표평면 위의 점 A, B, C, D, E의 좌표를 나타낸 것으로 옳지 않은 것은?

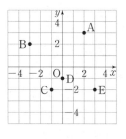

① A(2, 3) ② B(−3, 2)
③ C(−1, −2) ④ D(0, −1)
⑤ E(−2, 3)

0971

네 점 A(−2, −1), B(2, −1), C(5, 3), D(1, 3)을 꼭짓점으로 하는 사각형 ABCD의 넓이를 구하시오.

0972

좌표평면 위에 두 점 A(−2, 1), B(4, 1)과 다른 한 점 C를 꼭짓점으로 하는 삼각형 ABC의 넓이가 12가 되게 하려고 한다. 다음 중 점 C의 좌표가 될 수 있는 것을 모두 고르면? (정답 2개)

① (1, 5) ② (2, 4) ③ (4, −4)
④ (−2, 3) ⑤ (3, −3)

0973 중요

다음 중 옳은 것은?

① 점 (0, −3)은 x축 위의 점이다.
② y축 위에 있고, y좌표가 2인 점의 좌표는 (2, 0)이다.
③ 점 (5, 0)은 제1사분면 위의 점이다.
④ 점 (6, −4)는 제2사분면 위의 점이다.
⑤ 제3사분면 위의 점은 x좌표, y좌표가 모두 음수이다.

0974

점 (−2, a)가 제3사분면 위의 점일 때, 다음 중 a의 값이 될 수 없는 것을 모두 고르면? (정답 2개)

① −5 ② −3 ③ −1
④ 0 ⑤ 2

0975 중요

점 (a, −b)가 제2사분면 위의 점일 때, 점 (ab, a+b)는 제몇 사분면 위의 점인지 구하시오.

0976 중요

$\dfrac{x}{y}<0$, $x-y>0$일 때, 다음 중 점 (−x, y)와 같은 사분면 위의 점은?

① (3, 1) ② (−4, 0) ③ (−2, −5)
④ (−3, 6) ⑤ (2, −3)

▶ 정답 및 풀이 80쪽

0977 중요

오른쪽 그림과 같은 물병에 일정한 속력으로 물을 넣을 때, 다음 중 경과 시간 x에 따른 물의 높이 y 사이의 관계를 나타낸 그래프로 알맞은 것은?

①
②
③
④
⑤

0978

오른쪽 그래프는 연우가 공원에서 방패연을 날렸을 때, x초 후 방패연의 지면으로부터의 높이 y m 사이의 관계를 나타낸 것이다. 방패연이 날기 시작하여 지면에 닿았다가 다시 떠오른 시간은 날기 시작한 지 a초 후이고 방패연이 가장 높게 날 때의 높이는 b m일 때, $a+b$의 값을 구하시오.

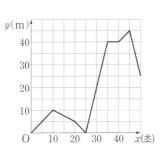

0979

두 점 $(3a+2, 4b+2)$, $(1-2a, b-3)$이 y축에 대하여 대칭일 때, ab의 값을 구하시오.

▷ 서술형 주관식

0980

두 점 $\left(-3a, \dfrac{1}{2}a-3\right)$, $(5b-15, -2b+8)$이 각각 x축, y축 위의 점일 때, $\dfrac{a}{b}$의 값을 구하시오.

0981

점 $(a-b, ab)$가 제3사분면 위의 점일 때, 점 $(-b, -ab)$는 제몇 사분면 위의 점인지 구하시오.

👍 실력 UP

0982

점 $(-4, 3)$과 y축에 대하여 대칭인 점 A와 두 점 B$(-3, 1)$, C$(2, -2)$를 꼭짓점으로 하는 삼각형 ABC의 넓이를 구하시오.

0983

오른쪽 그래프는 물 100 g과 물 200 g이 각각 담긴 두 비커 A와 B에 같은 세기의 열을 가했을 때, 경과 시간에 따른 각 비커에 담긴 물의 온도 사이의 관계를 나타낸 것이다. 다음 보기 중 옳지 않은 것을 고르시오.

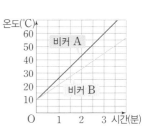

| 보기 |

ㄱ. 열을 가하기 전 두 비커 A, B에 담긴 물의 온도는 같다.

ㄴ. 열을 가한 지 3분 후 두 비커 A, B에 담긴 물의 온도 차는 15 ℃이다.

ㄷ. 비커 A의 물의 온도가 35 ℃가 되는 것은 열을 가한 지 1분 후이다.

09 정비례와 반비례

09-1 정비례

개념플러스 ✐

(1) **정비례**: 두 변수 x, y에 대하여 x의 값이 2배, 3배, 4배, …로 변함에 따라 y의 값도 2배, 3배, 4배, …로 변할 때, y는 x에 정비례한다고 한다.

(2) y가 x에 정비례하면
$$y=ax\,(a\neq0)$$
가 성립한다.

> **참고** y가 x에 정비례할 때, $\dfrac{y}{x}\,(x\neq0)$의 값은 항상 일정하다.
>
> ➡ $y=ax\,(a\neq0)$에서 $\dfrac{y}{x}=a$ (일정)

> 0이 아닌 a에 대하여 x와 y 사이의 관계를 나타내는 식이 $y=ax$, $\dfrac{y}{x}=a$의 꼴이면 y는 x에 정비례한다.

> **예**

x	1	2	3	4	…
y	2	4	6	8	…

① x의 값이 2배, 3배, 4배, …로 변함에 따라 y의 값도 2배, 3배, 4배, …로 변하므로 y는 x에 정비례한다.

② x와 y 사이의 관계를 식으로 나타내면 $y=2x$

> **주의** ① $y=ax$에서 $a=0$이면 y는 x에 정비례하지 않는다.
>
> ② $y=ax+b\,(a\neq0,\ b\neq0)$와 같이 0이 아닌 상수항 b가 있으면 y는 x에 정비례하지 않는다.

> 정비례 관계의 식 구하기
> ➡ $y=ax\,(a\neq0)$로 놓고 x, y의 값을 대입하여 a의 값을 구한다.

09-2 정비례 관계 $y=ax\,(a\neq0)$의 그래프

x의 값의 범위가 수 전체일 때, 정비례 관계 $y=ax\,(a\neq0)$의 그래프는 원점을 지나는 직선이다.

> 특별한 말이 없으면 정비례 관계 $y=ax\,(a\neq0)$에서 변수 x의 값의 범위는 수 전체로 생각한다.

> 정비례 관계 $y=ax\,(a\neq0)$의 그래프는 항상 점 $(1,\,a)$를 지닌다.

	$a>0$일 때	$a<0$일 때
그래프	(그래프)	(그래프)
그래프의 모양	오른쪽 위(↗)로 향하는 직선	오른쪽 아래(↘)로 향하는 직선
지나는 사분면	제1사분면, 제3사분면	제2사분면, 제4사분면
증가, 감소 상태	x의 값이 증가하면 y의 값도 증가	x의 값이 증가하면 y의 값은 감소

> **참고** 정비례 관계 $y=ax\,(a\neq0)$의 그래프는 a의 절댓값이 클수록 y축에 가깝고, a의 절댓값이 작을수록 x축에 가깝다.

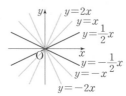

정답 및 풀이 81쪽

교과서문제 정복하기

09-1 정비례

[0984~0985] 1자루에 1000원인 연필 x자루의 가격을 y원이라 할 때, 다음 물음에 답하시오.

0984 다음 표를 완성하시오.

x	1	2	3	4	…
y					…

0985 x와 y 사이의 관계를 식으로 나타내시오.

[0986~0991] 다음 중 y가 x에 정비례하는 것은 ○, 정비례하지 않는 것은 ×를 ( ) 안에 써넣으시오.

0986 $y=-5x$ ( )

0987 $y=x-1$ ( )

0988 $y=7x$ ( )

0989 $y=-\dfrac{x}{2}$ ( )

0990 $y=-\dfrac{3}{x}$ ( )

0991 $\dfrac{y}{x}=2$ ( )

[0992~0995] y가 x에 정비례하고 다음 조건을 만족시킬 때, x와 y 사이의 관계를 식으로 나타내시오.

0992 $x=5$일 때 $y=15$

0993 $x=-6$일 때 $y=3$

0994 $x=-\dfrac{3}{2}$일 때 $y=6$

0995 $x=-2$일 때 $y=-\dfrac{5}{2}$

09-2 정비례 관계 $y=ax\ (a\neq0)$의 그래프

[0996~0999] 다음 정비례 관계의 그래프를 좌표평면 위에 그리시오.

0996 $y=-2x$

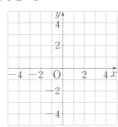

0997 $y=3x$

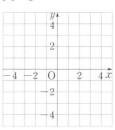

0998 $y=-\dfrac{2}{3}x$

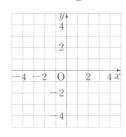

0999 $y=\dfrac{5}{2}x$

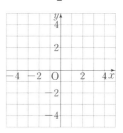

[1000~1001] 정비례 관계의 그래프가 다음과 같을 때, x와 y 사이의 관계를 식으로 나타내시오.

1000

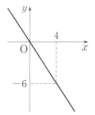

1001

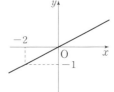

09 정비례와 반비례

09-3 반비례

(1) **반비례**: 두 변수 x, y에 대하여 x의 값이 2배, 3배, 4배, …로 변함에 따라 y의 값은 $\frac{1}{2}$배, $\frac{1}{3}$배, $\frac{1}{4}$배, …로 변할 때, y는 x에 반비례한다고 한다.

(2) y가 x에 반비례하면

$$y = \frac{a}{x} \ (a \neq 0)$$

가 성립한다.

참고 y가 x에 반비례할 때, xy의 값은 항상 a로 일정하다.

➡ $y = \dfrac{a}{x} \ (a \neq 0)$에서 $\quad xy = a$ (일정)

예

	2배	3배	4배		
x	1	2	3	4	…
y	12	6	4	3	…

$\frac{1}{2}$배, $\frac{1}{3}$배, $\frac{1}{4}$배

① x의 값이 2배, 3배, 4배, …로 변함에 따라 y의 값은 $\frac{1}{2}$배, $\frac{1}{3}$배, $\frac{1}{4}$배, …로 변하므로 y는 x에 반비례한다.

② x와 y 사이의 관계를 식으로 나타내면 $\quad y = \dfrac{12}{x}$

주의 $y = \dfrac{a}{x} + b \ (a \neq 0, b \neq 0)$와 같이 0이 아닌 상수항 b가 있으면 y는 x에 반비례하지 않는다.

개념플러스

0이 아닌 a에 대하여 x와 y 사이의 관계를 나타내는 식이 $y = \dfrac{a}{x}$, $xy = a$의 꼴이면 y는 x에 반비례한다.

반비례 관계의 식 구하기
➡ $y = \dfrac{a}{x} \ (a \neq 0)$로 놓고 x, y의 값을 대입하여 a의 값을 구한다.

09-4 반비례 관계 $y = \dfrac{a}{x} \ (a \neq 0)$의 그래프

x의 값의 범위가 0을 제외한 수 전체일 때, 반비례 관계 $y = \dfrac{a}{x} \ (a \neq 0)$의 그래프는 좌표축에 가까워지면서 한없이 뻗어 나가는 한 쌍의 매끄러운 곡선이다.

	$a > 0$일 때	$a < 0$일 때
그래프		
지나는 사분면	제1사분면, 제3사분면	제2사분면, 제4사분면
증가, 감소 상태	각 사분면에서 x의 값이 증가하면 y의 값은 감소	각 사분면에서 x의 값이 증가하면 y의 값도 증가

특별한 말이 없으면 반비례 관계 $y = \dfrac{a}{x} \ (a \neq 0)$에서 변수 x의 값의 범위는 0을 제외한 수 전체로 생각한다.

반비례 관계 $y = \dfrac{a}{x} \ (a \neq 0)$의 그래프는 항상 점 $(1, a)$를 지난다.

참고 반비례 관계 $y = \dfrac{a}{x} \ (a \neq 0)$의 그래프는 a의 절댓값이 클수록 원점에서 멀고, a의 절댓값이 작을수록 원점에 가깝다.

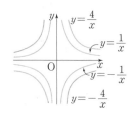

정답 및 풀이 82쪽

교과서문제 정복하기

09-3 반비례

[1002~1003] 귤 72개를 남김없이 x명에게 똑같이 나누어 주려고 한다. 한 명이 받는 귤을 y개라 할 때, 다음 물음에 답하시오.

1002 다음 표를 완성하시오.

x	1	2	3	4	…
y					…

1003 x와 y 사이의 관계를 식으로 나타내시오.

[1004~1009] 다음 중 y가 x에 반비례하는 것은 ○, 반비례하지 않는 것은 ×를 ( ) 안에 써넣으시오.

1004 $y=-\dfrac{9}{x}$ ( )

1005 $y=\dfrac{x}{7}$ ( )

1006 $y=\dfrac{13}{x}$ ( )

1007 $\dfrac{y}{x}=-8$ ( )

1008 $y=-\dfrac{2}{x}+1$ ( )

1009 $xy=-6$ ( )

[1010~1013] y가 x에 반비례하고 다음 조건을 만족시킬 때, x와 y 사이의 관계를 식으로 나타내시오.

1010 $x=2$일 때 $y=7$

1011 $x=-3$일 때 $y=5$

1012 $x=6$일 때 $y=-\dfrac{3}{2}$

1013 $x=-5$일 때 $y=-4$

09-4 반비례 관계 $y=\dfrac{a}{x}\,(a\neq0)$의 그래프

[1014~1017] 다음 반비례 관계의 그래프를 좌표평면 위에 그리시오.

1014 $y=\dfrac{4}{x}$
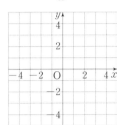

1015 $y=-\dfrac{8}{x}$
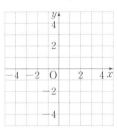

1016 $y=-\dfrac{6}{x}$
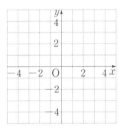

1017 $y=\dfrac{12}{x}$
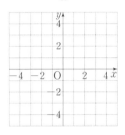

[1018~1019] 반비례 관계의 그래프가 다음과 같을 때, x와 y 사이의 관계를 식으로 나타내시오.

1018
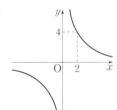

1019
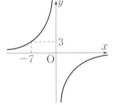

유형 익히기

개념원리 중학 수학 1-1 202쪽

유형 01 정비례 관계

(1) 두 변수 x, y에 대하여 x의 값이 2배, 3배, 4배, …로 변함에 따라 y의 값도 2배, 3배, 4배, …로 변한다.
　➡ y는 x에 정비례한다.
　➡ $y=ax$, $\dfrac{y}{x}=a\,(a\neq0)$의 꼴

(2) x와 y 사이의 관계를 나타내는 식이 $y=ax\,(a\neq0)$이면 y는 x에 정비례한다.

1020 대표문제

다음 중 y가 x에 정비례하는 것을 모두 고르면? (정답 2개)

① $y=-\dfrac{2}{5}x$　　② $y=-\dfrac{3}{x}$　　③ $xy=2$

④ $\dfrac{y}{x}=4$　　⑤ $y=\dfrac{x}{3}+2$

1021 하

다음 중 x의 값이 2배, 3배, 4배, …가 될 때, y의 값도 2배, 3배, 4배, …가 되는 것은?

① $y=\dfrac{3}{x}-1$　　② $y=-x+2$　　③ $5x+y=0$

④ $xy=8$　　⑤ $y-x=-3$

1022 중

다음 중 y가 x에 정비례하지 <u>않는</u> 것을 모두 고르면?
(정답 2개)

① 시속 x km로 2시간 동안 달린 거리 y km
② 1분 동안 맥박 수가 85일 때, x분 동안의 총 맥박 수 y
③ 소금 30 g이 녹아 있는 소금물 x g의 농도 y %
④ 한 변의 길이가 x cm인 정삼각형의 둘레의 길이 y cm
⑤ 150쪽인 책을 하루에 7쪽씩 x일 동안 읽고 남은 쪽수 y

개념원리 중학 수학 1-1 202쪽

중요 유형 02 정비례 관계의 식 구하기

y가 x에 정비례하면
❶ $y=ax\,(a\neq0)$로 놓는다.
❷ 주어진 x, y의 값을 대입하여 a의 값을 구한다.
❸ x와 y 사이의 관계를 나타내는 식을 구한다.

1023 대표문제

y가 x에 정비례하고, $x=\dfrac{1}{2}$일 때 $y=-3$이다. $y=12$일 때 x의 값을 구하시오.

1024 중하

y가 x에 정비례하고, $x=-4$일 때 $y=-2$이다. $x=10$일 때 y의 값을 구하시오.

1025 중하

y가 x에 정비례하고, $x=6$일 때 $y=4$이다. 다음 **보기** 중 옳지 <u>않은</u> 것을 고르시오.

‖ 보기 ‖
ㄱ. $x=-9$일 때 $y=6$이다.
ㄴ. x와 y 사이의 관계를 식으로 나타내면 $y=\dfrac{2}{3}x$이다.
ㄷ. x의 값이 2배가 되면 y의 값도 2배가 된다.

1026 중 서술형

y가 x에 정비례할 때, x와 y 사이의 관계를 표로 나타내면 다음과 같다. 이때 $A+B+C$의 값을 구하시오.

x	1	B	3	4	5
y	A	-6	-9	-12	C

개념원리 중학 수학 1-1 203쪽

유형 03 **정비례 관계 $y=ax$ $(a\neq0)$의 활용**
; x와 y 사이의 관계를 나타내는 식 구하기

❶ 변화하는 두 양을 변수 x, y로 놓는다.

❷ y가 x에 정비례하는 경우, $\dfrac{y}{x}$의 값이 일정한 경우

➡ $y=ax$ $(a\neq0)$로 놓고 a의 값을 구한다.

1027 대표문제

톱니가 각각 20개, 25개인 두 톱니바퀴 A, B가 서로 맞물려 돌고 있다. A가 x번 회전하는 동안 B는 y번 회전할 때, x와 y 사이의 관계를 식으로 나타내면?

① $y=\dfrac{x}{2}$ ② $y=\dfrac{4}{5}x$ ③ $y=\dfrac{5}{4}x$

④ $y=\dfrac{5}{3}x$ ⑤ $y=2x$

1028 하

x km의 거리를 시속 y km로 가면 4시간이 걸릴 때, x와 y 사이의 관계를 식으로 나타내시오.

1029 중하

불을 붙이면 매분 0.6 cm씩 타는 양초가 있다. 불을 붙인 지 x분 후 줄어든 양초의 길이를 y cm라 할 때, x와 y 사이의 관계를 식으로 나타내시오.

1030 중

200 g의 소금물에 소금 40 g이 녹아 있다. 이 소금물 x g에 녹아 있는 소금의 양을 y g이라 할 때, x와 y 사이의 관계를 식으로 나타내시오.

 개념원리 중학 수학 1-1 203쪽

유형 04 **정비례 관계 $y=ax$ $(a\neq0)$의 활용**

❶ y가 x에 정비례하면 $y=ax$ $(a\neq0)$로 놓고 x와 y 사이의 관계를 나타내는 식을 구한다.

❷ $x=p$ 또는 $y=q$를 대입하여 필요한 값을 구한다.

1031 대표문제

300쪽의 책을 매일 일정한 양만큼씩 읽어 20일 만에 모두 읽었다. x일 동안 읽은 책을 y쪽이라 할 때, 5일 동안 읽은 책은 몇 쪽인지 구하시오.

1032 중하

어떤 물체의 수성에서의 무게는 지구에서의 무게의 $\dfrac{1}{3}$배라 한다. 지구에서의 무게가 36 kg인 물체의 수성에서의 무게를 구하시오.

1033 중

어느 제과점에서 구매 금액의 5 %를 할인해 주는 행사를 하고 있다. 이 제과점에서 행사 기간 중에 27000원짜리 케이크를 구매하였을 때, 할인받은 금액을 구하시오.

1034 중

오른쪽 그림과 같은 직사각형 ABCD에서 점 P는 점 B에서 출발하여 점 C까지 변 BC 위를 움직인다. 선분 BP의 길이를 x cm, 이때 생기는 삼각형 ABP의 넓이를 y cm²라 하자. 삼각형 ABP의 넓이가 40 cm²일 때, 선분 BP의 길이를 구하시오. (단, $0<x\leq20$)

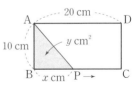

09

정비례와 반비례

유형 05 정비례 관계 $y=ax$ $(a\neq0)$의 그래프

(1) 원점을 지나는 직선이다.
(2) $a>0$일 때, 제1사분면과 제3사분면을 지난다.
$a<0$일 때, 제2사분면과 제4사분면을 지난다.

1035 대표문제

다음 중 정비례 관계 $y=\dfrac{3}{4}x$의 그래프는?

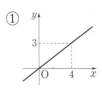 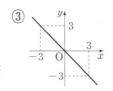

1036 중하

x가 -2, 0, 2일 때, 다음 중 정비례 관계 $y=-\dfrac{3}{2}x$의 그래프는?

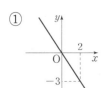 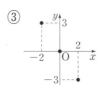

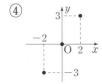

1037 중

다음 정비례 관계의 그래프 중 제1사분면과 제3사분면을 지나는 것을 모두 고르면? (정답 2개)

① $y=-5x$ ② $y=\dfrac{x}{2}$ ③ $y=-\dfrac{1}{5}x$

④ $y=-3x$ ⑤ $y=6x$

유형 06 정비례 관계 $y=ax$ $(a\neq0)$의 그래프와 a의 절댓값 사이의 관계

정비례 관계 $y=ax$ $(a\neq0)$의 그래프는
① a의 절댓값이 클수록 y축에 가깝다. ← x축에서 멀다.
② a의 절댓값이 작을수록 x축에 가깝다. ← y축에서 멀다.

1038 대표문제

다음 정비례 관계의 그래프 중 y축에 가장 가까운 것은?

① $y=-6x$ ② $y=-3x$ ③ $y=-\dfrac{1}{3}x$

④ $y=\dfrac{7}{2}x$ ⑤ $y=5x$

1039 중

다음 정비례 관계의 그래프 중 x축에 가장 가까운 것은?

① $y=-7x$ ② $y=-3x$ ③ $y=-\dfrac{5}{3}x$

④ $y=\dfrac{1}{2}x$ ⑤ $y=4x$

1040 중

오른쪽 그림은 정비례 관계 $y=ax$ $(a\neq0)$의 그래프이다. 이때 ①~⑤ 중 a의 값이 가장 큰 것을 고르시오.

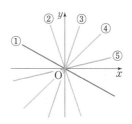

1041 중

오른쪽 그림은 두 정비례 관계 $y=-x$, $y=2x$의 그래프이다. 이때 ①~⑤ 중 정비례 관계 $y=-\dfrac{3}{4}x$의 그래프가 될 수 있는 것을 고르시오.

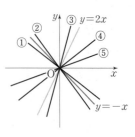

● 정답 및 풀이 84쪽

개념원리 중학 수학 1-1 204쪽

유형 07 정비례 관계 $y=ax\,(a \ne 0)$의 그래프가 지나는 점

점 (p, q)가 정비례 관계 $y=ax\,(a \ne 0)$의 그래프 위의 점이다.
➡ 정비례 관계 $y=ax\,(a \ne 0)$의 그래프가 점 (p, q)를 지난다.
➡ $y=ax$에 $x=p$, $y=q$를 대입하면 등식이 성립한다.

1042 대표문제

정비례 관계 $y=ax$의 그래프가 오른쪽 그림과 같을 때, $a+b$의 값을 구하시오. (단, a는 상수이다.)

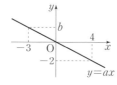

1043 중하

정비례 관계 $y=ax$의 그래프가 점 $(3, -2)$를 지날 때, 다음 중 이 그래프 위의 점은? (단, a는 상수이다.)

① $(-6, 3)$ ② $(-3, 1)$ ③ $\left(-1, -\dfrac{2}{3}\right)$

④ $(6, -4)$ ⑤ $(9, 6)$

1044 중

오른쪽 그림은 두 정비례 관계 $y=ax$, $y=bx$의 그래프이다. 상수 a, b에 대하여 $a+b$의 값을 구하시오.

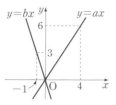

1045 중 서술형

정비례 관계 $y=ax$의 그래프가 세 점 $(3, -12)$, $(-2, b)$, $(c, 4)$를 지날 때, $a+b+c$의 값을 구하시오.

(단, a는 상수이다.)

개념원리 중학 수학 1-1 204쪽

유형 08 정비례 관계 $y=ax\,(a \ne 0)$의 그래프의 성질

(1) 원점을 지나는 직선이다.
(2) $a>0$일 때, 제1사분면과 제3사분면을 지나고, x의 값이 증가하면 y의 값도 증가한다.
$a<0$일 때, 제2사분면과 제4사분면을 지나고, x의 값이 증가하면 y의 값은 감소한다.

1046 대표문제

다음 중 정비례 관계 $y=-\dfrac{4}{3}x$의 그래프에 대한 설명으로 옳은 것을 모두 고르면? (정답 2개)

① 원점을 지나는 직선이다.
② 제1사분면과 제3사분면을 지난다.
③ 점 $(-3, 1)$을 지난다.
④ x의 값이 증가하면 y의 값도 증가한다.
⑤ $y=-2x$의 그래프보다 x축에 가깝다.

1047 중

다음 중 정비례 관계 $y=ax\,(a \ne 0)$의 그래프에 대한 설명으로 옳지 <u>않은</u> 것은?

① a의 값에 관계없이 항상 원점을 지난다.
② $a>0$이면 x의 값이 증가할 때, y의 값도 증가한다.
③ $a<0$이면 제2사분면과 제4사분면을 지난다.
④ 점 $(1, a)$를 지난다.
⑤ a의 절댓값이 클수록 x축에 가깝다.

1048 중

다음 중 정비례 관계 $y=3x$의 그래프에 대한 설명으로 옳지 <u>않은</u> 것은?

① 점 $(-2, -6)$을 지난다.
② 제1사분면과 제3사분면을 지난다.
③ x의 값이 증가하면 y의 값도 증가한다.
④ 정비례 관계 $y=-3x$의 그래프와 만난다.
⑤ 정비례 관계 $y=-4x$의 그래프보다 y축에 가깝다.

유형 09 정비례 관계의 그래프가 주어진 경우

① 그래프가 원점을 지나는 직선이면 정비례 관계의 그래프이다.
  ➡ $y=ax$ $(a≠0)$로 놓는다.
② $y=ax$에 원점을 제외한 직선 위의 한 점의 좌표를 대입하여 a의 값을 구한다.

1049 대표문제

오른쪽 그림과 같은 그래프가 나타내는 식은?

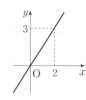

① $y=\dfrac{2}{3}x$ ② $y=x$

③ $y=\dfrac{3}{2}x$ ④ $y=2x$

⑤ $y=3x$

1050 중 서술형

오른쪽 그림과 같은 그래프가 점 $(k, -2)$를 지날 때, k의 값을 구하시오.

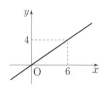

1051 중

오른쪽 그림과 같은 그래프에서 점 P의 x좌표를 구하시오.

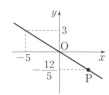

1052 중

다음 중 오른쪽 그림과 같은 그래프 위의 점이 아닌 것은?

① $(-8, 6)$ ② $\left(-2, \dfrac{3}{2}\right)$

③ $\left(-1, \dfrac{3}{4}\right)$ ④ $(4, -2)$

⑤ $\left(6, -\dfrac{9}{2}\right)$

유형 10 정비례 관계 $y=ax$ $(a≠0)$의 그래프와 도형의 넓이

정비례 관계 $y=ax$ $(a≠0)$의 그래프 위의 한 점 P에 대하여 점 P의 x좌표가 k이면 y좌표는 ak이다.
➡ (삼각형 POA의 넓이)
  $=\dfrac{1}{2}×$(선분 OA의 길이)
  $×$(선분 PA의 길이)
  $=\dfrac{1}{2}×|k|×|ak|$

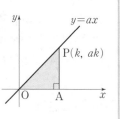

1053 대표문제

오른쪽 그림과 같이 정비례 관계 $y=\dfrac{4}{3}x$의 그래프 위의 한 점 A에서 x축에 수선을 그었을 때, x축과 만나는 점 B의 좌표가 $(9, 0)$이다. 이때 삼각형 AOB의 넓이를 구하시오.
(단, O는 원점이다.)

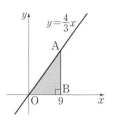

1054 중

오른쪽 그림과 같이 두 정비례 관계 $y=3x$, $y=-\dfrac{1}{2}x$의 그래프가 점 $(2, 0)$을 지나고 y축과 평행한 직선과 만나는 점을 각각 A, B라 할 때, 삼각형 AOB의 넓이를 구하시오.
(단, O는 원점이다.)

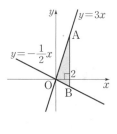

1055 상중

오른쪽 그림과 같이 정비례 관계 $y=ax$의 그래프 위의 한 점 P에서 y축에 수선을 그었을 때, y축과 만나는 점 Q의 y좌표가 8이고 삼각형 OPQ의 넓이가 12이다. 이때 양수 a의 값을 구하시오.
(단, O는 원점이다.)

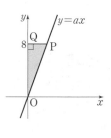

유형 11 반비례 관계

(1) 두 변수 x, y에 대하여 x의 값이 2배, 3배, 4배, …로 변함에 따라 y의 값은 $\frac{1}{2}$배, $\frac{1}{3}$배, $\frac{1}{4}$배, …로 변한다.

➡ y는 x에 반비례한다.

➡ $y=\dfrac{a}{x}$, $xy=a$ ($a\neq0$)의 꼴

(2) x와 y 사이의 관계를 나타내는 식이 $y=\dfrac{a}{x}$ ($a\neq0$)이면 y는 x에 반비례한다.

1056 대표문제

다음 보기 중 y가 x에 반비례하는 것을 모두 고른 것은?

┃ 보기 ┃

ㄱ. $y=x$ ㄴ. $y=-\dfrac{3}{x}$ ㄷ. $\dfrac{y}{x}=2$

ㄹ. $x+y=1$ ㅁ. $x-3y=0$ ㅂ. $xy=6$

① ㄱ, ㄹ   ② ㄴ, ㅁ   ③ ㄴ, ㅂ
④ ㄷ, ㅁ   ⑤ ㄹ, ㅂ

1057 하

다음 중 x의 값이 2배, 3배, 4배, …가 될 때, y의 값은 $\frac{1}{2}$배, $\frac{1}{3}$배, $\frac{1}{4}$배, …가 되는 것을 모두 고르면? (정답 2개)

① $y=\dfrac{5}{x}$ ② $\dfrac{y}{x}=-1$ ③ $y=2-x$
④ $xy=-\dfrac{1}{6}$ ⑤ $y=\dfrac{1}{x}+1$

1058 중

다음 중 y가 x에 반비례하는 것을 모두 고르면? (정답 2개)

① 밑변의 길이가 20 cm, 높이가 x cm인 삼각형의 넓이가 y cm²이다.

② 10 km의 거리를 시속 x km로 달릴 때 걸린 시간은 y 시간이다.

③ 밑면의 넓이가 9 cm², 높이가 x cm인 원기둥의 부피는 y cm³이다.

④ x %의 소금물 y g에 녹아 있는 소금의 양은 15 g이다.

⑤ 가로의 길이가 x cm, 세로의 길이가 7 cm인 직사각형의 둘레의 길이는 y cm이다.

유형 12 반비례 관계의 식 구하기

y가 x에 반비례하면

❶ $y=\dfrac{a}{x}$ ($a\neq0$)로 놓는다.

❷ 주어진 x, y의 값을 대입하여 a의 값을 구한다.

❸ x와 y 사이의 관계를 나타내는 식을 구한다.

1059 대표문제

y가 x에 반비례할 때, x와 y 사이의 관계를 표로 나타내면 다음과 같다. 이때 $A-B$의 값을 구하시오.

x	-9	-6	2	B
y	A	3	-9	-1

1060 하

y가 x에 반비례하고, $x=-3$일 때 $y=-5$이다. 이때 x와 y 사이의 관계를 식으로 나타내면?

① $y=15x$ ② $y=-15x$ ③ $y=-\dfrac{3}{5}x$
④ $y=\dfrac{15}{x}$ ⑤ $y=-\dfrac{15}{x}$

1061 중하

x의 값이 2배, 3배, 4배, …가 될 때 y의 값은 $\frac{1}{2}$배, $\frac{1}{3}$배, $\frac{1}{4}$배, …가 되고, $x=8$일 때 $y=-\dfrac{1}{2}$이다. $x=-4$일 때 y의 값을 구하시오.

1062 중 서술형

y가 x에 반비례할 때, x와 y 사이의 관계를 표로 나타내면 다음과 같다. 이때 $A+B+C$의 값을 구하시오.

x	-4	-3	B	2
y	A	12	18	C

09
정비례와 반비례

유형 13 반비례 관계 $y = \dfrac{a}{x}\,(a \neq 0)$의 활용
; x와 y 사이의 관계를 나타내는 식 구하기

❶ 변화하는 두 양을 변수 x, y로 놓는다.

❷ y가 x에 반비례하는 경우, xy의 값이 일정한 경우

➡ $y = \dfrac{a}{x}\,(a \neq 0)$로 놓고 a의 값을 구한다.

1063 대표문제

매분 5 L씩 물을 넣으면 80분 만에 가득 차는 물탱크가 있다. 이 물탱크에 매분 x L씩 물을 넣으면 y분 만에 가득 찬다고 할 때, x와 y 사이의 관계를 식으로 나타내면?

① $y = -\dfrac{400}{x}$ ② $y = \dfrac{80}{x}$ ③ $y = \dfrac{400}{x}$

④ $y = 80x$ ⑤ $y = 400x$

1064 중하

서로 맞물려 돌고 있는 두 톱니바퀴 A, B가 있다. 톱니가 30개인 톱니바퀴 A가 5번 회전할 때, 톱니가 x개인 톱니바퀴 B는 y번 회전한다고 한다. 이때 x와 y 사이의 관계를 식으로 나타내시오.

1065 중

자동차의 연비는 1 L의 연료로 주행할 수 있는 거리를 나타낸다. 오른쪽 그래프는 연비가 x km/L인 자동차가 일정한 거리를 가는 데 필요한 연료의 양을 y L라 할 때, x와 y 사이의 관계를 나타낸 것이다. 이때 x와 y 사이의 관계를 식으로 나타내시오.

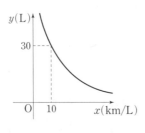

유형 14 반비례 관계 $y = \dfrac{a}{x}\,(a \neq 0)$의 활용

❶ y가 x에 반비례하면 $y = \dfrac{a}{x}\,(a \neq 0)$로 놓고 x와 y 사이의 관계를 나타내는 식을 구한다.

❷ $x = p$ 또는 $y = q$를 대입하여 필요한 값을 구한다.

1066 대표문제

온도가 일정할 때, 기체의 부피는 압력에 반비례한다. 일정한 온도에서 어떤 기체의 부피가 15 cm³일 때, 압력이 6기압이었다. 같은 온도에서 압력이 9기압일 때, 이 기체의 부피를 구하시오.

1067 중

6명이 20시간을 작업해야 끝나는 일이 있다. 이 일을 15시간 만에 끝내려면 몇 명이 필요한지 구하시오.
(단, 각 사람이 일을 하는 속도는 모두 같다.)

1068 중 서술형

오른쪽 그래프는 시속 x km로 달리는 자동차가 출발지부터 도착지까지 가는 데 걸린 시간을 y시간이라 할 때, x와 y 사이의 관계를 나타낸 것이다. 이 자동차가 시속 100 km로 달릴 때, 출발지부터 도착지까지 가는 데 걸린 시간을 구하시오.

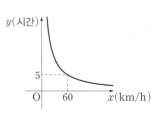

정답 및 풀이 86쪽

유형 15 반비례 관계 $y=\dfrac{a}{x}\,(a\neq0)$의 그래프

(1) 좌표축에 가까워지면서 한없이 뻗어 나가는 한 쌍의 매끄러운 곡선이다.

(2) $a>0$일 때, 제1사분면과 제3사분면을 지난다.
  $a<0$일 때, 제2사분면과 제4사분면을 지난다.

1069 대표문제

다음 중 $x<0$일 때, 반비례 관계 $y=\dfrac{3}{x}$의 그래프는?

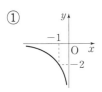 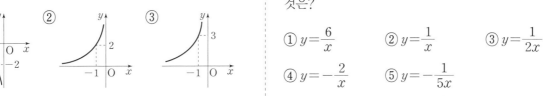

1070 중하

다음 중 $x>0$일 때, 반비례 관계 $y=\dfrac{a}{x}\,(a<0)$의 그래프가 될 수 있는 것은?

  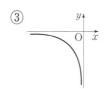

1071 중

다음 **보기** 중 정비례 관계 또는 반비례 관계의 그래프가 제4사분면을 지나는 것을 모두 고르시오.

┃ 보기 ┃

ㄱ. $y=-5x$ ㄴ. $y=5x$ ㄷ. $y=-\dfrac{1}{5}x$

ㄹ. $y=\dfrac{1}{5}x$ ㅁ. $y=-\dfrac{5}{x}$ ㅂ. $y=\dfrac{5}{x}$

중요 유형 16 반비례 관계 $y=\dfrac{a}{x}\,(a\neq0)$의 그래프와 a의 절댓값 사이의 관계

반비례 관계 $y=\dfrac{a}{x}\,(a\neq0)$의 그래프는

① a의 절댓값이 클수록 원점에서 멀다.

② a의 절댓값이 작을수록 원점에 가깝다.

1072 대표문제

다음 반비례 관계의 그래프 중 원점에서 가장 멀리 떨어진 것은?

① $y=\dfrac{6}{x}$ ② $y=\dfrac{1}{x}$ ③ $y=\dfrac{1}{2x}$

④ $y=-\dfrac{2}{x}$ ⑤ $y=-\dfrac{1}{5x}$

1073 중하

다음 ㉠, ㉡의 그래프와 **보기**의 반비례 관계를 나타내는 식을 바르게 짝 지은 것을 모두 고르면? (정답 2개)

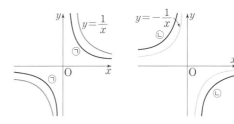

┃ 보기 ┃

$y=-\dfrac{3}{x},\quad y=-\dfrac{1}{2x},\quad y=\dfrac{2}{x},\quad y=\dfrac{1}{3x}$

① ㉠ $y=-\dfrac{3}{x}$ ② ㉠ $y=\dfrac{1}{3x}$ ③ ㉠ $y=\dfrac{2}{x}$

④ ㉡ $y=-\dfrac{3}{x}$ ⑤ ㉡ $y=-\dfrac{1}{2x}$

1074 중

두 반비례 관계 $y=\dfrac{a}{x}$, $y=-\dfrac{2}{x}$의 그래프가 오른쪽 그림과 같을 때, 상수 a의 값의 범위를 구하시오.

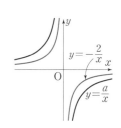

유형 17 반비례 관계 $y=\dfrac{a}{x}\,(a\neq0)$의 그래프가 지나는 점

점 (p, q)가 반비례 관계 $y=\dfrac{a}{x}\,(a\neq0)$의 그래프 위의 점이다.

➡ 반비례 관계 $y=\dfrac{a}{x}\,(a\neq0)$의 그래프가 점 (p, q)를 지난다.

➡ $y=\dfrac{a}{x}$에 $x=p$, $y=q$를 대입하면 등식이 성립한다.

1075 대표문제

반비례 관계 $y=\dfrac{a}{x}$의 그래프가 점 $(2, 4)$를 지날 때, 다음 중 이 그래프 위의 점은? (단, a는 상수이다.)

① $(-4, 2)$ ② $(-2, 4)$ ③ $(-1, -8)$

④ $(1, -8)$ ⑤ $(4, -2)$

1076 중하 서술형

반비례 관계 $y=-\dfrac{12}{x}$의 그래프가 두 점 $(6, a)$, $(b, -12)$를 지날 때, $a+b$의 값을 구하시오.

1077 중

반비례 관계 $y=\dfrac{a}{x}$의 그래프가 오른쪽 그림과 같을 때, 점 P의 좌표를 구하시오. (단, a는 상수이다.)

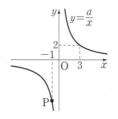

1078 상중

반비례 관계 $y=\dfrac{10}{x}$의 그래프 위의 점 중에서 x좌표와 y좌표가 모두 정수인 점은 몇 개인지 구하시오.

유형 18 반비례 관계 $y=\dfrac{a}{x}\,(a\neq0)$의 그래프의 성질

(1) 좌표축에 가까워지면서 한없이 뻗어 나가는 한 쌍의 매끄러운 곡선이다.

(2) $a>0$일 때, 제1사분면과 제3사분면을 지나고, 각 사분면에서 x의 값이 증가하면 y의 값은 감소한다.
$a<0$일 때, 제2사분면과 제4사분면을 지나고, 각 사분면에서 x의 값이 증가하면 y의 값도 증가한다.

1079 대표문제

다음 중 반비례 관계 $y=\dfrac{3}{x}$의 그래프에 대한 설명으로 옳은 것은?

① 점 $(-1, 3)$을 지난다.
② 좌표축과 점 $(0, 1)$에서 만난다.
③ $x<0$일 때, 제2사분면을 지난다.
④ $x>0$일 때, x의 값이 증가하면 y의 값도 증가한다.
⑤ 제1사분면과 제3사분면을 지나는 한 쌍의 매끄러운 곡선이다.

1080 중

다음 중 반비례 관계 $y=-\dfrac{8}{x}$의 그래프에 대한 설명으로 옳은 것은?

① 점 $(1, 8)$을 지난다.
② 제1사분면과 제3사분면을 지난다.
③ 정비례 관계 $y=8x$의 그래프와 만난다.
④ 반비례 관계 $y=-\dfrac{2}{x}$의 그래프보다 원점에서 더 멀리 떨어져 있다.
⑤ $x>0$일 때, x의 값이 증가하면 y의 값은 감소한다.

1081 중

다음 중 반비례 관계 $y=\dfrac{a}{x}\,(a\neq0)$의 그래프에 대한 설명으로 옳지 <u>않은</u> 것은?

① 한 쌍의 매끄러운 곡선이다.
② 점 $(1, a)$를 지난다.
③ $a<0$이면 제2사분면과 제4사분면을 지난다.
④ $a>0$이면 $x<0$일 때 x의 값이 증가하면 y의 값은 감소한다.
⑤ a의 절댓값이 작을수록 원점에서 멀다.

정답 및 풀이 87쪽

유형 19 반비례 관계의 그래프가 주어진 경우

① 그래프가 좌표축에 가까워지면서 한없이 뻗어 나가는 한 쌍의 매끄러운 곡선이면 반비례 관계의 그래프이다.
➡ $y = \dfrac{a}{x}\ (a \neq 0)$로 놓는다.

② $y = \dfrac{a}{x}$에 곡선 위의 한 점의 좌표를 대입하여 a의 값을 구한다.

1082 대표문제

오른쪽 그림과 같은 그래프에서 점 A의 좌표를 구하시오.

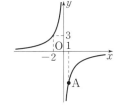

1083 ⊛ 서술형

오른쪽 그림과 같은 그래프에서 k의 값을 구하시오.

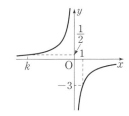

1084 ⊛

다음 그림에서 ①~⑤의 그래프가 나타내는 식으로 옳은 것을 모두 고르면? (정답 2개)

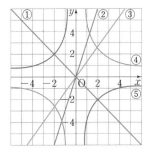

① $y = -2x$ 　② $y = \dfrac{3}{2}x$ 　③ $y = \dfrac{4}{3}x$

④ $y = -\dfrac{5}{x}$ 　⑤ $y = -\dfrac{4}{x}$

유형 20 반비례 관계 $y = \dfrac{a}{x}\ (a \neq 0)$의 그래프와 도형의 넓이

반비례 관계 $y = \dfrac{a}{x}\ (a \neq 0)$의 그래프 위의 한 점 P에 대하여 점 P의 x좌표가 k이면 y좌표는 $\dfrac{a}{k}$이다.

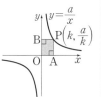

➡ (직사각형 OAPB의 넓이)
　 =(선분 OA의 길이)×(선분 OB의 길이)
　 $= |k| \times \left| \dfrac{a}{k} \right| = |a|$

1085 대표문제

오른쪽 그림은 반비례 관계 $y = \dfrac{a}{x}\ (x > 0)$의 그래프이고, 점 P는 이 그래프 위의 점이다. 점 P에서 x축에 그은 수선이 x축과 만나는 점 A에 대하여 삼각형 POA의 넓이가 10일 때, 상수 a의 값은? (단, O는 원점이다.)

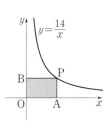

① -20 　② -10 　③ 5
④ 10 　⑤ 20

1086 ⊛

오른쪽 그림은 반비례 관계 $y = \dfrac{14}{x}\ (x > 0)$의 그래프이고, 점 P는 이 그래프 위의 점이다. 직사각형 OAPB의 넓이를 구하시오. (단, O는 원점이다.)

1087 ⊛

오른쪽 그림은 반비례 관계 $y = \dfrac{a}{x}\ (x < 0)$의 그래프이고, 점 P는 이 그래프 위의 점이다. 점 A의 좌표가 $(-4, 0)$이고 직사각형 PAOB의 넓이가 18일 때, 상수 a의 값을 구하시오. (단, O는 원점이다.)

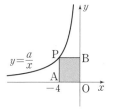

09
정비례와 반비례

유형 21 정비례 관계와 반비례 관계의 그래프가 만나는 점

정비례 관계 $y=ax$ $(a\neq0)$의 그래프와 반비례 관계

$y=\dfrac{b}{x}$ $(b\neq0)$의 그래프가 점 $(p,\ q)$에서 만난다.

➡ $y=ax$, $y=\dfrac{b}{x}$에 $x=p$, $y=q$를 각각 대입하면 등식이 성립한다.

1088 대표문제

오른쪽 그림과 같이 정비례 관계 $y=2x$의 그래프와 반비례 관계 $y=\dfrac{a}{x}$의 그래프가 만나는 점 A의 x좌표가 -2이다. 이때 상수 a의 값을 구하시오.

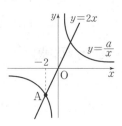

1089 중하

오른쪽 그림과 같이 정비례 관계 $y=ax$의 그래프와 반비례 관계 $y=\dfrac{b}{x}$ $(x>0)$의 그래프가 점 $(6,\ 2)$에서 만날 때, ab의 값을 구하시오.
(단, a, b는 상수이다.)

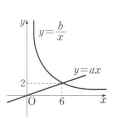

1090 중

오른쪽 그림과 같이 정비례 관계 $y=-2x$의 그래프와 반비례 관계 $y=\dfrac{a}{x}$의 그래프가 만나는 점 A의 y좌표가 -8이다. 이때 상수 a의 값을 구하시오.

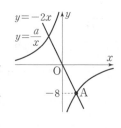

1091 중

오른쪽 그림과 같이 정비례 관계 $y=ax$의 그래프와 반비례 관계 $y=\dfrac{20}{x}$ $(x>0)$의 그래프가 점 A$(4,\ b)$에서 만날 때, $b-a$의 값을 구하시오. (단, a는 상수이다.)

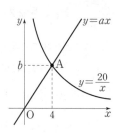

1092 중 서술형

오른쪽 그림과 같이 정비례 관계 $y=ax$의 그래프와 반비례 관계 $y=-\dfrac{6}{x}$의 그래프가 점 P$(b,\ 2)$에서 만날 때, $a-b$의 값을 구하시오.
(단, a는 상수이다.)

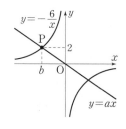

1093 상중

오른쪽 그림과 같이 정비례 관계 $y=-3x$의 그래프와 반비례 관계 $y=\dfrac{a}{x}$ $(x<0)$의 그래프가 만나는 점의 x좌표가 -4일 때, $a+b$의 값을 구하시오. (단, a는 상수이다.)

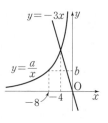

정답 및 풀이 88쪽

개념원리 중학 수학 1-1 223쪽

유형UP 22 도형의 넓이를 이등분하는 직선

오른쪽 그림에서 정비례 관계 $y=ax$ $(a\neq0)$의 그래프가 삼각형 AOB의 넓이를 이등분한다.

➡ (삼각형 POB의 넓이)
$$=\frac{1}{2}\times(삼각형 \ AOB의 넓이)$$

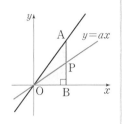

1094 대표문제

오른쪽 그림과 같이 정비례 관계 $y=4x$의 그래프 위의 한 점 A에서 x축에 그은 수선이 x축과 만나는 점을 B라 하자. 정비례 관계 $y=ax$의 그래프는 삼각형 AOB의 넓이를 이등분하고 점 A의 x좌표가 2일 때, 다음 물음에 답하시오. (단, O는 원점이다.)

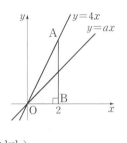

(1) 삼각형 AOB의 넓이를 구하시오.
(2) 상수 a의 값을 구하시오.

1095 상중

오른쪽 그림과 같이 좌표평면 위의 세 점 O$(0, 0)$, A$(0, 8)$, B$(6, 0)$을 꼭짓점으로 하는 삼각형 AOB의 넓이를 정비례 관계 $y=ax$의 그래프가 이등분할 때, 상수 a의 값을 구하시오.

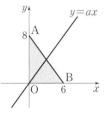

개념원리 중학 수학 1-1 221쪽

유형UP 23 두 정비례 관계의 그래프 비교하기

❶ 정비례 관계의 그래프가 지나는 원점이 아닌 점의 좌표를 각각 대입하여 x와 y 사이의 관계를 나타내는 식을 구한다.
❷ 조건을 이용하여 문제의 답을 구한다.

1096 대표문제

집에서 800 m 떨어진 공원까지 형은 자전거를 타고 가고, 동생은 걸어가서 먼저 도착한 사람이 다른 사람을 기다리기로 했다. 오른쪽 그래프는 두 사람이 집에서 동시에 출발하여 x분 동안 간 거리 y m 사이의 관계를 나타낸 것이다. 형이 공원에 도착한 후 몇 분을 기다려야 동생이 도착하겠는가?
(단, 형과 동생은 공원까지 각각 일정한 속력으로 간다.)

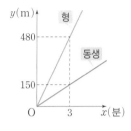

① 5분 　② 8분 　③ 11분
④ 16분 　⑤ 21분

1097 상

오른쪽 그래프는 하늘이가 자전거를 탈 때와 걸을 때, x시간 동안 소모되는 열량 y kcal 사이의 관계를 나타낸 것이다. 720 kcal의 열량을 소모하기 위해 자전거를 타야 하는 시간과 걸어야 하는 시간의 차는?

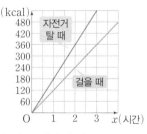

① 1시간 　② 1시간 30분 　③ 2시간
④ 2시간 30분 　⑤ 3시간

09
정비례와 반비례

시험에 꼭 나오는 문제

1098

다음 중 y가 x에 정비례하는 것을 모두 고르면? (정답 2개)

① $y=-\dfrac{x}{3}$ ② $y=6x+2$ ③ $xy=8$

④ $y=-\dfrac{9}{x}$ ⑤ $\dfrac{y}{x}=6$

1099 중요

y가 x에 정비례하고, $x=9$일 때 $y=-12$이다. $x=6$일 때 y의 값을 구하시오.

1100

오른쪽 그림과 같은 직사각형 ABCD에서 점 P는 점 A를 출발하여 점 D까지 선분 AD 위를 움직인다. 선분 PD의 길이를 x cm라 하고 이때 생기는 삼각형 DPC의 넓이를 y cm²라 할 때, x와 y 사이의 관계를 식으로 나타내시오. (단, $0<x\le6$)

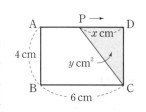

1101

6 L의 휘발유로 60 km를 갈 수 있는 자동차가 400 km를 가는 데 필요한 휘발유의 양은 몇 L인지 구하시오.

1102

오른쪽 그림은 두 정비례 관계 $y=ax$, $y=bx$의 그래프이다. 상수 a, b에 대하여 ab의 값을 구하시오.

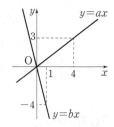

1103 중요

다음 중 정비례 관계 $y=-\dfrac{3}{4}x$의 그래프에 대한 설명으로 옳은 것은?

① 점 $(4, 3)$을 지난다.
② 제1사분면과 제3사분면을 지난다.
③ $x<0$일 때 $y>0$이다.
④ x의 값이 증가하면 y의 값도 증가한다.
⑤ 정비례 관계 $y=\dfrac{1}{2}x$의 그래프보다 x축에 더 가깝다.

1104

오른쪽 그림과 같은 그래프에서 점 A의 좌표는?

① $(2, -4)$ ② $(3, -4)$

③ $(4, -4)$ ④ $(5, -4)$

⑤ $(6, -4)$

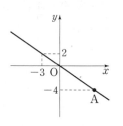

▶ 정답 및 풀이 90쪽

1105

오른쪽 그림과 같이 두 정비례 관계 $y=2x$와 $y=\dfrac{1}{3}x$의 그래프가 x축 위의 점 H를 지나고 y축에 평행한 직선과 만나는 점을 각각 A, B라 하자. 점 B의 y좌표가 2일 때, 삼각형 AOB의 넓이는? (단, O는 원점이다.)

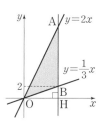

① 20   ② 22   ③ 25
④ 28   ⑤ 30

1106

다음 **보기** 중 y가 x에 반비례하는 것을 모두 고르시오.

┃ 보기 ┃

ㄱ. 1 L에 1200원인 휘발유 x L의 가격이 y원이다.
ㄴ. 20명을 뽑는 시험에 응시한 사람이 x명일 때 합격률이 y %이다.
ㄷ. 2명이 5일 동안 하는 일을 x명이 y일 동안 한다.
ㄹ. 원금 1000원의 연이율이 x %일 때 1년 동안의 이자가 y원이다.

1107 중요

y가 x에 반비례할 때, x와 y 사이의 관계를 표로 나타내면 다음과 같다. 이때 AB의 값을 구하시오.

x	-4	-2	1	B
y	1	A	-4	-1

1108 중요

똑같은 기계 40대로 15시간 동안 작업해야 끝나는 일이 있다. 이 일을 3시간 만에 끝내려면 기계가 몇 대 필요한지 구하시오. (단, 기계의 작업 속도는 모두 일정하다.)

1109

정비례 관계 $y=ax$의 그래프가 점 $(-3, 9)$를 지나고 반비례 관계 $y=\dfrac{b}{x}$의 그래프가 점 $(7, 4)$를 지날 때, $a+b$의 값을 구하시오. (단, a, b는 상수이다.)

1110

반비례 관계 $y=\dfrac{a}{x}$의 그래프가 점 $(3, 4)$를 지날 때, 이 그래프 위의 점 중에서 x좌표와 y좌표가 모두 정수인 점은 몇 개인지 구하시오. (단, a는 상수이다.)

1111

다음 정비례 관계 또는 반비례 관계의 그래프 중 $x>0$일 때, x의 값이 증가하면 y의 값도 증가하는 것을 모두 고르면? (정답 2개)

① $y=\dfrac{1}{6}x$ ② $y=-\dfrac{5}{x}$ ③ $y=-\dfrac{1}{3}x$
④ $y=-5x$ ⑤ $y=\dfrac{7}{x}$

1112 중요

다음 중 오른쪽 그래프에 대한 설명으로 옳은 것을 모두 고르면?

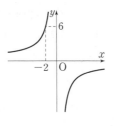

(정답 2개)

① y는 x에 정비례한다.

② 반비례 관계 $y=-\dfrac{12}{x}$의 그래프이다.

③ 점 $(-6, -2)$를 지난다.

④ $x>0$일 때, x의 값이 증가하면 y의 값은 감소한다.

⑤ xy의 값은 항상 일정하다.

1113

다음 중 오른쪽 그림과 같은 그래프 위의 점은?

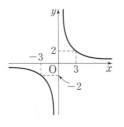

① $(-2, -3)$　　② $(-1, -5)$

③ $(1, -6)$　　④ $(2, -3)$

⑤ $\left(6, \dfrac{2}{3}\right)$

1114

오른쪽 그림은 반비례 관계 $y=\dfrac{a}{x}$의 그래프이고 두 점 A, C는 이 그래프 위의 점이다. 네 변이 각각 좌표축에 평행한 직사각형 ABCD의 넓이가 48일 때, 상수 a의 값을 구하시오.

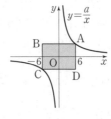

1115 중요

오른쪽 그림은 정비례 관계 $y=-\dfrac{x}{2}$의 그래프와 반비례 관계 $y=\dfrac{a}{x}$의 그래프이다. 두 그래프가 만나는 점 A의 x좌표가 4일 때, 상수 a의 값을 구하시오.

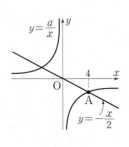

1116

오른쪽 그림과 같이 반비례 관계 $y=\dfrac{a}{x}$의 그래프와 정비례 관계 $y=bx$의 그래프가 만나는 점 D의 x좌표가 2이다. 반비례 관계 $y=\dfrac{a}{x}$의 그래프 위의 점 B에 대하여 네 변이 각각 좌표축에 평행한 직사각형 ABCO의 넓이가 8일 때, $a-b$의 값을 구하시오.

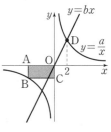

(단, a, b는 상수이고 O는 원점이다.)

1117

오른쪽 그래프는 두 물체 A, B의 온도 변화를 측정하기 시작한 지 x분 후의 물체의 온도를 y ℃라 할 때 x와 y 사이의 관계를 나타낸 것이다. 두 물체 A, B의 온도 차가 15 ℃가 되는 것은 온도를 측정하기 시작한 지 몇 분 후인지 구하시오.

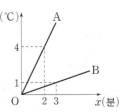

서술형 주관식

1118

오른쪽 그림과 같이 길이가 10 cm 인 용수철에 추를 매달면 늘어난 용수철의 길이는 추의 무게에 정비례한다. 이 용수철에 10 g짜리 추를 매달았더니 용수철의 길이가 0.5 cm 늘어났다. x g짜리 추를 매달았을 때 늘어난 용수철의 길이를 y cm라 할 때, 다음 물음에 답하시오.

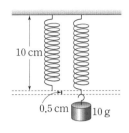

(1) x와 y 사이의 관계를 식으로 나타내시오.
(2) 용수철의 길이가 13 cm가 되게 하려면 몇 g짜리 추를 매달아야 하는지 구하시오.

1119

오른쪽 그림과 같이 두 점 A와 C는 각각 두 정비례 관계 $y=2x$, $y=ax$의 그래프 위에 있다. 사각형 ABCD는 한 변의 길이가 4이고 변 AB가 y축에 평행한 정사각형이다. 점 A의 좌표가 $(b, 12)$일 때, 상수 a의 값을 구하시오.

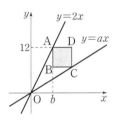

1120

y가 x에 정비례하고 $x=-6$일 때 $y=3$, z가 y에 반비례하고 $y=4$일 때 $z=-\dfrac{1}{2}$이다. $x=4$일 때 z의 값을 구하시오.

실력 UP

1121

오른쪽 그림과 같이 반비례 관계 $y=\dfrac{a}{x}$ $(x>0)$의 그래프가 두 점 A$(2, 6)$, B$(t, 3)$을 지난다. 정비례 관계 $y=kx$의 그래프가 선분 AB 와 한 점에서 만날 때, 상수 k의 값의 범위를 구하시오. (단, a는 상수이다.)

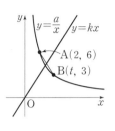

1122

오른쪽 그림과 같이 좌표평면 위에 세 점 A$(4, 0)$, B$(4, 3)$, C$(2, 3)$이 있다. 정비례 관계 $y=ax$의 그래프가 사다리꼴 OABC의 넓이를 이등분할 때, 상수 a의 값을 구하시오. (단, O는 원점이다.)

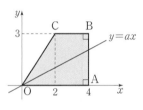

1123

어느 댐에 두 개의 수문 A, B가 있다. 오른쪽 그래프는 A, B 두 수문을 각각 열 때, x시간 동안 방류되는 물의 양 y만 톤 사이의 관계를 나타낸 것이다. 다음 중 옳지 <u>않은</u> 것은?

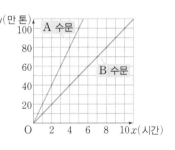

① A 수문을 나타내는 그래프에서 x와 y 사이의 관계를 식으로 나타내면 $y=20x$이다.
② A 수문을 열 때, 2시간 동안 방류되는 물의 양은 40만 톤이다.
③ B 수문을 열 때, 2시간 동안 방류되는 물의 양은 30만 톤이다.
④ A, B 두 수문을 동시에 열면 3시간 동안 방류되는 물의 양은 90만 톤이다.
⑤ A, B 두 수문을 동시에 열면 4시간 동안 방류되는 물의 양의 차는 40만 톤이다.

공감
한 스푼

" 우주 최고 완벽한 너! "

넌 결코 작지않아

우린 모두 최고로 멋지게
만들어 졌다구!

우주최고 완벽오리

『찌그러져도 괜찮아』, 임임(찌오) 지음, 북로망스, 2003

대표문제
다시 풀기

01 소인수분해

01 ↻0042

다음 중 소수는 모두 몇 개인지 구하시오.

> 1, 5, 17, 27, 31, 43, 69, 83, 111

02 ↻0046

다음 중 옳지 않은 것은?

① 가장 작은 소수는 2이다.
② 합성수는 약수가 3개 이상이다.
③ 자연수는 1, 소수, 합성수로 이루어져 있다.
④ 3의 배수 중 소수는 없다.
⑤ 2를 제외한 소수는 모두 홀수이다.

03 ↻0049

다음 중 옳은 것을 모두 고르면? (정답 2개)

① $2^5 = 10$
② $5 \times 5 \times 5 = 5^3$
③ $\dfrac{1}{3} \times \dfrac{1}{3} \times \dfrac{1}{3} \times \dfrac{1}{3} = \dfrac{4}{3^4}$
④ $7 + 7 + 7 + 7 + 7 = 7^5$
⑤ $2 \times 2 \times 3 \times 2 \times 2 \times 3 \times 11 = 2^4 \times 3^2 \times 11$

04 ↻0053

다음 중 소인수분해 한 것으로 옳은 것은?

① $36 = 6^2$
② $56 = 2^2 \times 14$
③ $90 = 3 \times 5 \times 6$
④ $168 = 2^3 \times 3 \times 7$
⑤ $200 = 2 \times 4 \times 5^2$

05 ↻0057

315의 모든 소인수의 합은?

① 10   ② 12   ③ 15
④ 18   ⑤ 20

06 ↻0061

다음 중 $2^4 \times 3^2 \times 7$의 약수가 아닌 것은?

① 9   ② 14   ③ 32
④ 48   ⑤ 84

07 ↻ 0065

다음 중 약수의 개수가 가장 많은 것은?

① 2×5^6 ② $3^4 \times 7^2$ ③ $2^2 \times 7 \times 13$

④ 128 ⑤ 225

09 ↻ 0073

28에 자연수를 곱하여 어떤 자연수의 제곱이 되게 하려고 한다. 다음 중 곱할 수 있는 수를 모두 고르면? (정답 2개)

① 7 ② 14 ③ 21

④ 35 ⑤ 63

08 ↻ 0069

$3^5 \times 5^a$의 약수의 개수가 30일 때, 자연수 a의 값은?

① 2 ② 3 ③ 4

④ 5 ⑤ 6

10 ↻ 0077

$5^3 \times \square$의 약수의 개수가 16일 때, 다음 중 $\square$ 안에 들어갈 수 없는 수는?

① 8 ② 14 ③ 21

④ 27 ⑤ 35

02 최대공약수와 최소공배수

01
↻0131

다음 중 두 수가 서로소인 것을 모두 고르면? (정답 2개)

① 2, 8   ② 9, 21   ③ 10, 15
④ 12, 17   ⑤ 15, 22

02
↻0135

세 수 $2^3 \times 3^2 \times 5$, $2^2 \times 3^4 \times 5$, $2 \times 3^3 \times 5$의 최대공약수는?

① 2×3^2 ② $2 \times 3^2 \times 5$ ③ $2^2 \times 3 \times 5$
④ $2^2 \times 3^2 \times 5$ ⑤ $2^2 \times 3^2 \times 5^2$

03
↻0139

다음 중 두 수 $2^2 \times 3 \times 5^2$, $3^2 \times 5^2$의 공약수가 <u>아닌</u> 것은?

① 3   ② 5   ③ 5^2
④ 3×5^2 ⑤ $3^2 \times 5$

04
↻0143

공책 30권, 연필 54자루, 지우개 120개를 가능한 한 많은 학생들에게 똑같이 나누어 주려면 몇 명에게 나누어 줄 수 있는가?

① 6명   ② 8명   ③ 10명
④ 12명   ⑤ 15명

05
↻0146

가로의 길이가 180 cm, 세로의 길이가 135 cm인 직사각형 모양의 벽에 가능한 한 큰 정사각형 모양의 타일을 빈틈없이 붙이려고 한다. 필요한 타일은 몇 개인지 구하시오.

06
↻0149

가로의 길이가 300 m, 세로의 길이가 240 m인 직사각형 모양의 공원의 둘레에 일정한 간격으로 나무를 심으려고 한다. 나무 사이의 간격이 최대가 되게 심을 때, 필요한 나무는 몇 그루인지 구하시오.
(단, 네 모퉁이에 반드시 나무를 심는다.)

07 ↻0152

세 수 $2^3 \times 3 \times 5$, $2 \times 5 \times 7$, $3^3 \times 5$의 최소공배수는?

① $2^3 \times 3^2$ ② $2^2 \times 3 \times 5 \times 7$

③ $2^3 \times 3^3 \times 5 \times 7$ ④ $2^3 \times 3^3 \times 5^2 \times 7$

⑤ $2^4 \times 3^4 \times 5^2 \times 7$

08 ↻0156

다음 중 두 수 2×3^2, $2^2 \times 3 \times 5$의 공배수가 <u>아닌</u> 것을 모두 고르면? (정답 2개)

① $2 \times 3 \times 5$ ② $2^2 \times 3^2 \times 5$ ③ $2^2 \times 3 \times 5^2$

④ $2^3 \times 3^2 \times 5$ ⑤ $2^3 \times 3^3 \times 5^2$

09 ↻0160

두 수 $2^3 \times 5^a$, $2^b \times 5 \times 7$의 최대공약수는 $2^2 \times 5$, 최소공배수는 $2^3 \times 5^2 \times 7$일 때, $a+b$의 값을 구하시오.

(단, a, b는 자연수이다.)

10 ↻0164

세 자연수 $3 \times x$, $5 \times x$, $6 \times x$의 최소공배수가 180일 때, 세 자연수 중에서 가장 큰 수를 구하시오.

11 ↻0168

서로 다른 두 자연수 A, 12의 최소공배수가 $2^2 \times 3^2 \times 5$일 때, A의 값이 될 수 있는 수 중에서 가장 작은 자연수를 구하시오.

12 ↻ 0171

가로의 길이가 20 cm, 세로의 길이가 12 cm인 직사각형 모양의 색종이를 같은 방향으로 겹치지 않게 빈틈없이 이어 붙여서 가장 작은 정사각형을 만들려고 한다. 이때 정사각형의 한 변의 길이를 구하시오.

13 ↻ 0174

어느 터미널에서 대전행 버스는 10분, 부여행 버스는 35분 간격으로 출발한다고 한다. 오전 8시에 두 버스가 동시에 출발했을 때, 처음으로 다시 동시에 출발하는 시각을 구하시오.

14 ↻ 0178

톱니가 각각 20개, 30개인 톱니바퀴 A, B가 서로 맞물려 돌아가고 있다. 두 톱니바퀴가 한 번 맞물린 후 같은 톱니에서 처음으로 다시 맞물리려면 톱니바퀴 A는 몇 바퀴 회전해야 하는지 구하시오.

15 ↻ 0181

세 자연수 12, 30, N의 최대공약수가 6이고 최소공배수가 180일 때, 다음 중 N의 값이 될 수 없는 것은?

① 18   ② 21   ③ 36
④ 90   ⑤ 180

16 ↻ 0184

합이 156이고 최대공약수가 12, 최소공배수가 360인 두 자연수를 A, B라 할 때, $A-B$의 값을 구하시오.

(단, $A>B$)

정답 및 풀이 **95**쪽

03 정수와 유리수

01
↻ 0264

다음 중 부호 + 또는 −를 사용하여 나타낸 것으로 옳은 것을 모두 고르면? (정답 2개)

① 지상 3층 ➡ +3층
② 수입 15000원 ➡ −15000원
③ 출발 7시간 후 ➡ −7시간
④ 10 % 감소 ➡ −10 %
⑤ 해저 250 m ➡ +250 m

02
↻ 0267

다음 중 정수가 <u>아닌</u> 것은?

① -5　　　　② 7　　　　③ 0

④ $\dfrac{12}{4}$　　　　⑤ -1.5

03
↻ 0270

다음 수에 대한 설명으로 옳지 <u>않은</u> 것은?

$$-6, \quad \frac{35}{7}, \quad -\frac{4}{5}, \quad 10, \quad 0, \quad 1.7$$

① 자연수는 2개이다.
② 음의 정수는 1개이다.
③ 정수는 4개이다.
④ 유리수는 5개이다.
⑤ 정수가 아닌 유리수는 2개이다.

04
↻ 0273

다음 중 옳지 <u>않은</u> 것은?

① 0은 정수이다.
② 유리수는 양의 유리수, 0, 음의 유리수로 이루어져 있다.
③ 모든 자연수는 유리수이다.
④ 모든 유리수는 정수이다.
⑤ 서로 다른 두 유리수 사이에는 무수히 많은 유리수가 존재한다.

05
↻ 0276

다음 수직선 위의 점 A, B, C, D, E가 나타내는 수로 옳은 것을 모두 고르면? (정답 2개)

① A: $-\dfrac{11}{3}$　　② B: -2　　③ C: $-\dfrac{1}{2}$

④ D: $\dfrac{2}{3}$　　　　⑤ E: $\dfrac{3}{2}$

06
↻ 0282

수직선 위에서 −2와 6을 나타내는 두 점으로부터 같은 거리에 있는 점이 나타내는 수를 구하시오.

07
↻ 0285

수직선 위에서 절댓값이 7인 두 수를 나타내는 두 점 사이의 거리를 구하시오.

정답 및 풀이 96쪽

08 ↻ 0289

다음 중 옳은 것은?

① 절댓값은 항상 0보다 크다.
② 음수의 절댓값은 자기 자신과 같다.
③ 절댓값이 3인 수는 3뿐이다.
④ 절댓값이 가장 작은 수는 0이다.
⑤ 절댓값이 클수록 수직선에서 그 수를 나타내는 점은 0을 나타내는 점에서 가깝다.

09 ↻ 0292

절댓값이 $\frac{10}{3}$보다 작은 정수의 개수를 구하시오.

10 ↻ 0296

절댓값이 같고 부호가 반대인 두 수가 있다. 수직선 위에서 두 수를 나타내는 두 점 사이의 거리가 12일 때, 두 수 중 양수를 구하시오.

11 ↻ 0299

다음 중 옳은 것을 모두 고르면? (정답 2개)

① $1 > -3$ ② $\frac{3}{4} < \frac{2}{3}$
③ $-1.7 < -2$ ④ $0 > |-1|$
⑤ $|-1.3| < \left|-\frac{3}{2}\right|$

12 ↻ 0303

다음 중 옳지 <u>않은</u> 것은?

① x는 5보다 작다. ➡ $x < 5$
② x는 -1보다 크거나 같다. ➡ $x \geq -1$
③ x는 3 이상 7 미만이다. ➡ $3 \leq x < 7$
④ x는 -4 초과 9 이하이다. ➡ $-4 < x \leq 9$
⑤ x는 -6보다 작지 않고 2보다 작다. ➡ $-6 < x < 2$

13 ↻ 0306

두 유리수 $-\frac{9}{2}$와 $\frac{7}{4}$ 사이에 있는 정수의 개수는?

① 4 ② 5 ③ 6
④ 7 ⑤ 8

14 ↻ 0310

다음 조건을 만족시키는 정수 a, b의 값을 구하시오.

> (개) $a > 0$, $b < 0$
> (내) b의 절댓값이 a의 절댓값의 3배이다.
> (대) 수직선 위에서 a, b를 나타내는 두 점 사이의 거리가 12이다.

15 ↻ 0313

다음 조건을 만족시키는 서로 다른 세 수 a, b, c의 대소 관계를 부등호를 사용하여 나타내시오.

> (개) a는 5보다 크다.
> (내) b와 c는 모두 -5보다 크다.
> (대) a는 b보다 -5에 더 가깝다.
> (래) c의 절댓값은 -5의 절댓값과 같다.

04 정수와 유리수의 계산

01 ↻0403

다음 중 계산 결과가 옳은 것을 모두 고르면? (정답 2개)

① $(-2)+(-7)=9$

② $(+5)+(-5)=0$

③ $\left(+\dfrac{2}{3}\right)+\left(-\dfrac{1}{2}\right)=-\dfrac{1}{6}$

④ $(-1.4)+(+3.7)=2.3$

⑤ $(-0.5)+\left(-\dfrac{9}{2}\right)=-4$

02 ↻0406

다음 계산 과정에서 ㉠, ㉡에 이용된 덧셈의 계산 법칙을 말하시오.

$$\left(+\dfrac{5}{3}\right)+(-6)+\left(-\dfrac{2}{3}\right)+(+2)$$

$$=\left(+\dfrac{5}{3}\right)+\left(-\dfrac{2}{3}\right)+(-6)+(+2) \quad ㉠$$

$$=\left\{\left(+\dfrac{5}{3}\right)+\left(-\dfrac{2}{3}\right)\right\}+\{(-6)+(+2)\} \quad ㉡$$

$$=(+1)+(-4)=-3$$

03 ↻0409

다음 중 계산 결과가 옳지 <u>않은</u> 것은?

① $(+2)-(+9)=-7$

② $(-7)-(-3)=-4$

③ $\left(+\dfrac{1}{3}\right)-\left(-\dfrac{4}{9}\right)=\dfrac{7}{9}$

④ $(-5.3)-(+1.7)=-3.6$

⑤ $\left(+\dfrac{7}{4}\right)-(-0.25)=2$

04 ↻0412

다음 중 계산 결과가 옳은 것은?

① $(-9)+(+3)-(-6)=-12$

② $(+3)-(-5)-(+10)=-4$

③ $(-1.2)+(+6.8)-(-2.4)=3.2$

④ $(-1)-\left(-\dfrac{5}{3}\right)+\left(-\dfrac{1}{6}\right)=\dfrac{3}{2}$

⑤ $(+5.3)-\left(-\dfrac{7}{10}\right)+(-9)=-3$

05 ↻0415

다음 중 계산 결과가 가장 큰 것은?

① $-3+10-8$

② $-8+4-5+9$

③ $1.4-3.7+4.3$

④ $-1-\dfrac{1}{2}+\dfrac{9}{5}$

⑤ $\dfrac{1}{2}+\dfrac{2}{3}-\dfrac{5}{4}$

06 ↻0419

9보다 -4만큼 큰 수를 a, -1.4보다 2.6만큼 작은 수를 b 라 할 때, $a+b$의 값은?

① -2

② -1

③ 0

④ 1

⑤ 2

07 ↻ 0423

두 수 a, b에 대하여 $a-\left(-\dfrac{1}{3}\right)=\dfrac{3}{2}$, $b+\left(-\dfrac{5}{6}\right)=-1$
일 때, $a+b$의 값은?

① $-\dfrac{3}{2}$ ② -1 ③ 1

④ $\dfrac{3}{2}$ ⑤ 3

08 ↻ 0427

어떤 유리수에서 $-\dfrac{2}{5}$를 빼야 할 것을 잘못하여 더했더니
그 결과가 $\dfrac{1}{10}$이 되었다. 바르게 계산한 답을 구하시오.

09 ↻ 0430

a의 절댓값이 $\dfrac{1}{2}$이고 b의 절댓값이 $\dfrac{3}{4}$일 때, $a+b$의 값 중
에서 가장 작은 값을 구하시오.

10 ↻ 0434

다음 표는 어느 영화관의 관람객 수를 전날과 비교하여 증
가했으면 부호 $+$, 감소했으면 부호 $-$를 사용하여 나타낸
것이다. 월요일의 관람객이 800명이었을 때, 금요일의 관
람객은 몇 명인지 구하시오.

화요일	수요일	목요일	금요일
$+120$명	-50명	-100명	$+250$명

11 ↻ 0437

오른쪽 그림에서 삼각형의 한 변에
놓인 네 수의 합이 모두 같을 때,
$B-A$의 값을 구하시오.

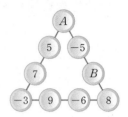

12 ↻ 0440

다음 중 계산 결과가 옳지 <u>않은</u> 것은?

① $(-1.6)\times(-5)=8$

② $(-14)\times\left(+\dfrac{2}{7}\right)=-4$

③ $\left(+\dfrac{8}{3}\right)\times\left(-\dfrac{7}{4}\right)=-\dfrac{14}{3}$

④ $(-8)\times\left(-\dfrac{3}{2}\right)\times\left(+\dfrac{5}{6}\right)=10$

⑤ $\left(-\dfrac{2}{3}\right)\times\left(-\dfrac{15}{4}\right)\times\left(-\dfrac{2}{5}\right)=-\dfrac{1}{2}$

13 ↻ 0444

다음 계산 과정에서 ㉠, ㉡에 이용된 곱셈의 계산 법칙을
말하시오.

$$\left(-\dfrac{2}{7}\right)\times(+8)\times\left(-\dfrac{7}{4}\right)$$
$$=(+8)\times\left(-\dfrac{2}{7}\right)\times\left(-\dfrac{7}{4}\right) \quad ㉠$$
$$=(+8)\times\left\{\left(-\dfrac{2}{7}\right)\times\left(-\dfrac{7}{4}\right)\right\} \quad ㉡$$
$$=(+8)\times\left(+\dfrac{1}{2}\right)=4$$

▶ 정답 및 풀이 96쪽

14 ↻ 0447

네 유리수 -2, $-\dfrac{5}{8}$, 4, $-\dfrac{12}{5}$ 중에서 서로 다른 세 수를 뽑아 곱한 값 중 가장 작은 값을 구하시오.

15 ↻ 0450

다음 중 옳지 <u>않은</u> 것은?

① $(-3)^3 = -27$ ② $\left(-\dfrac{2}{5}\right)^2 = \dfrac{4}{25}$

③ $-2^5 = -32$ ④ $-\left(-\dfrac{1}{4}\right)^3 = -\dfrac{1}{64}$

⑤ $(-1)^4 = 1$

16 ↻ 0454

$(-1) + (-1)^2 + (-1)^3 + \cdots + (-1)^{99}$을 계산하면?

① -50 ② -1 ③ 0

④ 1 ⑤ 50

17 ↻ 0458

세 수 a, b, c에 대하여 $a \times b = 5$, $a \times c = -8$일 때, $a \times (b - c)$의 값을 구하시오.

18 ↻ 0462

다음 중 두 수가 서로 역수가 <u>아닌</u> 것은?

① -3, $-\dfrac{1}{3}$ ② $\dfrac{5}{2}$, $\dfrac{2}{5}$

③ -0.3, $-\dfrac{10}{3}$ ④ $2\dfrac{1}{4}$, $\dfrac{4}{9}$

⑤ 1, -1

19 ↻ 0465

다음 중 계산 결과가 옳지 <u>않은</u> 것은?

① $(-20) \div (+5) = -4$

② $(-6) \div \left(-\dfrac{2}{3}\right) = 9$

③ $\left(+\dfrac{2}{5}\right) \div \left(+\dfrac{4}{25}\right) = \dfrac{5}{2}$

④ $(+6) \div (-1.2) = -5$

⑤ $\left(-\dfrac{21}{2}\right) \div (-0.7) = \dfrac{5}{3}$

20 ↻ 0468

다음 중 계산 결과가 옳은 것은?

① $(-63) \div (-9) \times (+2) = 18$

② $(-10) \times \left(+\dfrac{2}{5}\right) \div \left(+\dfrac{1}{2}\right) = -2$

③ $\left(-\dfrac{4}{7}\right) \div \left(-\dfrac{3}{10}\right) \times \left(-\dfrac{21}{20}\right) = -\dfrac{3}{2}$

④ $\left(+\dfrac{3}{4}\right) \times (-2)^3 \div (-1.5) = 4$

⑤ $\left(-\dfrac{8}{9}\right) \times (-2) \div \left(-\dfrac{1}{3}\right)^2 = -16$

21 ↻ 0471

$1-\left[\{3+(-2)^3\}\div\dfrac{5}{2}+(-4)^2\right]\times\dfrac{3}{7}$을 계산하면?

① -5 ② -3 ③ -1

④ 3 ⑤ 5

22 ↻ 0477

두 수 a, b에 대하여 $\dfrac{5}{3}\times a=-15$, $\left(-\dfrac{7}{2}\right)\div b=\dfrac{21}{4}$일 때, $a\times b$의 값을 구하시오.

23 ↻ 0481

어떤 유리수를 $-\dfrac{1}{6}$로 나누어야 할 것을 잘못하여 곱했더니 $\dfrac{1}{9}$이 되었다. 바르게 계산한 답을 구하시오.

24 ↻ 0484

세 유리수 a, b, c에 대하여 $a<b$, $a\times b<0$, $b\div c>0$일 때, 다음 중 옳은 것은?

① $a>0$, $b>0$, $c>0$ ② $a>0$, $b<0$, $c<0$
③ $a<0$, $b>0$, $c>0$ ④ $a<0$, $b>0$, $c<0$
⑤ $a<0$, $b<0$, $c>0$

25 ↻ 0488

$-1<a<0$인 유리수 a에 대하여 다음 중 가장 작은 수는?

① a ② a^2 ③ a^3

④ $\dfrac{1}{a}$ ⑤ $\dfrac{1}{a^3}$

26 ↻ 0491

신이와 이서가 가위바위보를 하여 이기면 3점, 지면 -2점을 받는 놀이를 하였다. 0점에서 시작하여 10번의 가위바위보를 했더니 신이가 6번 이겼다고 할 때, 신이와 이서의 점수의 차를 구하시오. (단, 비긴 경우는 없다.)

27 ↻ 0494

오른쪽 수직선에서 점 C는 두 점 A, B 사이를 $3:1$로 나누는 점일 때, 다음 물음에 답하시오.

(1) 두 점 A, B 사이의 거리를 구하시오.
(2) 두 점 A, C 사이의 거리를 구하시오.
(3) 점 C가 나타내는 수를 구하시오.

05 문자의 사용과 식의 계산

01
⟳ 0588

다음 중 옳지 <u>않은</u> 것을 모두 고르면? (정답 2개)

① $a \times 3 \times b \div 4 = \dfrac{3}{4}ab$

② $(-5) \times (x-y) \div 2 = -\dfrac{5}{2}(x-y)$

③ $p \times p \times q \times p \div 4 = \dfrac{p^3}{4q}$

④ $(a+b) \div x \times \dfrac{6}{7}y = \dfrac{6(a+b)y}{7x}$

⑤ $a \div (x \times y) \div (1-x) = \dfrac{axy}{1-x}$

02
⟳ 0591

다음 중 옳지 <u>않은</u> 것은?

① 3개에 a원인 젤리 5개의 가격은 $\dfrac{5}{3}a$원이다.

② 십의 자리의 숫자가 9, 일의 자리의 숫자가 a인 두 자리 자연수는 $9a$이다.

③ x톤의 27 %는 $\dfrac{27}{100}x$톤이다.

④ 길이가 x m인 끈을 20 cm 사용하고 남은 끈의 길이는 $(100x-20)$ cm이다.

⑤ 서연이의 키는 151 cm이고, 이준이의 키는 a cm일 때, 두 사람의 키의 평균은 $\dfrac{151+a}{2}$ cm이다.

03
⟳ 0594

다음 중 옳은 것은?

① 한 변의 길이가 x cm인 정육각형의 둘레의 길이는 $12x$ cm이다.

② 밑변의 길이가 x cm, 높이가 y cm인 삼각형의 넓이는 xy cm²이다.

③ 가로의 길이가 $2a$ cm, 세로의 길이가 5 cm인 직사각형의 둘레의 길이는 $2(4a+10)$ cm이다.

④ 밑변의 길이가 x cm, 높이가 y cm인 평행사변형의 넓이는 xy cm²이다.

⑤ 한 모서리의 길이가 a cm인 정육면체의 부피는 $3a$ cm³이다.

04
⟳ 0597

육지에서 출발하여 240 km만큼 떨어진 섬을 향해 가는데 시속 80 km인 여객선을 이용하여 a시간 동안 갔을 때, 남은 거리를 문자를 사용한 식으로 나타내면? (단, $a<3$)

① $(240-80a)$ km ② $(240+80a)$ km

③ $\left(240-\dfrac{a}{80}\right)$ km ④ $\left(240+\dfrac{a}{80}\right)$ km

⑤ $\left(240+\dfrac{80}{a}\right)$ km

05
⟳ 0601

$x=3$, $y=-1$일 때, 다음 중 식의 값이 나머지 넷과 <u>다른</u> 하나는?

① $2x+5y$ ② x^2+8y ③ $-x-4y$

④ $\dfrac{3}{x}+2y$ ⑤ $\dfrac{x-2y}{2x+y}$

부록

대표문제 다시 풀기

06 ↻ 0605

$x=\dfrac{1}{2}$, $y=-\dfrac{7}{3}$일 때, $\dfrac{5}{x}-\dfrac{7}{y}$의 값을 구하시오.

07 ↻ 0609

화씨 $x\,°\mathrm{F}$는 섭씨 $\dfrac{5}{9}(x-32)\,°\mathrm{C}$일 때, 화씨 $95\,°\mathrm{F}$는 섭씨 몇 $°\mathrm{C}$인지 구하시오.

08 ↻ 0613

물의 높이가 1시간에 $15\,\mathrm{cm}$씩 줄어드는 물탱크가 있다. 이 물탱크의 현재 물의 높이가 $7\,\mathrm{m}$일 때, 다음 물음에 답하시오.

(1) 지금부터 x시간 전의 물의 높이는 몇 m인지 x를 사용한 식으로 나타내시오.

(2) 지금부터 8시간 전의 물의 높이를 구하시오.

09 ↻ 0617

다항식 $\dfrac{x^2}{3}-6y-7$에 대한 다음 설명 중 옳지 <u>않은</u> 것은?

① 항은 $\dfrac{x^2}{3}$, $-6y$, -7이다.

② $-6y$의 차수는 1이다.

③ x^2의 계수는 $\dfrac{1}{3}$이다.

④ y의 계수는 -6이다.

⑤ 상수항은 7이다.

10 ↻ 0621

다음 중 일차식인 것을 모두 고르면? (정답 2개)

① 1 ② $x+\dfrac{1}{x}$ ③ $\dfrac{x}{4}-\dfrac{1}{5}$

④ x^2+3x ⑤ $0.1x-6$

11 ↻ 0624

다음 중 옳은 것은?

① $5\times(-2x)=10x$

② $(-14x)\div(-7)=-2x$

③ $(6x-3)\times\dfrac{1}{3}=1-2x$

④ $-8\left(2-\dfrac{x}{16}\right)=-16+\dfrac{x}{2}$

⑤ $(-9x+27)\div(-9)=x+3$

12 ↻ 0628

다음 중 동류항끼리 짝 지은 것은?

① $\frac{1}{a}$, a

② $-4ab$, $-\frac{1}{4}ab$

③ $5a^2$, $-5a^3$

④ a^2b, ab^2

⑤ $10a$, $10b$

13 ↻ 0632

$8(x-4)+(36x-18)\div(-9)$를 계산하였을 때, x의 계수와 상수항의 합을 구하시오.

14 ↻ 0636

$-5x+1-[3x+4-\{2x-4(1-x)\}]$를 계산하면?

① $-2x-7$

② $-2x-1$

③ $2x-7$

④ $2x+1$

⑤ $2x+7$

15 ↻ 0640

$-\dfrac{6x+2}{5}-\dfrac{3x-1}{2}$ 을 계산하였을 때, x의 계수와 상수항의 합을 구하시오.

16 ↻ 0644

$A=x-1$, $B=4x+3$일 때, $2A-B-4(B-3A)$를 계산하면?

① $-6x-29$

② $-6x-15$

③ $-6x-3$

④ $6x+9$

⑤ $6x+19$

부록

대표문제 다시 풀기

17 ↻ 0648

어떤 다항식에서 $5x+2y$를 뺐더니 $-3x-4y$가 되었다. 이때 어떤 다항식을 구하시오.

18 ↻ 0652

어떤 다항식에서 $-8x+1$을 빼야 할 것을 잘못하여 더했더니 $4x+6$이 되었다. 이때 바르게 계산한 식은?

① $-20x-8$ ② $-20x-4$ ③ $20x+4$

④ $20x+8$ ⑤ $20x+12$

19 ↻ 0656

오른쪽 그림과 같은 직사각형에서 색칠한 부분의 넓이를 a를 사용한 식으로 나타내면?

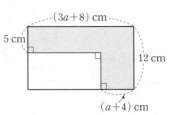

① $(20a+48)$ cm^2

② $(20a+65)$ cm^2

③ $(22a+45)$ cm^2

④ $(22a+68)$ cm^2

⑤ $(22a+76)$ cm^2

20 ↻ 0659

n이 자연수일 때,
$$(-1)^{2n}(5-6x)-(-1)^{2n+1}(5+6x)$$
를 계산하면?

① $-10-12x$ ② $-10-6x$ ③ 10

④ $10-6x$ ⑤ $10+6x$

06 일차방정식의 풀이

01 ↻0721

다음 중 등식인 것을 모두 고르면? (정답 2개)

① $-4+6=3$ ② $x-7$ ③ $5x+9 \geq 0$
④ $1 < 10$ ⑤ $2-x=2-x$

02 ↻0724

다음 중 문장을 등식으로 나타낸 것으로 옳지 않은 것은?

① 어떤 수 x를 3배 한 수는 x보다 6만큼 작다.
  ➡ $3x=x-6$
② 한 변의 길이가 $2x$ cm인 정사각형의 둘레의 길이는
  12 cm이다. ➡ $8x=12$
③ 시속 4 km로 x시간 동안 걸어간 거리는 16 km이다.
  ➡ $4x=16$
④ 소금빵 x개 중 2개를 먹었더니 4개가 남았다.
  ➡ $x-2=4$
⑤ 길이가 5 m인 줄을 x m씩 6번 잘랐더니 0.4 m가 남았
  다. ➡ $6(5+x)=0.4$

03 ↻0727

다음 방정식 중 해가 $x=-3$이 아닌 것은?

① $x+8=5$ ② $7x=-21$
③ $2x-1=x-4$ ④ $3(x+4)=3$
⑤ $10-6x=-8x+2$

04 ↻0731

다음 보기 중 항등식인 것을 모두 고른 것은?

┃ 보기 ┃

ㄱ. $x-9=x-9$ ㄴ. $5>3$
ㄷ. $4(x+1)=4x-4$ ㄹ. $7x-3=11$
ㅁ. $-x+6=-(-6+x)$
ㅂ. $5(2x-1)+3=10x-2$

① ㄱ, ㄴ, ㄷ ② ㄱ, ㅁ, ㅂ ③ ㄴ, ㄹ, ㅁ
④ ㄴ, ㅁ, ㅂ ⑤ ㄷ, ㄹ, ㅂ

05 ↻0734

등식 $7-4x=a(x-1)+b$가 x에 대한 항등식일 때, 상수
a, b에 대하여 $a+b$의 값은?

① -5 ② -4 ③ -3
④ -2 ⑤ -1

06 ↻0738

다음 중 옳은 것은?

① $a+3=b+3$이면 $-a=b$이다.
② $\dfrac{a}{2}=\dfrac{b}{5}$이면 $2a=5b$이다.
③ $\dfrac{a}{6}=-3b$이면 $a=-18b$이다.
④ $a=2b$이면 $1-a=1+2b$이다.
⑤ $7a=2b$이면 $7(a-2)=2(b+7)$이다.

07 ↻ 0741

오른쪽은 방정식 $\dfrac{4x-10}{5}=2$의 풀이 과정이다. 이때 등식의 성질 '$a=b$이면 $ac=bc$이다.'를 이용한 곳을 고르시오.

(단, c는 자연수이다.)

$$\dfrac{4x-10}{5}=2$$
$$4x-10=10 \quad \text{ⓛ}$$
$$4x=20 \quad \text{ⓒ}$$
$$\therefore x=5 \quad \text{ⓔ}$$

08 ↻ 0744

다음 중 밑줄 친 항을 바르게 이항한 것은?

① $8x\underline{+1}=17 \rightarrow 8x=17+1$

② $-4x=6\underline{+x} \rightarrow -4x+x=6$

③ $3x=\underline{-5x}+24 \rightarrow 3x-5x=24$

④ $6x\underline{+2}=\underline{x}+12 \rightarrow 6x-x=12+2$

⑤ $5x\underline{-9}=\underline{7x}-1 \rightarrow 5x-7x=-1+9$

09 ↻ 0748

다음 **보기** 중 일차방정식인 것을 모두 고르시오.

■ 보기 ■

ㄱ. $-5x-3$　　　ㄴ. $x-5=x+6$

ㄷ. $x^2+2x=x^2-4$　　ㄹ. $7(1-x)=-7x+7$

ㅁ. $\dfrac{x}{8}+2=\dfrac{x}{4}-6$

10 ↻ 0752

일차방정식 $4(2x-5)=3(x-4)+2$를 풀면?

① $x=-5$　　② $x=-2$　　③ $x=1$

④ $x=2$　　⑤ $x=\dfrac{5}{2}$

11 ↻ 0756

일차방정식 $0.6(x+3)-0.5x=1.2$를 풀면?

① $x=-8$　　② $x=-7$　　③ $x=-6$

④ $x=-5$　　⑤ $x=-4$

12 ↻ 0760

일차방정식 $\dfrac{x-4}{3}+2=\dfrac{2x+3}{7}$을 푸시오.

13   ↻ 0763

일차방정식 $0.5x+0.2=\dfrac{1}{6}(x+3)$을 풀면?

① $x=-10$ ② $x=-9$ ③ $x=-\dfrac{9}{10}$

④ $x=\dfrac{9}{10}$ ⑤ $x=9$

14   ↻ 0766

비례식 $(4x-3):5=(x-2):1$을 만족시키는 x의 값은?

① 5   ② 6   ③ 7

④ 8   ⑤ 9

15   ↻ 0770

x에 대한 일차방정식 $\dfrac{ax+15}{2}-11=-2x$의 해가 $x=1$일 때, 상수 a의 값은?

① 1   ② 2   ③ 3

④ 4   ⑤ 5

16   ↻ 0774

x에 대한 두 일차방정식 $\dfrac{2}{3}x+3=\dfrac{1}{2}x+\dfrac{11}{3}$, $2.4x+a=1.7x-2.2$의 해가 같을 때, 상수 a의 값을 구하시오.

17   ↻ 0778

x에 대한 일차방정식 $3(5-x)=a$의 해가 자연수가 되도록 하는 자연수 a의 값을 모두 구하시오.

18   ↻ 0782

x에 대한 방정식 $ax+\dfrac{1}{5}=5x-b$의 해가 무수히 많을 때, ab의 값은? (단, a, b는 상수이다.)

① -4 ② -3 ③ -2

④ -1 ⑤ 1

부록

대표문제 다시 풀기

01
↻0816

어떤 수를 4배 하여 6을 뺀 수는 어떤 수의 2배보다 8만큼 클 때, 어떤 수는?

① 6　　　　　② 7　　　　　③ 8
④ 9　　　　　⑤ 10

02
↻0820

연속하는 세 짝수의 합이 84일 때, 이 세 수 중 가장 큰 수를 구하시오.

03
↻0824

일의 자리의 숫자가 7인 두 자리 자연수가 있다. 이 자연수의 십의 자리의 숫자와 일의 자리의 숫자를 바꾼 수는 처음 수의 2배보다 20만큼 작을 때, 처음 자연수는?

① 17　　　　　② 27　　　　　③ 37
④ 47　　　　　⑤ 57

04
↻0828

현재 어머니와 유주의 나이의 합은 60살이고 15년 후에는 어머니의 나이가 유주의 나이의 2배가 된다고 한다. 현재 유주의 나이를 구하시오.

05
↻0832

현재 언니는 통장에 92000원, 동생은 통장에 14000원이 예금되어 있다. 두 사람이 매달 8000원씩 예금한다면 언니의 예금액이 동생의 예금액의 2배가 되는 것은 몇 개월 후인가?

① 5개월　　　　　② 6개월　　　　　③ 7개월
④ 8개월　　　　　⑤ 9개월

06
↻0836

한 송이에 1200원인 장미와 한 송이에 1600원인 해바라기를 합하여 모두 8송이를 구입하고 11000원을 내었더니 200원을 거슬러 주었다. 이때 구입한 해바라기는 몇 송이인지 구하시오.

07 ↻0840

한 변의 길이가 8 cm인 정사각형에서 가로의 길이를 6 cm 늘이고 세로의 길이를 x cm 줄여서 만든 직사각형의 넓이는 처음 정사각형의 넓이보다 20 cm²만큼 늘었다. 이때 x의 값은?

① 1   ② 2   ③ 3
④ 4   ⑤ 5

08 ↻0844

학생들에게 유부초밥을 나누어 주는데 한 학생에게 3개씩 나누어 주면 12개가 남고, 5개씩 나누어 주면 6개가 부족하다. 이때 유부초밥의 개수를 구하시오.

09 ↻0847

어느 중학교의 올해의 남학생과 여학생 수는 작년에 비하여 남학생은 6 % 감소하고, 여학생은 12 % 증가하였다. 작년의 전체 학생은 1000명이고, 올해는 작년에 비하여 전체적으로 12명이 증가하였을 때, 올해의 남학생 수를 구하시오.

10 ↻0851

어느 영화 동호회에서 회원 다 같이 영화관에 갔다. 전체 회원의 $\frac{1}{6}$은 A 영화를, 전체 회원의 $\frac{1}{4}$은 B 영화를, 전체 회원의 $\frac{1}{3}$은 C 영화를 관람하였고, 남겨진 회원 6명은 서점에 갔다고 할 때, B 영화를 관람한 회원은 몇 명인지 구하시오.

11 ↻0854

유민이가 집에서 자전거 판매점에 다녀오는데 갈 때는 시속 4 km로 걷고, 올 때는 자전거를 구입하여 같은 길을 시속 8 km로 왔더니 총 3시간이 걸렸다. 유민이가 갈 때 걸린 시간은? (단, 자전거를 구입하는 데 걸린 시간은 생각하지 않는다.)

① 1시간 30분   ② 1시간 45분
③ 2시간   ④ 2시간 15분
⑤ 2시간 30분

12　↻ 0858

두 대의 차가 동시에 A 지점에서 출발하여 B 지점으로 가는데 한 차는 시속 80 km로 가고 다른 한 차는 시속 90 km로 갔더니 두 차가 10분 간격으로 도착했다. 이때 두 지점 사이의 거리를 구하시오.

13　↻ 0861

승민이가 학교에서 출발한 지 30분 후에 시우가 승민이를 따라나섰다. 승민이는 분속 30 m로 걷고, 시우는 분속 120 m로 달릴 때, 시우가 학교에서 출발한 지 몇 분 후에 승민이를 만나는지 구하시오.

14　↻ 0864

둘레의 길이가 1800 m인 트랙을 A, B 두 사람이 같은 지점에서 서로 반대 방향으로 동시에 출발하여 걸어갔다. A는 분속 60 m로, B는 분속 90 m로 걸어갔다면 두 사람은 출발한 지 몇 분 후에 처음으로 만나게 되는지 구하시오.

15　↻ 0867

12 %의 설탕물 500 g이 있다. 이 설탕물에 몇 g의 물을 넣으면 10 %의 설탕물이 되는지 구하시오.

16　↻ 0871

10 %의 소금물이 있다. 여기에 소금 25 g을 더 넣어 20 %의 소금물을 만든다면 처음 10 %의 소금물은 몇 g인가?

① 180 g　　② 200 g　　③ 220 g
④ 240 g　　⑤ 260 g

17　↻ 0875

4 %의 소금물과 10 %의 소금물 300 g을 섞어서 8 %의 소금물을 만들려고 한다. 이때 4 %의 소금물의 양을 구하시오.

18 ↻ 0879

어떤 양말의 원가에 40 %의 이익을 붙여서 정가를 정했다가 양말이 팔리지 않아 정가에서 25 %를 할인하여 팔았더니 1개를 팔 때마다 원가에 대하여 200원의 이익이 생겼다. 이 양말의 원가를 구하시오.

19 ↻ 0883

어떤 일을 완성하는 데 주안이는 20일, 아인이는 30일이 걸린다고 한다. 이 일을 주안이가 혼자 10일 동안 일한 후 나머지는 둘이 함께 일하여 완성하였을 때, 둘이 함께 일한 기간은 며칠인지 구하시오.

20 ↻ 0887

강당의 긴 의자에 학생들이 앉는데 한 의자에 5명씩 앉으면 2명이 앉지 못하고, 한 의자에 6명씩 앉으면 마지막 의자에는 3명이 앉고, 빈 의자 1개가 남는다. 이때 긴 의자의 개수는?

① 10   ② 11   ③ 12
④ 13   ⑤ 14

21 ↻ 0890

다음 그림과 같이 □를 세로로 자를 때, 1번 자르면 2조각, 2번 자르면 4조각, 3번 자르면 6조각으로 나누어진다. 84조각을 만들기 위해서 □를 몇 번 잘라야 하는지 구하시오.

22 ↻ 0893

일정한 속력으로 달리는 열차가 있다. 이 열차가 길이가 600 m인 다리를 완전히 통과하는 데 30초가 걸리고, 길이가 1400 m인 터널을 완전히 통과하는 데 60초가 걸렸을 때, 이 열차의 길이를 구하시오.

08 좌표와 그래프

01 ↺ 0934

다음 중 오른쪽 좌표평면 위의 점의 좌표를 나타낸 것으로 옳지 <u>않은</u> 것은?

① A(3, 4)
② B(−2, 1)
③ C(−3, −3)
④ D(1, 0)
⑤ E(3, −4)

02 ↺ 0938

두 점 A($a-2$, $2a+1$), B($b+1$, $b+3$)이 모두 y축 위의 점일 때, $a-b$의 값을 구하시오.

03 ↺ 0942

세 점 A(-4, 5), B(-2, -1), C(1, -1)을 꼭짓점으로 하는 삼각형 ABC의 넓이를 구하시오.

04 ↺ 0946

다음 중 옳지 <u>않은</u> 것은?

① x축 위의 점은 y좌표가 0이다.
② y축 위의 점은 x좌표가 0이다.
③ 점 (-1, -2)는 제2사분면 위의 점이다.
④ 점 (2, -3)과 점 (3, -2)는 같은 사분면 위의 점이다.
⑤ 좌표축 위의 점은 어느 사분면에도 속하지 않는다.

05 ↺ 0950

점 (a, b)가 제2사분면 위의 점일 때, 점 ($b-a$, ab)는 제몇 사분면 위의 점인지 구하시오.

06 ↺ 0954

$ab<0$, $a<b$일 때, 점 $\left(-b, \dfrac{a}{b}\right)$는 제몇 사분면 위의 점인지 구하시오.

◐ 정답 및 풀이 102쪽

07 ↻0957

다음은 경과 시간 x와 집으로부터의 거리 y 사이의 관계를 나타낸 그래프이다. 각 그래프에 알맞은 상황을 **보기**에서 고르시오.

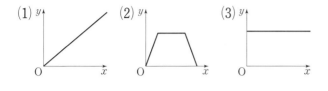

---- **보기** ----

ㄱ. 윤아는 스터디 카페에서 공부를 하고 있었다.

ㄴ. 민서는 집에서 출발하여 일정한 속력으로 수영장에 가서 수영을 하고, 일정한 속력으로 집에 돌아왔다.

ㄷ. 도현이는 집에서 출발하여 일정한 속력으로 학교에 갔다.

08 ↻0961

오른쪽 그래프는 한선이가 자전거를 탈 때, 경과 시간에 따른 자전거의 속력의 변화를 나타낸 것이다. x초 후 자전거의 속력을 초속 y m라 할 때, 다음 물음에 답하시오.

(1) 자전거의 속력이 가장 빠를 때의 속력을 구하시오.

(2) 자전거의 속력이 몇 초 동안 일정했는지 구하시오.

(3) 자전거를 타고 움직이기 시작해서 정지할 때까지 걸린 시간을 구하시오.

09 ↻0963

아래 그래프는 관람차에 탑승한 지 x분 후의 탑승한 칸의 지면으로부터의 높이를 y m라 할 때, x와 y 사이의 관계를 나타낸 것이다. 다음 물음에 답하시오.

(단, 관람차는 일정한 속력으로 움직인다.)

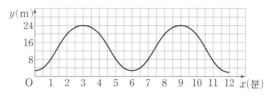

(1) 탑승한 칸이 지면으로부터 가장 높이 올라갔을 때의 높이를 구하시오.

(2) 탑승한 칸의 지면으로부터의 높이가 처음으로 20 m가 되는 때는 탑승한 지 몇 분 후인지 구하시오.

(3) 관람차가 한 바퀴 도는 데 걸리는 시간을 구하시오.

10 ↻0965

두 점 $(a+1,\ 4)$, $(3,\ b-2)$가 y축에 대하여 대칭일 때, $a+b$의 값을 구하시오.

11 ↻0968

준기와 유찬이가 학교에서 출발하여 학교에서 5 km만큼 떨어진 과학관까지 가는데 준기는 걸어가고 유찬이는 자전거를 타고 간

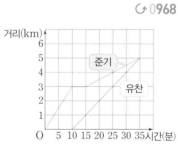

다고 한다. 위의 그래프는 준기와 유찬이가 과학관에 도착할 때까지 학교로부터 떨어진 거리를 시간에 따라 나타낸 것이다. 다음 중 옳지 <u>않은</u> 것은?

(단, 학교에서 과학관까지 가는 길은 하나이다.)

① 준기가 휴식을 취한 시간은 5분이다.

② 준기가 출발하고 나서 10분 후에 유찬이가 출발하였다.

③ 유찬이는 과학관까지 쉬지 않고 갔다.

④ 두 사람이 만난 것은 준기가 출발하고 30분 후이다.

⑤ 유찬이는 출발한 지 25분 후에 준기를 만났다.

대표문제 다시 풀기

09 정비례와 반비례

01 ↻1020

다음 중 y가 x에 정비례하는 것을 모두 고르면? (정답 2개)

① $y=3x$

② $y=-\dfrac{1}{x}$

③ $y=x+1$

④ $xy=5$

⑤ $\dfrac{y}{x}=-2$

04 ↻1031

250쪽의 책을 매일 일정한 양만큼씩 읽어 10일 만에 모두 읽었다. 책을 읽기 시작한 지 x일 동안 읽은 책이 y쪽일 때, 4일 동안 읽은 책은 몇 쪽인지 구하시오.

02 ↻1023

y가 x에 정비례하고, $x=\dfrac{1}{2}$일 때 $y=-2$이다. $y=4$일 때 x의 값을 구하시오.

05 ↻1035

다음 중 정비례 관계 $y=-\dfrac{4}{5}x$의 그래프는?

①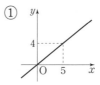

②

③

④

⑤

03 ↻1027

톱니가 각각 16개, 12개인 두 톱니바퀴 A, B가 서로 맞물려 돌고 있다. A가 x번 회전하는 동안 B는 y번 회전할 때, x와 y 사이의 관계를 식으로 나타내면?

① $y=\dfrac{4}{5}x$

② $y=\dfrac{3}{4}x$

③ $y=\dfrac{4}{3}x$

④ $y=\dfrac{3}{2}x$

⑤ $y=2x$

06
⟳ 1038

다음 정비례 관계의 그래프 중 y축에 가장 가까운 것은?

① $y=-5x$ ② $y=-3x$ ③ $y=-\dfrac{1}{2}x$

④ $y=4x$ ⑤ $y=\dfrac{11}{2}x$

07
⟳ 1042

정비례 관계 $y=ax$의 그래프가 오른쪽 그림과 같을 때, $b\div a$의 값을 구하시오. (단, a는 상수이다.)

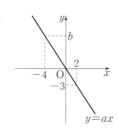

08
⟳ 1046

다음 중 정비례 관계 $y=-\dfrac{2}{3}x$의 그래프에 대한 설명으로 옳지 <u>않은</u> 것을 모두 고르면? (정답 2개)

① 원점을 지나는 직선이다.
② 제2사분면과 제4사분면을 지난다.
③ 점 $(-3, 1)$을 지난다.
④ x의 값이 증가하면 y의 값은 감소한다.
⑤ $y=\dfrac{1}{2}x$의 그래프보다 x축에 가깝다.

09
⟳ 1049

오른쪽 그림과 같은 그래프가 나타내는 식은?

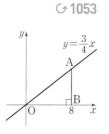

① $y=-\dfrac{5}{3}x$ ② $y=-\dfrac{2}{3}x$

③ $y=\dfrac{2}{3}x$ ④ $y=\dfrac{5}{3}x$

⑤ $y=2x$

10
⟳ 1053

오른쪽 그림과 같이 정비례 관계 $y=\dfrac{3}{4}x$의 그래프 위의 한 점 A에서 x축에 수선을 그었을 때, x축과 만나는 점 B의 좌표가 $(8, 0)$이다. 이때 삼각형 AOB의 넓이를 구하시오.
(단, O는 원점이다.)

부록

대표문제 다시 풀기

11 ↻1056

다음 **보기** 중 y가 x에 반비례하는 것을 모두 고른 것은?

> **보기**
>
> ㄱ. $y=\dfrac{2}{x}$ ㄴ. $y=-\dfrac{1}{x}$ ㄷ. $y=2x$
>
> ㄹ. $xy=-4$ ㅁ. $\dfrac{y}{x}=3$ ㅂ. $x-2y=1$

① ㄱ, ㄴ, ㄷ   ② ㄱ, ㄴ, ㄹ   ③ ㄴ, ㄷ, ㄹ
④ ㄷ, ㅁ, ㅂ   ⑤ ㄹ, ㅁ, ㅂ

12 ↻1059

y가 x에 반비례할 때, x와 y 사이의 관계를 표로 나타내면 다음과 같다. 이때 $A-B$의 값을 구하시오.

x	-8	-2	B	16
y	A	8	-4	-1

13 ↻1063

매분 3 L씩 물을 넣으면 20분 만에 가득 차는 물통이 있다. 이 물통에 매분 x L씩 물을 넣으면 y분 만에 가득 찬다고 할 때, x와 y 사이의 관계를 식으로 나타내면?

① $y=-\dfrac{80}{x}$ ② $y=-\dfrac{60}{x}$ ③ $y=\dfrac{60}{x}$

④ $y=\dfrac{80}{x}$ ⑤ $y=80x$

14 ↻1066

온도가 일정할 때, 기체의 부피는 압력에 반비례한다. 일정한 온도에서 어떤 기체의 부피가 30 cm^{3}일 때, 압력이 3기압이었다. 같은 온도에서 압력이 10기압일 때, 이 기체의 부피를 구하시오.

15 ↻1069

다음 중 $x<0$일 때, 반비례 관계 $y=-\dfrac{2}{x}$의 그래프는?

①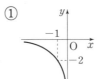

②

③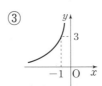

④

⑤

16 ↻ 1072

다음 반비례 관계의 그래프 중 원점에 가장 가까운 것은?

① $y=\dfrac{4}{x}$ ② $y=\dfrac{1}{x}$ ③ $y=\dfrac{1}{2x}$

④ $y=-\dfrac{3}{x}$ ⑤ $y=-\dfrac{1}{3x}$

18 ↻ 1079

다음 중 반비례 관계 $y=\dfrac{5}{x}$의 그래프에 대한 설명으로 옳은 것을 모두 고르면? (정답 2개)

① 점 $(-1, -5)$를 지난다.
② 좌표축과 점 $(1, 0)$에서 만난다.
③ $x>0$일 때, 제4사분면을 지난다.
④ $x<0$일 때, x의 값이 증가하면 y의 값은 감소한다.
⑤ 제2사분면과 제4사분면을 지나는 한 쌍의 매끄러운 곡선이다.

17 ↻ 1075

반비례 관계 $y=\dfrac{a}{x}$의 그래프가 점 $(-3, 4)$를 지날 때, 다음 중 이 그래프 위의 점이 <u>아닌</u> 것은? (단, a는 상수이다.)

① $(-4, 3)$ ② $(-2, 6)$ ③ $(-1, 12)$

④ $(3, -6)$ ⑤ $(6, -2)$

19 ↻ 1082

오른쪽 그림과 같은 그래프에서 점 A의 좌표를 구하시오.

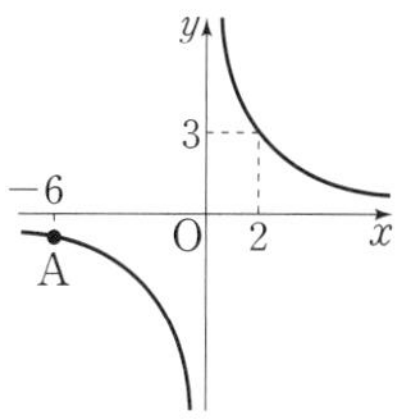

대표문제 다시 풀기

20 ↻ 1085

오른쪽 그림은 반비례 관계 $y=\dfrac{a}{x}\ (x>0)$의 그래프이고, 점 P 는 이 그래프 위의 점이다. 점 P에서 x축에 그은 수선이 x축과 만나는 점 A에 대하여 삼각형 POA의 넓이가 8일 때, 상수 a의 값을 구하시오. (단, O는 원점이다.)

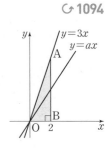

21 ↻ 1088

오른쪽 그림과 같이 정비례 관계 $y=2x$의 그래프와 반비례 관계 $y=\dfrac{a}{x}$의 그래프가 만나는 점 A의 x좌표가 -3이다. 이때 상수 a의 값을 구하시오.

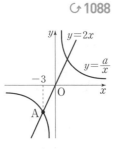

22 ↻ 1094

오른쪽 그림과 같이 정비례 관계 $y=3x$의 그래프 위의 한 점 A에서 x 축에 그은 수선이 x축과 만나는 점을 B라 하자. 정비례 관계 $y=ax$의 그 래프는 삼각형 AOB의 넓이를 이등분 하고 점 A의 x좌표가 2일 때, 다음 물 음에 답하시오. (단, O는 원점이다.)

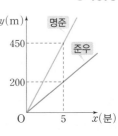

(1) 삼각형 AOB의 넓이를 구하시오.
(2) 상수 a의 값을 구하시오.

23 ↻ 1096

학교에서 1800 m 떨어진 공원 까지 명준이는 자전거를 타고 가 고, 준우는 걸어가서 먼저 도착한 사람이 다른 사람을 기다리기로 했다. 오른쪽 그래프는 두 사람이 학교에서 동시에 출발하여 x분 동안 간 거리 y m 사이의 관계를 나타낸 것이다. 명준이가 공원에 도착한 후 몇 분을 기다려야 준우가 도착하겠는가?

(단, 두 사람은 공원까지 각각 일정한 속력으로 간다.)

① 15분　　② 18분　　③ 20분
④ 22분　　⑤ 25분

RPM

중학 수학 **1-1**

정답 및 풀이

중학 수학 개념원리 수학연구소

개념원리 RPM 중학 수학 1-1

정답 및 풀이

 친절한 풀이 정확하고 이해하기 쉬운 친절한 풀이 제시

 다른 풀이 수학적 사고력을 키우는 다양한 해결 방법 제시

 RPM 비법노트 문제 해결 TIP과 중요개념 & 보충설명 제공

 해결 전략 문제 해결의 실마리 제시

유형의 완성 RPM

중학 수학 **1-1**

정답 및 풀이

RPM

정답 및 풀이

01 소인수분해

교과서문제 정복하기 ▶본문 9쪽

0001 답 ○

0002 답 △

0003 답 ○

0004 답 △

0005 답 △

0006 답 ○

0007 답 ○

0008 2는 소수이지만 짝수이다. 답 ×

0009 가장 작은 소수는 2이다. 답 ×

0010 답 ○

0011 답 밑: 2, 지수: 5

0012 답 밑: 4, 지수: 3

0013 답 5^3

0014 답 3^5

0015 답 $\left(\dfrac{1}{2}\right)^4$

0016 답 $2^2 \times 7^3$

0017 답 $2^3 \times 5^2 \times 7$

0018 답 $\left(\dfrac{1}{3}\right)^2 \times \left(\dfrac{1}{5}\right)^2 \times \left(\dfrac{1}{7}\right)^3$

0019 답 2^4

0020 답 3^3

0021 답 5^3

0022 답 10^4

0023
```
2) 24
2) 12
2)  6
    3
```
따라서 24를 소인수분해 하면 $2^3 \times 3$이고, 소인수는 2, 3이다.
답 $2^3 \times 3$, 소인수: 2, 3

0024
```
2) 42
3) 21
    7
```
따라서 42를 소인수분해 하면 $2 \times 3 \times 7$이고, 소인수는 2, 3, 7이다.
답 $2 \times 3 \times 7$, 소인수: 2, 3, 7

0025
```
3) 75
5) 25
    5
```
따라서 75를 소인수분해 하면 3×5^2이고, 소인수는 3, 5이다.
답 3×5^2, 소인수: 3, 5

0026
```
2) 98
7) 49
    7
```
따라서 98을 소인수분해 하면 2×7^2이고, 소인수는 2, 7이다.
답 2×7^2, 소인수: 2, 7

0027
```
3) 117
3)  39
    13
```
따라서 117을 소인수분해 하면 $3^2 \times 13$이고, 소인수는 3, 13이다.
답 $3^2 \times 13$, 소인수: 3, 13

0028
```
2) 200
2) 100
2)  50
5)  25
    5
```
따라서 200을 소인수분해 하면 $2^3 \times 5^2$이고, 소인수는 2, 5이다.
답 $2^3 \times 5^2$, 소인수: 2, 5

0029
```
3) 315
3) 105
5)  35
    7
```
따라서 315를 소인수분해 하면 $3^2 \times 5 \times 7$이고, 소인수는 3, 5, 7이다.
답 $3^2 \times 5 \times 7$, 소인수: 3, 5, 7

0030
```
2) 432
2) 216
2) 108
2)  54
3)  27
3)   9
     3
```
따라서 432를 소인수분해 하면 $2^4 \times 3^3$이고, 소인수는 2, 3이다.
답 $2^4 \times 3^3$, 소인수: 2, 3

0031

×	1	3	3^2
1	1	3	9
2	2	6	18
2^2	4	12	36
2^3	8	24	72

약수: 1, 2, 3, 4, 6, 8, 9, 12, 18, 24, 36, 72

0032

×	1	3	3^2
1	1	3	9
2	2	6	18

📋 1, 2, 3, 6, 9, 18

0033

×	1	5	5^2
1	1	5	25
3	3	15	75
3^2	9	45	225

📋 1, 3, 5, 9, 15, 25, 45, 75, 225

0034 $100 = 2^2 \times 5^2$이므로

×	1	5	5^2
1	1	5	25
2	2	10	50
2^2	4	20	100

📋 1, 2, 4, 5, 10, 20, 25, 50, 100

0035 $189 = 3^3 \times 7$이므로

×	1	7
1	1	7
3	3	21
3^2	9	63
3^3	27	189

📋 1, 3, 7, 9, 21, 27, 63, 189

0036 $(5+1) \times (1+1) = 12$ 　　📋 12

0037 $(4+1) \times (2+1) = 15$ 　　📋 15

0038 $(2+1) \times (1+1) \times (3+1) = 24$ 　　📋 24

0039 $135 = 3^3 \times 5$이므로 약수의 개수는
$(3+1) \times (1+1) = 8$ 　　📋 8

0040 $180 = 2^2 \times 3^2 \times 5$이므로 약수의 개수는
$(2+1) \times (2+1) \times (1+1) = 18$ 　　📋 18

0041 $243 = 3^5$이므로 약수의 개수는
$5+1 = 6$ 　　📋 6

 유형 익히기 　　> 본문 10~14쪽

0042 1은 소수가 아니다.
21의 약수는 1, 3, 7, 21이므로 소수가 아니다.
33의 약수는 1, 3, 11, 33이므로 소수가 아니다.
91의 약수는 1, 7, 13, 91이므로 소수가 아니다.
169의 약수는 1, 13, 169이므로 소수가 아니다.
따라서 소수는 7, 47, 113의 3개이다. 　　📋 3개

0043 27의 약수는 1, 3, 9, 27이므로 합성수이다.
65의 약수는 1, 5, 13, 65이므로 합성수이다.
93의 약수는 1, 3, 31, 93이므로 합성수이다.
121의 약수는 1, 11, 121이므로 합성수이다.
따라서 합성수는 27, 65, 93, 121의 4개이다. 　　📋 4개

0044 25 미만의 자연수 중 소수는 2, 3, 5, 7, 11, 13, 17, 19, 23의 9개이다. 　　📋 ②

0045 20에 가장 가까운 소수는 19이므로 $a = 19$
30보다 작은 자연수 중에서 가장 큰 합성수는 28이므로
$b = 28$
$\therefore a + b = 19 + 28 = 47$ 　　📋 47

0046 ④ 2의 배수 중 소수는 2의 1개뿐이다.
⑤ 소수가 아닌 자연수는 1 또는 합성수이다.
따라서 옳지 않은 것은 ⑤이다. 　　📋 ⑤

0047 ① 1은 소수도 아니고 합성수도 아니다.
② 2는 소수이지만 짝수이다.
④ 합성수는 약수가 3개 이상이다.
⑤ 2, 3은 소수이지만 2+3=5에서 5는 소수이다.
　 즉 두 소수의 합은 합성수가 아닐 수도 있다.
따라서 옳은 것은 ③이다. 　　📋 ③

0048 ㄱ. 27은 일의 자리의 숫자가 7이지만 소수가 아니다.
ㄴ. 4의 배수는 4, 8, 12, …이므로 소수는 없다.
ㄷ. 2, 3은 소수이지만 2×3=6에서 6은 소수가 아니다.
　 즉 두 소수의 곱은 소수가 아니다.
ㄹ. 한 자리 자연수 중 소수는 2, 3, 5, 7의 4개이다.
이상에서 옳은 것은 ㄴ, ㄹ이다. 　　📋 ②

0049 ① $3^3 = 3 \times 3 \times 3 = 27$
② $7 \times 7 \times 7 \times 7 = 7^4$
④ $\frac{1}{2} \times \frac{1}{2} \times \frac{1}{2} \times \frac{1}{2} \times \frac{1}{2} = \frac{1 \times 1 \times 1 \times 1 \times 1}{2 \times 2 \times 2 \times 2 \times 2} = \frac{1}{2^5}$
따라서 옳은 것은 ③, ⑤이다. 　　📋 ③, ⑤

0050 ④ $5+5+5+5=5\times 4$

따라서 옳지 않은 것은 ④이다.   답 ④

RPM 비법 노트

① $\underbrace{a\times a\times \cdots \times a}_{n\text{개}}=a^n$

② $\underbrace{a+a+\cdots +a}_{n\text{개}}=a\times n$

0051 $a\times a\times b\times b\times a\times c\times b\times c\times b=a^3\times b^4\times c^2$이므로

$x=3,\ y=4,\ z=2$

$\therefore x+y-z=3+4-2=5$ 답 5

0052 $2^5=32$이므로 $a=5$ ··· 1단계

$3^4=81$이므로 $b=81$ ··· 2단계

$\therefore b-a=81-5=76$ ··· 3단계

답 76

단계	채점 요소	비율
1	a의 값 구하기	40 %
2	b의 값 구하기	40 %
3	$b-a$의 값 구하기	20 %

0053 ① $2\,)\,48$
$2\,)\,24$
$2\,)\,12$
$2\,)\,6$
3
➡ $48=2^4\times 3$

② $2\,)\,64$
$2\,)\,32$
$2\,)\,16$
$2\,)\,8$
$2\,)\,4$
2
➡ $64=2^6$

③ $2\,)\,80$
$2\,)\,40$
$2\,)\,20$
$2\,)\,10$
5
➡ $80=2^4\times 5$

④ $2\,)\,120$
$2\,)\,60$
$2\,)\,30$
$3\,)\,15$
5
➡ $120=2^3\times 3\times 5$

⑤ $2\,)\,140$
$2\,)\,70$
$5\,)\,35$
7
➡ $140=2^2\times 5\times 7$

따라서 옳은 것은 ③이다.   답 ③

0054 $2\,)\,198$
$3\,)\,99$
$3\,)\,33$
11
➡ $198=2\times 3^2\times 11$ 답 ④

0055 $504=2^3\times 3^2\times 7$이므로   ··· 1단계

$a=3,\ b=2,\ c=7$ ··· 2단계

$\therefore a-b+c=3-2+7=8$ ··· 3단계

답 8

단계	채점 요소	비율
1	504를 소인수분해 하기	60 %
2	$a,\ b,\ c$의 값 구하기	30 %
3	$a-b+c$의 값 구하기	10 %

0056 $225=3^2\times 5^2$이므로

$a=3,\ b=5,\ m=2,\ n=2$

$\therefore a+b-m-n=3+5-2-2=4$ 답 4

0057 $150=2\times 3\times 5^2$이므로 소인수는 2, 3, 5이다.

따라서 모든 소인수의 합은 $2+3+5=10$ 답 10

0058 $252=2^2\times 3^2\times 7$이므로 소인수는 2, 3, 7이다.

따라서 252의 소인수인 것은 ②이다.   답 ②

0059 ㄱ. $18=2\times 3^2$이므로 소인수는 2, 3이다.

ㄴ. $32=2^5$이므로 소인수는 2이다.

ㄷ. $60=2^2\times 3\times 5$이므로 소인수는 2, 3, 5이다.

ㄹ. $108=2^2\times 3^3$이므로 소인수는 2, 3이다.

이상에서 소인수가 같은 것은 ㄱ, ㄹ이다.   답 ②

0060 ① $28=2^2\times 7$이므로 소인수는 2, 7이다.

② $98=2\times 7^2$이므로 소인수는 2, 7이다.

③ $112=2^4\times 7$이므로 소인수는 2, 7이다.

④ $140=2^2\times 5\times 7$이므로 소인수는 2, 5, 7이다.

⑤ $196=2^2\times 7^2$이므로 소인수는 2, 7이다.

따라서 소인수가 나머지 넷과 다른 하나는 ④이다.   답 ④

0061 $2^3\times 5\times 7^2$의 약수는

$(2^3$의 약수$)\times (5$의 약수$)\times (7^2$의 약수$)$의 꼴이다.

① $8=2^3$

② $28=2^2\times 7$

③ $40=2^3\times 5$

④ $70=2\times 5\times 7$

⑤ $100=2^2\times 5^2$에서 5^2은 5의 약수가 아니다.

따라서 $2^3\times 5\times 7^2$의 약수가 아닌 것은 ⑤이다.   답 ⑤

0062 $420=2^2\times 3\times 5\times 7$이므로 420의 약수는

$(2^2$의 약수$)\times (3$의 약수$)\times (5$의 약수$)\times (7$의 약수$)$의 꼴이다.

② $2\times 3^2\times 5$에서 3^2은 3의 약수가 아니다.

③ $2^3\times 3\times 7$에서 2^3은 2^2의 약수가 아니다.

④ $3\times 5^2\times 7$에서 5^2은 5의 약수가 아니다.

따라서 420의 약수는 ①, ⑤이다.   답 ①, ⑤

0063 216을 소인수분해 하면

$$216=2^3 \times 3^3 \qquad \cdots \text{ 1단계}$$

따라서 216의 약수 중에서 어떤 자연수의 제곱이 되는 수는

$$1, \ 2^2, \ 3^2, \ 2^2 \times 3^2$$

의 4개이다. $\qquad \cdots$ 2단계

🔲 4

단계	채점 요소	비율
1	216을 소인수분해 하기	30 %
2	216의 약수 중에서 어떤 자연수의 제곱이 되는 수의 개수 구하기	70 %

0064 $2^2 \times 3^4$의 약수 중에서 가장 큰 수는 자기 자신, 즉 $2^2 \times 3^4$이고 두 번째로 큰 수는 자기 자신을 가장 작은 소인수인 2로 나눈 것이므로

$$2 \times 3^4 = 162$$

🔲 162

0065 ① $(2+1) \times (2+1) = 9$

② $(3+1) \times (2+1) = 12$

③ $(2+1) \times (2+1) \times (1+1) = 18$

④ $(2+1) \times (1+1) \times (1+1) = 12$

⑤ $(2+1) \times (4+1) = 15$

따라서 약수의 개수가 가장 많은 것은 ③이다. 🔲 ③

0066 $88 = 2^3 \times 11$이므로 약수의 개수는

$$(3+1) \times (1+1) = 8$$

① $(1+1) \times (2+1) = 6$

② $(4+1) \times (1+1) = 10$

③ $8 + 1 = 9$

④ $(1+1) \times (1+1) \times (1+1) = 8$

⑤ $(2+1) \times (1+1) \times (1+1) = 12$

따라서 88과 약수의 개수가 같은 것은 ④이다. 🔲 ④

0067 ① $(3+1) \times (3+1) = 16$

② $(1+1) \times (3+1) \times (1+1) = 16$

③ $144 = 2^4 \times 3^2$이므로 약수의 개수는

$$(4+1) \times (2+1) = 15$$

④ $168 = 2^3 \times 3 \times 7$이므로 약수의 개수는

$$(3+1) \times (1+1) \times (1+1) = 16$$

⑤ $216 = 2^3 \times 3^3$이므로 약수의 개수는

$$(3+1) \times (3+1) = 16$$

따라서 약수의 개수가 나머지 넷과 다른 하나는 ③이다.

🔲 ③

0068 $\dfrac{225}{n}$가 자연수가 되어야 하므로 n은 225의 약수이어야 한다.

$225 = 3^2 \times 5^2$이므로 자연수 n의 개수는

$$(2+1) \times (2+1) = 9$$

🔲 9

0069 $2^a \times 7^3$의 약수의 개수가 28이므로

$$(a+1) \times (3+1) = 28, \qquad a+1 = 7$$

$$\therefore a = 6$$

🔲 ⑤

0070 $8 \times 3^a \times 5^2 = 2^3 \times 3^a \times 5^2$의 약수의 개수가 72이므로

$$(3+1) \times (a+1) \times (2+1) = 72$$

$$12 \times (a+1) = 72$$

$$a+1 = 6 \qquad \therefore a = 5$$

🔲 5

0071 $360 = 2^3 \times 3^2 \times 5$이므로 360의 약수의 개수는

$$(3+1) \times (2+1) \times (1+1) = 24 \qquad \cdots \text{ 1단계}$$

$2^2 \times 3 \times 5^n$의 약수의 개수는

$$(2+1) \times (1+1) \times (n+1) = 6 \times (n+1) \qquad \cdots \text{ 2단계}$$

약수의 개수가 같으므로

$$6 \times (n+1) = 24$$

$$n+1 = 4 \qquad \therefore n = 3 \qquad \cdots \text{ 3단계}$$

🔲 3

단계	채점 요소	비율
1	360의 약수의 개수 구하기	30 %
2	$2^2 \times 3 \times 5^n$의 약수의 개수를 n을 사용하여 나타내기	30 %
3	n의 값 구하기	40 %

0072 $5^a \times 7^b$의 약수의 개수가 8이므로

$$(a+1) \times (b+1) = 8$$

a, b가 자연수이고 $a > b$이므로

$$a+1 = 4, \ b+1 = 2$$

$$\therefore a = 3, \ b = 1 \qquad$$ 🔲 $a=3$, $b=1$

0073 63을 소인수분해 하면 $\qquad 63 = 3^2 \times 7$

소인수의 지수가 모두 짝수가 되어야 하므로 곱할 수 있는 자연수는 $7 \times (\text{자연수})^2$의 꼴이어야 한다.

① $7 = 7 \times 1^2$ ② $21 = 7 \times 3$ ③ $28 = 7 \times 2^2$

④ $35 = 7 \times 5$ ⑤ $49 = 7 \times 7$

따라서 곱할 수 있는 자연수는 ①, ③이다. 🔲 ①, ③

0074 98을 소인수분해 하면

$$98 = 2 \times 7^2 \qquad \cdots \text{ 1단계}$$

소인수의 지수가 모두 짝수가 되어야 하므로 가장 작은 자연수 x의 값은 2이다. $\qquad \cdots$ 2단계

이때 $98 \times 2 = 196 = 14^2$이므로

$$y = 14 \qquad \cdots \text{ 3단계}$$

$$\therefore y - x = 14 - 2 = 12 \qquad \cdots \text{ 4단계}$$

🔲 12

단계	채점 요소	비율
1	98을 소인수분해 하기	20 %
2	x의 값 구하기	30 %
3	y의 값 구하기	30 %
4	$y - x$의 값 구하기	20 %

0075 $180=2^2\times3^2\times5$이므로 가장 작은 자연수 a의 값은 5이다.

이때 $180\div5=36=6^2$이므로 $b=6$

$\therefore a+b=5+6=11$ 답 ③

0076 $540=2^2\times3^3\times5$이므로 곱할 수 있는 자연수는 $3\times5\times$(자연수)^{2}의 꼴이어야 한다.

즉 $3\times5\times1^2$, $3\times5\times2^2$, $3\times5\times3^2$, …이므로 두 번째로 작은 자연수는

$3\times5\times2^2=60$ 답 60

0077 ① $3^5\times8=3^5\times2^3$이므로 약수의 개수는

$(5+1)\times(3+1)=24$

② $3^5\times14=2\times3^5\times7$이므로 약수의 개수는

$(1+1)\times(5+1)\times(1+1)=24$

③ $3^5\times35=3^5\times5\times7$이므로 약수의 개수는

$(5+1)\times(1+1)\times(1+1)=24$

④ $3^5\times51=3^5\times3\times17=3^6\times17$이므로 약수의 개수는

$(6+1)\times(1+1)=14$

⑤ $3^5\times125=3^5\times5^3$이므로 약수의 개수는

$(5+1)\times(3+1)=24$

따라서 □ 안에 들어갈 수 없는 수는 ④이다. 답 ④

0078 ① $24\times2=2^3\times3\times2=2^4\times3$이므로 약수의 개수는

$(4+1)\times(1+1)=10$

② $24\times3=2^3\times3\times3=2^3\times3^2$이므로 약수의 개수는

$(3+1)\times(2+1)=12$

③ $24\times4=2^3\times3\times2^2=2^5\times3$이므로 약수의 개수는

$(5+1)\times(1+1)=12$

④ $24\times5=2^3\times3\times5$이므로 약수의 개수는

$(3+1)\times(1+1)\times(1+1)=16$

⑤ $24\times6=2^3\times3\times2\times3=2^4\times3^2$이므로 약수의 개수는

$(4+1)\times(2+1)=15$

따라서 □ 안에 들어갈 수 있는 수는 ④이다. 답 ④

0079 $8=7+1$ 또는 $8=(3+1)\times(1+1)$ 또는 $8=(1+1)\times(1+1)\times(1+1)$이므로 약수의 개수가 8인 자연수는 a^7 (a는 소수) 또는 $a^3\times b$ (a, b는 서로 다른 소수) 또는 $a\times b\times c$ (a, b, c는 서로 다른 소수)의 꼴이다.

(i) $8=7+1$일 때,

a^7 (a는 소수)의 꼴이어야 하므로 □ 안에 들어갈 수 있는 자연수는 없다.

(ii) $8=(3+1)\times(1+1)$일 때,

$a^3\times b$ (a, b는 서로 다른 소수)의 꼴이어야 하므로 □ 안에 들어갈 수 있는 가장 작은 자연수는 $2^2=4$

(iii) $8=(1+1)\times(1+1)\times(1+1)$일 때,

$a\times b\times c$ (a, b, c는 서로 다른 소수)의 꼴이어야 하므로 □ 안에 들어갈 수 있는 가장 작은 자연수는 5이다.

이상에서 구하는 가장 작은 자연수는 4이다. 답 4

0080 $6=5+1$ 또는 $6=(2+1)\times(1+1)$이므로 약수의 개수가 6인 자연수는 a^5 (a는 소수) 또는 $a^2\times b$ (a, b는 서로 다른 소수)의 꼴이다.

(i) a^5 (a는 소수)의 꼴일 때,

$2^5=32$, $3^5=243$, …

(ii) $a^2\times b$ (a, b는 서로 다른 소수)의 꼴일 때,

$2^2\times3=12$, $2^2\times5=20$, $2^2\times7=28$, $2^2\times11=44$,

$2^2\times13=52$, …

$3^2\times2=18$, $3^2\times5=45$, $3^2\times7=63$, …

$5^2\times2=50$, $5^2\times3=75$, …

$7^2\times2=98$, …

(i), (ii)에서 50 이하의 자연수 중 약수의 개수가 6인 수는

12, 18, 20, 28, 32, 44, 45, 50

의 8개이다. 답 8개

 시험에 꼭 나오는 문제 ▶본문 15~17쪽

0081 전략 소수의 약수는 2개이고, 합성수의 약수는 3개 이상이다.

20 미만의 자연수 중에서 합성수는 4, 6, 8, 9, 10, 12, 14, 15, 16, 18의 10개이다. 답 ③

0082 전략 소수와 합성수의 성질을 생각해 본다.

① 59의 약수는 1, 59이므로 소수이다.

③ 자연수는 1, 소수, 합성수로 이루어져 있다.

④ 3, 5는 소수이지만 $3+5=8$에서 8은 짝수이다.

즉 두 소수의 합은 홀수가 아닐 수도 있다.

⑤ 5의 배수 중 소수는 5의 1개뿐이다.

따라서 옳은 것은 ②, ⑤이다. 답 ②, ⑤

0083 전략 $\underbrace{a\times a\times\cdots\times a}_{n\text{개}}=a^n$임을 이용한다.

④ $a+a+a=a\times3$

따라서 옳지 않은 것은 ④이다. 답 ④

0084 전략 729와 125가 되기 위해 3과 5를 각각 몇 개 곱해야 하는지 알아본다.

$3^6=729$이므로 $a=6$

$5^3=125$이므로 $b=3$

$\therefore a+b=6+3=9$ 답 9

0085 전략 소인수분해 한 결과는 반드시 소수만의 곱으로 나타내어야 한다.

$408=2^3\times3\times17$ 답 ⑤

0086 전략 660을 소인수분해 한 후 소인수를 모두 구한다.
$660=2^2\times3\times5\times11$이므로 660의 소인수는 2, 3, 5, 11이다.
따라서 660의 소인수가 아닌 것은 ④이다. 답 ④

0087 전략 200을 소인수분해 한 후 약수가 아닌 것을 찾는다.
$200=2^3\times5^2$이므로 200의 약수는 (2^3의 약수)×(5^2의 약수)의 꼴이다.
④ 5^3은 5^2의 약수가 아니다.
따라서 200의 약수가 아닌 것은 ④이다. 답 ④

0088 전략 어떤 수의 약수 중 두 번째로 작은 수와 두 번째로 큰 수에 대하여 알아본다.
$2^2\times3\times5^2$의 약수 중 두 번째로 작은 수는 가장 작은 소인수인 2이고, 두 번째로 큰 수는 주어진 수를 가장 작은 소인수인 2로 나눈 수이므로
$a=2,\ b=2\times3\times5^2=150$
$\therefore a+b=2+150=152$ 답 152

0089 전략 소인수는 자연수의 약수 중에서 소수인 것이다.
ㄱ. 10 이하의 자연수 중 소수는 2, 3, 5, 7의 4개이다.
ㄴ. $25=5^2$이므로 25의 소인수는 5이다.
이상에서 옳은 것은 ㄷ, ㄹ이다. 답 ③

0090 전략 126, 256을 각각 소인수분해 한다.
$126=2\times3^2\times7$이므로 126의 모든 소인수의 합은
$2+3+7=12$ $\therefore x=12$
$256=2^8$이므로 256의 약수의 개수는
$8+1=9$ $\therefore y=9$
$\therefore x-y=12-9=3$ 답 3

0091 전략 주어진 수를 소인수분해 한 후 약수의 개수를 구한다.
① $(2+1)\times(4+1)=15$
② $(4+1)\times(1+1)\times(1+1)=20$
③ $30=2\times3\times5$이므로 $(1+1)\times(1+1)\times(1+1)=8$
④ $72=2^3\times3^2$이므로 $(3+1)\times(2+1)=12$
⑤ $180=2^2\times3^2\times5$이므로 $(2+1)\times(2+1)\times(1+1)=18$
따라서 약수의 개수가 가장 많은 것은 ②이다. 답 ②

0092 전략 어떤 자연수의 제곱인 수는 소인수분해 했을 때, 모든 소인수의 지수가 짝수이다.
$45=3^2\times5$이므로 x는 $5\times$(자연수)^{2}의 꼴이어야 한다.
① $5=5\times1^2$ ② $20=5\times2^2$ ③ $25=5\times5$
④ $80=5\times4^2$ ⑤ $125=5\times5^2$
따라서 x의 값이 될 수 없는 것은 ③이다. 답 ③

0093 전략 어떤 자연수가 4의 배수이면 이 자연수는 4를 약수로 갖는다.
$189=3^3\times7$이므로 곱할 수 있는 가장 작은 자연수는
$3\times7\times4=84$ 답 84

0094 전략 주어진 수를 □ 안에 넣어 약수의 개수를 구해 본다.
① $8\times3=2^3\times3$이므로 약수의 개수는
$(3+1)\times(1+1)=8$
② $8\times5=2^3\times5$이므로 약수의 개수는
$(3+1)\times(1+1)=8$
③ $8\times8=64=2^6$이므로 약수의 개수는 $6+1=7$
④ $8\times11=2^3\times11$이므로 약수의 개수는
$(3+1)\times(1+1)=8$
⑤ $8\times13=2^3\times13$이므로 약수의 개수는
$(3+1)\times(1+1)=8$
따라서 □ 안에 들어갈 수 없는 수는 ③이다. 답 ③

0095 전략 약수의 개수가 3인 자연수는 (소수)^{2}의 꼴임을 이용한다.
약수의 개수가 3인 자연수는 (소수)^{2}의 꼴이다.
따라서 100 미만의 자연수 중에서 약수의 개수가 3인 수는
$2^2=4,\ 3^2=9,\ 5^2=25,\ 7^2=49$
의 4개이다. 답 4

RPM 비법 노트
① 약수의 개수가 3 ➡ (소수)^{2}의 꼴
② 약수의 개수가 홀수 ➡ (자연수)^{2}의 꼴

0096 전략 A의 소인수는 3과 5뿐이므로 $A=3^a\times5^b$ (a, b는 자연수)의 꼴임을 이용한다.
조건 ㈎에서 $A=3^a\times5^b$ (a, b는 자연수)의 꼴이다.
조건 ㈏에서 약수의 개수가 10이므로
$A=3^4\times5$ 또는 $A=3\times5^4$
따라서 주어진 조건을 만족시키는 가장 작은 자연수 A의 값은
$3^4\times5=405$ 답 405

0097 전략 6, 8, 9, 10을 각각 소인수분해 한다.
$5\times6\times7\times8\times9\times10$
$=5\times(2\times3)\times7\times2^3\times3^2\times(2\times5)$
$=5\times2\times3\times7\times2\times2\times2\times3\times3\times2\times5$
$=2^5\times3^3\times5^2\times7$ … 1단계
따라서 $a=5,\ b=3,\ c=2$이므로 … 2단계
$a-b+c=5-3+2=4$ … 3단계
답 4

단계	채점 요소	비율
1	$5\times6\times7\times8\times9\times10$을 소인수분해 하기	60 %
2	a, b, c의 값 구하기	30 %
3	$a-b+c$의 값 구하기	10 %

0098 (전략) 144를 소인수분해 한 후 144의 약수 중에서 소인수의 지수가 모두 짝수인 것을 찾는다.

144를 소인수분해 하면
$$144 = 2^4 \times 3^2$$　　　　　　　　　　　　… 1단계
따라서 144의 약수 중에서 어떤 자연수의 제곱이 되는 수는
$$1, \ 2^2, \ 3^2, \ 2^4, \ 2^2 \times 3^2, \ 2^4 \times 3^2$$
의 6개이다.　　　　　　　　　　　　… 2단계

답 6

단계	채점 요소	비율
1	144를 소인수분해 하기	30 %
2	144의 약수 중에서 어떤 자연수의 제곱이 되는 수의 개수 구하기	70 %

0099 (전략) 먼저 450의 약수의 개수를 구한다.

$450 = 2 \times 3^2 \times 5^2$이므로 약수의 개수는
$$(1+1) \times (2+1) \times (2+1) = 18$$　　　… 1단계
$4 \times 3^a \times 7 = 2^2 \times 3^a \times 7$의 약수의 개수는
$$(2+1) \times (a+1) \times (1+1) = 6 \times (a+1)$$　… 2단계
약수의 개수가 같으므로
$$6 \times (a+1) = 18$$
$$a+1 = 3 \qquad \therefore a = 2$$　　　　　… 3단계

답 2

단계	채점 요소	비율
1	450의 약수의 개수 구하기	30 %
2	$4 \times 3^a \times 7$의 약수의 개수를 a를 사용하여 나타내기	30 %
3	a의 값 구하기	40 %

0100 (전략) 735를 소인수분해 한 후 소인수의 지수가 짝수가 되도록 나눌 수 있는 가장 작은 자연수를 구한다.

735를 소인수분해 하면
$$735 = 3 \times 5 \times 7^2$$　　　　　　　　… 1단계
따라서 가장 작은 자연수 x의 값은
$$3 \times 5 = 15$$　　　　　　　　　　　… 2단계
이때 $735 \div 15 = 49 = 7^2$이므로
$$y = 7$$　　　　　　　　　　　　　　… 3단계
$$\therefore x+y = 15+7 = 22$$　　　　　… 4단계

답 22

단계	채점 요소	비율
1	735를 소인수분해 하기	30 %
2	x의 값 구하기	30 %
3	y의 값 구하기	30 %
4	$x+y$의 값 구하기	10 %

0101 (전략) 3의 거듭제곱과 7의 거듭제곱의 일의 자리의 숫자의 규칙을 각각 찾는다.

$3^1 = 3, \ 3^2 = 9, \ 3^3 = 27, \ 3^4 = 81, \ 3^5 = 243, \ \cdots$이므로 3의 거듭제곱의 일의 자리의 숫자는 3, 9, 7, 1의 4개의 숫자가 이 순서대로 반복된다.

이때 $26 = 4 \times 6 + 2$이므로 3^{26}의 일의 자리의 숫자는 3^2의 일의 자리의 숫자와 같은 9이다.

$7^1 = 7, \ 7^2 = 49, \ 7^3 = 343, \ 7^4 = 2401, \ 7^5 = 16807, \ \cdots$이므로 7의 거듭제곱의 일의 자리의 숫자는 7, 9, 3, 1의 4개의 숫자가 이 순서대로 반복된다.

이때 $45 = 4 \times 11 + 1$이므로 7^{45}의 일의 자리의 숫자는 7이다.

따라서 $3^{26} \times 7^{45}$의 일의 자리의 숫자는 $9 \times 7 = 63$에서 3이다.

답 ②

0102 (전략) (홀수) × (홀수) = (홀수)임을 이용한다.

N의 약수 중 홀수는 (3^4의 약수) × (5^2의 약수)의 꼴이다.

따라서 N의 약수 중 홀수의 개수는
$$(4+1) \times (2+1) = 15$$

답 15

0103 (전략) 28과 50을 각각 소인수분해 한 후 주어진 식을 만족시키는 c의 값을 먼저 구한다.

$28 = 2^2 \times 7, \ 50 = 2 \times 5^2$이므로
$$2^2 \times 7 \times a = 2 \times 5^2 \times b = c^2$$
이 식을 만족시키는 가장 작은 자연수 c에 대하여
$$c^2 = 2^2 \times 5^2 \times 7^2 = 4900 = 70^2 \qquad \therefore c = 70$$
$28 \times a = 4900$에서　　$a = 175$
$50 \times b = 4900$에서　　$b = 98$
$$\therefore a-b-c = 175-98-70 = 7$$

답 7

0104 (전략) 35의 약수의 개수를 구한 후 주어진 식을 만족시키는 $f(x)$의 값을 구한다.

$35 = 5 \times 7$이므로
$$f(35) = (1+1) \times (1+1) = 4$$
$f(35) \times f(x) = 36$에서
$$4 \times f(x) = 36 \qquad \therefore f(x) = 9$$
$9 = 8+1$ 또는 $9 = (2+1) \times (2+1)$이므로 $x = a^8$ (a는 소수)
또는 $x = a^2 \times b^2$ ($a, \ b$는 서로 다른 소수)의 꼴이다.

(i) $x = a^8$ (a는 소수)의 꼴일 때,
　　가장 작은 자연수 x의 값은
$$2^8 = 256$$
(ii) $x = a^2 \times b^2$ ($a, \ b$는 서로 다른 소수)의 꼴일 때,
　　가장 작은 자연수 x의 값은
$$2^2 \times 3^2 = 36$$
(i), (ii)에서 구하는 자연수 x의 값은 36이다.

답 36

02 최대공약수와 최소공배수

I. 소인수분해

교과서문제 정복하기
> 본문 19쪽

0105 답 (1) 1, 2, 3, 6, 9, 18
(2) 1, 2, 3, 4, 6, 8, 12, 24
(3) 1, 2, 3, 6
(4) 6

0106 답 1, 3, 5, 15

0107 9와 25의 최대공약수는 1이므로 두 수는 서로소이다.
답 ○

0108 15와 18의 최대공약수는 3이므로 두 수는 서로소가 아니다.
답 ×

0109 10과 23의 최대공약수는 1이므로 두 수는 서로소이다.
답 ○

0110 33과 77의 최대공약수는 11이므로 두 수는 서로소가 아니다.
답 ×

0111 답 2×5　　**0112** 답 2×3^2

0113 답 $3^2 \times 5$　　**0114** 답 $2^2 \times 3 \times 5$

0115
$$24 = 2^3 \times 3$$
$$32 = 2^5$$
$$\overline{(최대공약수) = 2^3 \quad = 8}$$
답 8

0116
$$54 = 2 \times 3^3$$
$$90 = 2 \times 3^2 \times 5$$
$$\overline{(최대공약수) = 2 \times 3^2 \quad = 18}$$
답 18

0117
$$30 = 2 \times 3 \times 5$$
$$75 = \quad 3 \times 5^2$$
$$105 = \quad 3 \times 5 \times 7$$
$$\overline{(최대공약수) = \quad 3 \times 5 \quad = 15}$$
답 15

0118
$$60 = 2^2 \times 3 \times 5$$
$$84 = 2^2 \times 3 \quad \times 7$$
$$108 = 2^2 \times 3^3$$
$$\overline{(최대공약수) = 2^2 \times 3 \quad = 12}$$
답 12

0119 답 (1) 4, 8, 12, 16, 20, 24, ⋯
(2) 6, 12, 18, 24, 30, ⋯
(3) 12, 24, 36, 48, 60, ⋯
(4) 12

0120 답 40, 80, 120

0121 답 $2^2 \times 3^2$　　**0122** 답 $2^3 \times 5^3$

0123 답 $2^2 \times 3 \times 5^2$　　**0124** 답 $2 \times 3^2 \times 5^2 \times 7$

0125
$$9 = \quad 3^2$$
$$12 = 2^2 \times 3$$
$$\overline{(최소공배수) = 2^2 \times 3^2 = 36}$$
답 36

0126
$$28 = 2^2 \quad \times 7$$
$$42 = 2 \times 3 \times 7$$
$$\overline{(최소공배수) = 2^2 \times 3 \times 7 = 84}$$
답 84

0127
$$12 = 2^2 \times 3$$
$$15 = \quad 3 \times 5$$
$$24 = 2^3 \times 3$$
$$\overline{(최소공배수) = 2^3 \times 3 \times 5 = 120}$$
답 120

0128
$$18 = 2 \times 3^2$$
$$30 = 2 \times 3 \times 5$$
$$45 = \quad 3^2 \times 5$$
$$\overline{(최소공배수) = 2 \times 3^2 \times 5 = 90}$$
답 90

0129 (두 수의 곱) = (최대공약수) × (최소공배수)이므로
$A \times 84 = 28 \times 168$　　∴ $A = 56$
답 56

0130 (두 수의 곱) = (최대공약수) × (최소공배수)이므로
$192 = (최대공약수) \times 48$　　∴ (최대공약수) = 4
답 4

유형 익히기

> 본문 20~27쪽

0131 두 수의 최대공약수를 각각 구해 보면
① 2　② 3　③ 5　④ 3　⑤ 1
따라서 두 수가 서로소인 것은 ⑤이다.
답 ⑤

0132 2×3^2과 주어진 수들의 최대공약수를 각각 구하면
ㄱ. 6　ㄴ. 2　ㄷ. 1　ㄹ. 3　ㅁ. 1　ㅂ. 18
따라서 2×3^2과 서로소인 것은 ㄷ, ㅁ의 2개이다.
답 2개

0133 ② 3과 9는 홀수이지만 최대공약수가 3이므로 서로소
가 아니다.
④ 서로소인 두 자연수의 공약수는 1이다.
⑤ 9와 16은 서로소이지만 둘 다 소수가 아니다.
따라서 옳은 것은 ①, ③이다. 　　　　　　　　　답 ①, ③

0134 $28=2^2 \times 7$이므로 28과 서로소인 자연수는 2와 7을
모두 소인수로 갖지 않는 수이다.
따라서 20보다 크고 30보다 작은 자연수 중에서 28과 서로소인
수는 23, 25, 27, 29의 4개이다. 　　　　　　　　　답 ③

0135
$$2^3 \times 3^3$$
$$2 \times 3^4 \quad \times 7$$
$$2^2 \times 3^2 \times 5$$
$$\overline{\text{(최대공약수)} = 2 \times 3^2}$$
답 ①

참고 $2=2^1$이다.

0136
$$2^2 \times 3^3 \times 5$$
$$2 \times 3 \times 5^2 \times 7$$
$$3^2 \times 5$$
$$\overline{\text{(최대공약수)} = \quad 3 \times 5 \quad = 15}$$
답 ④

0137
$$2^2 \times 3^2 \times 5^5$$
$$3^4 \times 5^3 \times 11$$
$$2^3 \times 3^3 \times 5^4$$
$$\overline{\text{(최대공약수)} = \quad 3^2 \times 5^3}$$
따라서 $a=2$, $b=3$이므로
$$b-a=3-2=1$$
답 1

0138 $180=2^2 \times 3^2 \times 5$, $900=2^2 \times 3^2 \times 5^2$이므로 … 1단계
$$2^2 \times 3^3 \times 5$$
$$180=2^2 \times 3^2 \times 5$$
$$900=2^2 \times 3^2 \times 5^2$$
$$\overline{\text{(최대공약수)} = 2^2 \times 3^2 \times 5}$$
… 2단계
따라서 $a=2$, $b=2$, $c=1$이므로
$$a+b+c=2+2+1=5$$
… 3단계
답 5

단계	채점 요소	비율
1	180, 900을 소인수분해 하기	40 %
2	최대공약수 구하기	40 %
3	$a+b+c$의 값 구하기	20 %

0139
$$2^2 \times 3 \times 5$$
$$2^2 \quad \times 5^2$$
$$\overline{\text{(최대공약수)} = 2^2 \quad \times 5}$$
공약수는 최대공약수의 약수이므로 공약수가 아닌 것은 ④이다.
답 ④

0140 A와 B의 공약수는 최대공약수인 48의 약수
　1, 2, 3, 4, 6, 8, 12, 16, 24, 48
이므로 A와 B의 공약수가 아닌 것은 ⑤이다. 　　答 ⑤

0141
$$90=2 \times 3^2 \times 5$$
$$108=2^2 \times 3^3$$
$$144=2^4 \times 3^2$$
$$\overline{\text{(최대공약수)} = 2 \times 3^2}$$
공약수는 최대공약수의 약수이므로 공약수가 아닌 것은 ②이다.
答 ②

0142
$$2^2 \times 3^3 \quad \times 7$$
$$2^3 \times 3^2 \times 5^2 \times 7$$
$$2^4 \times 3 \quad \times 7^2$$
$$\overline{\text{(최대공약수)} = 2^2 \times 3 \quad \times 7}$$
공약수는 최대공약수의 약수이므로 공약수는
$$(2+1) \times (1+1) \times (1+1) = 12 \text{ (개)}$$
答 ④

0143 가능한 한 많은 학생들에게 똑같이 나누어 주려면 학
생 수는 12, 60, 72의 최대공약수이어야 한다.
$$12=2^2 \times 3$$
$$60=2^2 \times 3 \times 5$$
$$72=2^3 \times 3^2$$
$$\overline{\text{(최대공약수)} = 2^2 \times 3 \quad = 12}$$
따라서 나누어 줄 수 있는 학생은 12명이다. 　　　答 ③

0144 빵은 2개가 남고, 음료수는 3개가 남았으므로
빵 $72-2=70$ (개), 음료수 $108-3=105$ (개)이면 학생들에게
똑같이 나누어 줄 수 있다.
즉 학생 수는 70, 105의 최대공약수이다.
$$70=2 \quad \times 5 \times 7$$
$$105= \quad 3 \times 5 \times 7$$
$$\overline{\text{(최대공약수)} = \quad 5 \times 7 = 35}$$
따라서 학생은 35명이다. 　　　　　　　　　答 35명

0145 가능한 한 많이 만들 수 있는 조의 수는 60, 50의 최
대공약수이다.
$$60=2^2 \times 3 \times 5$$
$$50=2 \quad \times 5^2$$
$$\overline{\text{(최대공약수)} = 2 \quad \times 5 = 10}$$
따라서 만들 수 있는 조는 10개이다. 　　　　… 1단계
이때 각 조에 속하는 학생은
　　남학생: $60 \div 10 = 6$ (명)
　　여학생: $50 \div 10 = 5$ (명) 　　　　… 2단계
答 10개, 남학생: 6명, 여학생: 5명

단계	채점 요소	비율
1	만들 수 있는 조의 수 구하기	50 %
2	각 조에 속하는 남학생, 여학생 수 구하기	50 %

0146 (1) 정사각형 모양의 타일의 한 변의 길이는 160과 280의 공약수이어야 하고, 가능한 한 큰 타일이려면 타일의 한 변의 길이는 160과 280의 최대공약수이어야 한다.

$$160 = 2^5 \times 5$$
$$280 = 2^3 \times 5 \times 7$$
$$\overline{(최대공약수) = 2^3 \times 5 \quad = 40}$$

따라서 타일의 한 변의 길이는 40 cm이다.

(2) 가로: $160 \div 40 = 4$ (개)

세로: $280 \div 40 = 7$ (개)

이므로 필요한 타일의 개수는 $4 \times 7 = 28$

🔑 (1) 40 cm (2) 28

0147 정사각형 모양의 색종이의 한 변의 길이는 60과 48의 공약수이어야 하고, 색종이의 수를 가능한 한 적게 하려면 색종이의 한 변의 길이는 60과 48의 최대공약수이어야 한다.

$$60 = 2^2 \times 3 \times 5$$
$$48 = 2^4 \times 3$$
$$\overline{(최대공약수) = 2^2 \times 3 \quad = 12}$$

색종이의 한 변의 길이는 12 cm이므로 필요한 색종이는

가로: $60 \div 12 = 5$ (장)

세로: $48 \div 12 = 4$ (장)

∴ $5 \times 4 = 20$ (장)

🔑 20장

0148 정육면체 모양의 벽돌의 한 모서리의 길이는 120, 60, 90의 공약수이어야 하고, 벽돌의 크기를 최대로 하려면 벽돌의 한 모서리의 길이는 120, 60, 90의 최대공약수이어야 한다.

$$120 = 2^3 \times 3 \times 5$$
$$60 = 2^2 \times 3 \times 5$$
$$90 = 2 \times 3^2 \times 5$$
$$\overline{(최대공약수) = 2 \times 3 \times 5 = 30} \quad \cdots \boxed{1단계}$$

벽돌의 한 모서리의 길이는 30 cm이므로 필요한 벽돌은

가로: $120 \div 30 = 4$ (개)

세로: $60 \div 30 = 2$ (개)

높이: $90 \div 30 = 3$ (개)

∴ $4 \times 2 \times 3 = 24$ (개) $\quad \cdots \boxed{2단계}$

🔑 24개

단계	채점 요소	비율
1	벽돌의 한 모서리의 길이 구하기	50 %
2	필요한 벽돌의 수 구하기	50 %

0149 나무 사이의 간격이 최대가 되게 심으려면 나무 사이의 간격은 120, 160의 최대공약수이어야 한다.

$$120 = 2^3 \times 3 \times 5$$
$$160 = 2^5 \times 5$$
$$\overline{(최대공약수) = 2^3 \times 5 = 40}$$

나무 사이의 간격이 40 m이므로 필요한 나무는

가로: $120 \div 40 = 3$ (그루), 세로: $160 \div 40 = 4$ (그루)

그런데 네 모퉁이에는 반드시 나무를 심으므로 필요한 나무는

$(3+4) \times 2 = 14$ (그루)

🔑 ④

0150 가능한 한 화분을 적게 놓으려면 화분 사이의 간격은 420, 270의 최대공약수이어야 한다.

$$420 = 2^2 \times 3 \times 5 \times 7$$
$$270 = 2 \times 3^3 \times 5$$
$$\overline{(최대공약수) = 2 \times 3 \times 5 = 30}$$

따라서 화분 사이의 간격은 30 cm이다.

🔑 ③

0151 가능한 한 기둥을 적게 세우려면 기둥 사이의 간격은 108, 90의 최대공약수이어야 한다.

$$108 = 2^2 \times 3^3$$
$$90 = 2 \times 3^2 \times 5$$
$$\overline{(최대공약수) = 2 \times 3^2 \quad = 18}$$

기둥 사이의 간격은 18 m이므로 필요한 기둥은

가로: $108 \div 18 = 6$ (개), 세로: $90 \div 18 = 5$ (개)

그런데 네 모퉁이에는 반드시 기둥을 세우므로 필요한 기둥은

$(6+5) \times 2 = 22$ (개)

🔑 22개

0152

$$2 \times 3 \quad \times 7$$
$$2^3 \times 3 \times 5 \quad \times 11$$
$$3^2 \times 5$$
$$\overline{(최소공배수) = 2^3 \times 3^2 \times 5 \times 7 \times 11}$$

🔑 ④

0153

$$12 = 2^2 \times 3$$
$$40 = 2^3 \quad \times 5$$
$$60 = 2^2 \times 3 \times 5$$
$$\overline{(최소공배수) = 2^3 \times 3 \times 5}$$

🔑 ③

0154 두 수의 최소공배수를 각각 구해 보면

① $2^2 \times 3^2 \times 7$ ② $2^3 \times 3 \times 7$ ③ $2^2 \times 3 \times 7$

④ $2^3 \times 3^2 \times 7$ ⑤ $2^5 \times 3^4 \times 5 \times 7$

🔑 ④

0155

$$2^2 \quad \times 5$$
$$90 = 2 \times 3^2 \times 5$$
$$2^2 \times 3 \times 5$$
$$\overline{(최소공배수) = 2^2 \times 3^2 \times 5} \quad \cdots \boxed{1단계}$$

따라서 $a = 2$, $b = 2$, $c = 5$이므로 $\quad \cdots \boxed{2단계}$

$a + b + c = 2 + 2 + 5 = 9 \quad \cdots \boxed{3단계}$

🔑 9

단계	채점 요소	비율
1	최소공배수 구하기	60 %
2	a, b, c의 값 구하기	30 %
3	$a+b+c$의 값 구하기	10 %

0156 $2^2 \times 3$, $2 \times 3^3 \times 5$의 최소공배수는 $2^2 \times 3^3 \times 5$이다.

공배수는 최소공배수의 배수이므로 공배수가 아닌 것은 ①이다.

🔑 ①

0157 공배수는 최소공배수의 배수이므로 100 이하의 자연수 중 18의 배수는 18, 36, 54, 72, 90의 5개이다. 답 ②

0158
$$2^3 \times 3$$
$$2 \times 3^2$$
$$\underline{\qquad 2^2 \times 3 \times 5}$$
$$(\text{최소공배수}) = 2^3 \times 3^2 \times 5$$
공배수는 최소공배수의 배수이므로 공배수가 아닌 것은 ②이다.
답 ②

0159
$$8 = 2^3$$
$$15 = \qquad 3 \times 5$$
$$\underline{24 = 2^3 \times 3}$$
$$(\text{최소공배수}) = 2^3 \times 3 \times 5 = 120$$
따라서 8, 15, 24의 최소공배수는 120이고, $120 \times 5 = 600$, $120 \times 6 = 720$이므로 700에 가장 가까운 공배수는 720이다.
답 720

0160
$$2^a \times 3^2 \times 5$$
$$2^3 \times 3^b$$
$$\underline{\qquad}$$
$$(\text{최대공약수}) = 2^2 \times 3^2$$
$$(\text{최소공배수}) = 2^3 \times 3^a \times 5$$
최대공약수에서 공통인 소인수 2의 지수 a, 3 중 작은 것이 2이므로 $a = 2$
최소공배수에서 소인수 3의 지수 2, b 중 크거나 같은 것이 $a = 2$이므로 $b = 2$
$$\therefore a + b = 2 + 2 = 4$$
답 ③

0161
$$2^a \times 3^2$$
$$2^3 \times 3^b \times 5$$
$$\underline{\qquad 2^2 \times 3^2 \times c}$$
$$(\text{최대공약수}) = 2 \times 3^2$$
$$(\text{최소공배수}) = 2^3 \times 3^3 \times 5$$
최대공약수에서 공통인 소인수 2의 지수 a, 3, 2 중 가장 작은 것이 1이므로 $a = 1$
최소공배수에서 소인수 3의 지수 2, b 중 큰 것이 3이므로 $b = 3$
최소공배수에서 소인수 5의 지수가 1이므로 $c = 5$
$$\therefore a + b + c = 1 + 3 + 5 = 9$$
답 9

0162 최소공배수가 $720 = 2^4 \times 3^2 \times 5$이므로
$$2^2 \times 3^a$$
$$2^b \times 3$$
$$\underline{\qquad 2^3 \times 3 \times 5^c}$$
$$(\text{최소공배수}) = 2^4 \times 3^2 \times 5$$
소인수 2의 지수 2, b, 3 중 가장 큰 것이 4이므로 $b = 4$

소인수 3의 지수 a, 1 중 큰 것이 2이므로 $a = 2$
소인수 5의 지수가 1이므로 $c = 1$
$$\therefore a + b - c = 2 + 4 - 1 = 5$$
답 5

0163
$$2^a \times 3^2 \times 5^3$$
$$\underline{2^5 \times 3^b \qquad \times c}$$
$$(\text{최대공약수}) = 2^4 \times 3$$
$$(\text{최소공배수}) = 2^5 \times 3^2 \times 5^3 \times 11$$
최대공약수에서 공통인 소인수 2의 지수 a, 5 중 작은 것이 4이므로 $a = 4$
또 공통인 소인수 3의 지수 2, b 중 작은 것이 1이므로 $b = 1$
최소공배수에서 소인수 11의 지수가 1이므로 $c = 11$
$$\therefore a + b + c = 4 + 1 + 11 = 16$$
답 16

0164
$$4 \times x = 2^2 \qquad \times x$$
$$5 \times x = \qquad 5 \times x$$
$$\underline{6 \times x = 2 \times 3 \qquad \times x}$$
$$(\text{최소공배수}) = 2^2 \times 3 \times 5 \times x = 60 \times x$$
세 수의 최소공배수가 180이므로
$$60 \times x = 180 \qquad \therefore x = 3$$
답 3

다른 풀이
$$\begin{array}{c|ccc} x) & 4 \times x & 5 \times x & 6 \times x \\ \hline 2) & 4 & 5 & 6 \\ \hline & 2 & 5 & 3 \end{array}$$
$$\therefore (\text{최소공배수}) = x \times 2 \times 2 \times 5 \times 3 = 60 \times x$$
$60 \times x = 180$이므로 $x = 3$

0165
$$3 \times x = \qquad 3 \times x$$
$$4 \times x = 2^2 \qquad \times x$$
$$\underline{6 \times x = 2 \times 3 \times x}$$
$$(\text{최소공배수}) = 2^2 \times 3 \times x = 12 \times x$$
세 수의 최소공배수가 72이므로
$$12 \times x = 72 \qquad \therefore x = 6$$
따라서 세 자연수의 최대공약수는 $x = 6$
답 ③

다른 풀이
$$\begin{array}{c|ccc} x) & 3 \times x & 4 \times x & 6 \times x \\ \hline 2) & 3 & 4 & 6 \\ \hline 3) & 3 & 2 & 3 \\ \hline & 1 & 2 & 1 \end{array}$$
$$\therefore (\text{최소공배수}) = x \times 2 \times 3 \times 1 \times 2 \times 1 = 12 \times x$$
세 수의 최소공배수가 72이므로
$$12 \times x = 72 \qquad \therefore x = 6$$
따라서 세 자연수의 최대공약수는 $x = 6$

참고 최대공약수는 공약수만 곱하므로 $x \times 2 \times 3$이 아니라 x이다.

0166
$$8 \times n = 2^3 \qquad \times n$$
$$12 \times n = 2^2 \times 3 \times n$$
$$\underline{16 \times n = 2^4 \qquad \times n}$$
$$(\text{최소공배수}) = 2^4 \times 3 \times n = 48 \times n$$
··· 1단계

세 수의 최소공배수가 192이므로

$$48 \times n = 192 \qquad \therefore n = 4 \qquad \cdots \text{2단계}$$

따라서 세 자연수의 최대공약수는

$$2^2 \times n = 4 \times 4 = 16 \qquad \cdots \text{3단계}$$

🖪 16

단계	채점 요소	비율
1	최소공배수를 n을 사용하여 나타내기	40 %
2	n의 값 구하기	30 %
3	최대공약수 구하기	30 %

다른 풀이

$$
\begin{array}{r|lll}
n & 8 \times n & 12 \times n & 16 \times n \\
\hline
2 & 8 & 12 & 16 \\
\hline
2 & 4 & 6 & 8 \\
\hline
2 & 2 & 3 & 4 \\
\hline
& 1 & 3 & 2
\end{array}
$$

$$\therefore (\text{최소공배수}) = n \times 2 \times 2 \times 2 \times 1 \times 3 \times 2 = 48 \times n$$

세 수의 최소공배수가 192이므로

$$48 \times n = 192 \qquad \therefore n = 4$$

따라서 세 자연수의 최대공약수는

$$2 \times 2 \times n = 4 \times 4 = 16$$

0167 세 자연수를 $2 \times x$, $5 \times x$, $6 \times x$ (x는 자연수)라 하면

$$
\begin{array}{l}
2 \times x = 2 \qquad\quad \times x \\
5 \times x = \qquad\quad 5 \times x \\
6 \times x = 2 \times 3 \quad\; \times x \\
\hline
(\text{최소공배수}) = 2 \times 3 \times 5 \times x = 30 \times x
\end{array}
$$

세 수의 최소공배수가 600이므로

$$30 \times x = 600 \qquad \therefore x = 20$$

따라서 세 자연수는 40, 100, 120이므로 그 합은

$$40 + 100 + 120 = 260 \qquad 🖪 \; 260$$

다른 풀이 세 자연수를 $2 \times x$, $5 \times x$, $6 \times x$ (x는 자연수)라 하면

$$
\begin{array}{r|lll}
x & 2 \times x & 5 \times x & 6 \times x \\
\hline
2 & 2 & 5 & 6 \\
\hline
& 1 & 5 & 3
\end{array}
$$

$$\therefore (\text{최소공배수}) = x \times 2 \times 1 \times 5 \times 3 = 30 \times x$$

세 수의 최소공배수가 600이므로

$$30 \times x = 600 \qquad \therefore x = 20$$

따라서 세 자연수는 40, 100, 120이므로 그 합은

$$40 + 100 + 120 = 260$$

RPM 비법 노트

세 자연수의 비가 $a : b : c$
➡ 세 수를 $a \times x$, $b \times x$, $c \times x$ (x는 자연수)로 놓는다.

0168 A, $20 = 2^2 \times 5$의 최소공배수가 $2^3 \times 3 \times 5$이므로 A는 $2^3 \times 3 \times$ (자연수)의 꼴이고 최소공배수인 $2^3 \times 3 \times 5$의 약수이어야 한다.

따라서 구하는 가장 작은 자연수는 $\quad 2^3 \times 3 = 24 \qquad 🖪 \; 24$

0169 $4 = 2^2$, $15 = 3 \times 5$이므로 N은 $3^2 \times$ (자연수)의 꼴이고 최소공배수인 $2^2 \times 3^2 \times 5$의 약수이어야 한다.

① $9 = 3^2 \times 1$ ② $18 = 3^2 \times 2$ ③ $36 = 3^2 \times 2^2$
④ $45 = 3^2 \times 5$ ⑤ $60 = 2^2 \times 3 \times 5$

따라서 N의 값이 될 수 없는 것은 ⑤이다. 🖪 ⑤

0170 $15 = 3 \times 5$, $30 = 2 \times 3 \times 5$, $150 = 2 \times 3 \times 5^2$이므로 a는 $5^2 \times$ (자연수)의 꼴이고 최소공배수인 $2 \times 3 \times 5^2$의 약수이어야 한다.

따라서 a가 될 수 있는 수는

$$5^2 = 25, \; 2 \times 5^2 = 50, \; 3 \times 5^2 = 75, \; 2 \times 3 \times 5^2 = 150$$

의 4개이다. 🖪 ③

0171 (1) 가장 작은 정사각형을 만들려고 하므로 정사각형의 한 변의 길이는 12와 15의 최소공배수이다.

$$
\begin{array}{l}
12 = 2^2 \times 3 \\
15 = \qquad\; 3 \times 5 \\
\hline
(\text{최소공배수}) = 2^2 \times 3 \times 5 = 60
\end{array}
$$

따라서 정사각형의 한 변의 길이는 60 cm이다.

(2) 가로: $60 \div 12 = 5$ (장)
세로: $60 \div 15 = 4$ (장)
이므로 필요한 색종이의 수는

$$5 \times 4 = 20 \qquad 🖪 \; (1) \; 60 \text{ cm} \quad (2) \; 20$$

0172 가장 작은 정육면체를 만들려고 하므로 정육면체의 한 모서리의 길이는 6, 8, 3의 최소공배수이다.

$$
\begin{array}{l}
6 = 2 \times 3 \\
8 = 2^3 \\
3 = \qquad\; 3 \\
\hline
(\text{최소공배수}) = 2^3 \times 3 = 24
\end{array}
$$

따라서 정육면체의 한 모서리의 길이는 24 cm이다. 🖪 ②

0173 되도록 작은 정육면체를 만들려고 하므로 정육면체의 한 모서리의 길이는 24, 30, 18의 최소공배수이다.

$$
\begin{array}{l}
24 = 2^3 \times 3 \\
30 = 2 \times 3 \times 5 \\
18 = 2 \times 3^2 \\
\hline
(\text{최소공배수}) = 2^3 \times 3^2 \times 5 = 360 \qquad \cdots \text{1단계}
\end{array}
$$

정육면체의 한 모서리의 길이는 360 cm이므로 필요한 벽돌은

가로: $360 \div 24 = 15$ (개)
세로: $360 \div 30 = 12$ (개)
높이: $360 \div 18 = 20$ (개)

$$\therefore 15 \times 12 \times 20 = 3600 \qquad \cdots \text{2단계}$$

🖪 360 cm, 3600

단계	채점 요소	비율
1	정육면체의 한 모서리의 길이 구하기	40 %
2	필요한 벽돌의 개수 구하기	60 %

0174 오전 9시 이후 처음으로 다시 동시에 출발하는 시각은 20과 15의 최소공배수만큼의 시간이 지난 후이다.

$$20 = 2^2 \quad \times 5$$
$$15 = \qquad 3 \times 5$$
$$\overline{(최소공배수) = 2^2 \times 3 \times 5 = 60}$$

따라서 두 버스는 60분마다 동시에 출발하므로 오전 9시 이후 처음으로 다시 동시에 출발하는 시각은 60분, 즉 1시간 후인 오전 10시이다. 🖫 오전 10시

0175 $6 = 2 \times 3$, $9 = 3^2$의 최소공배수는 $2 \times 3^2 = 18$이므로 두 사람이 처음으로 다시 도서관에서 만날 때까지 걸리는 기간은 18일이다.

$18 = 7 \times 2 + 4$이므로 구하는 요일은 월요일로부터 4일 후인 금요일이다. 🖫 ④

0176 두 사람이 출발 지점에서 처음으로 다시 만날 때까지 걸리는 시간은 45와 60의 최소공배수만큼의 시간이 지난 후이다.

$$45 = \qquad 3^2 \times 5$$
$$60 = 2^2 \times 3 \times 5$$
$$\overline{(최소공배수) = 2^2 \times 3^2 \times 5 = 180}$$

따라서 두 사람이 출발 지점에서 처음으로 다시 만나게 되는 것은 출발한 지 180초 후이다. 🖫 180초

0177 오전 6시 이후 처음으로 다시 동시에 출발하는 시각은 20, 25, 10의 최소공배수만큼의 시간이 지난 후이다.

$$20 = 2^2 \times 5$$
$$25 = \qquad 5^2$$
$$10 = 2 \quad \times 5$$
$$\overline{(최소공배수) = 2^2 \times 5^2 = 100}$$

따라서 세 열차는 100분마다 동시에 출발하므로 오전 6시 이후 처음으로 다시 동시에 출발하는 시각은 100분 후, 즉 1시간 40분 후인 오전 7시 40분이다. 🖫 오전 7시 40분

0178 두 톱니바퀴가 같은 톱니에서 처음으로 다시 맞물릴 때까지 맞물린 톱니의 수는 45와 30의 최소공배수이다.

$$45 = \qquad 3^2 \times 5$$
$$30 = 2 \times 3 \quad \times 5$$
$$\overline{(최소공배수) = 2 \times 3^2 \times 5 = 90}$$

따라서 두 톱니바퀴가 같은 톱니에서 처음으로 다시 맞물리려면 톱니바퀴 B는

$$90 \div 30 = 3 \text{ (바퀴)}$$

회전해야 한다. 🖫 ②

0179 두 톱니바퀴가 같은 톱니에서 처음으로 다시 맞물릴 때까지 맞물린 톱니의 수는 16과 24의 최소공배수이다.

$$16 = 2^4$$
$$24 = 2^3 \times 3$$
$$\overline{(최소공배수) = 2^4 \times 3 = 48}$$

따라서 두 톱니바퀴가 같은 톱니에서 처음으로 다시 맞물릴 때까지 맞물린 톱니바퀴 A의 톱니는 48개이다. 🖫 48개

0180 두 톱니바퀴가 같은 톱니에서 처음으로 다시 맞물릴 때까지 맞물린 톱니의 수는 75와 60의 최소공배수이다.

$$75 = \qquad 3 \times 5^2$$
$$60 = 2^2 \times 3 \times 5$$
$$\overline{(최소공배수) = 2^2 \times 3 \times 5^2 = 300} \quad \cdots \boxed{\text{1단계}}$$

따라서 두 톱니바퀴가 같은 톱니에서 처음으로 다시 맞물리는 것은

A: $300 \div 75 = 4$ (바퀴)
B: $300 \div 60 = 5$ (바퀴)

회전한 후이다. $\cdots$ 2단계

🖫 A: 4바퀴, B: 5바퀴

단계	채점 요소	비율
1	두 톱니바퀴가 같은 톱니에서 처음으로 다시 맞물릴 때까지 맞물린 톱니의 수 구하기	40 %
2	A, B가 회전한 바퀴 수 구하기	60 %

0181 $18 = 6 \times 3$, $30 = 6 \times 5$, N의 최소공배수가 $630 = 6 \times (3 \times 5 \times 7)$이므로 N은 $6 \times 7 \times$ (자연수)의 꼴이고 최소공배수인 $6 \times (3 \times 5 \times 7)$의 약수이어야 한다.
따라서 N의 값이 될 수 있는 수는

$6 \times 7 = 42$, $6 \times 7 \times 3 = 126$, $6 \times 7 \times 5 = 210$,
$6 \times 7 \times 3 \times 5 = 630$

이므로 N의 값이 될 수 없는 것은 ②이다. 🖫 ②

0182 $6 = 3 \times 2$, $15 = 3 \times 5$, N의 최소공배수가 $210 = 3 \times (2 \times 5 \times 7)$이므로 N은 $3 \times 7 \times$ (자연수)의 꼴이고 최소공배수인 $3 \times (2 \times 5 \times 7)$의 약수이어야 한다.
따라서 N의 값이 될 수 있는 수는

$3 \times 7 = 21$, $3 \times 7 \times 2 = 42$, $3 \times 7 \times 5 = 105$,
$3 \times 7 \times 2 \times 5 = 210$

이므로 N의 값이 될 수 없는 것은 ③이다. 🖫 ③

0183 $36 = 18 \times 2$, $90 = 18 \times 5$, N의 최소공배수가 $540 = 18 \times (2 \times 3 \times 5)$이므로 N은 $18 \times 3 \times$ (자연수)의 꼴이고 최소공배수인 $18 \times (2 \times 3 \times 5)$의 약수이어야 한다.
따라서 N의 값이 될 수 있는 수는

$18 \times 3 = 54$, $18 \times 3 \times 2 = 108$, $18 \times 3 \times 5 = 270$,
$18 \times 3 \times 2 \times 5 = 540$

즉 가장 큰 수는 540이고, 가장 작은 수는 54이므로 구하는 합은

$$540 + 54 = 594$$

🖫 594

0184 최대공약수가 8이고 $A > B$이므로

$$A = 8 \times a, \ B = 8 \times b \ (a, b는 서로소, a > b)$$

라 하면 최소공배수가 280이므로

$8 \times a \times b = 280$ $\therefore a \times b = 35$

(i) $a = 35$, $b = 1$일 때, $A = 8 \times 35 = 280$, $B = 8 \times 1 = 8$

(ii) $a = 7$, $b = 5$일 때, $A = 8 \times 7 = 56$, $B = 8 \times 5 = 40$

(i), (ii)에서 $A + B = 96$이어야 하므로 $A = 56$, $B = 40$

$\therefore A - B = 56 - 40 = 16$ 답 ③

0185 최대공약수가 26이고 $A > B$이므로

$A = 26 \times a$, $B = 26 \times b$ (a, b는 서로소, $a > b$)

라 하면 최소공배수가 156이므로

$26 \times a \times b = 156$ $\therefore a \times b = 6$

(i) $a = 6$, $b = 1$일 때, $A = 26 \times 6 = 156$, $B = 26 \times 1 = 26$

(ii) $a = 3$, $b = 2$일 때, $A = 26 \times 3 = 78$, $B = 26 \times 2 = 52$

(i), (ii)에서 $A + B$의 값이 될 수 있는 수는

$156 + 26 = 182$, $78 + 52 = 130$ 답 ②, ⑤

0186 최대공약수가 5이고 $A > B$이므로

$A = 5 \times a$, $B = 5 \times b$ (a, b는 서로소, $a > b$)

라 하면 최소공배수가 120이므로

$5 \times a \times b = 120$ $\therefore a \times b = 24$ ··· 1단계

(i) $a = 24$, $b = 1$일 때, $A = 5 \times 24 = 120$, $B = 5 \times 1 = 5$

(ii) $a = 8$, $b = 3$일 때, $A = 5 \times 8 = 40$, $B = 5 \times 3 = 15$

(i), (ii)에서 $A - B = 25$이어야 하므로

$A = 40$, $B = 15$ ··· 2단계

$\therefore A + B = 40 + 15 = 55$ ··· 3단계

답 55

단계	채점 요소	비율
1	$A = 5 \times a$, $B = 5 \times b$라 하고 $a \times b$의 값 구하기	30 %
2	A, B의 값 구하기	50 %
3	$A + B$의 값 구하기	20 %

 시험에 꼭 나오는 문제   ▶본문 28~31쪽

0187 전략 서로소는 최대공약수가 1인 두 자연수임을 이용한다.

두 수의 최대공약수를 각각 구해 보면

① 2   ② 3   ③ 1   ④ 7   ⑤ 3

따라서 두 수가 서로소인 것은 ③이다.   답 ③

0188 전략 □ 안에 각 수를 대입해 본다.

③ □ $= 54 = 2 \times 3^3$이면 $2^3 \times$ □ $= 2^3 \times 2 \times 3^3 = 2^4 \times 3^3$이므로

$2^4 \times 3^3$, $2^2 \times 3^5 \times 7$의 최대공약수는 $2^2 \times 3^3 = 108$이다.

답 ③

0189 전략 공약수는 최대공약수의 약수임을 이용한다.

$2^3 \times 3^2$, $2^2 \times 3^3 \times 7$의 최대공약수는 $2^2 \times 3^2$이다.

공약수는 최대공약수의 약수이므로 공약수가 아닌 것은 ③이다.

답 ③

0190 전략 공약수는 최대공약수의 약수임을 이용한다.

A와 B의 최대공약수가 28이므로 A와 B의 공약수는

1, 2, 4, 7, 14, 28

B와 C의 최대공약수가 42이므로 B와 C의 공약수는

1, 2, 3, 6, 7, 14, 21, 42

따라서 A, B, C의 공약수는 1, 2, 7, 14의 4개이다.   답 4개

0191 전략 가능한 한 많은 학생들에게 나누어 주어야 하므로 최대공약수를 이용한다.

사과는 3개가 부족하고, 복숭아와 딸기는 각각 1개, 2개가 남으므로 사과 $27 + 3 = 30$ (개), 복숭아 $46 - 1 = 45$ (개),

딸기 $77 - 2 = 75$ (개)가 있으면 학생들에게 똑같이 나누어 줄 수 있다.

즉 학생 수는 30, 45, 75의 최대공약수이다.

$$\begin{array}{rl} 30 = & 2 \times 3 \times 5 \\ 45 = & 3^2 \times 5 \\ 75 = & 3 \times 5^2 \\ \hline (최대공약수) = & 3 \times 5 = 15 \end{array}$$

따라서 학생은 15명이다.   답 ④

0192 전략 세 수를 모두 자연수가 되게 하려면 n은 세 분자의 공약수이어야 한다.

n은 110, 220, 275의 공약수이다.

$$\begin{array}{rl} 110 = & 2 \times 5 \times 11 \\ 220 = & 2^2 \times 5 \times 11 \\ 275 = & 5^2 \times 11 \\ \hline (최대공약수) = & 5 \times 11 = 55 \end{array}$$

110, 220, 275의 최대공약수는 55이므로 55의 약수 중 두 자리 자연수 n은 11, 55의 2개이다.   답 ②

RPM 비법 노트

세 분수 $\dfrac{A}{n}$, $\dfrac{B}{n}$, $\dfrac{C}{n}$가 모두 자연수가 되게 하는 자연수 n

➡ n은 A, B, C의 공약수

➡ n은 A, B, C의 최대공약수의 약수

0193 전략 어떤 수로 37을 나누면 5가 남고, 90을 나누면 2가 남는다는 것은 그 수로 $37 - 5$, $90 - 2$를 나누면 나누어떨어지는 것임을 이용한다.

어떤 수로 $37 - 5 = 32$, $90 - 2 = 88$을 나누면 나누어떨어지므로 구하는 수는 32, 88의 최대공약수이다.

$$\begin{array}{rl} 32 = & 2^5 \\ 88 = & 2^3 \times 11 \\ \hline (최대공약수) = & 2^3 = 8 \end{array}$$

답 ②

0194 전략 공통인 소인수의 거듭제곱에서 최대공약수는 지수가 작거나 같은 것을 택하고, 최소공배수는 지수가 크거나 같은 것을 택한다.

$$3^2 \times 5$$
$$2 \times 3^2 \times 5$$
$$3^3 \times 5^2 \times 7$$

(최대공약수) = $3^2 \times 5$
(최소공배수) = $2 \times 3^3 \times 5^2 \times 7$ 　　　답 ④

0195 전략 공통인 소인수의 거듭제곱에서 최대공약수는 지수가 작거나 같은 것을 택하고, 최소공배수는 지수가 크거나 같은 것을 택한다.

④ $2^2 \times 3^3$, $2 \times 3 \times 5$의 최대공약수는 2×3, 최소공배수는 $2^2 \times 3^3 \times 5$이다. 　　　답 ④

0196 전략 공약수의 개수는 최대공약수의 약수의 개수와 같음을 이용한다.

① 16과 81의 최대공약수는 1이므로 서로소이다.

② $2^2 \times 3^4$, $2 \times 3^2 \times 5$의 최대공약수는 2×3^2이므로 $36 = 2^2 \times 3^2$은 공약수가 아니다.

③ $2^3 \times 3^2 \times 7$, $2 \times 3 \times 5^2$, $2 \times 3^3 \times 5$의 최대공약수가 2×3이므로 공약수는 $(2+1) \times (1+1) = 6$ (개)

④ 2×3^2, $2^2 \times 5$의 최소공배수는 $2^2 \times 3^2 \times 5$이므로 $180 = 2^2 \times 3^2 \times 5$는 두 수의 공배수이다.

⑤ 4와 9는 서로소이지만 둘 다 소수가 아니다.

따라서 옳지 않은 것은 ②, ⑤이다. 　　　답 ②, ⑤

0197 전략 먼저 최소공배수를 구한다.

$$2^2 \times 3$$
$$3 \times 5$$
$$2 \times 3 \times 5$$

(최소공배수) = $2^2 \times 3 \times 5$

공배수는 최소공배수의 배수이므로 공배수가 아닌 것은 ②이다. 　　　답 ②

0198 전략 공통인 소인수의 거듭제곱에서 최대공약수는 지수가 작거나 같은 것을 택하고, 최소공배수는 지수가 크거나 같은 것을 택한다.

$$2 \times 3^a \times 5$$
$$3^3 \times 5^c$$
$$3^b \times 5 \times 7^d$$

(최대공약수) = $3^2 \times 5$
(최소공배수) = $2 \times 3^4 \times 5^2 \times 7$

최대공약수에서 공통인 소인수 3의 지수 a, 3, b 중 가장 작은 것이 2이므로 a, b 중 하나는 2이다.

최소공배수에서 소인수 3의 지수 a, 3, b 중 가장 큰 것이 4이므로 a, b 중 하나는 4이다.

　　　∴ $a = 2$, $b = 4$ 또는 $a = 4$, $b = 2$

또한 최소공배수에서 소인수 5의 지수 1, c 중 큰 것이 2이므로

　　　$c = 2$

소인수 7의 지수가 1이므로　　　$d = 1$

　　　∴ $a + b + c + d = 2 + 4 + 2 + 1 = 9$ 　　　답 9

0199 전략 공통인 소인수의 거듭제곱에서 최대공약수는 지수가 작거나 같은 것을 택하고, 최소공배수는 지수가 크거나 같은 것을 택한다.

A의 소인수는 2, 3, 5, 7이므로 $A = 2^a \times 3^b \times 5^c \times 7^d$ (a, b, c, d는 자연수)라 하면

$$2^a \times 3^b \times 5^c \times 7^d$$
$$2 \times 3^2 \times 7^2$$

(최대공약수) = $2 \times 3 \times 7^2$
(최소공배수) = $2 \times 3^2 \times 5 \times 7^3$

최대공약수에서 공통인 소인수 3의 지수 b, 2 중 작은 것이 1이므로　　　$b = 1$

최소공배수에서 소인수 2의 지수 a, 1 중 크거나 같은 것이 1이므로　　　$a = 1$

소인수 5의 지수가 1이므로　　　$c = 1$

소인수 7의 지수 d, 2 중 큰 것이 3이므로　　　$d = 3$

　　　∴ $A = 2 \times 3 \times 5 \times 7^3$ 　　　답 ④

0200 전략 x를 제외한 수를 소인수분해 하여 최소공배수를 x를 사용하여 나타낸다.

$$3 \times x = 3 \times x$$
$$4 \times x = 2^2 \times x$$
$$5 \times x = 5 \times x$$

(최소공배수) = $2^2 \times 3 \times 5 \times x = 60 \times x$

세 수의 최소공배수가 300이므로

　　　$60 \times x = 300$ 　　　∴ $x = 5$

따라서 세 자연수 중 가장 큰 수는

　　　$5 \times x = 5 \times 5 = 25$ 　　　답 ③

0201 전략 15, 60을 소인수분해 한 후 n의 조건을 생각해 본다.

$15 = 3 \times 5$, $60 = 2^2 \times 3 \times 5$이므로 n은 $2^2 \times$ (자연수)의 꼴이고 최소공배수인 $2^2 \times 3 \times 5$의 약수이어야 한다.

① $4 = 2^2$
② $12 = 2^2 \times 3$
③ $20 = 2^2 \times 5$
④ $40 = 2^3 \times 5$
⑤ $60 = 2^2 \times 3 \times 5$

따라서 n의 값이 될 수 없는 것은 ④이다. 　　　답 ④

0202 전략 처음으로 다시 두 사람이 함께 봉사활동을 하려면 최소공배수만큼의 기간이 필요함을 이용한다.

5월 2일 이후 처음으로 다시 함께 봉사활동을 하는 날은 6, 8의 최소공배수만큼의 날짜가 지난 후이다.

$$6=2 \times 3$$
$$8=2^3$$
$$\overline{(최소공배수)=2^3 \times 3 = 24}$$

따라서 기은이와 지형이는 24일마다 같은 장소에서 봉사활동을 하므로 5월 2일 이후 처음으로 다시 함께 봉사활동을 하는 날은 24일 후인 5월 26일이다. 답 ⑤

0203 전략 세 톱니바퀴가 같은 톱니에서 처음으로 다시 동시에 맞물릴 때까지 맞물린 톱니의 수는 세 톱니바퀴의 톱니의 수의 최소공배수와 같음을 이용한다.

세 톱니바퀴가 같은 톱니에서 처음으로 다시 동시에 맞물릴 때까지 맞물린 톱니의 수는 12, 20, 24의 최소공배수이다.

$$12=2^2 \times 3$$
$$20=2^2 \quad \times 5$$
$$24=2^3 \times 3$$
$$\overline{(최소공배수)=2^3 \times 3 \times 5 = 120}$$

따라서 세 톱니바퀴가 같은 톱니에서 처음으로 다시 동시에 맞물리려면 톱니바퀴 A는

$$120 \div 12 = 10 \ (바퀴)$$

회전해야 한다. 답 ④

0204 전략 구하는 자연수보다 2가 작으면 3, 5, 8로 모두 나누어떨어짐을 이용한다.

3, 5, 8 중 어느 수로 나누어도 2가 남으므로 구하는 자연수를 x라 하면 $x-2$는 3, 5, 8의 공배수이다.

3, 5, $8=2^3$의 최소공배수는 $2^3 \times 3 \times 5 = 120$이므로 $x-2$는 120의 배수이다.

즉 $x-2=120, 240, \cdots$이므로 $x=122, 242, \cdots$

따라서 가장 작은 세 자리 자연수는 122이다. 답 122

RPM 비법 노트

어떤 수 x를 a, b, c로 나누면 나머지가 모두 r이다.
➡ $x-r$는 a, b, c로 각각 나누어떨어진다.
➡ $x-r$는 a, b, c의 공배수이다.

0205 전략 세 분수에 곱하여 모두 자연수가 되게 하려면 $\dfrac{(분모들의 공배수)}{(분자들의 공약수)}$의 꼴을 곱해야 한다.

구하는 분수를 $\dfrac{B}{A}$라 하면 A는 7, $35=5 \times 7$, $56=2^3 \times 7$의 최대공약수이어야 하므로

$$A=7$$

B는 $6=2 \times 3$, $12=2^2 \times 3$, $27=3^3$의 최소공배수이어야 하므로

$$B=2^2 \times 3^3 = 108$$

따라서 구하는 분수는 $\dfrac{108}{7}$이다. 답 $\dfrac{108}{7}$

0206 전략 두 자연수 A, B의 최대공약수가 G이면 $A=G \times a$, $B=G \times b$ (a, b는 서로소)로 놓을 수 있다.

$72=18 \times 4$, $108=18 \times 6$, A의 최대공약수 18이므로 A는 $18 \times a$ (a는 2와 서로소)의 꼴이다.

⑤ $144=18 \times 8$이므로 $a=8$

이때 8은 2와 서로소가 아니므로 A의 값이 될 수 없다.

답 ⑤

다른 풀이 세 수의 최대공약수가 18이므로 a는 4, 6과의 공약수가 1뿐이어야 한다.

즉 짝수가 아니어야 하므로 $a=1, 3, 5, 7, 9, \cdots$

∴ $A=18, 54, 90, 126, 162, \cdots$

0207 전략 두 자연수 A, B의 최대공약수가 G이면 $A=G \times a$, $B=G \times b$ (a, b는 서로소)로 놓고 최대공약수와 최소공배수의 관계를 이용한다.

최대공약수가 8이고 $A<B$이므로

$$A=8 \times a, \ B=8 \times b \ (a, b는 서로소, a<b)$$

라 하면 최소공배수가 32이므로

$$8 \times a \times b = 32 \qquad \therefore a \times b = 4$$

즉 $a=1$, $b=4$이므로 $A=8 \times 1 = 8$, $B=8 \times 4 = 32$

$$\therefore B-A=32-8=24$$ 답 ③

0208 전략 사진의 크기를 최대로 하므로 최대공약수를 이용한다.

가능한 한 큰 정사각형 모양의 사진을 붙이려고 하므로 사진의 한 변의 길이는 180과 144의 최대공약수이어야 한다.

$$180=2^2 \times 3^2 \times 5$$
$$144=2^4 \times 3^2$$
$$\overline{(최대공약수)=2^2 \times 3^2 \quad = 36}$$

∴ $x=36$ … 1단계

가로: $180 \div 36 = 5$ (장)
세로: $144 \div 36 = 4$ (장)

의 사진이 필요하므로

$$y=5 \times 4 = 20$$ … 2단계

$$\therefore x+y=36+20=56$$ … 3단계

답 56

단계	채점 요소	비율
1	x의 값 구하기	40 %
2	y의 값 구하기	40 %
3	$x+y$의 값 구하기	20 %

0209 전략 a를 제외한 수를 소인수분해 하여 최소공배수를 구한다.

(1)
$$15 \times a = \qquad 3 \times 5 \times a$$
$$18 \times a = 2 \times 3^2 \qquad \times a$$
$$45 \times a = \qquad 3^2 \times 5 \times a$$

(최소공배수)$= 2 \times 3^2 \times 5 \times a = 90 \times a$

최소공배수가 270이므로
$$90 \times a = 270 \qquad \therefore a = 3 \qquad \cdots \text{ 1단계}$$

(2) 세 자연수의 최대공약수는
$$3 \times a = 3 \times 3 = 9 \qquad \cdots \text{ 2단계}$$

답 (1) 3 (2) 9

단계	채점 요소	비율
1	a의 값 구하기	70 %
2	최대공약수 구하기	30 %

0210 전략 두 자연수 A, B의 최대공약수가 G이면 $A = G \times a$, $B = G \times b$ (a, b는 서로소)로 놓을 수 있다.

최대공약수가 6이고 $A < B$이므로
$$A = 6 \times a, \ B = 6 \times b \ (a, b\text{는 서로소}, \ a < b)$$
라 하면 두 수의 곱이 756이므로
$$(6 \times a) \times (6 \times b) = 756 \qquad \therefore a \times b = 21 \qquad \cdots \text{ 1단계}$$

(i) $a = 1$, $b = 21$일 때,
$$A = 6 \times 1 = 6, \ B = 6 \times 21 = 126$$

(ii) $a = 3$, $b = 7$일 때,
$$A = 6 \times 3 = 18, \ B = 6 \times 7 = 42$$

(i), (ii)에서 A, B가 두 자리 자연수이므로
$$A = 18, \ B = 42 \qquad \cdots \text{ 2단계}$$
$$\therefore A + B = 18 + 42 = 60 \qquad \cdots \text{ 3단계}$$

답 60

단계	채점 요소	비율
1	$A = 6 \times a$, $B = 6 \times b$라 하고 $a \times b$의 값 구하기	30 %
2	A, B의 값 구하기	50 %
3	$A + B$의 값 구하기	20 %

0211 전략 세 네온사인이 처음으로 다시 동시에 켜지는 시각은 최소공배수를 이용하여 구한다.

A가 켜진 후 다시 켜지는 데 걸리는 시간은
$$14 + 2 = 16 \text{ (초)}$$
B가 켜진 후 다시 켜지는 데 걸리는 시간은
$$17 + 3 = 20 \text{ (초)}$$
C가 켜진 후 다시 켜지는 데 걸리는 시간은
$$20 + 4 = 24 \text{ (초)}$$

오후 8시 이후 처음으로 다시 세 네온사인이 동시에 켜지는 시각은 16, 20, 24의 최소공배수만큼의 시간이 지난 후이다.
$$16 = 2^4$$
$$20 = 2^2 \qquad \times 5$$
$$24 = 2^3 \times 3$$

(최소공배수)$= 2^4 \times 3 \times 5 = 240$

따라서 세 네온사인은 240초마다 동시에 켜지므로 오후 8시 이후에 처음으로 다시 동시에 켜지는 시각은 240초 후, 즉 4분 후인 오후 8시 4분이다. 답 오후 8시 4분

0212 전략 주어진 최대공약수와 최소공배수를 이용하여 N의 조건을 생각해 본다.

$30 = 15 \times 2$, $75 = 15 \times 5$, N의 최소공배수가 $450 = 15 \times (2 \times 3 \times 5)$이므로 N은 $15 \times 3 \times$ (자연수)의 꼴이고 최소공배수인 $15 \times (2 \times 3 \times 5)$의 약수이어야 한다.

따라서 N의 값이 될 수 있는 수는
$$15 \times 3 = 45, \ 15 \times 3 \times 2 = 90, \ 15 \times 3 \times 5 = 225,$$
$$15 \times 3 \times 2 \times 5 = 450$$
이므로 N의 값이 될 수 없는 것은 ③이다. 답 ③

0213 전략 두 자연수 A, B의 최대공약수가 G이면 $A = G \times a$, $B = G \times b$ (a, b는 서로소)로 놓고 최대공약수와 최소공배수의 관계를 이용한다.

조건 ㈎에서 A, B의 최대공약수가 4이고 $A > B$이므로
$$A = 4 \times a, \ B = 4 \times b \ (a, b\text{는 서로소}, \ a > b)$$
라 하면 조건 ㈏에서 A, B의 최소공배수가 144이므로
$$4 \times a \times b = 144 \qquad \therefore a \times b = 36$$

(i) $a = 36$, $b = 1$일 때,
$$A = 4 \times 36 = 144, \ B = 4 \times 1 = 4$$

(ii) $a = 9$, $b = 4$일 때,
$$A = 4 \times 9 = 36, \ B = 4 \times 4 = 16$$

(i), (ii)와 조건 ㈐에서 $A + B = 52$이어야 하므로
$$A = 36, \ B = 16$$
$$\therefore A - B = 36 - 16 = 20 \qquad \text{답 } 20$$

03 정수와 유리수

교과서문제 정복하기 ▶ 본문 35, 37쪽

0214 답 $+7\,℃,\ -10\,℃$

0215 답 -3층, $+40$층

0216 답 $+700$원, -300원

0217 답 $+2\,kg,\ -6\,kg$

0218 답 $-140\,m,\ +500\,m$

0219 답 $+3$　　**0220** 답 -1

0221 답 $+1.5$　　**0222** 답 $-\dfrac{1}{2}$

0223 답 $+2,\ 10$　　**0224** 답 -5

0225 답 $-5,\ 0,\ +2,\ 10$

0226 답 $+3,\ +\dfrac{3}{4},\ 7.7$

0227 답 $-1.6,\ -\dfrac{5}{3},\ -8$

0228 답 $-1.6,\ -\dfrac{5}{3},\ +\dfrac{3}{4},\ 7.7$

0229 답 ○

0230 -1은 정수이지만 자연수가 아니다. 답 ×

0231 답 ○

0232 유리수는 양의 유리수, 0, 음의 유리수로 이루어져 있다. 답 ×

0233 답 A: $-\dfrac{7}{4}$, B: $-\dfrac{1}{2}$, C: $\dfrac{1}{4}$, D: 2

0234 답
```
      (1)        (2)       (3)              (4)
 ──┼────┼────┼────┼────┼────┼────
  -3   -2   -1    0    1    2    3
```

0235 답 9　　**0236** 답 2

0237 답 $\dfrac{9}{5}$　　**0238** 답 3.7

0239 답 $+5,\ -5$　　**0240** 답 $+1.3,\ -1.3$

0241 답 $+\dfrac{2}{3},\ -\dfrac{2}{3}$　　**0242** 답 0

0243 $|1.3|=1.3,\ |-0.7|=0.7,\ |4|=4,\ \left|\dfrac{1}{2}\right|=\dfrac{1}{2},$
$|0|=0$이므로 절댓값이 작은 수부터 차례대로 나열하면
$\quad 0,\ \dfrac{1}{2},\ -0.7,\ 1.3,\ 4$　　답 $0,\ \dfrac{1}{2},\ -0.7,\ 1.3,\ 4$

0244 양수는 0보다 크므로　$+7\ \boxed{>}\ 0$　　답 $>$

0245 음수는 0보다 작으므로　$-0.3\ \boxed{<}\ 0$　　답 $<$

0246 양수는 음수보다 크므로　$-1\ \boxed{<}\ +1.4$　　답 $<$

0247 양수는 음수보다 크므로　$+\dfrac{3}{4}\ \boxed{>}\ -\dfrac{2}{5}$　　답 $>$

0248 $+\dfrac{2}{3}=+\dfrac{4}{6}$이므로　$+\dfrac{2}{3}\ \boxed{<}\ +\dfrac{5}{6}$　　답 $<$

0249 $+\dfrac{4}{7}=+\dfrac{8}{14},\ +0.5=+\dfrac{1}{2}=+\dfrac{7}{14}$이므로
$+\dfrac{4}{7}\ \boxed{>}\ +0.5$　　답 $>$

0250 $|-7|=7,\ |-4|=4$이므로　$|-7|>|-4|$
$\therefore\ -7\ \boxed{<}\ -4$　　답 $<$

0251 $\left|-\dfrac{3}{5}\right|=\dfrac{3}{5}=\dfrac{9}{15},\ \left|-\dfrac{2}{3}\right|=\dfrac{2}{3}=\dfrac{10}{15}$이므로
$\left|-\dfrac{3}{5}\right|<\left|-\dfrac{2}{3}\right|$　$\therefore\ -\dfrac{3}{5}\ \boxed{>}\ -\dfrac{2}{3}$　　답 $>$

0252 $|-4.8|>\left|-\dfrac{9}{2}\right|>\left|-\dfrac{1}{3}\right|$이므로
$\quad -4.8<-\dfrac{9}{2}<-\dfrac{1}{3}$
$\left|\dfrac{6}{5}\right|<|+2|$이므로　$\dfrac{6}{5}<+2$
양수는 음수보다 크므로
$\quad -4.8<-\dfrac{9}{2}<-\dfrac{1}{3}<\dfrac{6}{5}<+2$

따라서 주어진 수를 큰 수부터 차례대로 나열하면

$+2, \dfrac{6}{5}, -\dfrac{1}{3}, -\dfrac{9}{2}, -4.8$

$\boxed{\text{답}}\ +2,\ \dfrac{6}{5},\ -\dfrac{1}{3},\ -\dfrac{9}{2},\ -4.8$

0253 $\boxed{\text{답}}\ x>6$　　**0254** $\boxed{\text{답}}\ x<\dfrac{1}{3}$

0255 $\boxed{\text{답}}\ x\geq-4$　　**0256** $\boxed{\text{답}}\ x\leq11$

0257 $\boxed{\text{답}}\ -1<x\leq0.8$　　**0258** $\boxed{\text{답}}\ -2\leq x<\dfrac{5}{4}$

0259 $\boxed{\text{답}}\ x\geq-\dfrac{1}{2}$　　**0260** $\boxed{\text{답}}\ 1<x\leq\dfrac{7}{5}$

0261 $\boxed{\text{답}}\ -\dfrac{4}{3}\leq x\leq1.9$　　**0262** $\boxed{\text{답}}\ -1,\ 0,\ 1,\ 2,\ 3$

0263 $\boxed{\text{답}}\ -1,\ 0,\ 1,\ 2$

 유형 익히기 　　▶본문 38~45쪽

0264　① 지하 2층 ➡ -2층

② 지출 3000원 ➡ -3000원

③ 20 % 증가 ➡ $+20$ %

⑤ 해발 800 m ➡ $+800$ m

따라서 옳은 것은 ④이다.　　　$\boxed{\text{답}}$ ④

0265　⑤ 영하 5 ℃ ➡ -5 ℃

따라서 옳지 않은 것은 ⑤이다.　　$\boxed{\text{답}}$ ⑤

0266　① 해저 200 m ➡ -200 m

② 500원 손해 ➡ -500원

③ 지상 7층 ➡ $+7$층

④ 영하 3 ℃ ➡ -3 ℃

⑤ 10 % 할인 ➡ -10 %

따라서 나머지 넷과 부호가 다른 하나는 ③이다.　$\boxed{\text{답}}$ ③

0267　⑤ $-\dfrac{9}{3}=-3$이므로 정수이다.

따라서 정수가 아닌 것은 ②이다.　$\boxed{\text{답}}$ ②

0268　음수가 아닌 정수는 0 또는 양의 정수이다.

④ $\dfrac{20}{4}=5$이므로 양의 정수이다.

따라서 음수가 아닌 정수는 ②, ④이다.　$\boxed{\text{답}}$ ②, ④

0269　양의 정수는 9, $+\dfrac{6}{2}=+3$의 2개이므로

$a=2$

음의 정수는 -6, $-\dfrac{12}{3}=-4$의 2개이므로

$b=2$

$\therefore a+b=2+2=4$　　　$\boxed{\text{답}}$ 4

0270　① 정수는 -1, $\dfrac{12}{6}=2$, 0, 6의 4개이다.

② 주어진 수는 모두 유리수이므로 7개이다.

③ 자연수는 $\dfrac{12}{6}=2$, 6의 2개이다.

④ 음의 유리수는 -2.5, -1, $-\dfrac{1}{5}$의 3개이다.

⑤ 정수가 아닌 유리수는 -2.5, $\dfrac{4}{3}$, $-\dfrac{1}{5}$의 3개이다.

따라서 옳은 것은 ④이다.　　　$\boxed{\text{답}}$ ④

0271　⑤ $-\dfrac{42}{7}=-6$이므로 정수이다.

따라서 정수가 아닌 유리수는 ③, ④이다.　$\boxed{\text{답}}$ ③, ④

0272　양의 유리수는 6.1, $\dfrac{2}{5}$, $\dfrac{16}{4}$, 11의 4개이므로

$x=4$　　　… 1단계

음의 유리수는 -5, $-\dfrac{2}{3}$, -3.2의 3개이므로

$y=3$　　　… 2단계

정수가 아닌 유리수는 6.1, $-\dfrac{2}{3}$, $\dfrac{2}{5}$, -3.2의 4개이므로

$z=4$　　　… 3단계

$\therefore x-y+z=4-3+4=5$　　… 4단계

$\boxed{\text{답}}$ 5

단계	채점 요소	비율
1	x의 값 구하기	30 %
2	y의 값 구하기	30 %
3	z의 값 구하기	30 %
4	$x-y+z$의 값 구하기	10 %

0273　⑤ 0과 1 사이에는 정수가 없다.

따라서 옳지 않은 것은 ⑤이다.　　$\boxed{\text{답}}$ ⑤

0274　① -1과 0 사이에는 무수히 많은 유리수가 존재한다.

② 양의 정수가 아닌 정수는 0 또는 음의 정수이다.

④ 유리수는 양의 유리수, 0, 음의 유리수로 이루어져 있다.

따라서 옳은 것은 ③, ⑤이다.　　$\boxed{\text{답}}$ ③, ⑤

0275　ㄱ. 가장 작은 양의 정수는 1이다.

ㄷ. $-\dfrac{2}{3}$는 유리수이지만 $\dfrac{(자연수)}{(자연수)}$의 꼴로 나타낼 수 없다.

이상에서 옳은 것은 ㄴ, ㄹ이다.　　$\boxed{\text{답}}$ ③

0276 ① A: $-\dfrac{5}{2}$ ② B: $-\dfrac{5}{4}$

③ C: $-\dfrac{1}{4}$ ④ D: 1

따라서 옳은 것은 ⑤이다. **답 ⑤**

0277 ③ C: 0

따라서 옳지 않은 것은 ③이다. **답 ③**

0278 주어진 수를 수직선 위에 나타내면 다음과 같다.

따라서 가장 왼쪽에 있는 수는 -4, 가장 오른쪽에 있는 수는 5
이다. **답 -4, 5**

0279 주어진 수를 수직선 위에 나타내면 다음과 같다.

따라서 왼쪽에서 두 번째에 있는 수는 ③이다. **답 ③**

0280 A: $-\dfrac{5}{2}$, B: -2, C: $-\dfrac{1}{3}$, D: 0, E: $\dfrac{3}{2}$, F: 2

ㄱ. 양수는 $\dfrac{3}{2}$, 2의 2개이다.

ㄴ. 정수는 -2, 0, 2의 3개이다.

ㄷ. 점 A가 나타내는 수는 $-\dfrac{5}{2}$이다.

이상에서 옳은 것은 ㄴ, ㄹ, ㅁ이다. **답 ④**

0281 $-\dfrac{7}{4}=-1\dfrac{3}{4}$, $\dfrac{4}{3}=1\dfrac{1}{3}$이므로 두 수를 수직선 위에
나타내면 다음과 같다.

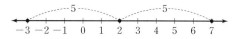

$-\dfrac{7}{4}$에 가장 가까운 정수는 -2이므로 $a=-2$

$\dfrac{4}{3}$에 가장 가까운 정수는 1이므로 $b=1$ ··· **2단계**

답 $a=-2$, $b=1$

단계	채점 요소	비율
1	$-\dfrac{7}{4}$, $\dfrac{4}{3}$ 를 수직선 위에 나타내기	60 %
2	a, b의 값 구하기	40 %

0282

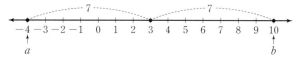

위의 수직선에서 -5와 3을 나타내는 두 점으로부터 같은 거리
에 있는 점이 나타내는 수는 -1이다. **답 ②**

0283 조건 ㉮에서 a를 나타내는 점을 수직선 위에 나타내
면 다음과 같다.

$\therefore a=-3$ 또는 $a=7$

조건 ㉯에서 a를 나타내는 점은 0을 나타내는 점의 왼쪽에 있으
므로

$a=-3$ **답 ③**

0284 두 수 a, b를 나타내는 두 점 사이의 거리가 14이고
두 점으로부터 같은 거리에 있는 점이 나타내는 수가 3이므로
두 수 a, b를 나타내는 두 점은 3을 나타내는 점으로부터의 거리
가 각각 $14\times\dfrac{1}{2}=7$이다. ··· **1단계**

그런데 $b>0$이므로 위의 그림에서

$a=-4$, $b=10$ ··· **2단계**

답 $a=-4$, $b=10$

단계	채점 요소	비율
1	a, b와 3을 나타내는 점 사이의 거리 구하기	50 %
2	a, b의 값 구하기	50 %

0285 절댓값이 3인 두 수는 3과
-3이므로 수직선 위에 나타내면 오
른쪽 그림과 같다.

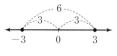

따라서 두 점 사이의 거리는 6이다. **답 ③**

RPM 비법 노트

절댓값이 a $(a>0)$인 두 수를 나타내는 두 점 사이의 거리
➡ $2\times a$

0286 $a=\left|-\dfrac{3}{2}\right|=\dfrac{3}{2}$

절댓값이 3.5인 수는 3.5, -3.5이고 이 중 양수는 3.5이므로
$b=3.5$

$\therefore a+b=\dfrac{3}{2}+3.5=\dfrac{3}{2}+\dfrac{7}{2}=5$ **답 5**

0287 $|a|-|b|+|c|=\left|-\dfrac{8}{5}\right|-|-1|+\left|\dfrac{2}{5}\right|$

$=\dfrac{8}{5}-1+\dfrac{2}{5}=1$ **답 1**

0288 절댓값이 5인 수는 5, -5이고, 수직선 위에서 0을 나
타내는 점의 오른쪽에 있는 수는 5이므로
$a=5$

절댓값이 2인 수는 2, −2이고, 수직선 위에서 0을 나타내는 점의 왼쪽에 있는 수는 −2이므로

$b=-2$ 답 $a=5$, $b=-2$

0289 ① 0의 절댓값은 0이다.
② 절댓값이 0인 수는 0뿐이다.
③ $|2|=|-2|$이지만 $2\neq-2$이다.
④ 절댓값이 가장 작은 정수는 0이다.
따라서 옳은 것은 ⑤이다.   답 ⑤

0290 ⑤ $a=-2$이면 $|-2|\neq-2$이다.
따라서 옳지 않은 것은 ⑤이다.   답 ⑤

0291 0을 나타내는 점에서 가까운 점이 나타내는 수부터 차례대로 나열하면

d, c, b, e, a 답 d, c, b, e, a

0292 절댓값이 $\dfrac{11}{4}$보다 작은 정수는 절댓값 0, 1, 2인 수이다.

절댓값이 0인 수는   0
절댓값이 1인 수는   1, −1
절댓값이 2인 수는   2, −2
따라서 절댓값이 $\dfrac{11}{4}$보다 작은 정수의 개수는 5이다.   답 5

0293 주어진 수 중에서 절댓값이 2 이상인 수는 $+2$, -2.1, $\dfrac{10}{3}$의 3개이다.   답 ③

0294 절댓값이 3 이상 $\dfrac{23}{5}$ 이하인 정수는 절댓값이 3, 4인 수이다.

절댓값이 3인 수는   3, −3
절댓값이 4인 수는   4, −4
따라서 절댓값이 3 이상 $\dfrac{23}{5}$ 이하인 정수는 −4, −3, 3, 4이다.

답 $-4, -3, 3, 4$

0295 $|x|<4.5$이고 x는 정수이므로
$|x|=0, 1, 2, 3, 4$
$|x|=0$일 때, $x=0$
$|x|=1$일 때, $x=1, -1$
$|x|=2$일 때, $x=2, -2$
$|x|=3$일 때, $x=3, -3$
$|x|=4$일 때, $x=4, -4$
따라서 정수 x의 개수는 9이다.   답 ④

0296 절댓값이 같고 부호가 반대인 두 수를 나타내는 두 점 사이의 거리가 14이므로 두 수를 나타내는 두 점은 0을 나타내는 점으로부터의 거리가 각각 $14\times\dfrac{1}{2}=7$이다.

따라서 두 수는 7, −7이고 이 중 음수는 −7이다.   답 -7

0297 절댓값이 같고 부호가 반대인 두 수를 나타내는 두 점 사이의 거리가 4이므로 두 수를 나타내는 두 점은 0을 나타내는 점으로부터의 거리가 각각 $4\times\dfrac{1}{2}=2$이다.

따라서 두 수는 2, −2이다.   답 2, −2

0298 조건 ㈎, ㈏에서 a, b를 나타내는 두 점은 0을 나타내는 점으로부터의 거리가 각각 $\dfrac{16}{3}\times\dfrac{1}{2}=\dfrac{8}{3}$이다.   ··· 1단계

이때 조건 ㈐에서 a는 양수이므로   ··· 2단계

$a=\dfrac{8}{3}$ ··· 3단계

답 $\dfrac{8}{3}$

단계	채점 요소	비율
1	a, b를 나타내는 두 점과 0을 나타내는 점 사이의 거리 구하기	60 %
2	a가 양수임을 알기	20 %
3	a의 값 구하기	20 %

0299 ② 양수는 음수보다 크므로 $\dfrac{1}{3}>-1$

③ $\dfrac{3}{7}=\dfrac{6}{14}$, $\dfrac{1}{2}=\dfrac{7}{14}$이므로 $\dfrac{3}{7}<\dfrac{1}{2}$

④ $|-3.8|=3.8$, $|-4|=4$이므로 $|-3.8|<|-4|$
   $\therefore -3.8>-4$

⑤ $|-1.5|=1.5=\dfrac{6}{4}$이므로 $|-1.5|<\dfrac{7}{4}$

따라서 옳은 것은 ①, ④이다.   답 ①, ④

0300 ① 양수는 음수보다 크므로 $-6\boxed{<}1$

② $|3|=3$, $|-4|=4$이므로 $|3|\boxed{<}|-4|$

③ 음수는 0보다 작으므로 $-1\boxed{<}0$

④ $|-2|=2$, $|-5|=5$이므로 $|-2|\boxed{<}|-5|$

⑤ $|-3|=3$, $|-8|=8$이므로 $|-3|<|-8|$
   $\therefore -3\boxed{>}-8$

따라서 □ 안에 알맞은 부등호가 나머지 넷과 다른 하나는 ⑤이다.   답 ⑤

0301 주어진 수를 작은 수부터 차례대로 나열하면

$-3, -\dfrac{2}{3}, 0, 0.7, \dfrac{8}{5}, 2$

따라서 네 번째에 오는 수는 0.7이다.   답 0.7

0302 주어진 수를 작은 수부터 차례대로 나열하면

$-4.1, -2, -\dfrac{4}{3}, 0, \dfrac{7}{3}, 5$

주어진 수를 절댓값이 작은 수부터 차례대로 나열하면

$$0, \ -\frac{4}{3}, \ -2, \ \frac{7}{3}, \ -4.1, \ 5$$

③ 가장 큰 음수는 $-\dfrac{4}{3}$이다.

따라서 옳지 않은 것은 ③이다. 　　　　　　　　답 ③

0303　② $x \le -2$

따라서 옳지 않은 것은 ②이다. 　　　　　　　　답 ②

0304　x는 -4보다 작지 않고 ➡ $x \ge -4$

x는 5보다 크지 않다. ➡ $x \le 5$

$$\therefore -4 \le x \le 5$$　　　　　　　　　　　답 ④

0305　① $-\dfrac{1}{2} < x < \dfrac{3}{4}$

③ $-\dfrac{1}{2} \le x < \dfrac{3}{4}$

⑤ $-\dfrac{1}{2} \le x \le \dfrac{3}{4}$

따라서 $-\dfrac{1}{2} < x \le \dfrac{3}{4}$을 나타내는 것은 ②, ④이다.　답 ②, ④

0306　$-\dfrac{7}{3} = -2.333\cdots$, $\dfrac{9}{4} = 2.25$이므로 $-\dfrac{7}{3}$과 $\dfrac{9}{4}$ 사이에 있는 정수는

$$-2, \ -1, \ 0, \ 1, \ 2$$

의 5개이다. 　　　　　　　　　　　　　　　　답 ④

0307　$-\dfrac{7}{2} = -3.5$이므로 $-3.5 < x \le 4$를 만족시키는 정수 x는

$$-3, \ -2, \ -1, \ 0, \ 1, \ 2, \ 3, \ 4$$

의 8개이다. 　　　　　　　　　　　　　　　답 8

0308　$-\dfrac{12}{5} = -2.4$, $\dfrac{5}{3} = 1.666\cdots$이므로 $-\dfrac{12}{5}$와 $\dfrac{5}{3}$ 사이에 있는 정수는

$$-2, \ -1, \ 0, \ 1$$　　　　　　　　　　… 1단계

이 중 절댓값이 가장 큰 수는 -2이다. 　　　… 2단계

답 -2

단계	채점 요소	비율
1	$-\dfrac{12}{5}$와 $\dfrac{5}{3}$ 사이에 있는 정수 구하기	60 %
2	절댓값이 가장 큰 수 구하기	40 %

0309　$\dfrac{1}{3} = \dfrac{5}{15}$, $\dfrac{4}{5} = \dfrac{12}{15}$이므로 $\dfrac{1}{3}$과 $\dfrac{4}{5}$ 사이에 있는 분모가 15인 기약분수는

$$\frac{7}{15}, \ \frac{8}{15}, \ \frac{11}{15}$$

의 3개이다. 　　　　　　　　　　　　　　　답 ③

0310　조건 ㈏에서 수직선 위에서 0을 나타내는 점과 b를 나타내는 점 사이의 거리는 0을 나타내는 점과 a를 나타내는 점 사이의 거리의 2배이다.

조건 ㈐에서 수직선 위에서 a, b를 나타내는 두 점 사이의 거리가 15이고 조건 ㈎에서 $a < 0$, $b > 0$이므로 두 수 a, b를 나타내는 점을 각각 A, B라 하고 수직선 위에 나타내면 다음 그림과 같다.

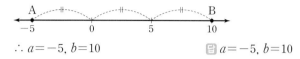

$$\therefore a = -5, \ b = 10$$　　　　　　답 $a = -5$, $b = 10$

0311　조건 ㈏에서 $|b| = 2$이므로

$$b = 2, \ -2$$

이때 조건 ㈎에서 $b < 0$이므로

$$b = -2$$　　　　　　　　　　　　　　… 1단계

조건 ㈐에서 $|a| + |b| = 5$이고 $|b| = 2$이므로

$$|a| + 2 = 5 \quad \therefore |a| = 3$$

그런데 조건 ㈎에서 $a > 0$이므로

$$a = 3$$　　　　　　　　　　　　　　　… 2단계

답 $a = 3$, $b = -2$

단계	채점 요소	비율
1	b의 값 구하기	40 %
2	a의 값 구하기	60 %

0312　$a > b$이고 부호가 반대이므로

$$a > 0, \ b < 0$$

a의 절댓값이 b의 절댓값의 4배이므로 수직선 위에서 0을 나타내는 점과 a를 나타내는 점 사이의 거리는 0을 나타내는 점과 b를 나타내는 점 사이의 거리의 4배이다.

또 수직선 위에서 a, b를 나타내는 두 점 사이의 거리가 10이므로 두 수 a, b를 나타내는 점을 각각 A, B라 하고 수직선 위에 나타내면 다음 그림과 같다.

$$\therefore a = 8, \ b = -2$$　　　　　　답 $a = 8$, $b = -2$

0313　조건 ㈏, ㈑에서 b는 -6보다 크고 절댓값이 -6의 절댓값과 같으므로

$$b = 6$$

조건 ㈏에서 c는 -6보다 크고, 조건 ㈎, ㈐에서 a는 6보다 크고 c보다 -6에 더 가까우므로

$$6 < a < c$$

$$\therefore b < a < c$$

이때 세 수 a, b, c를 수직선 위에 나타내면 다음 그림과 같다.

답 $b < a < c$

0314 조건 ㈎, ㈐에서 c는 -4보다 크고 $|c|=|-4|=4$이
므로
$$c=4$$
조건 ㈎에서 a는 -4보다 크고, 조건 ㈐에서 b는 4보다 크고, 조
건 ㈑에서 a는 b보다 -4에서 더 멀리 떨어져 있으므로
$$4<b<a$$
$$\therefore c<b<a$$
이때 세 수 a, b, c를 수직선 위에 나타내면 다음 그림과 같다.

답 $c<b<a$

0315 조건 ㈎, ㈐에서 $a<0$, $c>0$이고 $|a|=|c|$이므로 a와
c를 수직선 위에 나타내면 다음 그림과 같다.

또 조건 ㈐, ㈑에서 b와 d를 수직선 위에 나타내면 다음 그림과
같다.

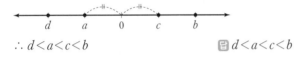

$$\therefore d<a<c<b$$

답 $d<a<c<b$

 시험에 꼭 나오는 문제 ▶본문 46~49쪽

0316 전략 '증가, 이익, ~ 후, 영상, 해발'일 때에는 +를, '감
소, 손해, ~ 전, 영하, 해저'일 때에는 −를 사용한다.

③ 30분 전 ➡ −30분
따라서 옳지 않은 것은 ③이다. 답 ③

0317 전략 □에 해당하는 수의 종류를 생각해 본다.

□에 해당하는 수는 정수가 아닌 유리수이므로 $+\dfrac{5}{3}$, -1.8의 2
개이다. 답 2

0318 전략 주어진 수를 정수, 정수가 아닌 유리수, 양수, 음수
등으로 분류하여 해당하는 수를 찾는다.

① 자연수는 2, $\dfrac{21}{3}=7$의 2개이다.

② 양의 유리수는 2, $\dfrac{21}{3}$의 2개이다.

③ 정수는 2, $-\dfrac{8}{4}=-2$, $\dfrac{21}{3}=7$, 0의 4개이다.

⑤ 정수가 아닌 유리수는 -4.8, $-\dfrac{15}{2}$의 2개이다.

따라서 옳은 것은 ②, ④이다. 답 ②, ④

0319 전략 정수와 유리수의 성질을 생각해 본다.

효상 ➡ 0은 정수이지만 자연수가 아니다.

우준 ➡ 음의 정수가 아닌 정수는 0 또는 양의 정수이다.

민구 ➡ $\dfrac{1}{2}$은 유리수이지만 정수가 아니다.

윤호 ➡ 1과 3 사이에는 무수히 많은 유리수가 존재한다.

따라서 옳은 설명을 한 학생은 지성이다. 답 ③

0320 전략 수직선 위에서 0을 나타내는 점을 기준으로 음수는
왼쪽에, 양수는 오른쪽에 나타낸다.

② B: $-\dfrac{7}{4}$

따라서 옳지 않은 것은 ②이다. 답 ②

0321 전략 수직선 위에서 두 점으로부터 같은 거리에 있는 점
은 두 점의 한가운데에 있는 점임을 이용한다.

위의 수직선에서 -4와 6을 나타내는 두 점으로부터 같은 거리
에 있는 점이 나타내는 수는 1이다. 답 ②

0322 전략 절댓값이 a $(a>0)$인 수는 $+a$, $-a$임을 이용한다.

$|a|=8$이므로 $a=8$, -8
수직선 위에서 a를 나타내는 점은 0을 나타내는 점의 왼쪽에 있
으므로
$$a=-8$$
$|b|=3$이므로 $b=3$, -3
수직선 위에서 b를 나타내는 점은 0을 나타내는 점의 오른쪽에
있으므로
$$b=3$$
답 $a=-8$, $b=3$

0323 전략 수의 절댓값이 작을수록 수직선에서 그 수를 나타
내는 점은 0을 나타내는 점에서 가깝다.

$\left|-\dfrac{7}{2}\right|=\dfrac{7}{2}$, $|3|=3$, $|-2.8|=2.8$, $\left|\dfrac{5}{3}\right|=\dfrac{5}{3}$, $|-2|=2$이므로
$$\left|\dfrac{5}{3}\right|<|-2|<|-2.8|<|3|<\left|-\dfrac{7}{2}\right|$$

따라서 0을 나타내는 점에서 가장 가까운 것은 ④이다. 답 ④

0324 전략 먼저 절댓값이 $\dfrac{2}{3}$ 이상 4 미만인 정수를 구해 본다.

절댓값이 $\dfrac{2}{3}$ 이상 4 미만인 정수는 절댓값이 1, 2, 3인 수이다.

절댓값이 1인 수는　　1, -1

절댓값이 2인 수는　　2, -2

절댓값이 3인 수는　　3, -3

따라서 구하는 정수의 개수는 6이다. 답 ②

0325 전략 $\left|\dfrac{n}{2}\right|<1$을 만족시키는 정수 n의 값을 구해 본다.

$\left|\dfrac{n}{2}\right|<1$에서 $\left|\dfrac{n}{2}\right|<\left|\dfrac{2}{2}\right|$이므로

$|n|<2$

n은 정수이므로 $|n|=0,\ 1$

$|n|=0$일 때, $n=0$

$|n|=1$일 때, $n=1,\ -1$

따라서 구하는 정수 n의 값은 $-1,\ 0,\ 1$이다. 답 $-1,\ 0,\ 1$

0326 전략 $a,\ b$는 절댓값이 같고 부호가 반대인 두 수임을 이용한다.

$a=\left|-\dfrac{5}{2}\right|=\dfrac{5}{2}$

b는 a와 절댓값이 같고 부호가 반대이므로

$b=-\dfrac{5}{2}$

따라서 $a,\ b$를 나타내는 두 점 사이의 거리는

$\dfrac{5}{2}\times2=5$ 답 5

0327 전략 절댓값의 성질을 생각해 본다.

② $|2|=|-2|$이지만 $2\neq-2$이다.

⑤ $a=3,\ b=-5$이면 $3>-5$이지만 $|3|<|-5|$이다.

따라서 옳지 않은 것은 ②, ⑤이다. 답 ②, ⑤

0328 전략 양수끼리는 절댓값이 큰 수가 크고, 음수끼리는 절댓값이 큰 수가 작음을 이용한다.

① $\dfrac{1}{3}=\dfrac{2}{6},\ \dfrac{1}{2}=\dfrac{3}{6}$이므로 $\dfrac{1}{3}<\dfrac{1}{2}$

② $\left|-\dfrac{1}{2}\right|=\dfrac{1}{2}=\dfrac{5}{10},\ \left|-\dfrac{1}{5}\right|=\dfrac{1}{5}=\dfrac{2}{10}$이므로

$\left|-\dfrac{1}{2}\right|>\left|-\dfrac{1}{5}\right|$ ∴ $-\dfrac{1}{2}<-\dfrac{1}{5}$

③ 음수는 0보다 작으므로 $0>-\dfrac{1}{2}$

④ $|-4|=4$이므로 $|-4|>0$

⑤ $|-5|=5,\ |3|=3$이므로 $|-5|>|3|$

따라서 옳은 것은 ⑤이다. 답 ⑤

0329 전략 주어진 수를 작은 수부터 차례로 나열해 본다.

주어진 수를 작은 수부터 차례로 나열하면

$-5,\ -\dfrac{9}{3},\ -2.7,\ 0,\ 3.1,\ \dfrac{11}{2}$

주어진 수를 절댓값이 작은 수부터 차례로 나열하면

$0,\ -2.7,\ -\dfrac{9}{3},\ 3.1,\ -5,\ \dfrac{11}{2}$

② 가장 작은 수는 -5이다.

③ 수직선 위에 나타내었을 때, 왼쪽에서 세 번째에 오는 수는 -2.7이다.

④ 가장 큰 음수는 -2.7이다.

따라서 옳은 것은 ①, ⑤이다. 답 ①, ⑤

0330 전략 '작지 않다.'는 '크거나 같다.'를 의미하고 '크지 않다.'는 '작거나 같다.'를 의미한다.

④ $-1\leq x<3$

따라서 옳지 않은 것은 ④이다. 답 ④

0331 전략 먼저 주어진 분수 $-\dfrac{9}{2}$와 $\dfrac{7}{3}$을 소수로 나타낸다.

$-\dfrac{9}{2}=-4.5,\ \dfrac{7}{3}=2.333\cdots$이므로 $-\dfrac{9}{2}$와 $\dfrac{7}{3}$ 사이에 있는 정수는

$-4,\ -3,\ -2,\ -1,\ 0,\ 1,\ 2$

의 7개이다. 답 ②

0332 전략 먼저 조건 ㈎를 만족시키는 a의 값을 구한다.

조건 ㈎에서 a는 $-3\leq a<2$인 정수이므로

$-3,\ -2,\ -1,\ 0,\ 1$

조건 ㈏에서 $|a|>2$이므로

$a=-3$ 답 -3

0333 전략 $-\dfrac{2}{3}$와 $\dfrac{1}{4}$을 분모가 12인 분수로 통분한 후 두 수 사이에 있는 수를 생각해 본다.

$-\dfrac{2}{3}=-\dfrac{8}{12},\ \dfrac{1}{4}=\dfrac{3}{12}$이므로 $-\dfrac{8}{12}$과 $\dfrac{3}{12}$ 사이에 있는 정수가 아닌 유리수 중에서 기약분수로 나타내었을 때 분모가 12인 유리수는

$-\dfrac{7}{12},\ -\dfrac{5}{12},\ -\dfrac{1}{12},\ \dfrac{1}{12}$

의 4개이다. 답 4

0334 전략 a의 값에 따라 경우를 나누어 생각해 본다.

$|a|=5$이므로

$a=5,\ -5$ … 1단계

(ⅰ) $a=5$일 때, 두 수 $a,\ b$를 나타내는 두 점의 한가운데에 있는 점이 나타내는 수가 -1이므로 오른쪽 그림에서

$b=-7$ … 2단계

(ⅱ) $a=-5$일 때, 두 수 $a,\ b$를 나타내는 두 점의 한가운데에 있는 점이 나타내는 수가 -1이므로 오른쪽 그림에서

$b=3$ … 3단계

(ⅰ), (ⅱ)에서 구하는 b의 값은 $-7,\ 3$이다. … 4단계

답 $-7,\ 3$

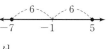

단계	채점 요소	비율
1	$|a|=5$를 만족시키는 a의 값 구하기	30 %
2	$a=5$일 때, b의 값 구하기	30 %
3	$a=-5$일 때, b의 값 구하기	30 %
4	b의 값 구하기	10 %

0335 [전략] 먼저 a의 값을 구한다.

$-\dfrac{8}{5}=-1.6$보다 작은 수 중에서 가장 큰 정수는 -2이므로

$a=-2$ ⋯ **1단계**

따라서 -2와 절댓값이 같으면서 부호가 반대인 수는 2이다.

⋯ **2단계**

答 2

단계	채점 요소	비율
1	a의 값 구하기	50 %
2	a와 절댓값이 같으면서 부호가 반대인 수 구하기	50 %

0336 [전략] 수직선 위에 $-\dfrac{7}{3}$, $\dfrac{13}{4}$을 나타내어 본다.

$-\dfrac{7}{3}=-2\dfrac{1}{3}$, $\dfrac{13}{4}=3\dfrac{1}{4}$이므로 $-\dfrac{7}{3}$과 $\dfrac{13}{4}$을 수직선 위에 나타내면 다음 그림과 같다.

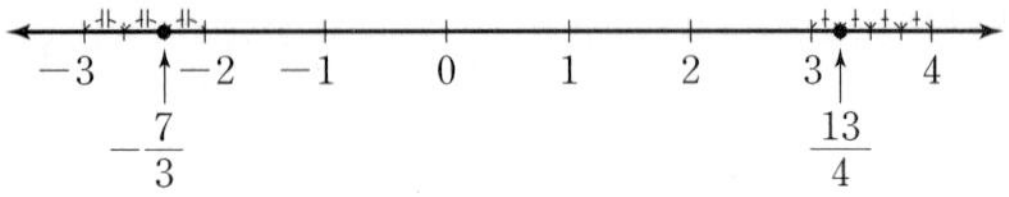

$-\dfrac{7}{3}$에 가장 가까운 정수는 -2이므로

$a=-2$ ⋯ **1단계**

$\dfrac{13}{4}$에 가장 가까운 정수는 3이므로

$b=3$ ⋯ **2단계**

따라서 -2보다 크고 3보다 크지 않은 정수는 -1, 0, 1, 2, 3의 5개이다. ⋯ **3단계**

答 5

단계	채점 요소	비율
1	a의 값 구하기	30 %
2	b의 값 구하기	30 %
3	a보다 크고 b보다 크지 않은 정수의 개수 구하기	40 %

0337 [전략] $-\dfrac{9}{2}\leq x\leq 3$을 만족시키는 정수 x를 구한다.

$-\dfrac{9}{2}\leq x\leq 3$을 만족시키는 정수 x는

-4, -3, -2, -1, 0, 1, 2, 3 ⋯ **1단계**

이 중 절댓값이 가장 큰 수는 -4이므로

$a=-4$ ⋯ **2단계**

절댓값이 가장 작은 수는 0이므로

$b=0$ ⋯ **3단계**

$\therefore |a|-|b|=|-4|-|0|=4-0=4$ ⋯ **4단계**

答 4

단계	채점 요소	비율
1	$-\dfrac{9}{2}\leq x\leq 3$을 만족시키는 정수 x 구하기	40 %
2	a의 값 구하기	20 %
3	b의 값 구하기	20 %
4	$|a|-|b|$의 값 구하기	20 %

0338 [전략] 기호 $\langle\ \rangle$ 안의 수가 정수인지 정수가 아닌 유리수인지를 판별한다.

-5는 정수이므로 $\langle -5\rangle=1$

1.8은 정수가 아닌 유리수이므로 $\langle 1.8\rangle=2$

$\dfrac{54}{9}=6$은 정수이므로 $\left\langle\dfrac{54}{9}\right\rangle=1$

$\therefore \langle -5\rangle+\langle 1.8\rangle-\left\langle\dfrac{54}{9}\right\rangle=1+2-1=2$ 答 2

0339 [전략] 먼저 $|a|+|b|=4$를 만족시키는 $|a|$, $|b|$의 값을 구한다.

(ⅰ) $|a|=0$, $|b|=4$일 때,

$a=0$이고 $b=4$, -4

그런데 $a<b$이므로 (a, b)는 $(0, 4)$

(ⅱ) $|a|=1$, $|b|=3$일 때,

$a=1$, -1이고 $b=3$, -3

그런데 $a<b$이므로 (a, b)는 $(1, 3)$, $(-1, 3)$

(ⅲ) $|a|=2$, $|b|=2$일 때,

$a=2$, -2이고 $b=2$, -2

그런데 $a<b$이므로 (a, b)는 $(-2, 2)$

(ⅳ) $|a|=3$, $|b|=1$일 때,

$a=3$, -3이고 $b=1$, -1

그런데 $a<b$이므로 (a, b)는 $(-3, 1)$, $(-3, -1)$

(ⅴ) $|a|=4$, $|b|=0$일 때,

$a=4$, -4이고 $b=0$

그런데 $a<b$이므로 (a, b)는 $(-4, 0)$

이상에서 (a, b)의 개수는 7이다. 答 7

0340 [전략] 먼저 a, b의 부호를 따져 본다.

$a>b$이고 부호가 반대이므로 $a>0$, $b<0$

$|a|=2\times|b|$이므로 수직선 위에서 0을 나타내는 점과 a를 나타내는 점 사이의 거리는 0을 나타내는 점과 b를 나타내는 점 사이의 거리의 2배이다.

수직선 위에서 a, b를 나타내는 두 점 사이의 거리가 12이므로 두 수 a, b를 나타내는 점을 각각 A, B라 하고 수직선 위에 나타내면 다음 그림과 같다.

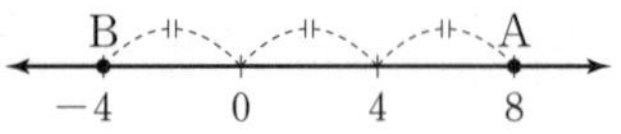

$\therefore a=8$, $b=-4$ 答 $a=8$, $b=-4$

0341 [전략] 먼저 조건 (대), (라)를 이용하여 a의 값을 구한다.

조건 (대), (라)에서 a는 -3보다 크고 절댓값이 -3의 절댓값과 같으므로 $a=3$

조건 (가)에서 c는 6보다 크고, 조건 (나), (대)에서 b는 -3보다 크고 c보다 0에서 더 멀리 떨어져 있으므로 $6<c<b$

$\therefore a<c<b$

이때 세 수 a, b, c를 수직선 위에 나타내면 다음 그림과 같다.

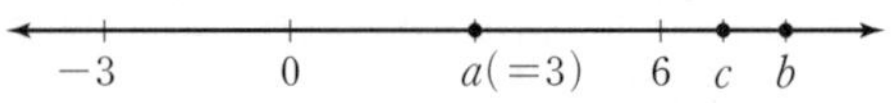

答 $a<c<b$

04 정수와 유리수의 계산

교과서문제 정복하기

> 본문 51, 53쪽

0342 $(+5)+(+4)=+(5+4)=+9$
 답 $+9$

0343 $(-4)+(-9)=-(4+9)=-13$
 답 -13

0344 $(-2)+(+10)=+(10-2)=+8$
 답 $+8$

0345 $(+1)+(-6)=-(6-1)=-5$
 답 -5

0346 $\left(-\dfrac{3}{4}\right)+\left(-\dfrac{1}{3}\right)=\left(-\dfrac{9}{12}\right)+\left(-\dfrac{4}{12}\right)$
$=-\left(\dfrac{9}{12}+\dfrac{4}{12}\right)=-\dfrac{13}{12}$
 답 $-\dfrac{13}{12}$

0347 $\left(+\dfrac{1}{2}\right)+\left(-\dfrac{3}{8}\right)=\left(+\dfrac{4}{8}\right)+\left(-\dfrac{3}{8}\right)$
$=+\left(\dfrac{4}{8}-\dfrac{3}{8}\right)=+\dfrac{1}{8}$
 답 $+\dfrac{1}{8}$

0348 $(-3.3)+(+2.7)=-(3.3-2.7)=-0.6$
 답 -0.6

0349 $(-1.6)+(-5.4)=-(1.6+5.4)=-7$
 답 -7

0350 $(-3)+(+11)+(-7)$
$=\{(-3)+(-7)\}+(+11)$
$=(-10)+(+11)=+1$
 답 $+1$

0351 $\left(-\dfrac{5}{2}\right)+\left(+\dfrac{3}{5}\right)+\left(+\dfrac{1}{15}\right)$
$=\left(-\dfrac{5}{2}\right)+\left\{\left(+\dfrac{9}{15}\right)+\left(+\dfrac{1}{15}\right)\right\}$
$=\left(-\dfrac{5}{2}\right)+\left(+\dfrac{2}{3}\right)$
$=\left(-\dfrac{15}{6}\right)+\left(+\dfrac{4}{6}\right)$
$=-\dfrac{11}{6}$
 답 $-\dfrac{11}{6}$

0352 $(-4.6)+(+1.4)+(-2.8)$
$=\{(-4.6)+(-2.8)\}+(+1.4)$
$=(-7.4)+(+1.4)=-6$
 답 -6

0353 $(+4)-(+7)=(+4)+(-7)=-(7-4)=-3$
 답 -3

0354 $(-8)-(+6)=(-8)+(-6)=-(8+6)=-14$
 답 -14

0355 $(+2)-(-5)=(+2)+(+5)=+(2+5)=+7$
 답 $+7$

0356 $(-6)-(-10)=(-6)+(+10)$
$=+(10-6)=+4$
 답 $+4$

0357 $\left(+\dfrac{1}{6}\right)-\left(-\dfrac{3}{5}\right)=\left(+\dfrac{5}{30}\right)+\left(+\dfrac{18}{30}\right)$
$=+\left(\dfrac{5}{30}+\dfrac{18}{30}\right)=+\dfrac{23}{30}$
 답 $+\dfrac{23}{30}$

0358 $\left(-\dfrac{2}{3}\right)-\left(-\dfrac{3}{5}\right)=\left(-\dfrac{10}{15}\right)+\left(+\dfrac{9}{15}\right)$
$=-\left(\dfrac{10}{15}-\dfrac{9}{15}\right)=-\dfrac{1}{15}$
 답 $-\dfrac{1}{15}$

0359 $(+2.8)-(+5.3)=(+2.8)+(-5.3)$
$=-(5.3-2.8)=-2.5$
 답 -2.5

0360 $(-1.5)-(-6.1)=(-1.5)+(+6.1)$
$=+(6.1-1.5)=+4.6$
 답 $+4.6$

0361 $(+15)-(-3)-(+8)$
$=(+15)+(+3)+(-8)$
$=\{(+15)+(+3)\}+(-8)$
$=(+18)+(-8)=+10$
 답 $+10$

0362 $\left(-\dfrac{1}{2}\right)-\left(+\dfrac{1}{3}\right)-(-1)$
$=\left(-\dfrac{3}{6}\right)+\left(-\dfrac{2}{6}\right)+(+1)$
$=\left\{\left(-\dfrac{3}{6}\right)+\left(-\dfrac{2}{6}\right)\right\}+(+1)$
$=\left(-\dfrac{5}{6}\right)+\left(+\dfrac{6}{6}\right)=+\dfrac{1}{6}$
 답 $+\dfrac{1}{6}$

0363 $(-1.2)-(+7.2)-(-5.4)$
$=(-1.2)+(-7.2)+(+5.4)$
$=\{(-1.2)+(-7.2)\}+(+5.4)$
$=(-8.4)+(+5.4)=-3$
 답 -3

0364 $(-2)-(-10)+(+3)$
$=(-2)+(+10)+(+3)$
$=(-2)+\{(+10)+(+3)\}$
$=(-2)+(+13)=+11$ 답 $+11$

0365 $\left(-\dfrac{2}{7}\right)-\left(+\dfrac{5}{14}\right)+\left(-\dfrac{3}{2}\right)$
$=\left(-\dfrac{4}{14}\right)+\left(-\dfrac{5}{14}\right)+\left(-\dfrac{21}{14}\right)$
$=-\dfrac{30}{14}=-\dfrac{15}{7}$ 답 $-\dfrac{15}{7}$

0366 $(-1.8)+(-5.6)-(-2.4)$
$=(-1.8)+(-5.6)+(+2.4)$
$=\{(-1.8)+(-5.6)\}+(+2.4)$
$=(-7.4)+(+2.4)=-5$ 답 -5

0367 $(+7)+\left(-\dfrac{4}{3}\right)-(-3)-\left(+\dfrac{2}{3}\right)$
$=(+7)+\left(-\dfrac{4}{3}\right)+(+3)+\left(-\dfrac{2}{3}\right)$
$=\{(+7)+(+3)\}+\left\{\left(-\dfrac{4}{3}\right)+\left(-\dfrac{2}{3}\right)\right\}$
$=(+10)+(-2)=+8$ 답 $+8$

0368 $4-9+2=(+4)-(+9)+(+2)$
$=(+4)+(-9)+(+2)$
$=\{(+4)+(+2)\}+(-9)$
$=(+6)+(-9)=-3$ 답 -3

0369 $-\dfrac{1}{6}+\dfrac{2}{3}-\dfrac{1}{5}=\left(-\dfrac{1}{6}\right)+\left(+\dfrac{2}{3}\right)-\left(+\dfrac{1}{5}\right)$
$=\left(-\dfrac{5}{30}\right)+\left(+\dfrac{20}{30}\right)+\left(-\dfrac{6}{30}\right)$
$=\left\{\left(-\dfrac{5}{30}\right)+\left(-\dfrac{6}{30}\right)\right\}+\left(+\dfrac{20}{30}\right)$
$=\left(-\dfrac{11}{30}\right)+\left(+\dfrac{20}{30}\right)$
$=\dfrac{9}{30}=\dfrac{3}{10}$ 답 $\dfrac{3}{10}$

0370 $-2.4-4.7+8.1$
$=(-2.4)-(+4.7)+(+8.1)$
$=(-2.4)+(-4.7)+(+8.1)$
$=\{(-2.4)+(-4.7)\}+(+8.1)$
$=(-7.1)+(+8.1)=1$ 답 1

0371 $1.5-4-8.5+1$
$=(+1.5)-(+4)-(+8.5)+(+1)$
$=(+1.5)+(-4)+(-8.5)+(+1)$
$=\{(+1.5)+(-8.5)\}+\{(-4)+(+1)\}$
$=(-7)+(-3)=-10$ 답 -10

0372 $(+2)\times(+8)=+(2\times8)=+16$ 답 $+16$

0373 $(+4)\times(-2)=-(4\times2)=-8$ 답 -8

0374 $(-8)\times(+5)=-(8\times5)=-40$ 답 -40

0375 $(-5)\times(-10)=+(5\times10)=+50$ 답 $+50$

0376 $\left(+\dfrac{1}{4}\right)\times\left(-\dfrac{8}{3}\right)=-\left(\dfrac{1}{4}\times\dfrac{8}{3}\right)=-\dfrac{2}{3}$ 답 $-\dfrac{2}{3}$

0377 $\left(-\dfrac{12}{5}\right)\times\left(+\dfrac{5}{6}\right)=-\left(\dfrac{12}{5}\times\dfrac{5}{6}\right)=-2$ 답 -2

0378 $(-0.4)\times(-15)=\left(-\dfrac{2}{5}\right)\times(-15)$
$=+\left(\dfrac{2}{5}\times15\right)=+6$ 답 $+6$

0379 $\left(+\dfrac{5}{12}\right)\times\left(-\dfrac{3}{2}\right)\times(-8)=+\left(\dfrac{5}{12}\times\dfrac{3}{2}\times8\right)=+5$
답 $+5$

0380 $(-3)\times(+2)\times(-5)\times(-4)=-(3\times2\times5\times4)$
$=-120$
답 -120

0381 답 -4 **0382** 답 16

0383 답 $\dfrac{1}{25}$ **0384** 답 $-\dfrac{1}{27}$

0385 $(+10)\div(+5)=+(10\div5)=+2$ 답 $+2$

0386 $(+24)\div(-6)=-(24\div6)=-4$ 답 -4

0387 $(-20)\div(+2)=-(20\div2)=-10$ 답 -10

0388 $(-48)\div(-3)=+(48\div3)=+16$ 답 $+16$

0389 답 $\dfrac{1}{3}$

0390 답 $-\dfrac{15}{7}$

0391 $-2.9=-\dfrac{29}{10}$이므로 역수는 $-\dfrac{10}{29}$이다. 답 $-\dfrac{10}{29}$

0392 $1\dfrac{3}{5}=\dfrac{8}{5}$이므로 역수는 $\dfrac{5}{8}$이다. 　답 $\dfrac{5}{8}$

0393 $\left(+\dfrac{5}{3}\right)\div\left(+\dfrac{1}{9}\right)=\left(+\dfrac{5}{3}\right)\times(+9)=+15$

답 $+15$

0394 $\left(-\dfrac{3}{10}\right)\div\left(+\dfrac{3}{2}\right)=\left(-\dfrac{3}{10}\right)\times\left(+\dfrac{2}{3}\right)=-\dfrac{1}{5}$

답 $-\dfrac{1}{5}$

0395 $(-12)\div\left(-\dfrac{6}{5}\right)=(-12)\times\left(-\dfrac{5}{6}\right)=+10$

답 $+10$

0396 $(+9)\div(-1.5)=(+9)\div\left(-\dfrac{3}{2}\right)$
$\qquad\qquad=(+9)\times\left(-\dfrac{2}{3}\right)=-6$ 　답 -6

0397 $(+2)\div\left(-\dfrac{10}{3}\right)\times\left(+\dfrac{20}{9}\right)$
$=(+2)\times\left(-\dfrac{3}{10}\right)\times\left(+\dfrac{20}{9}\right)=-\dfrac{4}{3}$ 　답 $-\dfrac{4}{3}$

0398 $(-10)\times\left(-\dfrac{3}{5}\right)\div\left(+\dfrac{6}{7}\right)$
$=(-10)\times\left(-\dfrac{3}{5}\right)\times\left(+\dfrac{7}{6}\right)=+7$ 　답 $+7$

0399 답 ㉢, ㉣, ㉡, ㉠

0400 $9-(-2)^3\div1.6=9-(-8)\div\dfrac{8}{5}$
$\qquad\qquad\qquad=9-(-8)\times\dfrac{5}{8}$
$\qquad\qquad\qquad=9+5=14$ 　답 14

0401 $\dfrac{1}{3}\div(-5)+\left(-\dfrac{2}{3}\right)^2\times\dfrac{6}{5}$
$=\dfrac{1}{3}\times\left(-\dfrac{1}{5}\right)+\dfrac{4}{9}\times\dfrac{6}{5}$
$=-\dfrac{1}{15}+\dfrac{8}{15}=\dfrac{7}{15}$ 　답 $\dfrac{7}{15}$

0402 $1-\dfrac{1}{2}\times\left\{(-6)^2\times\dfrac{1}{2}+9\div\left(-\dfrac{3}{4}\right)\right\}$
$=1-\dfrac{1}{2}\times\left\{36\times\dfrac{1}{2}+9\times\left(-\dfrac{4}{3}\right)\right\}$
$=1-\dfrac{1}{2}\times(18-12)$
$=1-\dfrac{1}{2}\times6$
$=1-3=-2$ 　답 -2

 유형 익히기 　▶ 본문 54~67쪽

0403 ① $(-7)+(-5)=-(7+5)=-12$
② $(+10)+(-3)=+(10-3)=7$
③ $\left(-\dfrac{1}{6}\right)+\left(-\dfrac{1}{3}\right)=\left(-\dfrac{1}{6}\right)+\left(-\dfrac{2}{6}\right)=-\left(\dfrac{1}{6}+\dfrac{2}{6}\right)=-\dfrac{1}{2}$
④ $(+0.5)+\left(-\dfrac{1}{2}\right)=\left(+\dfrac{1}{2}\right)+\left(-\dfrac{1}{2}\right)=0$
⑤ $(-6.3)+(+1.2)=-(6.3-1.2)=-5.1$
따라서 옳은 것은 ④이다. 　답 ④

0404 0을 나타내는 점에서 오른쪽으로 4만큼 이동한 다음 다시 왼쪽으로 9만큼 이동한 것이 0을 나타내는 점에서 왼쪽으로 5만큼 이동한 것과 같음을 나타낸다.
$\qquad\therefore (+4)+(-9)=-5$ 　답 ②

0405 ① $(-8)+(-6)=-(8+6)=-14$
② $(-25)+(+13)=-(25-13)=-12$
③ $(+6.5)+(-0.5)=+(6.5-0.5)=6$
④ $\left(+\dfrac{3}{5}\right)+\left(+\dfrac{5}{6}\right)=\left(+\dfrac{18}{30}\right)+\left(+\dfrac{25}{30}\right)$
$\qquad\qquad\qquad=+\left(\dfrac{18}{30}+\dfrac{25}{30}\right)=\dfrac{43}{30}$
⑤ $\left(-\dfrac{1}{12}\right)+\left(+\dfrac{1}{3}\right)=\left(-\dfrac{1}{12}\right)+\left(+\dfrac{4}{12}\right)$
$\qquad\qquad\qquad=+\left(\dfrac{4}{12}-\dfrac{1}{12}\right)=\dfrac{1}{4}$
따라서 옳지 않은 것은 ⑤이다. 　답 ⑤

0406 답 ㉠ 교환법칙 ㉡ 결합법칙

0407 $(-6.3)+(+3)+(-4.7)$ ⎫ 덧셈의 교환법칙
$=(-6.3)+(-4.7)+(+3)$ ⎬
$=\{(-6.3)+(-4.7)\}+(+3)$ ⎫ 덧셈의 결합법칙
$=(\boxed{-11})+(+3)=\boxed{-8}$
답 ㈎ 교환 ㈏ 결합 ㈐ -11 ㈑ -8

0408 $\left(+\dfrac{11}{5}\right)+(-1)+\left(+\dfrac{4}{5}\right)$
$=\left(+\dfrac{11}{5}\right)+\left(+\dfrac{4}{5}\right)+(-1)$ … 1단계
$=\left\{\left(+\dfrac{11}{5}\right)+\left(+\dfrac{4}{5}\right)\right\}+(-1)$ … 2단계
$=(+3)+(-1)=2$ … 3단계
답 2

단계	채점 요소	비율
1	덧셈의 교환법칙 이용하기	30 %
2	덧셈의 결합법칙 이용하기	30 %
3	답 구하기	40 %

0409 ① $(+5)-(+8)=(+5)+(-8)=-3$

② $(-10)-(-10)=(-10)+(+10)=0$

③ $\left(+\dfrac{2}{3}\right)-\left(-\dfrac{5}{6}\right)=\left(+\dfrac{4}{6}\right)+\left(+\dfrac{5}{6}\right)=\dfrac{3}{2}$

④ $(-3.8)-(-1.9)=(-3.8)+(+1.9)=-1.9$

⑤ $\left(-\dfrac{1}{2}\right)-(+3.5)=\left(-\dfrac{1}{2}\right)+\left(-\dfrac{7}{2}\right)=-4$

따라서 옳지 않은 것은 ⑤이다.   답 ⑤

0410 0을 나타내는 점에서 오른쪽으로 3만큼 이동한 다음 다시 왼쪽으로 7만큼 이동한 것이 0을 나타내는 점에서 왼쪽으로 4만큼 이동한 것과 같음을 나타낸다.

  $\therefore (+3)-(+7)=-4$ 또는 $(+3)+(-7)=-4$

         답 ②, ⑤

0411 절댓값이 가장 큰 수는 $-\dfrac{10}{3}$이므로

   $a=-\dfrac{10}{3}$ ··· **1단계**

절댓값이 가장 작은 수는 $-\dfrac{3}{2}$이므로

   $b=-\dfrac{3}{2}$ ··· **2단계**

   $\therefore a-b=\left(-\dfrac{10}{3}\right)-\left(-\dfrac{3}{2}\right)$

      $=\left(-\dfrac{20}{6}\right)+\left(+\dfrac{9}{6}\right)=-\dfrac{11}{6}$ ··· **3단계**

         답 $-\dfrac{11}{6}$

단계	채점 요소	비율
1	a의 값 구하기	30 %
2	b의 값 구하기	30 %
3	$a-b$의 값 구하기	40 %

0412 ① $(+6)+(-9)-(-2)$

   $=(+6)+(-9)+(+2)$

   $=\{(+6)+(+2)\}+(-9)$

   $=(+8)+(-9)=-1$

② $(-1.8)-(+3.2)+(+8)$

   $=(-1.8)+(-3.2)+(+8)$

   $=\{(-1.8)+(-3.2)\}+(+8)$

   $=(-5)+(+8)=3$

③ $(-3.6)+(+5.4)-(-7.2)$

   $=(-3.6)+(+5.4)+(+7.2)$

   $=(-3.6)+\{(+5.4)+(+7.2)\}$

   $=(-3.6)+(+12.6)=9$

④ $\left(-\dfrac{3}{4}\right)-(-1)+\left(-\dfrac{1}{4}\right)$

   $=\left(-\dfrac{3}{4}\right)+(+1)+\left(-\dfrac{1}{4}\right)$

   $=\left\{\left(-\dfrac{3}{4}\right)+\left(-\dfrac{1}{4}\right)\right\}+(+1)$

   $=(-1)+(+1)=0$

⑤ $\left(+\dfrac{7}{9}\right)-\left(+\dfrac{5}{6}\right)+\left(-\dfrac{1}{2}\right)$

   $=\left(+\dfrac{7}{9}\right)+\left(-\dfrac{5}{6}\right)+\left(-\dfrac{1}{2}\right)$

   $=\left(+\dfrac{7}{9}\right)+\left\{\left(-\dfrac{5}{6}\right)+\left(-\dfrac{3}{6}\right)\right\}$

   $=\left(+\dfrac{7}{9}\right)+\left(-\dfrac{4}{3}\right)$

   $=\left(+\dfrac{7}{9}\right)+\left(-\dfrac{12}{9}\right)=-\dfrac{5}{9}$

따라서 옳은 것은 ①, ⑤이다.   답 ①, ⑤

0413 $(-8)+(+1.3)-(+5)-(-4.7)$

  $=(-8)+(+1.3)+(-5)+(+4.7)$

  $=\{(-8)+(-5)\}+\{(+1.3)+(+4.7)\}$

  $=(-13)+(+6)=-7$ 답 ②

0414 ① $\left(+\dfrac{1}{2}\right)-\left(-\dfrac{3}{8}\right)+\left(-\dfrac{1}{4}\right)$

   $=\left(+\dfrac{1}{2}\right)+\left(+\dfrac{3}{8}\right)+\left(-\dfrac{1}{4}\right)$

   $=\left\{\left(+\dfrac{4}{8}\right)+\left(+\dfrac{3}{8}\right)\right\}+\left(-\dfrac{1}{4}\right)$

   $=\left(+\dfrac{7}{8}\right)+\left(-\dfrac{2}{8}\right)=\dfrac{5}{8}$

② $(-1.3)+(+0.7)-(+4.2)$

   $=(-1.3)+(+0.7)+(-4.2)$

   $=\{(-1.3)+(-4.2)\}+(+0.7)$

   $=(-5.5)+(+0.7)=-4.8$

③ $\left(-\dfrac{3}{5}\right)-\left(-\dfrac{1}{3}\right)+\left(-\dfrac{11}{15}\right)$

   $=\left(-\dfrac{3}{5}\right)+\left(+\dfrac{1}{3}\right)+\left(-\dfrac{11}{15}\right)$

   $=\left\{\left(-\dfrac{9}{15}\right)+\left(-\dfrac{11}{15}\right)\right\}+\left(+\dfrac{1}{3}\right)$

   $=\left(-\dfrac{4}{3}\right)+\left(+\dfrac{1}{3}\right)=-1$

④ $\left(+\dfrac{1}{4}\right)+(-0.5)-(+0.75)$

   $=\left(+\dfrac{1}{4}\right)+(-0.5)+(-0.75)$

   $=\left(+\dfrac{1}{4}\right)+\{(-0.5)+(-0.75)\}$

   $=\left(+\dfrac{1}{4}\right)+(-1.25)$

   $=\left(+\dfrac{1}{4}\right)+\left(-\dfrac{5}{4}\right)=-1$

⑤ $\left(+\dfrac{2}{3}\right)+\left(-\dfrac{1}{2}\right)+\left(-\dfrac{1}{3}\right)-\left(-\dfrac{5}{6}\right)$

   $=\left(+\dfrac{4}{6}\right)+\left(-\dfrac{3}{6}\right)+\left(-\dfrac{2}{6}\right)+\left(+\dfrac{5}{6}\right)$

   $=\left\{\left(+\dfrac{4}{6}\right)+\left(+\dfrac{5}{6}\right)\right\}+\left\{\left(-\dfrac{3}{6}\right)+\left(-\dfrac{2}{6}\right)\right\}$

   $=\left(+\dfrac{9}{6}\right)+\left(-\dfrac{5}{6}\right)=\dfrac{2}{3}$

따라서 옳지 않은 것은 ③이다.   답 ③

0415 ① $2-5+\dfrac{1}{2}=(+2)-(+5)+\left(+\dfrac{1}{2}\right)$

$\qquad =(+2)+(-5)+\left(+\dfrac{1}{2}\right)$

$\qquad =\{(+2)+(-5)\}+\left(+\dfrac{1}{2}\right)$

$\qquad =(-3)+\left(+\dfrac{1}{2}\right)$

$\qquad =\left(-\dfrac{6}{2}\right)+\left(+\dfrac{1}{2}\right)=-\dfrac{5}{2}$

② $-\dfrac{1}{3}+4+\dfrac{5}{3}=\left(-\dfrac{1}{3}\right)+(+4)+\left(+\dfrac{5}{3}\right)$

$\qquad =\left(-\dfrac{1}{3}\right)+\left\{\left(+\dfrac{12}{3}\right)+\left(+\dfrac{5}{3}\right)\right\}$

$\qquad =\left(-\dfrac{1}{3}\right)+\left(+\dfrac{17}{3}\right)=\dfrac{16}{3}$

③ $8.5-9+4.5=(+8.5)-(+9)+(+4.5)$

$\qquad =(+8.5)+(-9)+(+4.5)$

$\qquad =\{(+8.5)+(+4.5)\}+(-9)$

$\qquad =(+13)+(-9)=4$

④ $-\dfrac{5}{2}-\dfrac{5}{6}+\dfrac{4}{3}=\left(-\dfrac{5}{2}\right)-\left(+\dfrac{5}{6}\right)+\left(+\dfrac{4}{3}\right)$

$\qquad =\left(-\dfrac{5}{2}\right)+\left(-\dfrac{5}{6}\right)+\left(+\dfrac{4}{3}\right)$

$\qquad =\left\{\left(-\dfrac{15}{6}\right)+\left(-\dfrac{5}{6}\right)\right\}+\left(+\dfrac{4}{3}\right)$

$\qquad =\left(-\dfrac{10}{3}\right)+\left(+\dfrac{4}{3}\right)=-2$

⑤ $-1+\dfrac{9}{2}-\dfrac{1}{4}=(-1)+\left(+\dfrac{9}{2}\right)-\left(+\dfrac{1}{4}\right)$

$\qquad =(-1)+\left(+\dfrac{9}{2}\right)+\left(-\dfrac{1}{4}\right)$

$\qquad =\left\{\left(-\dfrac{4}{4}\right)+\left(-\dfrac{1}{4}\right)\right\}+\left(+\dfrac{9}{2}\right)$

$\qquad =\left(-\dfrac{5}{4}\right)+\left(+\dfrac{18}{4}\right)=\dfrac{13}{4}$

따라서 계산 결과가 가장 큰 것은 ②이다.　　　🄓 ②

0416 $-15+16+7-35-3+5$

$=(-15)+(+16)+(+7)-(+35)-(+3)+(+5)$

$=(-15)+(+16)+(+7)+(-35)+(-3)+(+5)$

$=\{(-15)+(-35)+(-3)\}+\{(+16)+(+7)+(+5)\}$

$=(-53)+(+28)=-25$　　　🄓 ②

0417 $-\dfrac{1}{2}+1-\dfrac{1}{5}+\dfrac{3}{10}-1.6$

$=\left(-\dfrac{1}{2}\right)+(+1)-\left(+\dfrac{1}{5}\right)+\left(+\dfrac{3}{10}\right)-(+1.6)$

$=\left(-\dfrac{1}{2}\right)+(+1)+\left(-\dfrac{1}{5}\right)+\left(+\dfrac{3}{10}\right)+(-1.6)$

$=\left\{\left(-\dfrac{1}{2}\right)+\left(-\dfrac{1}{5}\right)+(-1.6)\right\}+\left\{(+1)+\left(+\dfrac{3}{10}\right)\right\}$

$=\left\{\left(-\dfrac{5}{10}\right)+\left(-\dfrac{2}{10}\right)+\left(-\dfrac{16}{10}\right)\right\}+\left\{\left(+\dfrac{10}{10}\right)+\left(+\dfrac{3}{10}\right)\right\}$

$=\left(-\dfrac{23}{10}\right)+\left(+\dfrac{13}{10}\right)=-1$　　　🄓 -1

0418 $A=\dfrac{3}{4}-1+\dfrac{2}{3}-\dfrac{1}{2}$

$\qquad =\left(+\dfrac{3}{4}\right)-(+1)+\left(+\dfrac{2}{3}\right)-\left(+\dfrac{1}{2}\right)$

$\qquad =\left(+\dfrac{3}{4}\right)+(-1)+\left(+\dfrac{2}{3}\right)+\left(-\dfrac{1}{2}\right)$

$\qquad =\left\{\left(+\dfrac{3}{4}\right)+\left(+\dfrac{2}{3}\right)\right\}+\left\{(-1)+\left(-\dfrac{1}{2}\right)\right\}$

$\qquad =\left\{\left(+\dfrac{9}{12}\right)+\left(+\dfrac{8}{12}\right)\right\}+\left\{\left(-\dfrac{2}{2}\right)+\left(-\dfrac{1}{2}\right)\right\}$

$\qquad =\left(+\dfrac{17}{12}\right)+\left(-\dfrac{3}{2}\right)$

$\qquad =\left(+\dfrac{17}{12}\right)+\left(-\dfrac{18}{12}\right)=-\dfrac{1}{12}$

$B=-0.7-2-4.3+7.5$

$\quad =(-0.7)-(+2)-(+4.3)+(+7.5)$

$\quad =(-0.7)+(-2)+(-4.3)+(+7.5)$

$\quad =\{(-0.7)+(-2)+(-4.3)\}+(+7.5)$

$\quad =(-7)+(+7.5)=+\dfrac{1}{2}$

$\therefore A+B=\left(-\dfrac{1}{12}\right)+\left(+\dfrac{1}{2}\right)$

$\qquad =\left(-\dfrac{1}{12}\right)+\left(+\dfrac{6}{12}\right)=\dfrac{5}{12}$　　🄓 $\dfrac{5}{12}$

0419 $a=6+(-3)=3$

$b=\dfrac{1}{3}-\dfrac{1}{2}=\dfrac{2}{6}-\dfrac{3}{6}=-\dfrac{1}{6}$

$\therefore a-b=3-\left(-\dfrac{1}{6}\right)=\dfrac{18}{6}+\dfrac{1}{6}=\dfrac{19}{6}$　🄓 ④

0420 $a=-1+6=5$

따라서 a보다 -4만큼 작은 수는

$\qquad a-(-4)=5-(-4)=5+4=9$　🄓 9

0421 ① $-\dfrac{1}{2}+3=-\dfrac{1}{2}+\dfrac{6}{2}=\dfrac{5}{2}$

② $-3-\left(-\dfrac{11}{4}\right)=-\dfrac{12}{4}+\dfrac{11}{4}=-\dfrac{1}{4}$

③ $6-\left(-\dfrac{4}{3}\right)=\dfrac{18}{3}+\dfrac{4}{3}=\dfrac{22}{3}$

④ $\dfrac{6}{5}-4=\dfrac{6}{5}-\dfrac{20}{5}=-\dfrac{14}{5}$

⑤ $-\dfrac{2}{3}+\dfrac{9}{2}=-\dfrac{4}{6}+\dfrac{27}{6}=\dfrac{23}{6}$

따라서 가장 큰 수는 ③이다.　　　🄓 ③

0422 $a=\dfrac{2}{3}-\left(-\dfrac{1}{2}\right)=\dfrac{4}{6}+\dfrac{3}{6}=\dfrac{7}{6}$　… **1단계**

$b=-\dfrac{3}{4}+\dfrac{4}{3}=-\dfrac{9}{12}+\dfrac{16}{12}=\dfrac{7}{12}$　… **2단계**

$\therefore b-a=\dfrac{7}{12}-\dfrac{7}{6}=\dfrac{7}{12}-\dfrac{14}{12}=-\dfrac{7}{12}$　… **3단계**

🄓 $-\dfrac{7}{12}$

단계	채점 요소	비율
1	a의 값 구하기	40 %
2	b의 값 구하기	40 %
3	$b-a$의 값 구하기	20 %

0423 $a-\left(-\dfrac{1}{2}\right)=\dfrac{2}{5}$에서

$a=\dfrac{2}{5}+\left(-\dfrac{1}{2}\right)=\dfrac{4}{10}+\left(-\dfrac{5}{10}\right)=-\dfrac{1}{10}$

$b+\left(-\dfrac{3}{10}\right)=-2$에서

$b=-2-\left(-\dfrac{3}{10}\right)=-\dfrac{20}{10}+\dfrac{3}{10}=-\dfrac{17}{10}$

$\therefore a+b=-\dfrac{1}{10}+\left(-\dfrac{17}{10}\right)=-\dfrac{9}{5}$ 답 ①

0424 $-\dfrac{5}{4}-\square=-3$에서

$\square=-\dfrac{5}{4}-(-3)=-\dfrac{5}{4}+\dfrac{12}{4}=\dfrac{7}{4}$ 답 $\dfrac{7}{4}$

0425 $A+(-5)=-2$에서

$A=-2-(-5)=-2+5=3$

$1.5-B=4.5$에서 $B=1.5-4.5=-3$

$\therefore A-B=3-(-3)=3+3=6$ 답 6

0426 $-\dfrac{1}{2}+\square-\left(+\dfrac{1}{3}\right)=\dfrac{7}{6}$에서

$-\dfrac{1}{2}+\square+\left(-\dfrac{1}{3}\right)=\dfrac{7}{6}$, $-\dfrac{5}{6}+\square=\dfrac{7}{6}$

$\therefore \square=\dfrac{7}{6}-\left(-\dfrac{5}{6}\right)=\dfrac{7}{6}+\dfrac{5}{6}=2$ 답 2

0427 어떤 유리수를 □라 하면 $\square+\left(-\dfrac{2}{3}\right)=\dfrac{2}{3}$

$\therefore \square=\dfrac{2}{3}-\left(-\dfrac{2}{3}\right)=\dfrac{2}{3}+\dfrac{2}{3}=\dfrac{4}{3}$

따라서 바르게 계산하면

$\dfrac{4}{3}-\left(-\dfrac{2}{3}\right)=\dfrac{4}{3}+\dfrac{2}{3}=2$ 답 2

0428 (1) 어떤 유리수를 □라 하면

$4+\square=-9$

$\therefore \square=-9-4=-13$

(2) 바르게 계산하면

$4-(-13)=4+13=17$

답 (1) -13 (2) 17

0429 어떤 유리수를 □라 하면 $\square-\dfrac{1}{5}=-\dfrac{1}{4}$

$\therefore \square=-\dfrac{1}{4}+\dfrac{1}{5}=-\dfrac{5}{20}+\dfrac{4}{20}=-\dfrac{1}{20}$ … 1단계

따라서 바르게 계산하면

$-\dfrac{1}{20}+\dfrac{1}{5}=-\dfrac{1}{20}+\dfrac{4}{20}=\dfrac{3}{20}$ … 2단계

답 $\dfrac{3}{20}$

단계	채점 요소	비율
1	어떤 유리수 구하기	60 %
2	바르게 계산한 답 구하기	40 %

0430 a의 절댓값이 $\dfrac{5}{6}$이므로

$a=\dfrac{5}{6}$ 또는 $a=-\dfrac{5}{6}$

b의 절댓값이 $\dfrac{2}{3}$이므로

$b=\dfrac{2}{3}$ 또는 $b=-\dfrac{2}{3}$

(i) $a=\dfrac{5}{6}$, $b=\dfrac{2}{3}$일 때,

$a+b=\dfrac{5}{6}+\dfrac{2}{3}=\dfrac{5}{6}+\dfrac{4}{6}=\dfrac{3}{2}$

(ii) $a=\dfrac{5}{6}$, $b=-\dfrac{2}{3}$일 때,

$a+b=\dfrac{5}{6}+\left(-\dfrac{2}{3}\right)=\dfrac{5}{6}+\left(-\dfrac{4}{6}\right)=\dfrac{1}{6}$

(iii) $a=-\dfrac{5}{6}$, $b=\dfrac{2}{3}$일 때,

$a+b=-\dfrac{5}{6}+\dfrac{2}{3}=-\dfrac{5}{6}+\dfrac{4}{6}=-\dfrac{1}{6}$

(iv) $a=-\dfrac{5}{6}$, $b=-\dfrac{2}{3}$일 때,

$a+b=-\dfrac{5}{6}+\left(-\dfrac{2}{3}\right)=-\dfrac{5}{6}+\left(-\dfrac{4}{6}\right)=-\dfrac{3}{2}$

이상에서 $a+b$의 값 중에서 가장 작은 값은 $-\dfrac{3}{2}$이다.

답 $-\dfrac{3}{2}$

0431 a의 절댓값이 2이므로

$a=2$ 또는 $a=-2$

b의 절댓값이 7이므로

$b=7$ 또는 $b=-7$

$a+b$의 값 중에서 가장 큰 값은 a, b가 모두 양수일 때이다.

따라서 $a+b$의 값 중에서 가장 큰 값은

$2+7=9$ 답 ④

0432 $|a|=3$에서

$a=3$ 또는 $a=-3$

$|b|=6$에서

$b=6$ 또는 $b=-6$

$a-b$의 값 중에서 가장 큰 값은 a가 양수, b가 음수일 때이다.

따라서 $a-b$의 값 중에서 가장 큰 값은

$3-(-6)=3+6=9$ 답 9

0433 $|a|=\dfrac{3}{2}$에서　$a=\dfrac{3}{2}$ 또는 $a=-\dfrac{3}{2}$

$|b|=\dfrac{2}{3}$에서　$b=\dfrac{2}{3}$ 또는 $b=-\dfrac{2}{3}$ ··· **1단계**

$a-b$의 값 중에서 가장 큰 값은 a가 양수, b가 음수일 때이므로

$M=\dfrac{3}{2}-\left(-\dfrac{2}{3}\right)=\dfrac{9}{6}+\dfrac{4}{6}=\dfrac{13}{6}$ ··· **2단계**

$a-b$의 값 중에서 가장 작은 값은 a가 음수, b가 양수일 때이므로

$m=-\dfrac{3}{2}-\dfrac{2}{3}=-\dfrac{9}{6}-\dfrac{4}{6}=-\dfrac{13}{6}$ ··· **3단계**

$\therefore M-m=\dfrac{13}{6}-\left(-\dfrac{13}{6}\right)=\dfrac{13}{6}+\dfrac{13}{6}=\dfrac{13}{3}$ ··· **4단계**

답 $\dfrac{13}{3}$

단계	채점 요소	비율
1	a, b의 값 구하기	20 %
2	M의 값 구하기	30 %
3	m의 값 구하기	30 %
4	$M-m$의 값 구하기	20 %

0434 $700-50+250+300-150=1050$ (명)

답 1050명

0435 $50+0.8-1.5+0.3-0.6=49$ (kg)

답 49 kg

0436 월요일에 □개의 빵이 판매되었다고 하면

□$-30-45-15+70=300$

□$-20=300$　$\therefore$ □$=320$

따라서 월요일에 판매된 빵은 320개이다. 답 320개

0437 $-5+10+(-7)+9=7$이므로 한 변에 놓인 네 수의 합은 7이어야 한다.

$A+(-4)+6+9=7$에서　$A+11=7$

$\therefore A=7-11=-4$

$A+8+B+(-5)=7$에서

$-4+8+B+(-5)=7$,　$B+(-1)=7$

$\therefore B=7-(-1)=7+1=8$

$\therefore A-B=-4-8=-12$ 답 -12

0438 $0+1+(-4)=-3$이므로 대각선에 있는 세 수의 합은 -3이어야 한다.

$2+a+(-4)=-3$에서　$a+(-2)=-3$

$\therefore a=-3-(-2)=-3+2=-1$

$b+a+0=-3$에서　$b+(-1)+0=-3$

$b+(-1)=-3$

$\therefore b=-3-(-1)=-3+1=-2$

답 $a=-1$, $b=-2$

0439 $a+(-2)=-\dfrac{1}{4}$에서

$a=-\dfrac{1}{4}-(-2)=-\dfrac{1}{4}+\dfrac{8}{4}=\dfrac{7}{4}$ ··· **1단계**

$b+\left(-\dfrac{1}{3}\right)=-\dfrac{1}{4}$에서

$b=-\dfrac{1}{4}-\left(-\dfrac{1}{3}\right)=-\dfrac{3}{12}+\dfrac{4}{12}=\dfrac{1}{12}$ ··· **2단계**

$\dfrac{1}{2}+c=-\dfrac{1}{4}$에서

$c=-\dfrac{1}{4}-\dfrac{1}{2}=-\dfrac{1}{4}-\dfrac{2}{4}=-\dfrac{3}{4}$ ··· **3단계**

$\therefore a+b-c=\dfrac{7}{4}+\dfrac{1}{12}-\left(-\dfrac{3}{4}\right)$

$=\dfrac{21}{12}+\dfrac{1}{12}+\dfrac{9}{12}=\dfrac{31}{12}$ ··· **4단계**

답 $\dfrac{31}{12}$

단계	채점 요소	비율
1	a의 값 구하기	30 %
2	b의 값 구하기	30 %
3	c의 값 구하기	30 %
4	$a+b-c$의 값 구하기	10 %

0440 ① $(-5)\times(-1.4)=+(5\times1.4)=7$

② $\left(+\dfrac{5}{7}\right)\times\left(-\dfrac{14}{15}\right)=-\left(\dfrac{5}{7}\times\dfrac{14}{15}\right)=-\dfrac{2}{3}$

④ $(+15)\times\left(-\dfrac{3}{5}\right)\times\left(+\dfrac{2}{3}\right)=-\left(15\times\dfrac{3}{5}\times\dfrac{2}{3}\right)=-6$

⑤ $\left(-\dfrac{5}{6}\right)\times\left(-\dfrac{3}{10}\right)\times\left(+\dfrac{2}{7}\right)=+\left(\dfrac{5}{6}\times\dfrac{3}{10}\times\dfrac{2}{7}\right)=\dfrac{1}{14}$

따라서 옳지 않은 것은 ④이다. 답 ④

0441 ① $(-3)\times(-5)=+(3\times5)=15$

② $(+7)\times(-4)=-(7\times4)=-28$

③ $(-6)\times(+9)=-(6\times9)=-54$

④ $\left(-\dfrac{1}{2}\right)\times(-12)=+\left(\dfrac{1}{2}\times12\right)=6$

⑤ $(+10)\times(-4.5)=-(10\times4.5)=-45$

따라서 계산 결과가 가장 작은 것은 ③이다. 답 ③

0442 $A=\left(+\dfrac{2}{3}\right)\times\left(-\dfrac{15}{4}\right)=-\left(\dfrac{2}{3}\times\dfrac{15}{4}\right)=-\dfrac{5}{2}$

$B=(-1.5)\times\left(+\dfrac{8}{3}\right)\times\left(-\dfrac{3}{2}\right)=+\left(\dfrac{3}{2}\times\dfrac{8}{3}\times\dfrac{3}{2}\right)=6$

$\therefore A\times B=\left(-\dfrac{5}{2}\right)\times6=-15$ 답 -15

0443 곱해진 음수가 12개로 짝수 개이므로

$\left(-\dfrac{1}{3}\right)\times\left(-\dfrac{3}{5}\right)\times\left(-\dfrac{5}{7}\right)\times\cdots\times\left(-\dfrac{23}{25}\right)$

$=+\left(\dfrac{1}{3}\times\dfrac{3}{5}\times\dfrac{5}{7}\times\cdots\times\dfrac{23}{25}\right)=\dfrac{1}{25}$ 답 $\dfrac{1}{25}$

0444 답 ㉠ 교환법칙 ㉡ 결합법칙

0445 $\left(+\dfrac{3}{2}\right)\times(-7)\times\left(-\dfrac{10}{3}\right)\times(+2)$

$=\left(+\dfrac{3}{2}\right)\times\left(-\dfrac{10}{3}\right)\times(-7)\times(+2)$　　곱셈의 \boxed{교환}법칙

$=\left\{\left(+\dfrac{3}{2}\right)\times\left(-\dfrac{10}{3}\right)\right\}\times\{(-7)\times(+2)\}$　　곱셈의 \boxed{결합}법칙

$=(-5)\times(\boxed{-14})=\boxed{70}$

답 (가) 교환　(나) 결합　(다) -14　(라) 70

0446　$(+8)\times(-0.15)\times(+5)$

$=(+8)\times(+5)\times(-0.15)$　　… 1단계

$=\{(+8)\times(+5)\}\times(-0.15)$　　… 2단계

$=(+40)\times\left(-\dfrac{3}{20}\right)=-6$　　… 3단계

답 -6

단계	채점 요소	비율
1	곱셈의 교환법칙 이용하기	30 %
2	곱셈의 결합법칙 이용하기	30 %
3	답 구하기	40 %

0447　주어진 네 유리수 중 서로 다른 세 수를 뽑아 곱한 값이 가장 작으려면 음수만 3개를 뽑아야 한다.

$\therefore\left(-\dfrac{7}{3}\right)\times\left(-\dfrac{6}{7}\right)\times(-4)=-\left(\dfrac{7}{3}\times\dfrac{6}{7}\times4\right)=-8$

답 ②

0448　주어진 네 유리수 중 서로 다른 세 수를 뽑아 곱한 값이 가장 크려면 음수 2개, 양수 1개를 뽑아야 하고, 음수 2개는 절댓값이 큰 수이어야 한다.

$\therefore\left(-\dfrac{3}{2}\right)\times(-3)\times\dfrac{1}{2}=+\left(\dfrac{3}{2}\times3\times\dfrac{1}{2}\right)=\dfrac{9}{4}$

답 ⑤

0449　주어진 네 유리수 중 서로 다른 세 수를 뽑아 곱한 값이 가장 크려면 음수 2개, 양수 1개를 뽑아야 하고, 양수 1개는 절댓값이 큰 수이어야 한다. 즉 가장 큰 값은

$\left(-\dfrac{1}{2}\right)\times(-3)\times2=+\left(\dfrac{1}{2}\times3\times2\right)=3$　… 1단계

또 주어진 네 유리수 중 서로 다른 세 수를 뽑아 곱한 값이 가장 작으려면 음수 1개, 양수 2개를 뽑아야 하고, 음수 1개는 절댓값이 큰 수이어야 한다. 즉 가장 작은 값은

$(-3)\times\dfrac{2}{3}\times2=-\left(3\times\dfrac{2}{3}\times2\right)=-4$　… 2단계

따라서 구하는 차는

$3-(-4)=3+4=7$　　… 3단계

답 7

단계	채점 요소	비율
1	가장 큰 값 구하기	40 %
2	가장 작은 값 구하기	40 %
3	가장 큰 값과 가장 작은 값의 차 구하기	20 %

0450　③ $-3^4=-81$

따라서 옳지 않은 것은 ③이다.　　답 ③

0451　① $(-2)^3=-8$

② $-3^2=-9$

③ $-(-1)^4=-1$

④ $(-3)^3\times\dfrac{1}{9}=(-27)\times\dfrac{1}{9}=-3$

⑤ $\left(-\dfrac{1}{4}\right)^2\times(-32)=\dfrac{1}{16}\times(-32)=-2$

따라서 계산 결과가 가장 작은 것은 ②이다.　　답 ②

0452　$\left(-\dfrac{1}{2}\right)^3=-\dfrac{1}{8}$, $-\left(-\dfrac{1}{2}\right)^2=-\dfrac{1}{4}$,

$\left(-\dfrac{1}{2}\right)^2=\dfrac{1}{4}$, $-\left(-\dfrac{1}{2}\right)^3=-\left(-\dfrac{1}{8}\right)=\dfrac{1}{8}$

따라서 가장 큰 수는 $\left(-\dfrac{1}{2}\right)^2$이고 가장 작은 수는 $-\dfrac{1}{2}$이므로 그 합은

$\left(-\dfrac{1}{2}\right)^2+\left(-\dfrac{1}{2}\right)=\dfrac{1}{4}+\left(-\dfrac{1}{2}\right)=\dfrac{1}{4}+\left(-\dfrac{2}{4}\right)=-\dfrac{1}{4}$

답 $-\dfrac{1}{4}$

0453　$(-4)^2\times\left(-\dfrac{3}{2}\right)^3\times\left(-\dfrac{1}{3}\right)^2$

$=16\times\left(-\dfrac{27}{8}\right)\times\dfrac{1}{9}$

$=-\left(16\times\dfrac{27}{8}\times\dfrac{1}{9}\right)=-6$　　답 -6

0454　$(-1)+(-1)^2+(-1)^3+\cdots+(-1)^{50}$

$=(-1)+1+(-1)+1+\cdots+(-1)+1$

$=\{(-1)+1\}+\{(-1)+1\}+\cdots+\{(-1)+1\}$

$=0+0+\cdots+0=0$　　답 ③

0455　$-1^{102}-(-1)^{100}+(-1)^{99}=-1-1+(-1)$

$=-1-1-1=-3$

답 ①

0456　n이 홀수이므로 $n+2$도 홀수이다.

$\therefore -1^n+(-1)^{n+2}-(-1)^n=-1+(-1)-(-1)$

$=-1-1+1=-1$

답 ②

0457　n이 짝수이므로 $n+1$은 홀수, $2\times n$은 짝수이다.

… 1단계

$\therefore (-1)^n-(-1)^{n+1}-(-1)^{2\times n}=1-(-1)-1$

$=1+1-1=1$　… 2단계

답 1

단계	채점 요소	비율
1	$n+1$, $2 \times n$이 홀수인지 짝수인지 알기	30 %
2	주어진 식 계산하기	70 %

0458 $a \times (b-c) = a \times b - a \times c$
$\qquad\qquad\qquad = 3-(-9)$
$\qquad\qquad\qquad = 3+9 = 12$ 　　　　　目 12

0459 $(-2) \times (-7) + 3 \times (-2) + (-2) \times (-4)$ ⟩㉠
$= (-2) \times (-7) + (-2) \times 3 + (-2) \times (-4)$ ⟩㉡
$= (-2) \times \{(-7) + 3 + (-4)\}$ ⟩㉢
$= (-2) \times \{3 + (-7) + (-4)\}$ ⟩㉣
$= (-2) \times \{3 + (-11)\}$
$= (-2) \times (-8) = 16$

➡ ㉠ 곱셈의 교환법칙
　㉡ 분배법칙
　㉢ 덧셈의 교환법칙
　㉣ 덧셈의 결합법칙
따라서 계산 과정에서 사용하지 않은 계산 법칙은 ⑤이다.
　　　　　　　　　　　　　　　　　目 ⑤

0460 $a \times (b+c) = -7$에서 $a \times b + a \times c = -7$
$a \times b = 10$이므로 $10 + a \times c = -7$
$\qquad \therefore a \times c = -17$ 　　　目 -17

0461 $31 \times (-0.4) + 29 \times (-0.4) = (31+29) \times (-0.4)$
$\qquad\qquad\qquad\qquad\qquad\qquad = 60 \times (-0.4) = -24$

이므로 $a = 60$, $b = -24$ 　　… **1단계**
$\qquad \therefore a+b = 60 + (-24) = 36$ 　　… **2단계**
　　　　　　　　　　　　　　　　目 36

단계	채점 요소	비율
1	a, b의 값 구하기	80 %
2	$a+b$의 값 구하기	20 %

0462 두 수의 곱이 1이 아닌 것을 찾는다.
④ $\dfrac{1}{10} \times 0.1 = \dfrac{1}{10} \times \dfrac{1}{10} = \dfrac{1}{100}$
따라서 두 수가 서로 역수가 아닌 것은 ④이다. 　目 ④

0463 $1\dfrac{2}{3} = \dfrac{5}{3}$의 역수는 $\dfrac{3}{5}$이므로 $\quad a = \dfrac{3}{5}$
$-0.2 = -\dfrac{1}{5}$의 역수는 -5이므로 $\quad b = -5$
$\qquad \therefore a \times b = \dfrac{3}{5} \times (-5) = -3$ 　　目 ②

0464 a는 -4의 역수이므로 $\quad a = -\dfrac{1}{4}$
b는 $\dfrac{4}{7}$의 역수이므로 $\quad b = \dfrac{7}{4}$
$\qquad \therefore b-a = \dfrac{7}{4} - \left(-\dfrac{1}{4}\right) = \dfrac{7}{4} + \dfrac{1}{4} = 2$ 　目 2

0465 ① $(+36) \div (-9) = -(36 \div 9) = -4$
③ $(-27) \div \left(+\dfrac{3}{2}\right) = (-27) \times \left(+\dfrac{2}{3}\right) = -18$
④ $\left(-\dfrac{3}{5}\right) \div \left(-\dfrac{9}{25}\right) = \left(-\dfrac{3}{5}\right) \times \left(-\dfrac{25}{9}\right) = \dfrac{5}{3}$
⑤ $(+4.2) \div (+0.6) = +(4.2 \div 0.6) = 7$
따라서 옳지 않은 것은 ④이다. 　　　　目 ④

0466 ① $(-48) \div (-8) = +(48 \div 8) = 6$
② $(+84) \div (-7) = -(84 \div 7) = -12$
③ $(-12) \div \left(+\dfrac{3}{5}\right) = (-12) \times \left(+\dfrac{5}{3}\right) = -20$
④ $\left(+\dfrac{5}{6}\right) \div \left(-\dfrac{1}{3}\right) = \left(+\dfrac{5}{6}\right) \times (-3) = -\dfrac{5}{2}$
⑤ $\left(-\dfrac{2}{3}\right) \div \left(-\dfrac{2}{9}\right) = \left(-\dfrac{2}{3}\right) \times \left(-\dfrac{9}{2}\right) = 3$
따라서 계산 결과가 가장 작은 것은 ③이다. 　目 ③

0467 $A = \left(-\dfrac{9}{14}\right) \div \left(+\dfrac{3}{7}\right) = \left(-\dfrac{9}{14}\right) \times \left(+\dfrac{7}{3}\right) = -\dfrac{3}{2}$
$B = \left(-\dfrac{1}{4}\right) \div (+0.5) = \left(-\dfrac{1}{4}\right) \div \left(+\dfrac{1}{2}\right)$
$\quad = \left(-\dfrac{1}{4}\right) \times (+2) = -\dfrac{1}{2}$
$\qquad \therefore A \div B = \left(-\dfrac{3}{2}\right) \div \left(-\dfrac{1}{2}\right) = \left(-\dfrac{3}{2}\right) \times (-2) = 3$
　　　　　　　　　　　　　　　　　目 3

0468 ① $(-7) \times (-6) \div (-3) = -(7 \times 6 \div 3) = -14$
② $\left(+\dfrac{5}{6}\right) \div \left(-\dfrac{3}{4}\right) \times \left(+\dfrac{1}{2}\right) = \left(+\dfrac{5}{6}\right) \times \left(-\dfrac{4}{3}\right) \times \left(+\dfrac{1}{2}\right)$
$\qquad\qquad\qquad\qquad = -\left(\dfrac{5}{6} \times \dfrac{4}{3} \times \dfrac{1}{2}\right) = -\dfrac{5}{9}$
③ $(+2) \times \left(-\dfrac{1}{10}\right) \div \left(-\dfrac{1}{5}\right)^2 = (+2) \times \left(-\dfrac{1}{10}\right) \div \dfrac{1}{25}$
$\qquad\qquad\qquad\qquad = (+2) \times \left(-\dfrac{1}{10}\right) \times 25$
$\qquad\qquad\qquad\qquad = -\left(2 \times \dfrac{1}{10} \times 25\right) = -5$
④ $\left(-\dfrac{9}{4}\right) \div \left(-\dfrac{1}{16}\right) \div (-3^3) = \left(-\dfrac{9}{4}\right) \div \left(-\dfrac{1}{16}\right) \div (-27)$
$\qquad\qquad\qquad\qquad = \left(-\dfrac{9}{4}\right) \times (-16) \times \left(-\dfrac{1}{27}\right)$
$\qquad\qquad\qquad\qquad = -\left(\dfrac{9}{4} \times 16 \times \dfrac{1}{27}\right) = -\dfrac{4}{3}$
⑤ $\left(-\dfrac{1}{2}\right)^2 \times (+6) \div (+24) = \left(+\dfrac{1}{4}\right) \times (+6) \times \left(+\dfrac{1}{24}\right)$
$\qquad\qquad\qquad\qquad = +\left(\dfrac{1}{4} \times 6 \times \dfrac{1}{24}\right) = \dfrac{1}{16}$
따라서 옳은 것은 ⑤이다. 　　　　　目 ⑤

0469 ① $\left(-\dfrac{3}{7}\right) \div (-9) \times (-21)$

$= \left(-\dfrac{3}{7}\right) \times \left(-\dfrac{1}{9}\right) \times (-21) = -1$

② $\dfrac{8}{5} \times \left(-\dfrac{5}{12}\right) \div \dfrac{2}{3} = \dfrac{8}{5} \times \left(-\dfrac{5}{12}\right) \times \dfrac{3}{2} = -1$

③ $(-1)^5 \times \left(-\dfrac{1}{2}\right)^2 \div \dfrac{1}{4} = (-1) \times \dfrac{1}{4} \times 4 = -1$

④ $\left(-\dfrac{3}{4}\right)^2 \div \left(-\dfrac{3}{16}\right) \times \dfrac{1}{6} = \dfrac{9}{16} \times \left(-\dfrac{16}{3}\right) \times \dfrac{1}{6} = -\dfrac{1}{2}$

⑤ $\left(-\dfrac{1}{6}\right) \times (-3)^3 \div (-4.5) = \left(-\dfrac{1}{6}\right) \times (-27) \div \left(-\dfrac{9}{2}\right)$

$\qquad\qquad = \left(-\dfrac{1}{6}\right) \times (-27) \times \left(-\dfrac{2}{9}\right)$

$\qquad\qquad = -1$

따라서 계산 결과가 나머지 넷과 다른 하나는 ④이다.   **답** ④

0470 $A = \left(-\dfrac{8}{5}\right) \div \dfrac{4}{5} \div \left(-\dfrac{4}{7}\right)$

$\qquad = \left(-\dfrac{8}{5}\right) \times \dfrac{5}{4} \times \left(-\dfrac{7}{4}\right) = \dfrac{7}{2}$ **⋯ 1단계**

$B = (-2)^3 \times \dfrac{4}{3} \div \left(-\dfrac{2}{3}\right)^2$

$\quad = (-8) \times \dfrac{4}{3} \div \dfrac{4}{9}$

$\quad = (-8) \times \dfrac{4}{3} \times \dfrac{9}{4} = -24$ **⋯ 2단계**

$\therefore A \times B = \dfrac{7}{2} \times (-24) = -84$ **⋯ 3단계**

답 -84

단계	채점 요소	비율
1	A의 값 구하기	40 %
2	B의 값 구하기	40 %
3	$A \times B$의 값 구하기	20 %

0471 $\dfrac{1}{6} \times \left[-20 - \left\{ 3^2 + \left(\dfrac{1}{4} - \dfrac{1}{6} \right) \times 12 \right\} \right]$

$= \dfrac{1}{6} \times \left[-20 - \left\{ 9 + \left(\dfrac{3}{12} - \dfrac{2}{12} \right) \times 12 \right\} \right]$

$= \dfrac{1}{6} \times \left\{ -20 - \left(9 + \dfrac{1}{12} \times 12 \right) \right\}$

$= \dfrac{1}{6} \times \{ -20 - (9 + 1) \}$

$= \dfrac{1}{6} \times (-20 - 10)$

$= \dfrac{1}{6} \times (-30) = -5$ **답** ②

0472   **답** ㉺, ㉹, ㉷, ㉸, ㉻

0473 (1) $-1 - \{ -2 - (3-4) \times (-2)^2 - 5 \}$

$= -1 - \{ -2 - (-1) \times 4 - 5 \}$

$= -1 - \{ -2 - (-4) - 5 \}$

$= -1 - (-2 + 4 - 5)$

$= -1 - (-3)$

$= -1 + 3 = 2$

(2) $\left(-\dfrac{3}{4}\right) \div \left(-\dfrac{1}{2}\right)^2 - (-2)^3 \times \dfrac{5}{4}$

$= \left(-\dfrac{3}{4}\right) \div \dfrac{1}{4} - (-8) \times \dfrac{5}{4}$

$= \left(-\dfrac{3}{4}\right) \times 4 - (-8) \times \dfrac{5}{4}$

$= -3 - (-10)$

$= -3 + 10 = 7$

답 (1) 2   (2) 7

0474 $(-1)^3 \times \left[\left(-\dfrac{3}{2}\right)^2 \div \left(\dfrac{7}{4} - \dfrac{9}{4} \right) - 1 \right] + 1$

$= (-1) \times \left\{ \dfrac{9}{4} \div \left(-\dfrac{1}{2}\right) - 1 \right\} + 1$

$= (-1) \times \left\{ \dfrac{9}{4} \times (-2) - 1 \right\} + 1$

$= (-1) \times \left(-\dfrac{9}{2} - 1 \right) + 1$

$= (-1) \times \left(-\dfrac{11}{2} \right) + 1$

$= \dfrac{11}{2} + 1 = \dfrac{13}{2}$ **답** ④

0475 ① $\dfrac{1}{2} + \left(-\dfrac{1}{2}\right)^2 \div \left(\dfrac{5}{6} - \dfrac{4}{3} \right) - 2$

$= \dfrac{1}{2} + \dfrac{1}{4} \div \left(\dfrac{5}{6} - \dfrac{8}{6} \right) - 2$

$= \dfrac{1}{2} + \dfrac{1}{4} \div \left(-\dfrac{1}{2} \right) - 2$

$= \dfrac{1}{2} + \dfrac{1}{4} \times (-2) - 2$

$= \dfrac{1}{2} - \dfrac{1}{2} - 2 = -2$

② $\left(-\dfrac{1}{4}\right)^2 \times 8 - 3 \div \left(\dfrac{2}{3} + \dfrac{5}{6} \right) = \dfrac{1}{16} \times 8 - 3 \div \left(\dfrac{4}{6} + \dfrac{5}{6} \right)$

$\qquad\qquad\qquad = \dfrac{1}{2} - 3 \div \dfrac{3}{2} = \dfrac{1}{2} - 3 \times \dfrac{2}{3}$

$\qquad\qquad\qquad = \dfrac{1}{2} - 2 = -\dfrac{3}{2}$

③ $-\dfrac{3}{4} - \left\{ -\dfrac{1}{5} - \left(-\dfrac{3}{4} + \dfrac{1}{2} \right) \right\}$

$= -\dfrac{3}{4} - \left\{ -\dfrac{1}{5} - \left(-\dfrac{3}{4} + \dfrac{2}{4} \right) \right\}$

$= -\dfrac{3}{4} - \left(-\dfrac{1}{5} + \dfrac{1}{4} \right)$

$= -\dfrac{3}{4} - \left(-\dfrac{4}{20} + \dfrac{5}{20} \right)$

$= -\dfrac{3}{4} - \dfrac{1}{20}$

$= -\dfrac{15}{20} - \dfrac{1}{20} = -\dfrac{4}{5}$

④ $-4 + \left\{ 1 - \left(-\dfrac{1}{2} \right) \times \dfrac{1}{3} \right\} \div \dfrac{7}{6} = -4 + \left\{ 1 - \left(-\dfrac{1}{6} \right) \right\} \div \dfrac{7}{6}$

$\qquad\qquad\qquad = -4 + \dfrac{7}{6} \times \dfrac{6}{7}$

$\qquad\qquad\qquad = -4 + 1 = -3$

⑤ $\left\{(-3-9)\div\dfrac{3}{5}+13\right\}\times\dfrac{1}{7}=\left\{(-12)\times\dfrac{5}{3}+13\right\}\times\dfrac{1}{7}$

$\qquad\qquad\qquad\qquad\qquad\quad=(-20+13)\times\dfrac{1}{7}$

$\qquad\qquad\qquad\qquad\qquad\quad=(-7)\times\dfrac{1}{7}=-1$

따라서 계산 결과가 가장 큰 것은 ③이다. 　답 ③

0476 $34-4\times\left[5-\left\{\left(-\dfrac{3}{2}\right)^3-\left(\dfrac{7}{4}-\dfrac{3}{2}\right)\right\}\right]$

$=34-4\times\left[5-\left\{-\dfrac{27}{8}-\left(\dfrac{7}{4}-\dfrac{6}{4}\right)\right\}\right]$

$=34-4\times\left\{5-\left(-\dfrac{27}{8}-\dfrac{1}{4}\right)\right\}$

$=34-4\times\left\{5-\left(-\dfrac{29}{8}\right)\right\}$

$=34-4\times\dfrac{69}{8}$

$=34-\dfrac{69}{2}=-\dfrac{1}{2}$ 　　… **1단계**

따라서 구하는 역수는 -2이다. 　… **2단계**

답 -2

단계	채점 요소	비율
1	주어진 식 계산하기	80 %
2	역수 구하기	20 %

0477 $\left(-\dfrac{7}{6}\right)\times a=14$에서

$a=14\div\left(-\dfrac{7}{6}\right)=14\times\left(-\dfrac{6}{7}\right)=-12$

$\dfrac{5}{3}\div b=-10$에서

$b=\dfrac{5}{3}\div(-10)=\dfrac{5}{3}\times\left(-\dfrac{1}{10}\right)=-\dfrac{1}{6}$

$\therefore a\times b=(-12)\times\left(-\dfrac{1}{6}\right)=2$ 　답 2

0478 $\square\times\left(-\dfrac{3}{5}\right)=-\dfrac{1}{2}$에서

$\square=\left(-\dfrac{1}{2}\right)\div\left(-\dfrac{3}{5}\right)=\left(-\dfrac{1}{2}\right)\times\left(-\dfrac{5}{3}\right)=\dfrac{5}{6}$ 　답 $\dfrac{5}{6}$

0479 $a\times(-2)=4$에서

$a=4\div(-2)=4\times\left(-\dfrac{1}{2}\right)=-2$

$b\div\left(-\dfrac{3}{4}\right)=-2$에서

$b=(-2)\times\left(-\dfrac{3}{4}\right)=\dfrac{3}{2}$

$\therefore b\div a=\dfrac{3}{2}\div(-2)=\dfrac{3}{2}\times\left(-\dfrac{1}{2}\right)=-\dfrac{3}{4}$ 　답 $-\dfrac{3}{4}$

0480 $\left(-\dfrac{3}{4}\right)\div\square\times\left(-\dfrac{2}{3}\right)=\dfrac{2}{5}$에서

$\left(-\dfrac{3}{4}\right)\div\square=\dfrac{2}{5}\div\left(-\dfrac{2}{3}\right)$

$\left(-\dfrac{3}{4}\right)\div\square=\dfrac{2}{5}\times\left(-\dfrac{3}{2}\right)$

$\left(-\dfrac{3}{4}\right)\div\square=-\dfrac{3}{5}$

$\therefore\square=\left(-\dfrac{3}{4}\right)\div\left(-\dfrac{3}{5}\right)=\left(-\dfrac{3}{4}\right)\times\left(-\dfrac{5}{3}\right)=\dfrac{5}{4}$

답 $\dfrac{5}{4}$

0481 어떤 유리수를 $\square$라 하면 $\square\times\left(-\dfrac{1}{2}\right)=\dfrac{6}{5}$

$\therefore\square=\dfrac{6}{5}\div\left(-\dfrac{1}{2}\right)=\dfrac{6}{5}\times(-2)=-\dfrac{12}{5}$

따라서 바르게 계산하면

$\left(-\dfrac{12}{5}\right)\div\left(-\dfrac{1}{2}\right)=\left(-\dfrac{12}{5}\right)\times(-2)=\dfrac{24}{5}$ 　답 $\dfrac{24}{5}$

0482 (1) 어떤 유리수를 $\square$라 하면 $24\times\square=-8$

$\therefore\square=(-8)\div24=(-8)\times\dfrac{1}{24}=-\dfrac{1}{3}$

(2) 바르게 계산하면

$24\div\left(-\dfrac{1}{3}\right)=24\times(-3)=-72$

답 (1) $-\dfrac{1}{3}$ (2) -72

0483 어떤 유리수를 $\square$라 하면 $\square\div\left(-\dfrac{3}{4}\right)=-\dfrac{2}{5}$

$\therefore\square=\left(-\dfrac{2}{5}\right)\times\left(-\dfrac{3}{4}\right)=\dfrac{3}{10}$ 　… **1단계**

따라서 바르게 계산하면

$\dfrac{3}{10}\times\left(-\dfrac{3}{4}\right)=-\dfrac{9}{40}$ 　… **2단계**

답 $-\dfrac{9}{40}$

단계	채점 요소	비율
1	어떤 유리수 구하기	60 %
2	바르게 계산한 답 구하기	40 %

0484 $a\times b<0$에서 a, b의 부호는 다르다.

그런데 $a-b>0$에서 $a>b$이므로 $a>0$, $b<0$

이때 $a\div c<0$에서 a, c의 부호는 다르므로 $c<0$

$\therefore a>0$, $b<0$, $c<0$ 　답 ④

0485 ①, ② $a\times b<0$에서 a, b의 부호는 다르고 $a<b$이므로

$a<0$, $b>0$

③ $a-b$ ➡ (음수)$-$(양수)$=$(음수) 　$\therefore a-b<0$

④ $b-a$ ➡ (양수)$-$(음수)$=$(양수) 　$\therefore b-a>0$

⑤ $a\div b$ ➡ (음수)$\div$(양수)$=$(음수) 　$\therefore a\div b<0$

따라서 옳지 않은 것은 ⑤이다. 　답 ⑤

① (양수)+(양수)=(양수), (음수)+(음수)=(음수)
② (양수)−(음수)=(양수), (음수)−(양수)=(음수)
③ (양수)×(양수)=(양수), (음수)×(음수)=(양수)
　(양수)×(음수)=(음수), (음수)×(양수)=(음수)
④ (양수)÷(양수)=(양수), (음수)÷(음수)=(양수)
　(양수)÷(음수)=(음수), (음수)÷(양수)=(음수)

0486 $a \times b > 0$에서 a, b의 부호는 같다.
그런데 $a+b<0$이므로　　$a<0$, $b<0$
이때 $b \div c > 0$에서 b, c의 부호는 같으므로　　$c<0$
　　∴ $a<0$, $b<0$, $c<0$　　　　　답 ①

0487 $b \div c < 0$에서 b, c의 부호는 다르다.
그런데 $b<c$이므로　　$b<0$, $c>0$
이때 $a \times b > 0$에서 a, b의 부호는 같으므로　　$a<0$
　　∴ $a<0$, $b<0$, $c>0$　　　답 $a<0$, $b<0$, $c>0$

0488 $a=-\dfrac{1}{2}$이라 하면

① $-a=-\left(-\dfrac{1}{2}\right)=\dfrac{1}{2}$

② $-a^2=-\left(-\dfrac{1}{2}\right)^2=-\dfrac{1}{4}$

③ $-a^3=-\left(-\dfrac{1}{2}\right)^3=-\left(-\dfrac{1}{8}\right)=\dfrac{1}{8}$

④ $-\dfrac{1}{a}=-(1\div a)=-\left\{1\div\left(-\dfrac{1}{2}\right)\right\}$
　　$=-\{1\times(-2)\}=-(-2)=2$

⑤ $-\dfrac{1}{a^2}=-(1\div a^2)=-\left(1\div\dfrac{1}{4}\right)=-(1\times 4)=-4$

따라서 가장 큰 수는 ④이다.　　　　　답 ④

0489 $a=-2$라 하면
① $a=-2$
② $-a=-(-2)=2$
③ $a^2=(-2)^2=4$
④ $-a^2=-(-2)^2=-4$
⑤ $\dfrac{1}{a}=-\dfrac{1}{2}$

따라서 가장 작은 수는 ④이다.　　　　答 ④

0490 $a=\dfrac{1}{2}$이라 하면

① $-a^2=-\left(\dfrac{1}{2}\right)^2=-\dfrac{1}{4}$

② $(-a)^2=\left(-\dfrac{1}{2}\right)^2=\dfrac{1}{4}$

③ $\dfrac{1}{a}=1\div a=1\div\dfrac{1}{2}=1\times 2=2$

④ $\dfrac{1}{a}=2$이므로　　$-\dfrac{1}{a}=-2$

⑤ $\dfrac{1}{a}=2$이므로　　$\left(\dfrac{1}{a}\right)^2=2^2=4$

따라서 가장 큰 수는 ⑤이다.　　　　　답 ⑤

0491 5번의 가위바위보를 하여 지애는 3번 이겼으므로 2번 졌고, 이서는 2번 이기고 3번 졌다.
지애의 점수는
　　$3\times 3+2\times(-1)=9+(-2)=7$ (점)
이서의 점수는
　　$2\times 3+3\times(-1)=6+(-3)=3$ (점)
따라서 지애의 점수와 이서의 점수의 차는
　　$7-3=4$ (점)　　　　　답 4점

0492 지우는 4문제를 맞히고 2문제를 틀렸으므로 얻은 점수는
　　$4\times 5+2\times(-3)=20+(-6)=14$ (점)
따라서 지우의 점수는
　　$50+14=64$ (점)　　　　　답 64점

0493 A, B 두 사람이 얻은 점수를 각각 구하면
　　(A의 점수)$=-3+4\times 2-1+2\times 2$
　　　　　　　　$=-3+8-1+4=8$ (점)
　　(B의 점수)$=-5-3+2\times 2+6\times 2$
　　　　　　　　$=-5-3+4+12=8$ (점)
따라서 A, B의 점수가 같다.　　　　　답 ③

0494 (1) 두 점 A, B 사이의 거리는
　　$\dfrac{5}{3}-\left(-\dfrac{1}{6}\right)=\dfrac{10}{6}+\dfrac{1}{6}=\dfrac{11}{6}$

(2) 점 C는 두 점 A, B 사이를 $3:2$로 나누는 점이므로 두 점 A, C 사이의 거리는 두 점 A, B 사이의 거리의 $\dfrac{3}{3+2}=\dfrac{3}{5}$이다.
즉 두 점 A, C 사이의 거리는
　　$\dfrac{11}{6}\times\dfrac{3}{5}=\dfrac{11}{10}$

(3) 점 C가 나타내는 수는
　　$-\dfrac{1}{6}+\dfrac{11}{10}=-\dfrac{5}{30}+\dfrac{33}{30}=\dfrac{14}{15}$

답 (1) $\dfrac{11}{6}$ (2) $\dfrac{11}{10}$ (3) $\dfrac{14}{15}$

0495 두 점 A, B 사이의 거리는
　　$1-\left(-\dfrac{1}{4}\right)=\dfrac{4}{4}+\dfrac{1}{4}=\dfrac{5}{4}$
두 점 A, C 사이의 거리는
　　$\dfrac{5}{4}\times\dfrac{1}{1+2}=\dfrac{5}{4}\times\dfrac{1}{3}=\dfrac{5}{12}$
따라서 점 C가 나타내는 수는
　　$-\dfrac{1}{4}+\dfrac{5}{12}=-\dfrac{3}{12}+\dfrac{5}{12}=\dfrac{1}{6}$　　　答 $\dfrac{1}{6}$

0496 두 점 A, B 사이의 거리는

$$2-\left(-\frac{5}{2}\right)=\frac{4}{2}+\frac{5}{2}=\frac{9}{2} \quad \cdots \boxed{1단계}$$

두 점 A, C 사이의 거리는

$$\frac{9}{2}\times\frac{2}{2+3}=\frac{9}{2}\times\frac{2}{5}=\frac{9}{5} \quad \cdots \boxed{2단계}$$

따라서 점 C가 나타내는 수는

$$-\frac{5}{2}+\frac{9}{5}=-\frac{25}{10}+\frac{18}{10}=-\frac{7}{10} \quad \cdots \boxed{3단계}$$

답 $-\dfrac{7}{10}$

단계	채점 요소	비율
1	두 점 A, B 사이의 거리 구하기	30 %
2	두 점 A, C 사이의 거리 구하기	30 %
3	점 C가 나타내는 수 구하기	40 %

시험에 꼭 나오는 문제
▷ 본문 68~71쪽

0497 전략 뺄셈의 경우 빼는 수의 부호를 바꾸어 더한다.

① $(+9)+(-3)=+(9-3)=6$

② $(-2)+(-8)=-(2+8)=-10$

③ $(+4)-(-11)=(+4)+(+11)$
$\qquad\qquad\quad =+(4+11)=15$

④ $\left(-\dfrac{1}{3}\right)+\left(+\dfrac{2}{5}\right)=\left(-\dfrac{5}{15}\right)+\left(+\dfrac{6}{15}\right)$
$\qquad\qquad\qquad =+\left(\dfrac{6}{15}-\dfrac{5}{15}\right)=\dfrac{1}{15}$

⑤ $\left(-\dfrac{7}{4}\right)-(+0.25)=\left(-\dfrac{7}{4}\right)+\left(-\dfrac{1}{4}\right)$
$\qquad\qquad\qquad\quad =-\left(\dfrac{7}{4}+\dfrac{1}{4}\right)=-2$

따라서 옳은 것은 ⑤이다. 답 ⑤

0498 전략 덧셈의 계산 법칙을 생각해 본다.

$(+2.4)+\left(-\dfrac{1}{3}\right)+(+5.6)+\left(-\dfrac{5}{3}\right)$

$=(+2.4)+(+5.6)+\left(-\dfrac{1}{3}\right)+\left(-\dfrac{5}{3}\right)$ ⟩ 덧셈의 교환 법칙

$=\{(+2.4)+(+5.6)\}+\left\{\left(-\dfrac{1}{3}\right)+\left(-\dfrac{5}{3}\right)\right\}$ ⟩ 덧셈의 결합 법칙

$=(+8)+(\boxed{-2})=\boxed{6}$

답 ㈎ 교환 ㈏ 결합 ㈐ -2 ㈑ 6

0499 전략 (일교차)=(최고 기온)−(최저 기온)임을 이용하여 각 도시의 일교차를 구해 본다.

각 도시의 일교차는 다음과 같다.

A: $-2.6-(-8.8)=-2.6+8.8=6.2$ (℃)

B: $-1.5-(-6)=-1.5+6=4.5$ (℃)

C: $0-(-3.2)=0+3.2=3.2$ (℃)

D: $3.7-(-4.5)=3.7+4.5=8.2$ (℃)

E: $2.8-(-1.9)=2.8+1.9=4.7$ (℃)

따라서 일교차가 가장 큰 도시는 D이다. 답 D

0500 전략 덧셈과 뺄셈의 혼합 계산 ⇒ 뺄셈은 모두 덧셈으로 고친 후 덧셈의 계산 법칙을 이용하여 계산한다.

① $(-5)-(+4)+(+9)=(-5)+(-4)+(+9)$
$\qquad\qquad\qquad =\{(-5)+(-4)\}+(+9)$
$\qquad\qquad\qquad =(-9)+(+9)=0$

② $\left(+\dfrac{2}{5}\right)+(-2.4)-(-3)=\left(+\dfrac{2}{5}\right)+\left(-\dfrac{12}{5}\right)+(+3)$
$\qquad\qquad\qquad =\left\{\left(+\dfrac{2}{5}\right)+\left(-\dfrac{12}{5}\right)\right\}+(+3)$
$\qquad\qquad\qquad =(-2)+(+3)=1$

③ $-4-7-8+4=(-4)-(+7)-(+8)+(+4)$
$\qquad\qquad\quad =(-4)+(-7)+(-8)+(+4)$
$\qquad\qquad\quad =\{(-4)+(-7)+(-8)\}+(+4)$
$\qquad\qquad\quad =(-19)+(+4)=-15$

④ $-\dfrac{3}{4}+\dfrac{11}{20}-\dfrac{3}{10}=\left(-\dfrac{3}{4}\right)+\left(+\dfrac{11}{20}\right)-\left(+\dfrac{3}{10}\right)$
$\qquad\qquad\quad =\left(-\dfrac{3}{4}\right)+\left(+\dfrac{11}{20}\right)+\left(-\dfrac{3}{10}\right)$
$\qquad\qquad\quad =\left\{\left(-\dfrac{15}{20}\right)+\left(-\dfrac{6}{20}\right)\right\}+\left(+\dfrac{11}{20}\right)$
$\qquad\qquad\quad =\left(-\dfrac{21}{20}\right)+\left(+\dfrac{11}{20}\right)=-\dfrac{1}{2}$

⑤ $3-0.8-7-4.2$
$\quad =(+3)-(+0.8)-(+7)-(+4.2)$
$\quad =(+3)+(-0.8)+(-7)+(-4.2)$
$\quad =\{(+3)+(-7)\}+\{(-0.8)+(-4.2)\}$
$\quad =(-4)+(-5)=-9$

따라서 옳지 않은 것은 ④이다. 답 ④

0501 전략 덧셈과 뺄셈 사이의 관계를 이용한다.

$A+\left(-\dfrac{1}{2}\right)=-\dfrac{5}{6}$에서

$A=-\dfrac{5}{6}-\left(-\dfrac{1}{2}\right)=-\dfrac{5}{6}+\dfrac{3}{6}=-\dfrac{1}{3}$

$1-B=-\dfrac{4}{3}$에서

$B=1-\left(-\dfrac{4}{3}\right)=\dfrac{3}{3}+\dfrac{4}{3}=\dfrac{7}{3}$

$\therefore A+B=-\dfrac{1}{3}+\dfrac{7}{3}=2$ 답 ⑤

0502 전략 주어진 상황을 덧셈과 뺄셈으로 나타낸다.

$5000-500+700-300+900=5800$ (명)

답 5800명

0503 전략 세로에 놓인 네 수의 합을 구한 후 덧셈과 뺄셈 사이의 관계를 이용한다.

$0+5+3+(-3)=5$이므로 가로, 세로에 놓인 네 수의 합은 모두 5이어야 한다.

$-4+5+a+(-3)=5$에서
$\quad a+(-2)=5 \quad \therefore a=5-(-2)=7$
$7+(-2)+b+(-4)=5$에서
$\quad 1+b=5 \quad \therefore b=5-1=4$
$7+6+c+0=5$에서
$\quad 13+c=5 \quad \therefore c=5-13=-8$
$\therefore a-b-c=7-4-(-8)=7-4+8=11$ 답 11

0504 전략 곱해지는 음수의 개수에 따라 먼저 부호를 결정한다.

① $(+9)\times\left(-\dfrac{1}{3}\right)=-\left(9\times\dfrac{1}{3}\right)=-3$

② $(-0.75)\times(+4)=-\left(\dfrac{3}{4}\times4\right)=-3$

③ $\left(-\dfrac{5}{2}\right)\times\left(+\dfrac{6}{5}\right)=-\left(\dfrac{5}{2}\times\dfrac{6}{5}\right)=-3$

④ $(+3)\times\left(+\dfrac{1}{6}\right)\times(-8)=-\left(3\times\dfrac{1}{6}\times8\right)=-4$

⑤ $\left(-\dfrac{3}{4}\right)\times\left(-\dfrac{2}{3}\right)\times(-6)=-\left(\dfrac{3}{4}\times\dfrac{2}{3}\times6\right)=-3$

따라서 계산 결과가 나머지 넷과 다른 하나는 ④이다. 답 ④

0505 전략 $(음수)^n$의 부호 $\Rightarrow \begin{cases} n\text{이 짝수이면 } + \\ n\text{이 홀수이면 } - \end{cases}$

① $(-1)^3=-1$
② $|-3|=3$
④ $(-2)^2=4$
⑤ $-3^2=-9$

따라서 작은 수부터 차례대로 나열하면 ⑤, ①, ③, ②, ④이므로 네 번째에 오는 수는 ②이다. 답 ②

0506 전략 $(-1)^{홀수}=-1$, $(-1)^{짝수}=1$임을 이용한다.

n이 홀수일 때, $n+1$, $n\times2$는 짝수이고 $n+2$는 홀수이다.
$\therefore (-1)^{n+1}-(-1)^{n+2}+(-1)^{n\times2}=1-(-1)+1$
$\qquad\qquad\qquad\qquad\qquad\qquad =1+1+1=3$
답 3

0507 전략 덧셈에 대한 곱셈의 분배법칙을 이용한다.

$a\times(b+c)=-15$에서
$\quad a\times b+a\times c=-15$
$a\times b=-6$이므로
$\quad -6+a\times c=-15$
$\quad \therefore a\times c=-9$ 답 ③

0508 전략 $x\times y+x\times z=x\times(y+z)$임을 이용한다.

$a=0.05\times127+0.05\times(-27)$
$\quad =0.05\times\{127+(-27)\}$
$\quad =0.05\times100=5$
따라서 5보다 작은 자연수는 1, 2, 3, 4의 4개이다. 답 4

0509 전략 $\dfrac{b}{a}$의 역수 $\Rightarrow \dfrac{a}{b}$

$-\dfrac{1}{9}$의 역수는 -9이므로 $\quad x=-9$
$2\dfrac{1}{3}=\dfrac{7}{3}$의 역수는 $\dfrac{3}{7}$이므로 $\quad y=\dfrac{3}{7}$
$\therefore x\div y=(-9)\div\dfrac{3}{7}=(-9)\times\dfrac{7}{3}=-21$ 답 -21

0510 전략 두 수의 곱이 1 $\Rightarrow$ 두 수는 서로 역수

마주 보는 면에 적힌 두 수의 곱이 1이므로 마주 보는 면에 적힌 두 수는 서로 역수이다.

$-\dfrac{2}{3}$의 역수는 $-\dfrac{3}{2}$, $\dfrac{1}{4}$의 역수는 4, -9의 역수는 $-\dfrac{1}{9}$이므로 구하는 곱은

$\left(-\dfrac{3}{2}\right)\times4\times\left(-\dfrac{1}{9}\right)=+\left(\dfrac{3}{2}\times4\times\dfrac{1}{9}\right)=\dfrac{2}{3}$ 답 ④

0511 전략 곱셈과 나눗셈의 혼합 계산 $\Rightarrow$ 나눗셈은 곱셈으로 고쳐서 계산한다.

$A=\left(-\dfrac{5}{6}\right)\div(-2)^2\times\dfrac{8}{5}=\left(-\dfrac{5}{6}\right)\div4\times\dfrac{8}{5}$
$\quad =\left(-\dfrac{5}{6}\right)\times\dfrac{1}{4}\times\dfrac{8}{5}=-\left(\dfrac{5}{6}\times\dfrac{1}{4}\times\dfrac{8}{5}\right)=-\dfrac{1}{3}$

$B=\dfrac{3}{4}\div\left(-\dfrac{15}{8}\right)\times(-1)^3\div\dfrac{2}{3}$
$\quad =\dfrac{3}{4}\times\left(-\dfrac{8}{15}\right)\times(-1)\times\dfrac{3}{2}$
$\quad =+\left(\dfrac{3}{4}\times\dfrac{8}{15}\times1\times\dfrac{3}{2}\right)=\dfrac{3}{5}$

$\therefore A+B=-\dfrac{1}{3}+\dfrac{3}{5}=-\dfrac{5}{15}+\dfrac{9}{15}=\dfrac{4}{15}$ 답 $\dfrac{4}{15}$

0512 전략 덧셈, 뺄셈, 곱셈, 나눗셈의 혼합 계산은
거듭제곱 → 괄호 → 곱셈, 나눗셈 → 덧셈, 뺄셈
의 순서로 계산한다.

$1-\left[(-1)^3-\left\{-2+\dfrac{3}{4}\times\left(1-\dfrac{1}{3}\right)\right\}\div\dfrac{1}{2}\right]$
$=1-\left\{-1-\left(-2+\dfrac{3}{4}\times\dfrac{2}{3}\right)\div\dfrac{1}{2}\right\}$
$=1-\left\{-1-\left(-2+\dfrac{1}{2}\right)\div\dfrac{1}{2}\right\}$
$=1-\left\{-1-\left(-\dfrac{3}{2}\right)\times2\right\}$
$=1-(-1+3)$
$=1-2=-1$ 답 ③

0513 전략 곱셈과 나눗셈 사이의 관계를 이용한다.

$\left(-\dfrac{2}{3}\right)^2 \times \square \div \left(-\dfrac{4}{27}\right) = \dfrac{1}{2}$에서

$\dfrac{4}{9} \times \square = \dfrac{1}{2} \times \left(-\dfrac{4}{27}\right)$, $\quad \dfrac{4}{9} \times \square = -\dfrac{2}{27}$

$\therefore \square = \left(-\dfrac{2}{27}\right) \div \dfrac{4}{9} = \left(-\dfrac{2}{27}\right) \times \dfrac{9}{4} = -\dfrac{1}{6}$ 　답 $-\dfrac{1}{6}$

0514 전략 어떤 유리수를 □라 하고 식을 세운다.

어떤 유리수를 □라 하면 $\quad \square \div \left(-\dfrac{9}{7}\right) = -\dfrac{10}{3}$

$\therefore \square = \left(-\dfrac{10}{3}\right) \times \left(-\dfrac{9}{7}\right) = \dfrac{30}{7}$

따라서 바르게 계산하면 $\quad \dfrac{30}{7} + \left(-\dfrac{9}{7}\right) = 3$ 　답 3

0515 전략 $a-b<0$, $a \times b<0$임을 이용하여 a, b의 부호를 구한다.

$a \times b<0$에서 a, b의 부호는 다르다.

그런데 $a-b<0$에서 $a<b$이므로 $\quad a<0$, $b>0$

② $a<0$, $b>0$이고 $|a|<|b|$이므로 $\quad a+b>0$

③ $-a>0$, $b>0$이므로 $\quad -a+b>0$

④ $b>0$, $-|a|<0$이고 $|a|<|b|$이므로 $\quad b-|a|>0$

⑤ $-a>0$, $-b<0$이고 $|a|<|b|$이므로 $\quad -a-b<0$

따라서 옳지 않은 것은 ③이다. 　답 ③

0516 전략 p보다 q만큼 큰 수 ➡ $p+q$
p보다 q만큼 작은 수 ➡ $p-q$

$a = -\dfrac{9}{2} - (-1) = -\dfrac{9}{2} + \dfrac{2}{2} = -\dfrac{7}{2}$ 　　… 1단계

$b = 3 + \left(-\dfrac{1}{3}\right) = \dfrac{9}{3} + \left(-\dfrac{1}{3}\right) = \dfrac{8}{3}$ 　　… 2단계

따라서 $-\dfrac{7}{2} < x < \dfrac{8}{3}$을 만족시키는 정수 x는 -3, -2, -1, 0, 1, 2의 6개이다. 　　… 3단계

답 6

단계	채점 요소	비율
1	a의 값 구하기	40 %
2	b의 값 구하기	40 %
3	정수 x의 개수 구하기	20 %

0517 전략 가능한 a, b의 값을 구한 후 $a-b$의 값이 가장 큰 경우와 가장 작은 경우를 생각해 본다.

a의 절댓값이 $\dfrac{1}{3}$이므로 $\quad a = \dfrac{1}{3}$ 또는 $a = -\dfrac{1}{3}$

b의 절댓값이 $\dfrac{3}{4}$이므로 $\quad b = \dfrac{3}{4}$ 또는 $b = -\dfrac{3}{4}$ 　… 1단계

$a-b$의 값 중에서 가장 큰 값은 a가 양수, b가 음수일 때이므로

$M = \dfrac{1}{3} - \left(-\dfrac{3}{4}\right) = \dfrac{4}{12} + \dfrac{9}{12} = \dfrac{13}{12}$ 　… 2단계

$a-b$의 값 중에서 가장 작은 값은 a가 음수, b가 양수일 때이므로

$m = -\dfrac{1}{3} - \dfrac{3}{4} = -\dfrac{4}{12} - \dfrac{9}{12} = -\dfrac{13}{12}$ 　… 3단계

$\therefore M - m = \dfrac{13}{12} - \left(-\dfrac{13}{12}\right) = \dfrac{13}{12} + \dfrac{13}{12} = \dfrac{13}{6}$ 　… 4단계

답 $\dfrac{13}{6}$

단계	채점 요소	비율
1	a, b의 값 구하기	20 %
2	M의 값 구하기	30 %
3	m의 값 구하기	30 %
4	$M-m$의 값 구하기	20 %

0518 전략 세 수의 곱이 가장 클 때와 가장 작을 때의 수의 조건을 생각해 본다.

주어진 네 유리수 중 서로 다른 세 수를 뽑아 곱한 값이 가장 크려면 음수 2개, 양수 1개를 뽑아야 하고, 음수 2개는 절댓값이 큰 수이어야 한다.

즉 가장 큰 값은

$\left(-\dfrac{2}{3}\right) \times (-6) \times \dfrac{7}{4} = +\left(\dfrac{2}{3} \times 6 \times \dfrac{7}{4}\right) = 7$ 　… 1단계

또 주어진 네 유리수 중 서로 다른 세 수를 뽑아 곱한 값이 가장 작으려면 음수 3개를 뽑아야 한다.

즉 가장 작은 값은

$\left(-\dfrac{2}{3}\right) \times \left(-\dfrac{1}{2}\right) \times (-6) = -\left(\dfrac{2}{3} \times \dfrac{1}{2} \times 6\right) = -2$ … 2단계

따라서 구하는 합은 $\quad 7 + (-2) = 5$ 　… 3단계

답 5

단계	채점 요소	비율
1	가장 큰 값 구하기	40 %
2	가장 작은 값 구하기	40 %
3	가장 큰 값과 가장 작은 값의 합 구하기	20 %

0519 전략 먼저 A의 값을 구한 후 $A \times B = 1$임을 이용하여 B의 값을 구한다.

$A = \left(-\dfrac{1}{2}\right)^2 \times (-3^2) \div \left(+\dfrac{3}{4}\right)$

$= \dfrac{1}{4} \times (-9) \times \left(+\dfrac{4}{3}\right)$

$= -\left(\dfrac{1}{4} \times 9 \times \dfrac{4}{3}\right) = -3$ 　… 1단계

이때 $A \times B = 1$에서 B는 A의 역수이므로

$B = -\dfrac{1}{3}$ 　… 2단계

답 $-\dfrac{1}{3}$

단계	채점 요소	비율
1	A의 값 구하기	70 %
2	B의 값 구하기	30 %

0520 **전략** 주어진 조건에 따라 식을 변형한 후 더하여 없어지는 수의 규칙을 찾는다.

$$\frac{1}{5\times 6}+\frac{1}{6\times 7}+\cdots+\frac{1}{9\times 10}$$

$$=\left(\frac{1}{5}-\frac{1}{6}\right)+\left(\frac{1}{6}-\frac{1}{7}\right)+\cdots+\left(\frac{1}{9}-\frac{1}{10}\right)$$

$$=\frac{1}{5}-\frac{1}{10}=\frac{2}{10}-\frac{1}{10}=\frac{1}{10}$$

답 $\frac{1}{10}$

0521 **전략** 먼저 $a\times b\times c\times d>0$, $a\times c\times d<0$임을 이용하여 b의 부호를 구한다.

$a\times b\times c\times d>0$, $a\times c\times d<0$이므로

$\quad b<0$

$a<b$이므로

$\quad a<0$

$a<0$, $a\times c\times d<0$에서 $c\times d>0$이므로 c, d의 부호는 같다.

이때 $c+d<0$이므로

$\quad c<0$, $d<0$

$\therefore a<0$, $b<0$, $c<0$, $d<0$

답 $a<0$, $b<0$, $c<0$, $d<0$

0522 **전략** 0을 나타내는 점을 기준으로 신양이와 민구의 돌의 위치를 구해 본다.

신양이는 7번 이기고 3번 비기고 5번 졌으므로 신양이의 돌의 위치는

$\quad 7\times 5+3\times(-2)+5\times(-3)=35-6-15=14$

민구는 5번 이기고 3번 비기고 7번 졌으므로 민구의 돌의 위치는

$\quad 5\times 5+3\times(-2)+7\times(-3)=25-6-21=-2$

따라서 신양이와 민구의 돌 사이의 거리는

$\quad 14-(-2)=14+2=16$

답 16

0523 **전략** 먼저 두 점 A, B 사이의 거리를 구한다.

두 점 A, B 사이의 거리는

$$\frac{7}{10}-\left(-\frac{1}{2}\right)=\frac{7}{10}+\frac{5}{10}=\frac{6}{5}$$

두 점 A, C 사이의 거리는

$$\frac{6}{5}\times\frac{1}{1+3}=\frac{6}{5}\times\frac{1}{4}=\frac{3}{10}$$

따라서 점 C가 나타내는 수는

$$-\frac{1}{2}+\frac{3}{10}=-\frac{5}{10}+\frac{3}{10}=-\frac{1}{5}$$

답 $-\frac{1}{5}$

05 문자의 사용과 식의 계산

교과서문제 정복하기 ▶본문 75, 77쪽

0524 **답** $(k\div 10)$원

0525 **답** $(2\times a+3)$시간

0526 **답** $(60\times x)$ km

0527 **답** $(200-a)$쪽

0528 **답** $\left(1000\times\dfrac{x}{100}\right)$원

0529 **답** $\left(\dfrac{a}{100}\times b\right)$ g

0530 **답** $-5ab$

0531 **답** $-a+2b$

0532 **답** $4a^3b$

0533 **답** $4a(x+y)$

0534 **답** $\dfrac{4}{a}$

0535 **답** $a-\dfrac{b}{2}$

0536 **답** $-\dfrac{a+b}{6}$

0537 **답** $\dfrac{3}{x+y}$

0538 $a\times b\div 2=a\times b\times\dfrac{1}{2}=\dfrac{ab}{2}$ **답** $\dfrac{ab}{2}$

0539 $(-4)\div a\times b=(-4)\times\dfrac{1}{a}\times b=-\dfrac{4b}{a}$ **답** $-\dfrac{4b}{a}$

0540 $x\times 3-y\div z=x\times 3-y\times\dfrac{1}{z}=3x-\dfrac{y}{z}$ **답** $3x-\dfrac{y}{z}$

0541 $3\div(4+y)\times x=3\times\dfrac{1}{4+y}\times x=\dfrac{3x}{4+y}$ **답** $\dfrac{3x}{4+y}$

0542 **답** $3\times a\times b\times c$

0543 **답** $x\times y\times y$

0544 **답** $0.1\times a\times(x-y)$

0545 **답** $(-1)\times x\times x\times y\times y\times z$

0546 **답** $1\div a$

0547 **답** $(a-b)\div 3$

0548 **답** $(-4)\div(x+y)$

0549 **답** $(x-y)\div 2$

0550 $2a+5=2\times 6+5=12+5=17$ **답** 17

0551 $4-7x=4-7\times(-3)=4+21=25$ **답** 25

0552 $-\dfrac{6}{b}+7=(-6)\div b+7=(-6)\div\dfrac{1}{4}+7$

$\qquad\quad=(-6)\times4+7=-24+7=-17$

답 -17

0553 $y^2+4y-3=(-5)^2+4\times(-5)-3$

$\qquad\qquad=25-20-3=2$ 답 2

0554 $2a-b=2\times5-(-6)=10+6=16$ 답 16

0555 $3a^2-b^2=3\times3^2-(-2)^2=27-4=23$ 답 23

0556 $8x^2+18xy=8\times\left(-\dfrac{1}{2}\right)^2+18\times\left(-\dfrac{1}{2}\right)\times\dfrac{1}{3}$

$\qquad\qquad\quad=2-3=-1$ 답 -1

0557 $\dfrac{6y}{x}-xy=\dfrac{6\times(-5)}{3}-3\times(-5)$

$\qquad\qquad=-10+15=5$ 답 5

0558 답 (1) 항: $\dfrac{1}{4}a$, 1, 상수항: 1

$\quad$ (2) 항: x, $-3y$, 5, 상수항: 5

$\quad$ (3) 항: b^2, $2b$, -3, 상수항: -3

$\quad$ (4) 항: $-x^2$, $2y$, 3, 상수항: 3

0559 답 (1) x의 계수: 3, 다항식의 차수: 1

$\quad$ (2) b의 계수: $-\dfrac{1}{4}$, 다항식의 차수: 1

$\quad$ (3) x^2의 계수: $\dfrac{1}{2}$, x의 계수: 1, 다항식의 차수: 2

$\quad$ (4) a^3의 계수: 5, a^2의 계수: -4, 다항식의 차수: 3

0560 답 ○

0561 $\dfrac{1}{x}$과 같이 분모에 문자가 있는 식은 다항식이 아니다.

답 ×

0562 다항식의 차수가 2이므로 일차식이 아니다. 답 ×

0563 답 ○ $\qquad$ **0564** 답 ×

0565 답 ○ $\qquad$ **0566** 답 $6x$

0567 답 $-8a$ $\qquad$ **0568** 답 $\dfrac{5}{2}a$

0569 $15a\div(-3)=15a\times\left(-\dfrac{1}{3}\right)=-5a$ 답 $-5a$

0570 $14y\div\dfrac{7}{5}=14y\times\dfrac{5}{7}=10y$ 답 $10y$

0571 $(-2x)\div\left(-\dfrac{1}{6}\right)=(-2x)\times(-6)=12x$ 답 $12x$

0572 $3(2x-4)=3\times2x+3\times(-4)$

$\qquad\qquad=6x-12$ 답 $6x-12$

0573 $-(-2y+3)=(-1)\times(-2y)+(-1)\times3$

$\qquad\qquad\quad=2y-3$ 답 $2y-3$

0574 $\dfrac{2}{3}(6b-9)=\dfrac{2}{3}\times6b+\dfrac{2}{3}\times(-9)=4b-6$

답 $4b-6$

0575 $(a-3)\div\dfrac{1}{3}=(a-3)\times3=a\times3+(-3)\times3$

$\qquad\qquad\qquad=3a-9$ 답 $3a-9$

0576 $2x+9x=(2+9)x=11x$ 답 $11x$

0577 $-7y-y=(-7-1)y=-8y$ 답 $-8y$

0578 $-0.5a+1.8a=(-0.5+1.8)a$

$\qquad\qquad\quad=1.3a$ 답 $1.3a$

0579 $\dfrac{1}{2}b-\dfrac{5}{3}b=\left(\dfrac{1}{2}-\dfrac{5}{3}\right)b=-\dfrac{7}{6}b$ 답 $-\dfrac{7}{6}b$

0580 $5x+3x-2x=(5+3-2)x=6x$ 답 $6x$

0581 $2y-7y+4y=(2-7+4)y=-y$ 답 $-y$

0582 $-11x+5+3x+7=(-11+3)x+(5+7)$

$\qquad\qquad\qquad\quad=-8x+12$ 답 $-8x+12$

0583 $\dfrac{3}{2}y+1+\dfrac{1}{2}y-\dfrac{2}{3}=\left(\dfrac{3}{2}+\dfrac{1}{2}\right)y+\left(1-\dfrac{2}{3}\right)$

$\qquad\qquad\qquad\quad=2y+\dfrac{1}{3}$ 답 $2y+\dfrac{1}{3}$

0584 $4(x+2)+2(-2x+3)=4x+8-4x+6$

$\qquad\qquad\qquad\quad=14$ 답 14

0585 $-(2x+5)+2(3x-1)=-2x-5+6x-2$

$\qquad\qquad\qquad\quad=4x-7$ 답 $4x-7$

0586 $3(-10x+8)-(-15x+7)=-30x+24+15x-7$

$\qquad\qquad\qquad\qquad=-15x+17$

답 $-15x+17$

05 문자의 사용과 식의 계산

0587 $\dfrac{2}{3}(6x-3)-\dfrac{1}{2}(2-4x)=4x-2-1+2x$
$$=6x-3 \qquad \text{目 } 6x-3$$

 유형 **익히기** ▶ 본문 78~87쪽

0588 ② $0.1\div a\times b=\dfrac{1}{10}\times\dfrac{1}{a}\times b=\dfrac{b}{10a}$

⑤ $x\times x\times x\times x\div\dfrac{5}{9}=x^4\times\dfrac{9}{5}=\dfrac{9}{5}x^4$

따라서 옳지 않은 것은 ②, ⑤이다. 目 ②, ⑤

0589 $a\div\dfrac{2}{3}\times(b+1)+a\div(7-b)\times c$

$=a\times\dfrac{3}{2}\times(b+1)+a\times\dfrac{1}{7-b}\times c$

$=\dfrac{3a(b+1)}{2}+\dfrac{ac}{7-b}$ 目 $\dfrac{3a(b+1)}{2}+\dfrac{ac}{7-b}$

0590 $a\div b\div c=a\times\dfrac{1}{b}\times\dfrac{1}{c}=\dfrac{a}{bc}$

① $a\div(b\div c)=a\div\left(b\times\dfrac{1}{c}\right)=a\div\dfrac{b}{c}=a\times\dfrac{c}{b}=\dfrac{ac}{b}$

② $a\div b\times c=a\times\dfrac{1}{b}\times c=\dfrac{ac}{b}$

③ $a\times b\div c=a\times b\times\dfrac{1}{c}=\dfrac{ab}{c}$

④ $a\div(b\times c)=a\div bc=a\times\dfrac{1}{bc}=\dfrac{a}{bc}$

⑤ $a\times b\times c=abc$

따라서 $a\div b\div c$와 같은 것은 ④이다. 目 ④

0591 ① $a\div 6=\dfrac{a}{6}$ (cm)

② $a\times 10+b\times 1+27=10a+b+27$

③ $x\%=\dfrac{x}{100}$이므로 5000원의 $x\%$는
$$5000\times\dfrac{x}{100}=50x\ (\text{원})$$

④ 지불해야 할 금액은 $300\times x=300x$ (원)이므로 거스름돈은
$$2000-300x\ (\text{원})$$

따라서 옳지 않은 것은 ④이다. 目 ④

0592 ① 1시간은 60분이므로 a시간 b분은
$$60\times a+b=60a+b\ (\text{분})$$

② 1 kg은 1000 g이므로 a kg b g은
$$1000\times a+b=1000a+b\ (\text{g})$$

③ 1 L는 1000 mL이므로 a L 40 mL는
$$1000\times a+40=1000a+40\ (\text{mL})$$

④ 1 m는 100 cm이므로 a m b cm는
$$100\times a+b=100a+b\ (\text{cm})$$

⑤ 1분은 60초이므로 3분 x초는
$$60\times 3+x=180+x\ (\text{초})$$

따라서 옳은 것은 ③이다. 目 ③

0593 (1) (지불한 금액)=(정가)−(할인 금액)
$$=20000-20000\times\dfrac{a}{100}$$
$$=20000-200a\ (\text{원})$$

(2) 연필 2자루가 a원이므로 연필 한 자루의 가격은 $\dfrac{a}{2}$원이다.

또 공책 4권이 b원이므로 공책 한 권의 가격은 $\dfrac{b}{4}$원이다.

따라서 연필 3자루와 공책 5권을 샀을 때, 지불한 금액은
$$\dfrac{a}{2}\times 3+\dfrac{b}{4}\times 5=\dfrac{3}{2}a+\dfrac{5}{4}b\ (\text{원})$$

目 (1) $(20000-200a)$원 (2) $\left(\dfrac{3}{2}a+\dfrac{5}{4}b\right)$원

0594 ① (삼각형의 넓이)$=\dfrac{1}{2}\times 4\times x=2x\ (\text{cm}^2)$

② (정사각형의 넓이)$=a\times a=a^2\ (\text{cm}^2)$

③ (정삼각형의 둘레의 길이)$=x\times 3=3x\ (\text{cm})$

④ (직사각형의 둘레의 길이)$=2\times(a+3b)=2(a+3b)\ (\text{cm})$

⑤ (평행사변형의 넓이)$=x\times y=xy\ (\text{cm}^2)$

따라서 옳은 것은 ④이다. 目 ④

0595 (사다리꼴의 넓이)$=\dfrac{1}{2}\times(a+5)\times h$
$$=\dfrac{(a+5)h}{2} \qquad \text{目 }\dfrac{(a+5)h}{2}$$

0596 (1) 오른쪽 그림에서 구하는 도형의 넓이는
(A의 넓이)$+$(B의 넓이)
$$=\dfrac{1}{2}\times a\times 5+\dfrac{1}{2}\times b\times 4$$
$$=\dfrac{5}{2}a+2b$$

(2) 구하는 도형의 넓이는
(삼각형의 넓이)$+$(직사각형의 넓이)
$$=\dfrac{1}{2}\times a\times 2+a\times b$$
$$=a+ab$$

目 (1) $\dfrac{5}{2}a+2b$ (2) $a+ab$

0597 (거리)$=$(속력)$\times$(시간)이므로 시속 60 km로 a시간 동안 간 거리는 $60\times a=60a\ (\text{km})$

따라서 남은 거리는 $(150-60a)$ km 目 ②

0598 (소금의 양)$=\dfrac{(\text{소금물의 농도})}{100}\times(\text{소금물의 양})$
$$=\dfrac{a}{100}\times 3000=30a\ (\text{g}) \qquad \text{目 } 30a\ \text{g}$$

0599 $(시간)=\dfrac{(거리)}{(속력)}$이므로 a km의 거리를 시속 80 km로

갈 때 걸린 시간은 $\dfrac{a}{80}$시간이고, 40분은 $\dfrac{40}{60}=\dfrac{2}{3}$ (시간)이므로

전체 걸린 시간은 $\left(\dfrac{a}{80}+\dfrac{2}{3}\right)$시간

$\boxminus\ \left(\dfrac{a}{80}+\dfrac{2}{3}\right)$시간

0600 (1) $(소금의 양)=\dfrac{(소금물의 농도)}{100}\times(소금물의 양)$이므

로 a %의 소금물 200 g에 녹아 있는 소금의 양은

$\dfrac{a}{100}\times200=2a$ (g)

또 b %의 소금물 300 g에 녹아 있는 소금의 양은

$\dfrac{b}{100}\times300=3b$ (g)

따라서 새로 만든 소금물에 녹아 있는 소금의 양은

$(2a+3b)$ g   ... 1단계

(2) $(소금물의 농도)=\dfrac{(소금의 양)}{(소금물의 양)}\times100\ (\%)$이므로 새로 만

든 소금물의 농도는

$\dfrac{2a+3b}{200+300}\times100=\dfrac{2a+3b}{500}\times100$

$=\dfrac{2a+3b}{5}\ (\%)$ ... 2단계

$\boxminus\ (1)\,(2a+3b)$ g (2) $\dfrac{2a+3b}{5}$ %

단계	채점 요소	비율
1	새로 만든 소금물에 녹아 있는 소금의 양 구하기	50 %
2	새로 만든 소금물의 농도 구하기	50 %

0601 ① $3x+4y=3\times(-2)+4\times4=-6+16=10$

② $-x^2y=-(-2)^2\times4=(-4)\times4=-16$

③ $-x+2y=-(-2)+2\times4=2+8=10$

④ $-\dfrac{5y}{x}=-\dfrac{5\times4}{-2}=-(-10)=10$

⑤ $-\dfrac{x^2+y^2}{x}=-\dfrac{(-2)^2+4^2}{-2}=-\dfrac{20}{-2}=10$

따라서 식의 값이 나머지 넷과 다른 하나는 ②이다. $\boxminus$ ②

0602 ① $a^2=(-3)^2=9$

② $\dfrac{1}{a^2}=\dfrac{1}{(-3)^2}=\dfrac{1}{9}$

③ $-\dfrac{1}{a^2}=-\dfrac{1}{(-3)^2}=-\dfrac{1}{9}$

④ $-a^2=-(-3)^2=-9$

⑤ $a^3=(-3)^3=-27$

따라서 식의 값이 가장 작은 것은 ⑤이다. $\boxminus$ ⑤

0603 $\dfrac{y}{x}-\dfrac{xy+z}{z}=\dfrac{3}{-2}-\dfrac{(-2)\times3+(-4)}{-4}$ ... 1단계

$=-\dfrac{3}{2}-\dfrac{-10}{-4}$

$=-\dfrac{3}{2}-\dfrac{5}{2}=-4$ ... 2단계

$\boxminus\ -4$

단계	채점 요소	비율
1	$x,\,y,\,z$의 값 대입하기	50 %
2	식의 값 구하기	50 %

0604 (1) $-x^3-8xy\div\left(-\dfrac{2}{3}y\right)^2$

$=-3^3-8\times3\times(-2)\div\left\{\left(-\dfrac{2}{3}\right)\times(-2)\right\}^2$

$=-27-(-48)\div\dfrac{16}{9}=-27-(-48)\times\dfrac{9}{16}$

$=-27+27=0$

(2) $\left|3x^2+\dfrac{1}{2}y^3\right|-\left|\dfrac{xy}{3}-\dfrac{1}{x+y}\right|$

$=\left|3\times3^2+\dfrac{1}{2}\times(-2)^3\right|-\left|\dfrac{3\times(-2)}{3}-\dfrac{1}{3+(-2)}\right|$

$=|27-4|-|-2-1|$

$=23-3$

$=20$

$\boxminus\ (1)\,0$ (2) 20

0605 $\dfrac{3}{x}-\dfrac{5}{y}=3\div x-5\div y$

$=3\div\dfrac{1}{3}-5\div\left(-\dfrac{1}{5}\right)$

$=3\times3-5\times(-5)$

$=9+25=34$ $\boxminus$ 34

0606 ① $-x=-\left(-\dfrac{1}{4}\right)=\dfrac{1}{4}$

② $\dfrac{1}{x}=1\div x=1\div\left(-\dfrac{1}{4}\right)=1\times(-4)=-4$

③ $-\dfrac{2}{x}=-2\div x=-2\div\left(-\dfrac{1}{4}\right)=-2\times(-4)=8$

④ $-x^2=-\left(-\dfrac{1}{4}\right)^2=-\dfrac{1}{16}$

⑤ $2x^2=2\times\left(-\dfrac{1}{4}\right)^2=2\times\dfrac{1}{16}=\dfrac{1}{8}$

따라서 식의 값이 가장 큰 것은 ③이다. $\boxminus$ ③

0607 $\dfrac{2}{a}-\dfrac{3}{b}-\dfrac{8}{c}=2\div a-3\div b-8\div c$

$=2\div\dfrac{1}{2}-3\div\left(-\dfrac{1}{3}\right)-8\div\dfrac{1}{4}$

$=2\times2-3\times(-3)-8\times4$

$=4+9-32=-19$ $\boxminus$ ③

0608 $\dfrac{ab+bc+ca}{abc}$

$=\left\{\left(-\dfrac{3}{2}\right)\times\dfrac{1}{4}+\dfrac{1}{4}\times\left(-\dfrac{1}{6}\right)+\left(-\dfrac{1}{6}\right)\times\left(-\dfrac{3}{2}\right)\right\}$

$\qquad\div\left\{\left(-\dfrac{3}{2}\right)\times\dfrac{1}{4}\times\left(-\dfrac{1}{6}\right)\right\}$ ··· **1단계**

$=\left(-\dfrac{3}{8}-\dfrac{1}{24}+\dfrac{1}{4}\right)\div\dfrac{1}{16}$

$=\left(-\dfrac{9}{24}-\dfrac{1}{24}+\dfrac{6}{24}\right)\div\dfrac{1}{16}$

$=\left(-\dfrac{1}{6}\right)\div\dfrac{1}{16}=\left(-\dfrac{1}{6}\right)\times16=-\dfrac{8}{3}$ ··· **2단계**

답 $-\dfrac{8}{3}$

단계	채점 요소	비율
1	a, b, c의 값 대입하기	50 %
2	식의 값 구하기	50 %

0609 $\dfrac{9}{5}x+32$에 $x=15$를 대입하면

$\dfrac{9}{5}\times15+32=27+32=59\,(°\mathrm{F})$ **답** 59 °F

0610 $30+40t-5t^2$에 $t=6$을 대입하면

$30+40\times6-5\times6^2=30+240-180$

$\qquad\qquad\qquad\qquad\quad=90\,(\mathrm{m})$ **답** ③

0611 $331+0.6x$에 $x=15$를 대입하면 15 °C일 때 소리가 1초 동안 이동하는 거리는

$331+0.6\times15=340\,(\mathrm{m})$

따라서 15 °C일 때, 소리가 5초 동안 이동한 거리는

$340\times5=1700\,(\mathrm{m})$ **답** ②

0612 $0.72(x+y)+40.6$에 $x=36$, $y=24$를 대입하면

$0.72\times(36+24)+40.6=0.72\times60+40.6$

$\qquad\qquad\qquad\qquad\qquad=43.2+40.6$

$\qquad\qquad\qquad\qquad\qquad=83.8$ **답** 83.8

0613 (1) 물의 높이가 1시간에 10 cm씩 줄어들므로 x시간 동안 줄어든 물의 높이는 $10x$ cm, 즉 $0.1x$ m이다.

현재 물의 높이가 5 m이므로 x시간 후의 물의 높이는

$(5-0.1x)$ m

(2) $5-0.1x$에 $x=10$을 대입하면

$5-0.1\times10=5-1=4\,(\mathrm{m})$

답 (1) $(5-0.1x)$ m (2) 4 m

0614 (1) 화성에서의 무게는 지구에서의 무게의 0.38배이므로 지구에서 측정한 무게가 x kg이면 화성에서의 무게는

$0.38x$ kg

(2) $0.38x$에 $x=50$을 대입하면

$0.38\times50=19\,(\mathrm{kg})$

답 (1) $0.38x$ kg (2) 19 kg

0615 (1) x분 통화했을 때 180x원의 요금이 추가되므로 휴대 전화 요금은

$(9000+180x)$원 ··· **1단계**

(2) $9000+180x$에 $x=150$을 대입하면

$9000+180\times150=9000+27000$

$\qquad\qquad\qquad\qquad\quad=36000\,(원)$ ··· **2단계**

답 (1) $(9000+180x)$원 (2) 36000원

단계	채점 요소	비율
1	휴대 전화 요금을 x를 사용한 식으로 나타내기	50 %
2	한 달에 150분 통화했을 때, 휴대 전화 요금 구하기	50 %

0616 (1) 우제네 팀의 경기 결과가 x승 y무 2패이므로 승점은

$2\times x+1\times y+0\times2=2x+y$ (점)

(2) $2x+y$에 $x=5$, $y=3$을 대입하면

$2\times5+3=13$ (점)

답 (1) $(2x+y)$점 (2) 13점

0617 ④ y의 계수는 $-\dfrac{1}{2}$이다.

따라서 옳지 않은 것은 ④이다. **답** ④

0618 ① 분모에 문자가 있는 식은 다항식이 아니므로 단항식이 아니다.

③, ④, ⑤ 단항식이 아닌 다항식이다.

따라서 단항식인 것은 ②이다. **답** ②

0619 ① $\dfrac{7}{x}$은 분모에 문자 x가 있으므로 다항식이 아니다.

② $\dfrac{x}{5}+2$에서 x의 계수는 $\dfrac{1}{5}$이다.

③ $xy+z$에서 항은 xy, z의 2개이다.

⑤ $2x^2-3x+6$에서 x의 계수는 -3, 상수항은 6이므로 그 곱은 $(-3)\times6=-18$

따라서 옳은 것은 ④이다. **답** ④

0620 $-x^2+\dfrac{2}{3}x-\dfrac{1}{3}$에서

x의 계수는 $\dfrac{2}{3}$이므로 $A=\dfrac{2}{3}$ ··· **1단계**

상수항은 $-\dfrac{1}{3}$이므로 $B=-\dfrac{1}{3}$ ··· **2단계**

다항식의 차수는 2이므로 $C=2$ ··· **3단계**

$\therefore A-B+C=\dfrac{2}{3}-\left(-\dfrac{1}{3}\right)+2=1+2=3$ ··· **4단계**

답 3

단계	채점 요소	비율
1	A의 값 구하기	30 %
2	B의 값 구하기	30 %
3	C의 값 구하기	30 %
4	$A-B+C$의 값 구하기	10 %

0621 ① 다항식의 차수가 2이므로 일차식이 아니다.
② 분모에 문자가 있는 식은 다항식이 아니므로 일차식이 아니다.
⑤ $0 \times x - 6 = -6$으로 상수항뿐이므로 일차식이 아니다.
따라서 일차식인 것은 ③, ④이다.　　**답** ③, ④

0622 ㄱ. 분모에 문자가 있는 식은 다항식이 아니므로 일차식이 아니다.
ㄴ. $0 \times x^2 + 2x - \dfrac{1}{3} = 2x - \dfrac{1}{3}$이므로 일차식이다.
ㄷ. $\dfrac{x}{4} + \dfrac{y}{2} - 1$에서 $\dfrac{x}{4}$와 $\dfrac{y}{2}$의 차수가 모두 1이므로 일차식이다.
ㅂ. 다항식의 차수가 2이므로 일차식이 아니다.
이상에서 일차식인 것은 ㄴ, ㄷ, ㄹ, ㅁ의 4개이다.　　**답** 4

0623 주어진 다항식이 x에 대한 일차식이 되려면
$2 - a = 0$　　$\therefore a = 2$　　**답** ④

> **RPM 비법 노트**
> $ax^2 + bx + c$ (a, b, c는 상수)가 x에 대한 일차식이 되려면
> $a = 0,\ b \neq 0$

0624 ① $3 \times (-6x) = -18x$
② $(-15x) \div (-3) = (-15x) \times \left(-\dfrac{1}{3}\right) = 5x$
③ $-3(2x - 4) = (-3) \times 2x + (-3) \times (-4) = -6x + 12$
④ $(4x - 6) \times \dfrac{3}{2} = 4x \times \dfrac{3}{2} - 6 \times \dfrac{3}{2} = 6x - 9$
⑤ $(-8x + 4) \div (-2) = (-8x + 4) \times \left(-\dfrac{1}{2}\right)$
$= (-8x) \times \left(-\dfrac{1}{2}\right) + 4 \times \left(-\dfrac{1}{2}\right)$
$= 4x - 2$
따라서 옳은 것은 ③이다.　　**답** ③

0625 $(2 - 0.3x) \times 10 = 2 \times 10 - 0.3x \times 10 = -3x + 20$
따라서 $a = -3,\ b = 20$이므로
$a + b = -3 + 20 = 17$　　**답** 17

0626 ① $\dfrac{4}{3}\left(6x - \dfrac{1}{2}\right) = \dfrac{4}{3} \times 6x + \dfrac{4}{3} \times \left(-\dfrac{1}{2}\right) = 8x - \dfrac{2}{3}$
② $(-1) \times (4x - 3) = (-1) \times 4x + (-1) \times (-3)$
$= -4x + 3$
③ $(5x + 10) \div \dfrac{5}{6} = (5x + 10) \times \dfrac{6}{5}$
$= 5x \times \dfrac{6}{5} + 10 \times \dfrac{6}{5} = 6x + 12$
④ $(3x - 6) \div \left(-\dfrac{3}{5}\right) = (3x - 6) \times \left(-\dfrac{5}{3}\right)$
$= 3x \times \left(-\dfrac{5}{3}\right) - 6 \times \left(-\dfrac{5}{3}\right)$
$= -5x + 10$

⑤ $(14x - 21) \div \left(-\dfrac{7}{5}\right) = (14x - 21) \times \left(-\dfrac{5}{7}\right)$
$= 14x \times \left(-\dfrac{5}{7}\right) - 21 \times \left(-\dfrac{5}{7}\right)$
$= -10x + 15$
따라서 옳지 않은 것은 ⑤이다.　　**답** ⑤

0627 $-5(2x - 1) = -5 \times 2x - 5 \times (-1) = -10x + 5$
① $(2x + 1) \times 5 = 2x \times 5 + 1 \times 5 = 10x + 5$
② $(-2x + 1) \times (-5) = -2x \times (-5) + 1 \times (-5)$
$= 10x - 5$
③ $(2x - 1) \div \dfrac{1}{5} = (2x - 1) \times 5$
$= 2x \times 5 - 1 \times 5 = 10x - 5$
④ $(-2x + 1) \div \dfrac{1}{5} = (-2x + 1) \times 5$
$= -2x \times 5 + 1 \times 5 = -10x + 5$
⑤ $(-2x + 1) \div \left(-\dfrac{1}{5}\right) = (-2x + 1) \times (-5)$
$= -2x \times (-5) + 1 \times (-5) = 10x - 5$
따라서 주어진 식과 계산한 결과가 같은 것은 ④이다.　　**답** ④

0628 ① a와 b는 차수는 1로 같지만 문자가 다르므로 동류항이 아니다.
② $ab = a \times b$, $b^2 = b \times b$이므로 동류항이 아니다.
③ x와 $-4x$는 문자가 같고 차수도 1로 각각 같으므로 동류항이다.
④ x^2과 $2x$는 문자는 같지만 차수가 2, 1로 다르므로 동류항이 아니다.
⑤ $-3x^2$과 $5y^2$은 차수는 2로 같지만 문자가 x, y로 다르므로 동류항이 아니다.
따라서 동류항끼리 짝 지은 것은 ③이다.　　**답** ③

0629 $-2x$와 문자와 차수가 각각 같은 항은 ④이다.　　**답** ④

0630 $2y$와 동류항인 것은 $-4y$, $-\dfrac{y}{3}$, y의 3개이다.　　**답** ③

0631 ㄱ, ㄴ. 문자는 a로 같지만 차수가 1, 2로 다르므로 동류항이 아니다.
ㅁ. 차수는 1로 같지만 문자가 a, b로 다르므로 동류항이 아니다.
이상에서 동류항끼리 짝 지은 것은 ㄷ, ㄹ이다.　　**답** ㄷ, ㄹ

0632 $\dfrac{2}{3}(6x - 3) - \dfrac{1}{4}(-4x + 12) = 4x - 2 + x - 3$
$= 5x - 5$
따라서 x의 계수는 5, 상수항은 -5이므로 구하는 합은
$5 + (-5) = 0$　　**답** 0

0633
① $(3x-2)+(2x+3)=3x-2+2x+3=5x+1$
② $2(6x-5)-3(-2x+4)=12x-10+6x-12=18x-22$
③ $-(5x-2)-(4x-3)=-5x+2-4x+3=-9x+5$
④ $\frac{1}{3}(3x+6)+(x-4)=x+2+x-4=2x-2$
⑤ $\frac{1}{2}(4x-2)-\frac{3}{4}(4x+8)=2x-1-3x-6=-x-7$
따라서 옳지 않은 것은 ⑤이다. 　답 ⑤

0634　$\frac{3}{4}(8x-4)-\frac{1}{3}(3x+9)=6x-3-x-3$
$$=5x-6 \quad \cdots \text{1단계}$$
따라서 $a=5$, $b=-6$이므로 　　　$\cdots$ 2단계
$$ab=5\times(-6)=-30 \quad \cdots \text{3단계}$$
답 -30

단계	채점 요소	비율
1	주어진 식 계산하기	70 %
2	a, b의 값 구하기	20 %
3	ab의 값 구하기	10 %

0635　$ax-9-(5x+b)=ax-9-5x-b$
$$=(a-5)x-9-b$$
따라서 $a-5=4$, $-9-b=-11$이므로
$$a=9,\ b=2$$
$$\therefore a-b=9-2=7$$
답 7

0636　$2x-[3x+4\{2x-(3x-1)\}]$
$=2x-\{3x+4(2x-3x+1)\}$
$=2x-\{3x+4(-x+1)\}$
$=2x-(3x-4x+4)$
$=2x-(-x+4)$
$=2x+x-4=3x-4$　답 ④

0637　$x+1-\{4x+3-(x+5)\}$
$=x+1-(4x+3-x-5)$
$=x+1-(3x-2)$
$=x+1-3x+2$
$=-2x+3$
따라서 $a=-2$, $b=3$이므로
$$a+b=-2+3=1$$
답 1

0638　$-4x-[5y-3x-\{-2x-4(x-3y)\}]$
$=-4x-\{5y-3x-(-2x-4x+12y)\}$
$=-4x-\{5y-3x-(-6x+12y)\}$
$=-4x-(5y-3x+6x-12y)$
$=-4x-(3x-7y)$
$=-4x-3x+7y$
$=-7x+7y$　답 ③

0639　$-5x+[8-2\{4x-(3-7x)\}+6x]+1$
$=-5x+\{8-2(4x-3+7x)+6x\}+1$
$=-5x+\{8-2(11x-3)+6x\}+1$
$=-5x+(8-22x+6+6x)+1$
$=-5x+(-16x+14)+1$
$=-21x+15$　답 $-21x+15$

0640　$\dfrac{2x+1}{4}-\dfrac{3x-2}{3}=\dfrac{3(2x+1)-4(3x-2)}{12}$
$$=\dfrac{6x+3-12x+8}{12}$$
$$=\dfrac{-6x+11}{12}$$
$$=-\dfrac{1}{2}x+\dfrac{11}{12}$$
따라서 x의 계수는 $-\dfrac{1}{2}$, 상수항은 $\dfrac{11}{12}$이므로 구하는 합은
$$-\dfrac{1}{2}+\dfrac{11}{12}=-\dfrac{6}{12}+\dfrac{11}{12}=\dfrac{5}{12}$$
답 $\dfrac{5}{12}$

0641　$\dfrac{3x-4}{2}-\dfrac{2x-1}{3}+\dfrac{x}{6}+1$
$=\dfrac{3(3x-4)-2(2x-1)+x+6}{6}$
$=\dfrac{9x-12-4x+2+x+6}{6}$
$=x-\dfrac{2}{3}$　답 ②

0642　$\dfrac{3x-y}{2}-\dfrac{2x-5y}{3}-\dfrac{2x+3y}{5}$
$=\dfrac{15(3x-y)-10(2x-5y)-6(2x+3y)}{30}$
$=\dfrac{45x-15y-20x+50y-12x-18y}{30}$
$=\dfrac{13x+17y}{30}=\dfrac{13}{30}x+\dfrac{17}{30}y$　답 $\dfrac{13}{30}x+\dfrac{17}{30}y$

0643　$6x-\dfrac{5}{3}+\dfrac{x-4}{2}-\dfrac{3x+1}{3}$
$=\dfrac{36x-10+3(x-4)-2(3x+1)}{6}$
$=\dfrac{36x-10+3x-12-6x-2}{6}$
$=\dfrac{33x-24}{6}=\dfrac{11}{2}x-4$
따라서 $a=\dfrac{11}{2}$, $b=4$이므로
$$2(a+b)=2\times\left(\dfrac{11}{2}+4\right)=11+8=19$$
답 19

0644　$-A-3B+3(A+2B)=-A-3B+3A+6B$
$$=2A+3B$$
$$=2(3x-2)+3(-x+4)$$
$$=6x-4-3x+12$$
$$=3x+8$$
답 ④

0645 $3A-8B=3\left(x-\dfrac{1}{3}y\right)-8\left(\dfrac{3}{4}x-\dfrac{1}{8}y\right)$
$=3x-y-6x+y$
$=-3x$　　　　답 ②

0646 $A+4B-2(A+3B)=A+4B-2A-6B$
$=-A-2B$　　… 1단계

$\therefore -A-2B$
$=-\{-3(x-1)\}-2\left(\dfrac{x+1}{2}-1\right)$
$=-(-3x+3)-x-1+2$
$=3x-3-x+1$
$=2x-2$　　… 2단계

따라서 $a=2$, $b=-2$이므로　… 3단계
$a+b=2+(-2)=0$　… 4단계
답 0

단계	채점 요소	비율
1	주어진 식 간단히 하기	30 %
2	문자에 일차식을 대입하여 계산하기	40 %
3	a, b의 값 구하기	20 %
4	$a+b$의 값 구하기	10 %

0647 $A=\dfrac{x-2}{3}+\dfrac{x-1}{2}=\dfrac{2(x-2)+3(x-1)}{6}$
$=\dfrac{2x-4+3x-3}{6}=\dfrac{5x-7}{6}$

$B=\dfrac{10x+5}{2}\div\dfrac{5}{2}=\left(5x+\dfrac{5}{2}\right)\times\dfrac{2}{5}=2x+1$

$\therefore 2A+\{6A-2(A+2B)-1\}$
$=2A+(6A-2A-4B-1)$
$=2A+(4A-4B-1)=6A-4B-1$
$=6\times\dfrac{5x-7}{6}-4(2x+1)-1$
$=5x-7-8x-4-1=-3x-12$　　답 $-3x-12$

0648 어떤 다항식을 □라 하면
$\boxed{}-(6x-3y)=-4x-8y$
$\therefore \boxed{}=-4x-8y+(6x-3y)$
$=-4x-8y+6x-3y$
$=2x-11y$　　답 $2x-11y$

0649 $3(2x+1)-\boxed{}=4x+5$에서
$\boxed{}=3(2x+1)-(4x+5)$
$=6x+3-4x-5=2x-2$　　답 ③

0650 $\dfrac{3}{4}(x-12)+\boxed{}=2x-3$에서
$\boxed{}=2x-3-\dfrac{3}{4}(x-12)$
$=2x-3-\dfrac{3}{4}x+9$
$=\dfrac{5}{4}x+6$　　답 $\dfrac{5}{4}x+6$

0651 조건 ㈎에서　$A\times3=12x-9$
$\therefore A=(12x-9)\div3=4x-3$　… 1단계
조건 ㈏에서　$-6x+5-B=-7x+3$
$\therefore B=-6x+5-(-7x+3)$
$=-6x+5+7x-3=x+2$　… 2단계
$\therefore A-B=(4x-3)-(x+2)$
$=4x-3-x-2$
$=3x-5$　… 3단계
답 $3x-5$

단계	채점 요소	비율
1	다항식 A 구하기	40 %
2	다항식 B 구하기	40 %
3	$A-B$ 계산하기	20 %

0652 어떤 다항식을 □라 하면
$\boxed{}+(5x-2)=3x-7$
$\therefore \boxed{}=3x-7-(5x-2)$
$=3x-7-5x+2=-2x-5$
따라서 바르게 계산한 식은
$-2x-5-(5x-2)=-2x-5-5x+2$
$=-7x-3$　　답 ①

0653 어떤 다항식을 □라 하면
$9x-4+\boxed{}=-3x-8$
$\therefore \boxed{}=-3x-8-(9x-4)$
$=-3x-8-9x+4=-12x-4$
따라서 바르게 계산한 식은
$9x-4-(-12x-4)=9x-4+12x+4$
$=21x$　　답 $21x$

0654 (1) 어떤 다항식을 □라 하면
$3x-2y+4-\boxed{}=-x+2y-6$
$\therefore \boxed{}=3x-2y+4-(-x+2y-6)$
$=3x-2y+4+x-2y+6$
$=4x-4y+10$　　… 1단계
(2) 바르게 계산한 식은
$3x-2y+4+(4x-4y+10)$
$=3x-2y+4+4x-4y+10$
$=7x-6y+14$　　… 2단계
답 (1) $4x-4y+10$　(2) $7x-6y+14$

단계	채점 요소	비율
1	어떤 다항식 구하기	60 %
2	바르게 계산한 식 구하기	40 %

0655 $A+(-2x-5)=-5x+3$이므로
$A=-5x+3-(-2x-5)$
$=-5x+3+2x+5=-3x+8$

$$\therefore B = -3x + 8 - (-2x - 5)$$
$$= -3x + 8 + 2x + 5 = -x + 13$$
$$\therefore A - 3B = -3x + 8 - 3(-x + 13)$$
$$= -3x + 8 + 3x - 39 = -31$$

답 -31

0656 색칠한 부분의 넓이는 큰 직사각형의 넓이에서 작은 직사각형의 넓이를 뺀 것과 같으므로 구하는 넓이는
$$(4x - 2) \times 6 - \{(4x - 2) - (6 - x)\} \times (6 - 3)$$
$$= (4x - 2) \times 6 - (4x - 2 - 6 + x) \times 3$$
$$= (4x - 2) \times 6 - (5x - 8) \times 3$$
$$= 24x - 12 - 15x + 24$$
$$= 9x + 12 \ (\text{cm}^2)$$

답 ③

0657 색칠한 부분의 넓이는 사다리꼴의 넓이에서 삼각형의 넓이를 뺀 것과 같다.
$$(\text{사다리꼴의 넓이}) = \frac{1}{2} \times \{x + (x + 6)\} \times 10$$
$$= 5(2x + 6) = 10x + 30$$
$$(\text{삼각형의 넓이}) = \frac{1}{2} \times (x + 6) \times 4$$
$$= 2(x + 6) = 2x + 12$$
따라서 색칠한 부분의 넓이는
$$(10x + 30) - (2x + 12) = 10x + 30 - 2x - 12$$
$$= 8x + 18$$

답 $8x + 18$

0658 오른쪽 그림과 같이 네 개의 직사각형의 가로의 길이의 합은 $4(40 - x)$ m이고 세로의 길이의 합은 $4(30 - x)$ m이다.
따라서 네 꽃밭의 둘레의 길이의 합은
$$4(40 - x) + 4(30 - x)$$
$$= 160 - 4x + 120 - 4x$$
$$= 280 - 8x \ (\text{m})$$

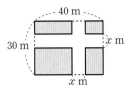

답 ③

0659 n이 자연수일 때, $2n + 1$은 홀수, $2n$은 짝수이므로
$$(-1)^{2n+1} = -1, \ (-1)^{2n} = 1$$
$$\therefore (-1)^{2n+1}(3x - 4) - (-1)^{2n}(3x + 4)$$
$$= -(3x - 4) - (3x + 4)$$
$$= -3x + 4 - 3x - 4$$
$$= -6x$$

답 ③

0660 n이 홀수일 때, $n + 1$은 짝수이므로
$$(-1)^n = -1, \ (-1)^{n+1} = 1$$
$$\therefore (-1)^n(5x + 2) - (-1)^{n+1}(5x - 2)$$
$$= -(5x + 2) - (5x - 2)$$
$$= -5x - 2 - 5x + 2$$
$$= -10x$$

답 $-10x$

0661 $3(6x + 4) - \frac{1}{3}(6x + 15) = 18x + 12 - 2x - 5$
$$= 16x + 7$$
이므로 $m = 16, \ n = 7$ ··· **1단계**
$$\therefore (-1)^m(4a - 2b) + (-1)^n(2a - 4b)$$
$$= (-1)^{16}(4a - 2b) + (-1)^7(2a - 4b)$$
$$= 4a - 2b - (2a - 4b)$$
$$= 4a - 2b - 2a + 4b$$
$$= 2a + 2b$$ ··· **2단계**

답 $2a + 2b$

단계	채점 요소	비율
1	m, n의 값 구하기	30 %
2	주어진 식 계산하기	70 %

0662 n이 자연수일 때, $2n$은 짝수, $2n + 1$은 홀수이므로
$$(-1)^{2n} = 1, \ (-1)^{2n+1} = -1$$
$$\therefore (-1)^{2n} \times \frac{x+1}{3} + (-1)^{2n+1} \times \frac{3x-1}{2}$$
$$= 1 \times \frac{x+1}{3} + (-1) \times \frac{3x-1}{2}$$
$$= \frac{x+1}{3} - \frac{3x-1}{2}$$
$$= \frac{2(x+1) - 3(3x-1)}{6}$$
$$= \frac{2x+2 - 9x+3}{6}$$
$$= \frac{-7x+5}{6} = -\frac{7}{6}x + \frac{5}{6}$$
따라서 $a = -\frac{7}{6}, \ b = \frac{5}{6}$이므로
$$a - b = -\frac{7}{6} - \frac{5}{6} = -2$$

답 -2

 시험에 꼭 나오는 문제 ▷ 본문 88~91쪽

0663 **전략** 곱셈 기호와 나눗셈 기호가 섞여 있는 경우에는 앞에 있는 기호부터 차례대로 생략한다.
① $(-4) \times a \times (-0.1) = 0.4a$
② $x + y \div 3 = x + y \times \frac{1}{3} = x + \frac{y}{3}$
③ $(a - b) \div c = \frac{a-b}{c}$
④ $a \times a \times a \times b \div c = \frac{a^3 b}{c}$
⑤ $x \times (y + 3) \div (z - 5) = x \times (y + 3) \times \frac{1}{z-5}$
$$= \frac{x(y+3)}{z-5}$$
따라서 옳은 것은 ⑤이다.

답 ⑤

0664 전략 수량 사이의 관계를 파악한 후 식으로 나타낸다.

② 10자루에 a원인 펜은 한 자루에 $\dfrac{a}{10}$원이므로 세 자루의 가격은

$$\dfrac{a}{10} \times 3 = \dfrac{3}{10}a \text{ (원)}$$

③ $a \times 100 + 3 \times 10 + b \times 1 = 100a + b + 30$

④ (직사각형의 둘레의 길이)
$$= 2 \times \{(\text{가로의 길이}) + (\text{세로의 길이})\}$$
$$= 2(a+b) \text{ (cm)}$$

따라서 옳지 않은 것은 ③, ④이다.   답 ③, ④

0665 전략 (전체 평균)$=\dfrac{(\text{남학생의 총점}) + (\text{여학생의 총점})}{(\text{전체 학생 수})}$

임을 이용한다.

이 학급의 학생 수는 $20 + 15 = 35$
남학생의 총점은 $20 \times x = 20x$ (점)
여학생의 총점은 $15 \times y = 15y$ (점)

$\therefore$ (전체 평균)$= \dfrac{20x + 15y}{35} = \dfrac{4x + 3y}{7}$ (점)

답 $\dfrac{4x+3y}{7}$ 점

0666 전략 문자에 음수를 대입할 때에는 괄호를 사용하고, 분모에 분수를 대입할 때에는 생략된 나눗셈 기호를 다시 쓴다.

① $4x - 2 = 4 \times \left(-\dfrac{1}{2}\right) - 2 = -2 - 2 = -4$

② $4x^2 = 4 \times \left(-\dfrac{1}{2}\right)^2 = 4 \times \dfrac{1}{4} = 1$

③ $-x^3 = -\left(-\dfrac{1}{2}\right)^3 = -\left(-\dfrac{1}{8}\right) = \dfrac{1}{8}$

④ $\dfrac{3}{x} = 3 \div x = 3 \div \left(-\dfrac{1}{2}\right) = 3 \times (-2) = -6$

⑤ $-\dfrac{2}{3}x = \left(-\dfrac{2}{3}\right) \times \left(-\dfrac{1}{2}\right) = \dfrac{1}{3}$

따라서 식의 값이 가장 큰 것은 ②이다.   답 ②

0667 전략 생략된 곱셈 기호와 나눗셈 기호를 다시 쓴다.

$\dfrac{x}{y} - 16xy = x \div y - 16 \times x \times y$

$= \dfrac{1}{4} \div \left(-\dfrac{3}{4}\right) - 16 \times \dfrac{1}{4} \times \left(-\dfrac{3}{4}\right)$

$= \dfrac{1}{4} \times \left(-\dfrac{4}{3}\right) - 16 \times \dfrac{1}{4} \times \left(-\dfrac{3}{4}\right)$

$= -\dfrac{1}{3} + 3 = \dfrac{8}{3}$

답 $\dfrac{8}{3}$

0668 전략 주어진 식의 문자에 알맞은 수를 대입하여 식의 값을 구한다.

160 cm$=1.6$ m이므로 $\dfrac{a}{b^2}$에 $a=64$, $b=1.6$을 대입하면

$$\dfrac{64}{1.6^2} = \dfrac{64}{2.56} = 25 \text{ (kg/m}^2)$$

따라서 이 학생의 비만 정도는 과체중이다.   답 과체중

0669 전략 주어진 직육면체의 부피를 문자를 사용하여 식으로 나타낸 후 a, b, c의 값을 대입한다.

ㄱ. (직육면체의 부피)
$$= (\text{가로의 길이}) \times (\text{세로의 길이}) \times (\text{높이})$$
이므로 $V = a \times b \times c = abc$

ㄴ. $V = abc$에 $a = 2$, $b = 2$, $c = 5$를 대입하면
$$V = 2 \times 2 \times 5 = 20$$
따라서 직육면체의 부피는 20 cm^{3}이다.

ㄷ. $V = abc$에 $a = 4$, $b = 3$, $c = 2$를 대입하면
$$V = 4 \times 3 \times 2 = 24$$
따라서 직육면체의 부피는 24 cm^{3}이다.

이상에서 옳은 것은 ㄱ, ㄷ이다.   답 ④

0670 전략 계수는 수와 문자의 곱으로 이루어진 항에서 문자에 곱해진 수이다.

② x^2의 계수는 $-\dfrac{1}{2}$이다.   답 ②

RPM 비법 노트

계수를 쓸 때 부호를 빠뜨리지 않도록 주의한다.

0671 전략 일차식은 차수가 1인 다항식이다.

ㄴ. 상수항은 일차식이 아니다.
ㄷ. 분모에 문자가 있는 식은 다항식이 아니므로 일차식이 아니다.
ㄹ, ㅂ. 다항식의 차수가 2이므로 일차식이 아니다.

이상에서 일차식인 것은 ㄱ, ㅁ이다.   답 ②

0672 전략 x에 대한 일차식 ➡ $ax + b$ $(a \neq 0)$의 꼴

$2x^2 - ax + 1 - bx^2 + 5x = (2-b)x^2 + (-a+5)x + 1$

주어진 다항식이 x에 대한 일차식이 되려면

$2 - b = 0$에서 $b = 2$
$-a + 5 \neq 0$에서 $a \neq 5$ 답 ⑤

0673 전략 먼저 주어진 일차식을 구한다.

x의 계수가 -2, 상수항이 6인 x에 대한 일차식은 $-2x + 6$이다.

이 일차식에 $x = 1$을 대입하면
$$a = -2 \times 1 + 6 = -2 + 6 = 4$$
$x = -1$을 대입하면
$$b = -2 \times (-1) + 6 = 2 + 6 = 8$$
$\therefore a - b = 4 - 8 = -4$ 답 -4

0674 전략 (일차식)$\times$(수) ➡ 분배법칙을 이용하여 계산한다.

① $5 \times (-x) = -5x$

② $(-6x) \div 3 = -2x$

③ $0.5(x - 12) = 0.5x - 6$

④ $(32x-4) \div 16 = (32x-4) \times \dfrac{1}{16} = 2x - \dfrac{1}{4}$

⑤ $(5x+6) \div \left(-\dfrac{1}{3}\right) = (5x+6) \times (-3) = -15x - 18$

따라서 x의 계수가 가장 큰 것은 ④이다. 　답 ④

0675 전략 동류항 ➡ 다항식에서 문자와 차수가 각각 같은 항

$-\dfrac{1}{2}x$와 동류항인 것은 $0.3x$의 1개이다. 　답 ①

0676 전략 (일차식)÷(수) ➡ 역수의 곱셈으로 바꾸어 계산한다.

① $(8x-12) \div \left(-\dfrac{4}{5}\right) = (8x-12) \times \left(-\dfrac{5}{4}\right) = -10x + 15$

② $(x-6) \div \dfrac{1}{5} = (x-6) \times 5 = 5x - 30$

③ $3(2x-1) - \dfrac{1}{4}(4x-8) = 6x - 3 - x + 2 = 5x - 1$

④ $-\dfrac{1}{4}(4x-12) + \dfrac{1}{3}(9x+6) = -x + 3 + 3x + 2 = 2x + 5$

⑤ $\dfrac{3}{4}\left(16x - \dfrac{8}{3}\right) - 14\left(\dfrac{1}{2}x - \dfrac{3}{7}\right) = 12x - 2 - 7x + 6 = 5x + 4$

따라서 옳지 않은 것은 ②, ⑤이다. 　답 ②, ⑤

0677 전략 일차식과 수의 곱셈, 나눗셈을 한 후 동류항끼리 모아서 계산한다.

$4(3x-5) - (15x+9) \div \left(-\dfrac{3}{2}\right)$

$= 4(3x-5) - (15x+9) \times \left(-\dfrac{2}{3}\right)$

$= 12x - 20 - (-10x - 6)$

$= 12x - 20 + 10x + 6$

$= 22x - 14$

따라서 $a=22$, $b=-14$이므로

$a+b = 22 + (-14) = 8$ 　답 8

0678 전략 $(\ )\to\{\ \}\to[\ \ ]$의 순서로 괄호를 푼다.

$3x - [10y - 4x - \{2x - (-x+y)\}]$

$= 3x - \{10y - 4x - (2x + x - y)\}$

$= 3x - \{10y - 4x - (3x - y)\}$

$= 3x - (10y - 4x - 3x + y)$

$= 3x - (-7x + 11y)$

$= 3x + 7x - 11y$

$= 10x - 11y$ 　답 ④

0679 전략 분모의 최소공배수로 통분한 후 동류항끼리 모아서 계산한다.

$\left(\dfrac{3}{4}a - \dfrac{2}{5}\right) - \left(\dfrac{1}{3}a - \dfrac{1}{2}\right) = \dfrac{3}{4}a - \dfrac{2}{5} - \dfrac{1}{3}a + \dfrac{1}{2}$

$\qquad\qquad = \dfrac{9}{12}a - \dfrac{4}{12}a - \dfrac{4}{10} + \dfrac{5}{10}$

$\qquad\qquad = \dfrac{5}{12}a + \dfrac{1}{10}$ 　답 ③

0680 전략 3, 6, 2의 최소공배수는 6이므로 분모를 6으로 통분하여 계산한다.

$\dfrac{2-x}{3} + \dfrac{5x+2}{6} - \dfrac{3x+5}{2}$

$= \dfrac{2(2-x) + 5x + 2 - 3(3x+5)}{6}$

$= \dfrac{4 - 2x + 5x + 2 - 9x - 15}{6}$

$= \dfrac{-6x - 9}{6}$

$= -x - \dfrac{3}{2}$

따라서 $a=-1$, $b=-\dfrac{3}{2}$이므로

$a-b = -1 - \left(-\dfrac{3}{2}\right) = -1 + \dfrac{3}{2} = \dfrac{1}{2}$ 　답 $\dfrac{1}{2}$

0681 전략 구하는 식을 먼저 간단히 한 후 괄호를 사용하여 문자에 일차식을 대입한다.

$3A - 2(A+B) - B = 3A - 2A - 2B - B$

$\qquad\qquad = A - 3B$

$\qquad\qquad = \left(2x - \dfrac{1}{2}\right) - 3 \times \dfrac{-x+5}{3}$

$\qquad\qquad = 2x - \dfrac{1}{2} - (-x + 5)$

$\qquad\qquad = 2x - \dfrac{1}{2} + x - 5 = 3x - \dfrac{11}{2}$

답 $3x - \dfrac{11}{2}$

0682 전략 $A - \boxed{} = B \Rightarrow \boxed{} = A - B$

$\dfrac{-2x+3}{6} - \boxed{} = \dfrac{x-5}{2}$에서

$\boxed{} = \dfrac{-2x+3}{6} - \dfrac{x-5}{2} = \dfrac{-2x+3 - 3(x-5)}{6}$

$\qquad = \dfrac{-2x+3 - 3x + 15}{6} = \dfrac{-5x+18}{6}$ 　답 ④

0683 전략 주어진 규칙을 이해한 후 ㈎, ㈏, ㈐에 알맞은 식을 구하기 위한 식을 세운다.

$\boxed{㈎} + (-3x-2) = -x+3$에서

$\boxed{㈎} = -x + 3 - (-3x - 2)$

$\qquad = -x + 3 + 3x + 2 = 2x + 5$

$(3x-4) + \boxed{㈏} = \boxed{㈎}$에서

$(3x-4) + \boxed{㈏} = 2x + 5$

$\therefore \boxed{㈏} = 2x + 5 - (3x - 4)$

$\qquad = 2x + 5 - 3x + 4 = -x + 9$

$\boxed{㈐} + (-6x+1) = -3x-2$에서

$\boxed{㈐} = -3x - 2 - (-6x + 1)$

$\qquad = -3x - 2 + 6x - 1 = 3x - 3$

답 ㈎ $2x+5$　㈏ $-x+9$　㈐ $3x-3$

0684 [전략] 색칠한 부분의 넓이는 큰 정사각형의 넓이에서 작은 직사각형의 넓이를 뺀 것과 같다.

작은 직사각형의 가로의 길이는 $15-(5+3)=7$

작은 직사각형의 세로의 길이는 $15-(x+3x)=15-4x$

따라서 작은 직사각형의 넓이는 $7(15-4x)$

색칠한 부분의 넓이는 큰 정사각형의 넓이에서 작은 직사각형의 넓이를 뺀 것과 같으므로

$$15\times15-7(15-4x)=225-105+28x$$
$$=28x+120$$

답 $28x+120$

0685 [전략] $(-1)^{짝수}=1$, $(-1)^{홀수}=-1$임을 이용한다.

$$-x^{101}-(-y)^3\times(-x^{50})\div\left(-\frac{y}{x}\right)^2$$
$$=-(-1)^{101}-(-3)^3\times\{-(-1)^{50}\}\div\left(-\frac{3}{-1}\right)^2$$
$$=-(-1)-(-27)\times(-1)\div9$$
$$=1-(-27)\times(-1)\times\frac{1}{9}$$
$$=1-3=-2$$

답 -2

0686 [전략] (정가)=(원가)+(이익), (판매 가격)=(정가)-(할인 금액)

원가가 a원인 물건에 30 %의 이익을 붙인 정가는

$$a+a\times\frac{30}{100}=a+\frac{3}{10}a=\frac{13}{10}a\ (원)$$ ··· 1단계

이 정가에서 20 % 할인하여 판매한 가격은

$$\frac{13}{10}a-\frac{13}{10}a\times\frac{20}{100}=\frac{13}{10}a-\frac{13}{50}a$$
$$=\frac{65}{50}a-\frac{13}{50}a=\frac{52}{50}a$$
$$=\frac{26}{25}a\ (원)$$ ··· 2단계

답 $\frac{26}{25}a$원

단계	채점 요소	비율
1	정가를 문자를 사용한 식으로 나타내기	50 %
2	판매 가격을 문자를 사용한 식으로 나타내기	50 %

0687 [전략] (일차식)÷(수) ➡ 역수의 곱셈으로 바꾸어 계산한다.

$$(36x-24)\div6-(20x-6)\div\frac{2}{3}$$
$$=(36x-24)\times\frac{1}{6}-(20x-6)\times\frac{3}{2}$$
$$=6x-4-(30x-9)=6x-4-30x+9$$
$$=-24x+5$$
$$\therefore a=-24$$ ··· 1단계

$$\left(\frac{2}{5}y-9\right)\div\frac{3}{4}+\frac{7}{2}=\left(\frac{2}{5}y-9\right)\times\frac{4}{3}+\frac{7}{2}$$
$$=\frac{8}{15}y-12+\frac{7}{2}$$
$$=\frac{8}{15}y-\frac{17}{2}$$

$$\therefore b=-\frac{17}{2}$$ ··· 2단계

$$\therefore ab=-24\times\left(-\frac{17}{2}\right)=204$$ ··· 3단계

답 204

단계	채점 요소	비율
1	a의 값 구하기	40 %
2	b의 값 구하기	40 %
3	ab의 값 구하기	20 %

0688 [전략] 먼저 가로에 놓인 세 식의 합을 구한다.

가로에 놓인 세 식의 합은

$$(-3x-3)+(x-1)+(5x+1)$$
$$=-3x-3+x-1+5x+1$$
$$=3x-3$$

세로에 놓인 세 식의 합이 $3x-3$이어야 하므로

$$B+(5x+1)+(-4)=3x-3$$
$$B+(5x-3)=3x-3$$
$$\therefore B=3x-3-(5x-3)$$
$$=3x-3-5x+3=-2x$$ ··· 1단계

또 대각선에 놓인 세 식의 합이 $3x-3$이어야 하므로

$$A+(x-1)+B=3x-3$$
$$A+(x-1)+(-2x)=3x-3$$
$$A-x-1=3x-3$$
$$\therefore A=3x-3-(-x-1)$$
$$=3x-3+x+1=4x-2$$ ··· 2단계

$$\therefore B-A=-2x-(4x-2)$$
$$=-2x-4x+2$$
$$=-6x+2$$ ··· 3단계

답 $-6x+2$

단계	채점 요소	비율
1	다항식 B 구하기	40 %
2	다항식 A 구하기	40 %
3	$B-A$ 계산하기	20 %

0689 [전략] 어떤 다항식을 □로 놓고 주어진 조건에 따라 식을 세운다.

(1) 어떤 다항식을 □라 하면

$$\square-\left(\frac{1}{3}x+5\right)=\frac{3}{2}x-6$$
$$\therefore \square=\frac{3}{2}x-6+\left(\frac{1}{3}x+5\right)$$
$$=\frac{3}{2}x-6+\frac{1}{3}x+5$$
$$=\frac{11}{6}x-1$$ ··· 1단계

(2) 바르게 계산한 식은

$$\frac{11}{6}x-1+\frac{1}{3}x+5=\frac{13}{6}x+4$$ ··· 2단계

05 문자의 사용과 식의 계산

(3) $a=\dfrac{13}{6}$, $b=4$이므로
$$b-a=4-\dfrac{13}{6}=\dfrac{11}{6}$$

··· **3단계**

답 (1) $\dfrac{11}{6}x-1$ (2) $\dfrac{13}{6}x+4$ (3) $\dfrac{11}{6}$

단계	채점 요소	비율
1	어떤 다항식 구하기	50 %
2	바르게 계산한 식 구하기	40 %
3	$b-a$의 값 구하기	10 %

0690 전략 분모에 분수를 대입할 때에는 생략된 나눗셈 기호를 다시 쓴다.

$$\dfrac{bc-2ac-3ab}{abc}$$
$$=\left\{\dfrac{2}{3}\times\left(-\dfrac{3}{4}\right)-2\times\dfrac{1}{2}\times\left(-\dfrac{3}{4}\right)-3\times\dfrac{1}{2}\times\dfrac{2}{3}\right\}$$
$$\div\left\{\dfrac{1}{2}\times\dfrac{2}{3}\times\left(-\dfrac{3}{4}\right)\right\}$$
$$=\left(-\dfrac{1}{2}+\dfrac{3}{4}-1\right)\div\left(-\dfrac{1}{4}\right)$$
$$=\left(-\dfrac{2}{4}+\dfrac{3}{4}-\dfrac{4}{4}\right)\div\left(-\dfrac{1}{4}\right)$$
$$=\left(-\dfrac{3}{4}\right)\times(-4)=3$$

답 3

0691 전략 정삼각형이 1개씩 늘어날 때마다 늘어난 성냥개비의 개수를 세어 본다.

(1) 정삼각형이 1개씩 늘어날 때마다 성냥개비가 2개씩 늘어난다.
따라서 정삼각형 x개를 만들 때 필요한 성냥개비의 개수는
$$3+2(x-1)$$
$$=3+2x-2$$
$$=2x+1$$

정삼각형의 개수	필요한 성냥개비의 개수
1	3
2	$3+2$
3	$3+2+2$
⋮	⋮
x	$3+\underbrace{2+\cdots+2}_{(x-1)개}$

(2) $2x+1$에 $x=20$을 대입하면
$$2\times20+1=41$$

답 (1) $2x+1$ (2) 41

0692 전략 색칠한 부분의 넓이는 큰 직사각형의 넓이에서 4개의 직각삼각형의 넓이를 빼서 구한다.

직사각형의 세로의 길이는
$$\dfrac{2(x+4)}{3}+\dfrac{x+4}{3}=\dfrac{2x+8+x+4}{3}$$
$$=\dfrac{3x+12}{3}=x+4$$

따라서 직사각형의 넓이는
$$(5+8)\times(x+4)=13x+52$$

또 오른쪽 그림에서 네 직각삼각형 ㉠, ㉡, ㉢, ㉣의 넓이는

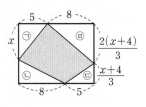

(㉠의 넓이)$=\dfrac{1}{2}\times5\times x$
$$=\dfrac{5}{2}x$$

(㉡의 넓이)$=\dfrac{1}{2}\times8\times(x+4-x)=16$

(㉢의 넓이)$=\dfrac{1}{2}\times5\times\dfrac{x+4}{3}=\dfrac{5}{6}(x+4)$

(㉣의 넓이)$=\dfrac{1}{2}\times8\times\dfrac{2(x+4)}{3}=\dfrac{8}{3}(x+4)$

따라서 색칠한 부분의 넓이는
(직사각형의 넓이)−(㉠, ㉡, ㉢, ㉣의 넓이의 합)
$$=(13x+52)-\left\{\dfrac{5}{2}x+16+\dfrac{5}{6}(x+4)+\dfrac{8}{3}(x+4)\right\}$$
$$=(13x+52)-\left(\dfrac{5}{2}x+16+\dfrac{5}{6}x+\dfrac{10}{3}+\dfrac{8}{3}x+\dfrac{32}{3}\right)$$
$$=(13x+52)-(6x+30)$$
$$=13x+52-6x-30$$
$$=7x+22$$

답 $7x+22$

0693 전략 $(-1)^{짝수}=1$, $(-1)^{홀수}=-1$임을 이용한다.

n이 자연수일 때, $2n-1$은 홀수, $2n$은 짝수이므로
$$(-1)^{2n-1}=-1,\ (-1)^{2n}=1$$
$$\therefore\ \dfrac{-x+1}{2}-\left\{(-1)^{2n-1}\times\dfrac{2x-5}{3}-(-1)^{2n}\times\dfrac{5x+3}{4}\right\}$$
$$=\dfrac{-x+1}{2}-\left(-\dfrac{2x-5}{3}-\dfrac{5x+3}{4}\right)$$
$$=\dfrac{-x+1}{2}+\dfrac{2x-5}{3}+\dfrac{5x+3}{4}$$
$$=\dfrac{6(-x+1)+4(2x-5)+3(5x+3)}{12}$$
$$=\dfrac{-6x+6+8x-20+15x+9}{12}$$
$$=\dfrac{17x-5}{12}=\dfrac{17}{12}x-\dfrac{5}{12}$$

답 $\dfrac{17}{12}x-\dfrac{5}{12}$

06 일차방정식의 풀이

III. 문자와 식

교과서문제 정복하기 ▸본문 93쪽

0694 답 ㄱ, ㄷ

0695 답 $2x+3=10$

0696 답 $5x+1500=5000$

0697 답 $3x=15$

0698 $3x-2=-5$에
$x=-1$을 대입하면 $3\times(-1)-2=-5$
$x=0$을 대입하면 $3\times0-2\neq-5$
$x=1$을 대입하면 $3\times1-2\neq-5$
$x=2$를 대입하면 $3\times2-2\neq-5$
따라서 해는 $x=-1$이다. 답 $x=-1$

0699 답 ×   **0700** 답 ○

0701 답 ○   **0702** 답 5

0703 답 3   **0704** 답 3

0705 답 4   **0706** 답 $x=1+1$

0707 답 $2x+3x=5$ **0708** 답 $2x=3-6$

0709 답 $-4x-x=7$

0710 ㄴ. 등식이 아니므로 일차방정식이 아니다.
ㄷ. 우변의 모든 항을 좌변으로 이항하여 정리하였을 때,
(x에 대한 일차식)$=0$의 꼴이 아니므로 일차방정식이 아니다.
이상에서 일차방정식인 것은 ㄱ, ㄹ이다. 답 ㄱ, ㄹ

0711 $2x+10=4$에서
$2x=-6$ $\therefore x=-3$ 답 $x=-3$

0712 $3x=x+2$에서
$2x=2$ $\therefore x=1$ 답 $x=1$

0713 $5x-2=3x+6$에서
$2x=8$ $\therefore x=4$ 답 $x=4$

0714 $x+5=-4x-10$에서
$5x=-15$ $\therefore x=-3$ 답 $x=-3$

0715 $4(x+1)=6(9-x)$에서
$4x+4=54-6x$
$10x=50$ $\therefore x=5$ 답 $x=5$

0716 $5-2(3x+1)=3(5-x)$에서
$5-6x-2=15-3x$
$-3x=12$ $\therefore x=-4$ 답 $x=-4$

0717 방정식의 양변에 10을 곱하면
$7x+24=3x-16$
$4x=-40$ $\therefore x=-10$ 답 $x=-10$

0718 방정식의 양변에 100을 곱하면
$12x-30=8x-22$
$4x=8$ $\therefore x=2$ 답 $x=2$

0719 방정식의 양변에 6을 곱하면
$3(x-3)-2(2x-1)=0$
$3x-9-4x+2=0$, $-x=7$
$\therefore x=-7$ 답 $x=-7$

0720 방정식의 양변에 12를 곱하면
$-6-3(1-x)=16\left(x+\dfrac{1}{4}\right)$
$-6-3+3x=16x+4$, $-13x=13$
$\therefore x=-1$ 답 $x=-1$

유형 익히기 ▸본문 94~102쪽

0721 ①, ④ 다항식은 등식이 아니다.
②, ③ 부등호가 있으므로 등식이 아니다.
따라서 등식인 것은 ⑤이다. 답 ⑤

0722 ㄱ, ㄹ. 다항식은 등식이 아니다.
ㅂ. 부등호가 있으므로 등식이 아니다.
이상에서 등식인 것은 ㄴ, ㄷ, ㅁ의 3개이다. 답 ②

0723 ② 좌변은 $\dfrac{5x-2}{6}+2$이다.

③ 우변의 상수항은 -1이다.

⑤ 우변의 x의 계수는 $\dfrac{2}{3}$이다.

따라서 옳은 것은 ①, ④이다. 　　　　　답 ①, ④

0724 ③ $9x=540$

따라서 옳지 않은 것은 ③이다. 　　　　답 ③

0725 한 개에 x원인 호두과자 15개의 가격은 $15x$원이므로
$$15x+1500=13500$$
답 ③

0726 (1) 어떤 수 x를 6배 한 수보다 3만큼 작은 수는
$6x-3$, x의 2배는 $2x$이므로　　$6x-3=2x$
(2) x명의 학생들에게 귤을 5개씩 나누어 주면 2개가 남으므로
귤의 개수는　　$5x+2$
귤을 6개씩 나누어 주면 3개가 부족하므로 귤의 개수는
$$6x-3$$
$$\therefore 5x+2=6x-3$$
답 (1) $6x-3=2x$　(2) $5x+2=6x-3$

0727 각 방정식에 $x=2$를 대입하면
① $2\times2=4$　　② $3\times2+2=8$　　③ $5\times2-2=8$
④ $2\times(2+1)\neq4$　　⑤ $-(2-3)=1$
따라서 해가 $x=2$가 아닌 것은 ④이다. 　　　답 ④

0728 각 방정식에 $x=-1$을 대입하면
① $4\times(-1)-1\neq3\times(-1)$
② $2\times(-1)-5\neq-(-1)+4$
③ $2\times(-1-1)\neq-3$
④ $2-\{4+(-1)\}=-1$
⑤ $\dfrac{-1}{2}+1\neq1$
따라서 해가 $x=-1$인 것은 ④이다. 　　　답 ④

0729 [　] 안의 수를 주어진 방정식의 x에 대입하면
① $2\times1-3=-1$
② $6\times3=2\times3+12$
③ $3\times(4+2)=5\times4-2$
④ $\left(-\dfrac{2}{3}\right)\times\left(-\dfrac{3}{2}\right)=1$
⑤ $\dfrac{2-6}{4}\neq\dfrac{2}{2}-4$
따라서 [　] 안의 수가 주어진 방정식의 해가 아닌 것은 ⑤이다.
답 ⑤

0730 절댓값이 3인 수는 3, -3이므로
$$x=3, -3$$　　　… 1단계
주어진 방정식에 $x=3$을 대입하면
$$3-2\times(3\times3+5)\neq5$$

주어진 방정식에 $x=-3$을 대입하면
$$-3-2\times\{3\times(-3)+5\}=5$$
따라서 주어진 방정식의 해는 $x=-3$이다. 　… 2단계
답 $x=-3$

단계	채점 요소	비율
1	절댓값이 3인 수 구하기	20 %
2	방정식의 해 구하기	80 %

0731 ㄴ. $x+x=2x$에서
(좌변)$=x+x=2x$
즉 (좌변)$=$(우변)이므로 항등식이다.
ㅁ. $5x+2-3x=2x+2$에서
(좌변)$=5x+2-3x=2x+2$
즉 (좌변)$=$(우변)이므로 항등식이다.
ㅂ. $6(x+1)=6x+6$에서
(좌변)$=6(x+1)=6x+6$
즉 (좌변)$=$(우변)이므로 항등식이다.
이상에서 항등식인 것은 ㄴ, ㅁ, ㅂ이다. 　　답 ④

0732 ⑤ $2x+7=2(x+3)+1$에서
(우변)$=2(x+3)+1=2x+7$
즉 (좌변)$=$(우변)이므로 항등식이다. 　　답 ⑤

0733 x의 값에 관계없이 항상 성립하는 등식은 항등식이다.
④ $7(x-5)=7x-35$에서
(좌변)$=7(x-5)=7x-35$
즉 (좌변)$=$(우변)이므로 항등식이다. 　　답 ④

RPM 비법 노트

항등식을 나타내는 표현
① 어떤 등식이 x에 대한 항등식이다.
② 모든 x의 값에 대하여 항상 참이다.
③ x가 어떤 값을 갖더라도 항상 성립한다.
④ x의 값에 관계없이 항상 성립한다.

0734 $5x-3=a+b(1-x)$에서
(우변)$=a+b(1-x)=-bx+a+b$
따라서 $5x-3=-bx+a+b$가 x에 대한 항등식이므로
$$5=-b, -3=a+b$$
$b=-5$이므로 $-3=a+(-5)$에서　　$a=2$
$$\therefore ab=2\times(-5)=-10$$
답 ①

0735 $ax+3=2x-b$가 x에 대한 항등식이므로
$$a=2, 3=-b$$
$$\therefore b=-3$$
$$\therefore a+b=2+(-3)=-1$$
답 -1

0736 $3(x-1)=-2x+$ ☐ 에서

$3x-3=-2x+$ ☐

이 식이 x의 값에 관계없이 항상 성립하므로, 즉 x에 대한 항등식이므로

☐ $=3x-3+2x=5x-3$ 답 ④

0737 $4x+3=a(1+2x)+b$에서

(우변)$=a(1+2x)+b=2ax+a+b$ … 1단계

따라서 $4x+3=2ax+a+b$가 x에 대한 항등식이므로

$4=2a$, $3=a+b$

$a=2$이므로 $3=2+b$에서 $b=1$ … 2단계

$\therefore a-b=2-1=1$ … 3단계

답 1

단계	채점 요소	비율
1	등식의 우변 정리하기	30 %
2	a, b의 값 구하기	60 %
3	$a-b$의 값 구하기	10 %

0738 ① $3a=6b$의 양변을 3으로 나누면 $a=2b$

② $a=5b$의 양변에 5를 더하면

$a+5=5b+5$, 즉 $a+5=5(b+1)$

③ $-a=b$의 양변에 -1을 곱하면 $a=-b$

이 식의 양변에 7을 더하면 $a+7=7-b$

④ $\dfrac{3}{2}a=\dfrac{b}{4}$의 양변에 4를 곱하면 $6a=b$

⑤ $a=3b$의 양변에 -2를 곱하면 $-2a=-6b$

이 식의 양변에 3을 더하면 $-2a+3=-6b+3$

따라서 옳은 것은 ③, ④이다. 답 ③, ④

0739 ㄷ. $a=2$, $b=3$, $c=0$이면 $ac=bc$이지만 $a\neq b$이다.

이상에서 옳지 않은 것은 ㄷ이다. 답 ㄷ

0740 ① $4a=3b$의 양변을 2로 나누면 $2a=\dfrac{3}{2}b$

② $4a=3b$의 양변에 $\dfrac{3}{2}$을 곱하면 $6a=\dfrac{9}{2}b$

이 식의 양변에서 2를 빼면 $6a-2=\dfrac{9}{2}b-2$

③ $4a=3b$의 양변에서 4를 빼면 $4a-4=3b-4$

④ $4a=3b$의 양변에 -4를 곱하면 $-16a=-12b$

이 식의 양변에 4를 더하면 $-16a+4=-12b+4$

⑤ $4a=3b$의 양변을 12로 나누면 $\dfrac{a}{3}=\dfrac{b}{4}$

이 식의 양변에서 1을 빼면 $\dfrac{a}{3}-1=\dfrac{b}{4}-1$

따라서 옳은 것은 ⑤이다. 답 ⑤

0741 ㉠ 등식의 양변에 3을 곱한다.

㉡ 등식의 양변에 3을 더한다.

㉢ 등식의 양변을 2로 나눈다. 답 ㉢

0742 ㈎ 등식의 양변에 2를 곱한다. ➡ ㄷ

㈏ 등식의 양변에서 3을 뺀다. ➡ ㄴ

이상에서 바르게 짝 지은 것은 ②이다. 답 ②

0743 ① $x+3=-4$의 양변에서 3을 빼면 $x=-7$

② $x-9=2$의 양변에 9를 더하면 $x=11$

③ $\dfrac{x}{7}=-2$의 양변에 7을 곱하면 $x=-14$

④ $5x-2=-12$의 양변에 2를 더하면 $5x=-10$

양변을 5로 나누면 $x=-2$

⑤ $\dfrac{x-5}{6}=-1$의 양변에 6을 곱하면 $x-5=-6$

양변에 5를 더하면 $x=-1$

따라서 주어진 등식의 성질을 이용한 것은 ①이다. 답 ①

0744 ① -5를 우변으로 이항하면 $3x=7+5$

② $-3x$를 좌변으로 이항하면 $4x+3x=6$

③ -1을 우변으로, $4x$를 좌변으로 이항하면

$5x-4x=7+1$

④ 1을 우변으로, x를 좌변으로 이항하면

$2x-x=-4-1$

⑤ 2를 우변으로, $-x$를 좌변으로 이항하면

$4x+x=-3-2$

따라서 밑줄 친 항을 바르게 이항한 것은 ③이다. 답 ③

0745 $3x+5=11$에서 5를 우변으로 이항하면 $3x=11-5$

이므로 양변에 -5를 더하거나 양변에서 5를 뺀 것과 같다.

답 ①, ⑤

0746 ① -4를 우변으로 이항하면

$6x=2+4$ $\therefore 6x=6$

② $-x$를 좌변으로 이항하면

$2x+x=5$ $\therefore 3x=5$

③ x를 좌변으로 이항하면

$-3x-x=7$ $\therefore -4x=7$

④ 3을 우변으로 이항하면

$4x=7-3$ $\therefore 4x=4$

⑤ 1을 우변으로, $-x$를 좌변으로 이항하면

$5x+x=6-1$ $\therefore 6x=5$

따라서 옳은 것은 ④이다. 답 ④

0747 $3x+1=2x-6$에서 1을 우변으로, $2x$를 좌변으로 이항하면

$\quad 3x-2x=-6-1$ ··· 1단계

$\quad \therefore x=-7$ ··· 2단계

따라서 $a=1$, $b=-7$이므로

$\quad a+b=1+(-7)=-6$ ··· 3단계

답 -6

단계	채점 요소	비율
1	이항하기	50 %
2	$ax=b$의 꼴로 정리하기	20 %
3	$a+b$의 값 구하기	30 %

0748 ㄱ. $3x-1=x+5$에서 $\quad 2x-6=0$

즉 일차방정식이다.

ㄴ. $5(x-3)=15-5x$에서

$\quad 5x-15=15-5x$

즉 $10x-30=0$이므로 일차방정식이다.

ㄷ. $2x+4=2(x+2)$에서 $\quad 2x+4=2x+4$

즉 $0\times x=0$이므로 일차방정식이 아니다.

ㄹ. $x^2+3=x$에서 $x^2+3-x=0$, 즉 (일차식)$=0$의 꼴이 아니므로 일차방정식이 아니다.

ㅁ. $0\times x^2+x=-1$에서 $\quad x+1=0$

즉 일차방정식이다.

이상에서 일차방정식인 것은 ㄱ, ㄴ, ㅁ이다. 답 ㄱ, ㄴ, ㅁ

0749 ① $x=0$은 일차방정식이다.

② $x+1=3x-5$에서 $\quad -2x+6=0$

즉 일차방정식이다.

③ $x-5=-5+x$에서 $0\times x=0$이므로 일차방정식이 아니다.

④ $x^2+x=x^2-2$에서 $\quad x+2=0$

즉 일차방정식이다.

⑤ $8(x+1)=8-8x$에서 $\quad 8x+8=8-8x$

$\quad\quad \therefore 16x=0$

즉 일차방정식이다.

따라서 일차방정식이 아닌 것은 ③이다. 답 ③

0750 ① $x+2=x^2$에서 $\quad x+2-x^2=0$

즉 (일차식)$=0$의 꼴이 아니므로 일차방정식이 아니다.

② $\dfrac{x}{3}+1$이므로 일차식이다.

③ $2(x+1)>15$이므로 부등호를 사용한 식이다.

④ $\dfrac{x}{2}+5=\dfrac{x}{2}+5$에서 $\quad 0\times x=0$

즉 일차방정식이 아니다.

⑤ $4x+3=11$에서 $\quad 4x-8=0$

즉 일차방정식이다.

따라서 x에 대한 일차방정식인 것은 ⑤이다. 답 ⑤

0751 $3x-2=5-ax$에서 $\quad 3x-2-5+ax=0$

$\quad \therefore (3+a)x-7=0$ ··· 1단계

위의 등식이 x에 대한 일차방정식이 되려면 (x에 대한 일차식)$=0$의 꼴이어야 하므로

$\quad 3+a\neq0 \quad \therefore a\neq-3$ ··· 2단계

답 $a\neq-3$

단계	채점 요소	비율
1	주어진 식에서 우변의 모든 항을 좌변으로 이항하여 정리하기	40 %
2	a의 조건 구하기	60 %

0752 $5x-(x+2)=3-2(4-x)$에서

$\quad 5x-x-2=3-8+2x$

$\quad 4x-2=-5+2x$

$\quad 2x=-3 \quad \therefore x=-\dfrac{3}{2}$

답 ③

0753 $3(x-1)=x+5$에서 $\quad 3x-3=x+5$

$\quad 2x=8 \quad \therefore x=4$

① $x+1=4$에서 $\quad x=3$

② $2x-5=4$에서 $\quad 2x=9$

$\quad\quad \therefore x=\dfrac{9}{2}$

③ $5x-4=3(x+2)$에서 $\quad 5x-4=3x+6$

$\quad 2x=10 \quad \therefore x=5$

④ $\dfrac{1}{2}(x-2)=1$에서 $\quad \dfrac{1}{2}x-1=1$

$\quad \dfrac{1}{2}x=2 \quad \therefore x=4$

⑤ $x-5=2(8-x)$에서 $\quad x-5=16-2x$

$\quad 3x=21 \quad \therefore x=7$

따라서 주어진 방정식과 해가 같은 것은 ④이다. 답 ④

0754 $-3(5+x)=-(4x-3)$에서

$\quad -15-3x=-4x+3 \quad \therefore x=18$

$\quad \therefore a=18$ ··· 1단계

$-(2x-6)=5-(-x+1)$에서

$\quad -2x+6=5+x-1$

$\quad -3x=-2 \quad \therefore x=\dfrac{2}{3}$

$\quad \therefore b=\dfrac{2}{3}$ ··· 2단계

$\quad \therefore ab=18\times\dfrac{2}{3}=12$ ··· 3단계

답 12

단계	채점 요소	비율
1	a의 값 구하기	40 %
2	b의 값 구하기	40 %
3	ab의 값 구하기	20 %

0755 $2\{5x-(3-2x)\}+x-6=18$에서
$$2(5x-3+2x)=18, \qquad 2(7x-3)+x-6=18$$
$$14x-6+x-6=18$$
$$15x=30 \qquad \therefore x=2 \qquad \qquad \text{답 } x=2$$

0756 방정식의 양변에 100을 곱하면
$$50x-5=300(0.2x+0.15)$$
$$50x-5=60x+45, \qquad -10x=50$$
$$\therefore x=-5 \qquad \qquad \text{답 ①}$$

RPM 비법 노트

일차방정식의 양변에 수를 곱할 때, 계수가 소수인 항에만 곱하는 실수를 하기 쉽다. 계수가 정수인 항에도 곱하도록 유의한다.

0757 방정식의 양변에 10을 곱하면
$$-4(x+1)=-6x+40$$
$$-4x-4=-6x+40, \qquad 2x=44$$
$$\therefore x=22 \qquad \qquad \text{답 } x=22$$

0758 방정식의 양변에 100을 곱하면
$$30x-1=20(x+2)+4, \qquad 30x-1=20x+40+4$$
$$10x=45 \qquad \therefore x=\frac{9}{2}$$
따라서 $a=\frac{9}{2}$이므로 $\quad 2a-5=2\times\frac{9}{2}-5=4 \qquad \text{답 ③}$

0759 $-0.3(x+2)=-0.6x+2.7$의 양변에 10을 곱하면
$$-3(x+2)=-6x+27$$
$$-3x-6=-6x+27, \qquad 3x=33$$
$$\therefore x=11$$
따라서 $a=11$이므로 $a+1.5x=-2.5x+3$에서
$$11+1.5x=-2.5x+3$$
양변에 10을 곱하면
$$110+15x=-25x+30$$
$$40x=-80 \qquad \therefore x=-2 \qquad \qquad \text{답 } x=-2$$

0760 방정식의 양변에 6을 곱하면
$$3(x-3)-(2x-5)=10-6x$$
$$3x-9-2x+5=10-6x$$
$$7x=14 \qquad \therefore x=2 \qquad \qquad \text{답 } x=2$$

0761 방정식의 양변에 18을 곱하면
$$3(x+5)-36=2(6-4x)$$
$$3x+15-36=12-8x$$
$$11x=33 \qquad \therefore x=3 \qquad \qquad \text{답 ④}$$

0762 ① $\frac{1}{2}x-4=-\frac{3}{2}$의 양변에 2를 곱하면
$$x-8=-3 \qquad \therefore x=5$$

② $\frac{x}{4}=\frac{x}{6}-\frac{1}{3}$의 양변에 12를 곱하면
$$3x=2x-4 \qquad \therefore x=-4$$

③ $\frac{5x-2}{6}=3$의 양변에 6을 곱하면
$$5x-2=18, \qquad 5x=20$$
$$\therefore x=4$$

④ $\frac{x+1}{2}-\frac{2x+1}{3}=2$의 양변에 6을 곱하면
$$3(x+1)-2(2x+1)=12$$
$$3x+3-4x-2=12$$
$$-x=11 \qquad \therefore x=-11$$

⑤ $\frac{2x-3}{4}=\frac{x-3}{5}$의 양변에 20을 곱하면
$$5(2x-3)=4(x-3)$$
$$10x-15=4x-12, \qquad 6x=3$$
$$\therefore x=\frac{1}{2}$$
따라서 해가 가장 큰 것은 ①이다. $\qquad \text{답 ①}$

0763 주어진 방정식은 $\frac{2}{5}x-\frac{6-x}{4}=\frac{3}{10}x-\frac{9}{20}$와 같으므로 양변에 20을 곱하면
$$8x-5(6-x)=6x-9, \qquad 8x-30+5x=6x-9$$
$$7x=21 \qquad \therefore x=3 \qquad \qquad \text{답 ⑤}$$

RPM 비법 노트

계수가 소수와 분수가 섞인 일차방정식에서 양변에 적당한 수를 곱할 때, 소수를 분수로 고친 후 분모의 최소공배수를 찾아 곱하면 편리하다.

0764 주어진 방정식은 $\frac{3}{10}(x+1)-\frac{2x-5}{4}=\frac{7}{10}x+2$와 같으므로 양변에 20을 곱하면
$$6(x+1)-5(2x-5)=14x+40$$
$$6x+6-10x+25=14x+40$$
$$-18x=9 \qquad \therefore x=-\frac{1}{2} \qquad \qquad \text{답 ②}$$

0765 방정식 $\frac{1}{2}-\frac{2-x}{3}=0.25x$는 $\frac{1}{2}-\frac{2-x}{3}=\frac{1}{4}x$와 같으므로 양변에 12를 곱하면
$$6-4(2-x)=3x, \qquad 6-8+4x=3x$$
$$\therefore x=2$$
$$\therefore a=2 \qquad \qquad \cdots \text{ 1단계}$$
방정식 $\frac{3(x-1)}{2}=0.75(x+1)+\frac{2(x-1)}{3}$은
$$\frac{3(x-1)}{2}=\frac{3}{4}(x+1)+\frac{2(x-1)}{3}$$과 같으므로 양변에 12를 곱하면
$$18(x-1)=9(x+1)+8(x-1)$$
$$18x-18=9x+9+8x-8 \qquad \therefore x=19$$

$$\therefore b=19 \qquad \cdots \boxed{2단계}$$
$$\therefore a+b=2+19=21 \qquad \cdots \boxed{3단계}$$

탭 21

단계	채점 요소	비율
1	a의 값 구하기	40 %
2	b의 값 구하기	50 %
3	$a+b$의 값 구하기	10 %

0766 $\dfrac{1}{7}(x-2):3=(0.3x+1):7$에서
$$\dfrac{1}{7}(x-2)\times 7=3(0.3x+1), \qquad x-2=0.9x+3$$
양변에 10을 곱하면 $\quad 10x-20=9x+30$
$$\therefore x=50 \qquad\qquad 탭 ⑤$$

0767 $(x+3):2=(3x-2):5$에서
$$5(x+3)=2(3x-2), \qquad 5x+15=6x-4$$
$$-x=-19 \quad \therefore x=19 \qquad 탭 19$$

0768 $\dfrac{1}{3}(x+2):(2x-3)=4:3$에서
$$x+2=4(2x-3), \qquad x+2=8x-12$$
$$-7x=-14 \quad \therefore x=2 \qquad 탭 2$$

0769 $(0.5x+2):5=\dfrac{3}{5}(x-8):3$에서
$$3(0.5x+2)=5\times\dfrac{3}{5}(x-8), \qquad 1.5x+6=3x-24$$
양변에 10을 곱하면 $\quad 15x+60=30x-240$
$$-15x=-300 \quad \therefore x=20 \qquad 탭 ③$$

0770 $6-\dfrac{x+a}{2}=a+5x$에 $x=3$을 대입하면
$$6-\dfrac{3+a}{2}=a+15$$
양변에 2를 곱하면 $\quad 12-(3+a)=2a+30$
$$12-3-a=2a+30, \qquad -3a=21$$
$$\therefore a=-7 \qquad 탭 ②$$

0771 $3x-a=2x+7$에 $x=6$을 대입하면
$$18-a=12+7$$
$$-a=1 \quad \therefore a=-1 \qquad 탭 -1$$

0772 $\dfrac{a(x+3)}{3}-\dfrac{2-ax}{4}=\dfrac{1}{6}$에 $x=-1$을 대입하면
$$\dfrac{2a}{3}-\dfrac{2+a}{4}=\dfrac{1}{6}$$
양변에 12를 곱하면
$$8a-3(2+a)=2, \qquad 8a-6-3a=2$$
$$5a=8 \quad \therefore a=\dfrac{8}{5} \qquad 탭 \dfrac{8}{5}$$

0773 $a(x-1)=5$에 $x=2$를 대입하면
$$a=5$$
$3x-a(x+3)=1$에 $a=5$를 대입하면
$$3x-5(x+3)=1, \qquad 3x-5x-15=1$$
$$-2x=16 \quad \therefore x=-8 \qquad 탭 x=-8$$

0774 $0.4x-1.3=0.1x-1$의 양변에 10을 곱하면
$$4x-13=x-10, \qquad 3x=3$$
$$\therefore x=1$$
방정식 $\dfrac{x-5}{6}=\dfrac{2x+a}{9}-2$의 해가 $x=1$이므로 이 방정식에 $x=1$을 대입하면
$$\dfrac{1-5}{6}=\dfrac{2+a}{9}-2, \qquad -\dfrac{2}{3}=\dfrac{2+a}{9}-2$$
양변에 9를 곱하면
$$-6=2+a-18$$
$$-a=-10 \quad \therefore a=10 \qquad 탭 10$$

0775 $\dfrac{x}{4}-1=\dfrac{2(x+1)}{3}$의 양변에 12를 곱하면
$$3x-12=8(x+1), \qquad 3x-12=8x+8$$
$$-5x=20 \quad \therefore x=-4$$
방정식 $2x+5=a$의 해가 $x=-4$이므로 이 방정식에 $x=-4$를 대입하면
$$-8+5=a \quad \therefore a=-3 \qquad 탭 -3$$

0776 $2(0.6-0.1x)=0.2(2x+3)$의 양변에 10을 곱하면
$$20(0.6-0.1x)=2(2x+3)$$
$$12-2x=4x+6, \qquad -6x=-6$$
$$\therefore x=1$$
방정식 $\dfrac{ax-4}{5}=2$의 해가 $x=1$이므로 이 방정식에 $x=1$을 대입하면
$$\dfrac{a-4}{5}=2, \qquad a-4=10$$
$$\therefore a=14 \qquad 탭 ③$$

0777 $0.3(x+1)-1.6=\dfrac{x-3}{5}$의 양변에 10을 곱하면
$$3(x+1)-16=2(x-3), \qquad 3x+3-16=2x-6$$
$$\therefore x=7 \qquad\qquad \cdots \boxed{1단계}$$
$(x+a):2=4(x-3):4$에 $x=7$을 대입하면
$$(7+a):2=4\times(7-3):4, \qquad (7+a):2=16:4$$
$$4(7+a)=32, \qquad 28+4a=32$$
$$4a=4 \quad \therefore a=1 \qquad \cdots \boxed{2단계}$$

탭 1

단계	채점 요소	비율
1	주어진 일차방정식의 해 구하기	40 %
2	a의 값 구하기	60 %

0778 $6x+a=4x+7$에서
$$2x=7-a \qquad \therefore x=\frac{7-a}{2}$$

이때 $\dfrac{7-a}{2}$가 자연수이어야 하므로 $7-a$는 2의 배수이어야 한다.

$7-a=2$일 때, $a=5$
$7-a=4$일 때, $a=3$
$7-a=6$일 때, $a=1$
$7-a=8$일 때, $a=-1$
$\qquad\vdots$

따라서 구하는 자연수 a의 값은 1, 3, 5이다. 　답 1, 3, 5

참고 $7-a$가 8 이상의 2의 배수이면 a는 자연수가 아니다.

0779 $4x+18=3x+a$에서
$$x=a-18$$
이때 $a-18$이 음의 정수이어야 하므로
$$a=1, 2, 3, \cdots, 17$$
따라서 구하는 자연수 a의 개수는 17이다. 　답 17

0780 $2(7-2x)=a$에서 $14-4x=a$
$$-4x=a-14 \qquad \therefore x=\frac{14-a}{4}$$

이때 $\dfrac{14-a}{4}$가 양의 정수이어야 하므로 $14-a$는 4의 배수이어야 한다.

$14-a=4$일 때, $a=10$
$14-a=8$일 때, $a=6$
$14-a=12$일 때, $a=2$
$14-a=16$일 때, $a=-2$
$\qquad\vdots$

따라서 자연수 a의 값은 2, 6, 10이므로 구하는 합은
$$2+6+10=18$$
답 18

0781 $3(2x+1)=ax-6$에서
$$6x+3=ax-6$$
$$(6-a)x=-9 \qquad \therefore x=-\frac{9}{6-a} \qquad \cdots \boxed{1단계}$$

이때 $-\dfrac{9}{6-a}$가 음의 정수이어야 하므로 $6-a$는 9의 약수이어야 한다.

$6-a=1$일 때, $a=5$
$6-a=3$일 때, $a=3$
$6-a=9$일 때, $a=-3$ $\qquad \cdots \boxed{2단계}$

따라서 구하는 정수 a의 값의 합은
$$5+3+(-3)=5 \qquad \cdots \boxed{3단계}$$
답 5

단계	채점 요소	비율
1	방정식의 해를 a에 대한 식으로 나타내기	40 %
2	조건을 만족시키는 a의 값 구하기	50 %
3	모든 정수 a의 값의 합 구하기	10 %

0782 $ax-5=2(x-b)+1$에서
$$ax-5=2x-2b+1$$
$$(a-2)x=-2b+6$$
방정식의 해가 무수히 많으므로
$$a-2=0, \ -2b+6=0$$
$$\therefore a=2, \ b=3$$
$$\therefore a+b=2+3=5$$
답 ⑤

0783 $5x-a=bx+3$에서 $(5-b)x=3+a$
방정식의 해가 없으므로 $5-b=0, \ 3+a\neq0$
$$\therefore a\neq-3, \ b=5$$
답 ③

0784 $(a+6)x=1-ax$에서 $ax+6x=1-ax$
$$2ax+6x=1, \qquad (2a+6)x=1$$
이 등식을 만족시키는 x의 값이 존재하지 않으므로
$$2a+6=0, \qquad 2a=-6$$
$$\therefore a=-3$$
답 -3

0785 $(a-3)x-1=5$에서 $(a-3)x=6$
방정식의 해가 없으므로
$$a-3=0 \qquad \therefore a=3$$
한편 $bx+a=c-2$에서 $bx=-a+c-2$
방정식의 해가 무수히 많으므로 $b=0$
$-a+c-2=0$에서 $-3+c-2=0$ $\quad \therefore c=5$
$$\therefore a+b+c=3+0+5=8$$
답 ⑤

시험에 꼭 나오는 문제 ▶ 본문 103~105쪽

0786 전략 등식 ➡ 등호를 사용하여 수나 식이 같음을 나타낸 식

① $4x-10$
② $3x$ km
③ $\dfrac{x+y+90}{3}=85$
④ $15000x>40000$
⑤ $8000x+1000y=10000$

따라서 등식으로 나타낼 수 있는 것은 ③, ⑤이다. 　답 ③, ⑤

0787 전략 각 방정식의 x에 [ ] 안의 수를 대입한다.

① $3\times(-2)-5\neq1$
② $-6-4\times4\neq10$
③ $7\times6+4=8\times6-2$
④ $0-1\neq2\times(0+3)$
⑤ $\dfrac{2-5}{3}\neq\dfrac{2}{2}-3$

따라서 [ ] 안의 수가 주어진 방정식의 해인 것은 ③이다.
답 ③

06

일차방정식의 풀이

0788 [전략] 주어진 등식의 좌변과 우변을 비교해 본다.

$3x+\dfrac{1}{2}=\dfrac{1}{4}(2+12x)$에서

$\text{(우변)}=\dfrac{1}{4}(2+12x)=\dfrac{1}{2}+3x$

즉 (좌변)=(우변)이므로 주어진 등식은 항등식이다.

이상에서 옳은 것은 ㄱ, ㄹ이다. 　　　답 ㄱ, ㄹ

0789 [전략] $a=b$이면 $a+c=b+c$, $a-c=b-c$, $ac=bc$, $\dfrac{a}{c}=\dfrac{b}{c}\,(c\neq0)$가 성립한다.

① $2a=6b$의 양변을 2로 나누면　　　$a=3b$

② $\dfrac{a}{2}=\dfrac{b}{3}$의 양변에 6을 곱하면　　　$3a=2b$

③ $a=3b$의 양변에 1을 더하면　　　$a+1=3b+1$

④ $a-b=x-y$의 양변에서 x를 빼면　　　$a-b-x=-y$

　이 식의 양변에 b를 더하면　　　$a-x=b-y$

⑤ $c=0$일 때에는 성립하지 않는다.

따라서 옳은 것은 ④이다. 　　　답 ④

0790 [전략] 등식의 성질을 이용하여 주어진 방정식을 $x=$(수)의 꼴로 변형한다.

$-5x-8=2x+6$에서

　$-5x-8+(\boxed{-2x})=2x+6+(\boxed{-2x})$

　$-7x-8=6$

　$-7x-8+\boxed{8}=6+\boxed{8}$

　$-7x=\boxed{14}$

　$\dfrac{-7x}{\boxed{-7}}=\dfrac{\boxed{14}}{\boxed{-7}}$

　$\therefore x=\boxed{-2}$

　$\therefore$ ㈎ $-2x$　㈏ 8　㈐ 14　㈑ -7　㈒ -2

따라서 옳지 않은 것은 ②이다. 　　　답 ②

0791 [전략] 등식을 변형하기 위해 이용한 등식의 성질을 생각한다.

$-3x+10=-5$의 양변에서 10을 빼면

　$-3x=-15$

따라서 이용된 등식의 성질은 ④이다. 　　　답 ④

0792 [전략] $px+q=0$이 x에 대한 일차방정식 $\Rightarrow p\neq0$

$2x+1=-ax-3$에서

　$(2+a)x+4=0$

이 식이 x에 대한 일차방정식이려면

　$2+a\neq0$　　$\therefore a\neq-2$ 　　　답 ①

0793 [전략] 괄호를 풀고 $ax=b\,(a\neq0)$의 꼴로 나타내어 해를 구한다.

$2(x-10)-5=-6x-1$에서

　$2x-20-5=-6x-1$,　　$8x=24$

$\therefore x=3$

따라서 $a=3$이므로 a보다 작은 자연수는 1, 2의 2개이다. 　　　답 2

0794 [전략] 계수가 소수인 일차방정식 $\Rightarrow$ 양변에 10의 거듭제곱을 곱하여 모든 계수를 정수로 고쳐서 푼다.

$0.3(x-2)=0.4(x+2)-1.5$의 양변에 10을 곱하면

　$3(x-2)=4(x+2)-15$

　$3x-6=4x+8-15$

　$-x=-1$　　$\therefore x=1$

① $4(x+1)=3x-5$에서　　　$4x+4=3x-5$

　$\therefore x=-9$

② $0.5x+1=0.3(x-4)$의 양변에 10을 곱하면

　$5x+10=3(x-4)$

　$5x+10=3x-12$

　$2x=-22$　　$\therefore x=-11$

③ $\dfrac{1}{2}x+3=\dfrac{3}{2}+2x$의 양변에 2를 곱하면

　$x+6=3+4x$,　　$-3x=-3$

　$\therefore x=1$

④ $0.2x-1.6=0.4(x-3)$의 양변에 10을 곱하면

　$2x-16=4(x-3)$,　　$2x-16=4x-12$

　$-2x=4$　　$\therefore x=-2$

⑤ $2\{x-3(x+1)+2\}=1-3x$에서

　$2(x-3x-3+2)=1-3x$,　　$2(-2x-1)=1-3x$

　$-4x-2=1-3x$,　　$-x=3$

　$\therefore x=-3$

따라서 주어진 방정식과 해가 같은 것은 ③이다. 　　　답 ③

0795 [전략] 계수가 분수이거나 소수인 일차방정식 $\Rightarrow$ 양변에 적당한 수를 곱하여 모든 계수를 정수로 고쳐서 푼다.

$\dfrac{3}{4}x+1=\dfrac{1}{2}x+\dfrac{1}{4}$의 양변에 4를 곱하면

　$3x+4=2x+1$　　$\therefore x=-3$

　$\therefore a=-3$

$0.3(x+2)+0.2=0.8(x-4)$의 양변에 10을 곱하면

　$3(x+2)+2=8(x-4)$,　　$3x+6+2=8x-32$

　$-5x=-40$　　$\therefore x=8$

　$\therefore b=8$

$\therefore a+b=-3+8=5$ 　　　답 5

0796 [전략] 계수에 분수와 소수가 섞인 일차방정식 $\Rightarrow$ 양변에 적당한 수를 곱하여 모든 계수를 정수로 고쳐서 푼다.

주어진 방정식은 $\dfrac{x-2}{3}=\dfrac{1}{4}(x-3)-2$와 같으므로 양변에 12를 곱하면

　$4(x-2)=3(x-3)-24$

　$4x-8=3x-9-24$　　$\therefore x=-25$ 　　　답 ⑤

0797 전략 해가 $x=a$ ➡ 방정식에 $x=a$를 대입하면 등식이 성립한다.

$a-10x=-2x-1$에 $x=1$을 대입하면

$$a-10=-3 \quad \therefore a=7$$

$\dfrac{4x-2}{a}=\dfrac{x}{2}+\dfrac{5}{7}$에 $a=7$을 대입하면

$$\dfrac{4x-2}{7}=\dfrac{x}{2}+\dfrac{5}{7}$$

양변에 14를 곱하면

$$2(4x-2)=7x+10, \quad 8x-4=7x+10$$

$$\therefore x=14$$

답 ⑤

0798 전략 잘못 본 수를 a로 놓고 $x=-2$를 대입하면 등식이 성립한다.

$3x-3=6x-7$의 좌변의 x의 계수 3을 a로 잘못 보았다고 하면

$$ax-3=6x-7 \quad\quad \cdots\cdots ㉠$$

㉠의 해가 $x=-2$이므로 $ax-3=6x-7$에 $x=-2$를 대입하면

$$-2a-3=-12-7$$

$$-2a=-16 \quad \therefore a=8$$

따라서 3을 8로 잘못 보았다.

답 ③

0799 전략 먼저 방정식 $2(2x+1)=3(x+1)$의 해를 구한다.

$2(2x+1)=3(x+1)$에서 $4x+2=3x+3$

$$\therefore x=1$$

방정식 $\dfrac{a(x-6)}{4}-\dfrac{x-2a}{3}=5$의 해는 $x=2$이므로 $x=2$를 대입하면

$$\dfrac{-4a}{4}-\dfrac{2-2a}{3}=5, \quad -a-\dfrac{2-2a}{3}=5$$

양변에 3을 곱하면 $-3a-2+2a=15$

$$-a=17 \quad \therefore a=-17$$

답 -17

0800 전략 먼저 두 방정식의 해를 구하여 주어진 해의 비를 이용한다.

$5-x=\dfrac{x-1}{3}$의 양변에 3을 곱하면

$$15-3x=x-1$$

$$-4x=-16 \quad \therefore x=4$$

$\dfrac{x+a}{4}=2(x-2a)+\dfrac{9}{4}$의 양변에 4를 곱하면

$$x+a=8(x-2a)+9$$

$$x+a=8x-16a+9, \quad -7x=-17a+9$$

$$\therefore x=\dfrac{17a-9}{7}$$

두 일차방정식의 해의 비가 2 : 3이므로

$$4:\dfrac{17a-9}{7}=2:3$$

$$4\times3=2\times\dfrac{17a-9}{7}, \quad 12=\dfrac{34a-18}{7}$$

$$84=34a-18, \quad -34a=-102$$

$$\therefore a=3$$

답 3

다른 풀이 일차방정식 $5-x=\dfrac{x-1}{3}$의 해가 $x=4$이므로 일차

방정식 $\dfrac{x+a}{4}=2(x-2a)+\dfrac{9}{4}$의 해를 $x=k$라 하면

$$4:k=2:3, \quad 2k=12 \quad \therefore k=6$$

$\dfrac{x+a}{4}=2(x-2a)+\dfrac{9}{4}$에 $x=6$을 대입하면

$$\dfrac{6+a}{4}=2(6-2a)+\dfrac{9}{4}$$

양변에 4를 곱하면 $6+a=8(6-2a)+9$

$$6+a=48-16a+9, \quad 17a=51$$

$$\therefore a=3$$

0801 전략 x의 값에 관계없이 항상 성립하는 등식 ➡ 항등식

$5-3(a+2)x=2b+9x+1$에서

$$(-3a-6)x+5=9x+2b+1$$

이 식이 x의 값에 관계없이 항상 성립하므로 x에 대한 항등식이다.

$-3a-6=9$에서 $-3a=15 \quad \therefore a=-5$ … 1단계

$5=2b+1$에서 $-2b=-4 \quad \therefore b=2$ … 2단계

$$\therefore a+b=-5+2=-3$$ … 3단계

답 -3

단계	채점 요소	비율
1	a의 값 구하기	40 %
2	b의 값 구하기	40 %
3	$a+b$의 값 구하기	20 %

0802 전략 $a:b=c:d$ ➡ $ad=bc$

$\left(\dfrac{x}{3}-1\right):4=\dfrac{x+3}{4}:6$에서

$$6\left(\dfrac{x}{3}-1\right)=x+3, \quad 2x-6=x+3$$

$$\therefore x=9$$ … 1단계

$\dfrac{x-a}{2}-\dfrac{2x-1}{4}=-2$에 $x=9$를 대입하면

$$\dfrac{9-a}{2}-\dfrac{17}{4}=-2$$

양변에 4를 곱하면

$$2(9-a)-17=-8, \quad 18-2a-17=-8$$

$$-2a=-9 \quad \therefore a=\dfrac{9}{2}$$ … 2단계

$x-b=-9$에 $x=9$를 대입하면

$$9-b=-9 \quad \therefore b=18$$ … 3단계

$$\therefore ab=\dfrac{9}{2}\times18=81$$ … 4단계

답 81

단계	채점 요소	비율
1	비례식을 만족시키는 x의 값 구하기	30 %
2	a의 값 구하기	30 %
3	b의 값 구하기	30 %
4	ab의 값 구하기	10 %

06 일차방정식의 풀이

06 일차방정식의 풀이

0803 [전략] 해가 같은 두 일차방정식이 주어진 경우 ➡ 해를 구할 수 있는 방정식에서 해를 구한 후 다른 방정식에 대입한다.

$0.2(x-3)=0.4(x+3)-1$의 양변에 10을 곱하면

$$2(x-3)=4(x+3)-10, \quad 2x-6=4x+12-10$$
$$-2x=8 \quad \therefore x=-4 \quad \cdots \boxed{1단계}$$

두 방정식의 해가 같으므로 $ax+4=2x+8$에 $x=-4$를 대입하면

$$-4a+4=-8+8$$
$$-4a=-4 \quad \therefore a=1 \quad \cdots \boxed{2단계}$$

目 1

단계	채점 요소	비율
1	방정식 $0.2(x-3)=0.4(x+3)-1$의 해 구하기	50 %
2	a의 값 구하기	50 %

0804 [전략] 절댓값은 같고 부호가 다른 두 수의 합은 0임을 이용한다.

$2(x+a)=x+6$에서 $\quad 2x+2a=x+6$
$$\therefore x=6-2a$$

$x-\dfrac{x+a}{3}=4$의 양변에 3을 곱하면 $\quad 3x-x-a=12$

$$2x=a+12 \quad \therefore x=\dfrac{a+12}{2}$$

두 일차방정식의 해가 절댓값은 같고 부호는 서로 다르므로 두 해의 합은 0이다.

즉 $6-2a+\dfrac{a+12}{2}=0$이므로 양변에 2를 곱하면

$$12-4a+a+12=0, \quad -3a=-24$$
$$\therefore a=8$$

目 8

RPM 비법 노트

절댓값이 같고 부호는 서로 다른 두 수의 합은 0이다.

0805 [전략] 주어진 방정식의 해를 a를 포함한 식으로 나타낸다.

$x-\dfrac{1}{4}(x+3a)=-3$의 양변에 4를 곱하면

$$4x-(x+3a)=-12, \quad 4x-x-3a=-12$$
$$3x=3a-12 \quad \therefore x=a-4$$

이때 $a-4$가 음의 정수이려면 자연수 a는 1, 2, 3이어야 한다.

目 1, 2, 3

0806 [전략] 방정식 $ax=b$의 해가 없을 조건은 $a=0$, $b\neq 0$, 해가 무수히 많을 조건은 $a=0$, $b=0$이다.

$ax+3=4x-2$에서 $\quad (a-4)x=-5$
방정식의 해가 없으므로
$$a-4=0 \quad \therefore a=4$$
$(b-2)x-5=x+c$에서 $\quad (b-3)x=c+5$
방정식의 해가 무수히 많으므로
$$b-3=0, c+5=0 \quad \therefore b=3, c=-5$$
$$\therefore a+b+c=4+3+(-5)=2$$

目 2

---

07 일차방정식의 활용

 교과서문제 정복하기 ▶본문 107쪽

0807 (1)

	2점	3점
슛의 개수	$x+8$	x
득점 (점)	$2(x+8)$	$3x$

(2) 총 41점을 득점하였으므로
$$2(x+8)+3x=41$$
(3) $2(x+8)+3x=41$에서
$$2x+16+3x=41$$
$$5x=25 \quad \therefore x=5$$
(4) 다연이가 넣은 3점 슛의 개수는 5이다.

目 풀이 참조

0808 $4(x+8)=5x$에서
$$4x+32=5x, \quad -x=-32$$
$$\therefore x=32$$

目 $4(x+8)=5x$, $x=32$

0809 $3(x-7)=2(x+2)$에서
$$3x-21=2x+4 \quad \therefore x=25$$

目 $3(x-7)=2(x+2)$, $x=25$

0810 사탕을 x개 사면 젤리는 $(10-x)$개 샀으므로
$$500x+700(10-x)=6200$$
$$500x+7000-700x=6200$$
$$-200x=-800 \quad \therefore x=4$$

目 $500x+700(10-x)=6200$, $x=4$

0811 직사각형의 둘레의 길이는
$$2\times\{(가로의 길이)+(세로의 길이)\}$$
이므로 $\quad 2(6+x)=30, \quad 12+2x=30$
$$2x=18 \quad \therefore x=9$$

目 $2(6+x)=30$, $x=9$

0812 나누어 주는 방법에 관계없이 연필의 수는 같으므로
$$6x+4=7x-3, \quad -x=-7$$
$$\therefore x=7$$

目 $6x+4=7x-3$, $x=7$

0813 x년 후에 아버지의 나이가 민준이의 나이의 3배가 된다고 하면
$$46+x=3(14+x)$$
$$46+x=42+3x, \quad -2x=-4$$
$$\therefore x=2$$
따라서 2년 후에 아버지의 나이가 민준이의 나이의 3배가 된다.

目 2년

0814 (1) (시간)=$\dfrac{(거리)}{(속력)}$이므로 표를 완성하면 다음과 같다.

	갈 때	올 때
거리	x km	x km
속력	시속 2 km	시속 3 km
시간	$\dfrac{x}{2}$ 시간	$\dfrac{x}{3}$ 시간

(2) 두 지점 A, B 사이를 왕복하는 데 총 걸린 시간은 5시간이므로

$$\dfrac{x}{2}+\dfrac{x}{3}=5$$

(3) $\dfrac{x}{2}+\dfrac{x}{3}=5$의 양변에 6을 곱하면

$$3x+2x=30, \qquad 5x=30$$
$$\therefore x=6$$

(4) 두 지점 A, B 사이의 거리는 6 km이다.

🖉 풀이 참조

0815 (1) (소금의 양)=$\dfrac{(소금물의 농도)}{100}\times(소금물의 양)$이

므로 표를 완성하면 다음과 같다.

	증발시키기 전	증발시킨 후
농도 (%)	8	10
소금물의 양 (g)	200	$200-x$
소금의 양 (g)	$\dfrac{8}{100}\times200$	$\dfrac{10}{100}\times(200-x)$

(2) 물을 증발시켜도 소금의 양은 변하지 않으므로

$$\dfrac{8}{100}\times200=\dfrac{10}{100}\times(200-x)$$

(3) $\dfrac{8}{100}\times200=\dfrac{10}{100}\times(200-x)$의 양변에 100을 곱하면

$$1600=10(200-x), \qquad 1600=2000-10x$$
$$10x=400 \qquad \therefore x=40$$

(4) 증발시켜야 하는 물의 양은 40 g이다.

🖉 풀이 참조

 유형 익히기 ▶ 본문 108~118쪽

0816 어떤 수를 x라 하면

$$2(x-4)=\dfrac{1}{3}x+2$$
$$6(x-4)=x+6, \qquad 6x-24=x+6$$
$$5x=30 \qquad \therefore x=6$$

따라서 어떤 수는 6이다.

🖉 6

0817 작은 수를 x라 하면 큰 수는 $x+8$이므로

$$x+8=5x-4$$
$$-4x=-12 \qquad \therefore x=3$$

따라서 작은 수는 3이다.

🖉 3

0818 큰 수를 x라 하면 작은 수는 $38-x$이다.

큰 수를 작은 수로 나누었을 때 몫은 3이고 나머지는 2이므로

$$x=(38-x)\times3+2, \qquad x=114-3x+2$$
$$4x=116 \qquad \therefore x=29$$

따라서 큰 수는 29이다.

🖉 29

0819 (1) 어떤 수를 x라 하면

$$2x+5=(5x+2)-6$$
$$-3x=-9 \qquad \therefore x=3$$

따라서 어떤 수는 3이다.

(2) 어떤 수가 3이므로 처음 구하려고 했던 수는

$$5\times3+2=17$$

🖉 (1) 3 (2) 17

0820 연속하는 세 짝수를 $x-2, x, x+2$라 하면

$$(x-2)+x+(x+2)=114$$
$$3x=114 \qquad \therefore x=38$$

따라서 연속하는 세 짝수는 36, 38, 40이므로 가장 작은 수는 36이다.

🖉 ③

참고 연속하는 세 짝수를 $x, x+2, x+4$로 놓으면 방정식의 해는 다르지만 답은 같다.

연속하는 세 짝수를 $x, x+2, x+4$라 하면

$$x+(x+2)+(x+4)=114$$
$$3x=108 \qquad \therefore x=36$$

따라서 연속하는 세 짝수는 36, 38, 400이므로 가장 작은 수는 360이다.

0821 연속하는 세 홀수를 $x-2, x, x+2$라 하면

$$(x-2)+x+(x+2)=75$$
$$3x=75 \qquad \therefore x=25$$

따라서 연속하는 세 홀수는 23, 25, 27이므로 가장 큰 수는 27이다.

🖉 27

0822 연속하는 세 자연수를 $x-1, x, x+1$이라 하면

$$4x=(x-1)+(x+1)+30$$
$$4x=2x+30, \qquad 2x=30 \qquad \therefore x=15$$

따라서 연속하는 세 자연수는 14, 15, 16이므로 세 자연수의 합은

$$14+15+16=45$$

🖉 ②

0823 연속하는 세 짝수를 $x-2, x, x+2$라 하면

$$3(x+2)=2\{(x-2)+x\}+4 \qquad \cdots \text{1단계}$$
$$3x+6=4x-4+4$$
$$-x=-6 \qquad \therefore x=6 \qquad \cdots \text{2단계}$$

따라서 세 짝수는 4, 6, 8이다. $\qquad \cdots \text{3단계}$

🖉 4, 6, 8

단계	채점 요소	비율
1	방정식 세우기	40 %
2	방정식 풀기	40 %
3	세 짝수 구하기	20 %

0824 처음 자연수의 십의 자리의 숫자를 x라 하면 처음 자연수는

$$10x+3$$

십의 자리의 숫자와 일의 자리의 숫자를 바꾼 자연수는

$$30+x$$

이므로 $30+x=10x+3+9$

$-9x=-18$ $\therefore x=2$

따라서 처음 자연수는 23이다.   🄰 23

0825 일의 자리의 숫자를 x라 하면

$$60+x=9(6+x)-2$$

$$60+x=54+9x-2, \qquad -8x=-8$$

$$\therefore x=1$$

따라서 구하는 자연수는 61이다.   🄰 ①

0826 십의 자리의 숫자를 x라 하면 일의 자리의 숫자는 $x+2$이므로

$$10x+x+2=3(x+x+2)+16$$

$$11x+2=6x+6+16, \qquad 5x=20$$

$$\therefore x=4$$

따라서 구하는 자연수는 46이다.   🄰 46

0827 처음 자연수의 십의 자리의 숫자를 x라 하면 일의 자리의 숫자는 $12-x$이므로

$$10(12-x)+x=10x+(12-x)+18 \qquad \cdots \boxed{\text{1단계}}$$

$$120-10x+x=10x+12-x+18$$

$$-18x=-90 \qquad \therefore x=5 \qquad \cdots \boxed{\text{2단계}}$$

따라서 처음 자연수는 57이다. $\cdots \boxed{\text{3단계}}$

🄰 57

단계	채점 요소	비율
1	방정식 세우기	50 %
2	방정식 풀기	40 %
3	처음 자연수 구하기	10 %

0828 현재 아들의 나이를 x살이라 하면 아버지의 나이는 $(58-x)$살이므로

$$58-x+10=2(x+10), \qquad 68-x=2x+20$$

$$-3x=-48 \qquad \therefore x=16$$

따라서 현재 아들의 나이는 16살이다.   🄰 16살

0829 x년 후에 어머니의 나이가 시우의 나이의 3배가 된다고 하면

$$44+x=3(10+x)$$

$$44+x=30+3x, \qquad -2x=-14$$

$$\therefore x=7$$

따라서 2023년의 7년 후인 2030년이다.   🄰 ①

0830 현재 아버지의 나이를 x살이라 하면 아들의 나이는 $(x-24)$살이므로

$$x+5=2(x-24+5)+4, \qquad x+5=2(x-19)+4$$

$$x+5=2x-34 \qquad \therefore x=39$$

따라서 현재 아버지의 나이는 39살이다.   🄰 39살

0831 현재 둘째의 나이를 x살이라 하자.

조건 ㈏에서 첫째의 나이는 $(x+3)$살

조건 ㈐에서 셋째의 나이는 $(x+3)-5=x-2$ (살)

조건 ㈎에서

$$(x+3)+x+(x-2)=43$$

$$3x=42 \qquad \therefore x=14$$

따라서 현재 둘째의 나이는 14살이므로 3년 전 둘째의 나이는

$$14-3=11 \text{ (살)} \qquad 🄰 ③$$

0832 x개월 후에 동생의 예금액이 형의 예금액의 3배가 된다고 하면

$$15000+3000x=3(30000+500x)$$

$$15000+3000x=90000+1500x$$

$$1500x=75000 \qquad \therefore x=50$$

따라서 50개월 후이다.   🄰 50개월

0833 x주 후에 이서와 유리가 가지고 있는 돈이 같아진다고 하면

$$60000-3000x=46000-2000x$$

$$-1000x=-14000 \qquad \therefore x=14$$

따라서 14주 후이다.   🄰 14주

0834 10개월 후의 언니의 예금액은

$$74000+5000\times10=124000 \text{ (원)}$$

동생의 예금액은 $(32000+10x)$원이므로

$$124000=2(32000+10x) \qquad \cdots \boxed{\text{1단계}}$$

$$124000=64000+20x$$

$$-20x=-60000 \qquad \therefore x=3000 \qquad \cdots \boxed{\text{2단계}}$$

🄰 3000

단계	채점 요소	비율
1	방정식 세우기	60 %
2	x의 값 구하기	40 %

0835 x일 후에 형의 저금통에 들어 있는 금액의 2배와 동생의 저금통에 들어 있는 금액의 3배가 같아진다고 하면

$$2(23000+2000x)=3(12000+2000x)$$

$$46000+4000x=36000+6000x$$

$$-2000x=-10000 \qquad \therefore x=5$$

따라서 5일 후이다.   🄰 ②

0836 과자를 x개 구입했다고 하면 아이스크림은 $(10-x)$개 구입했으므로

$$7000-\{700x+500(10-x)\}=800$$
$$-(700x+5000-500x)=-6200$$
$$-200x-5000=-6200$$
$$-200x=-1200 \qquad \therefore x=6$$

따라서 과자는 6개를 구입했다. 답 ③

0837 농장에 개가 x마리 있다고 하면 닭은 $(12-x)$마리 있으므로

$$4x+2(12-x)=36$$
$$4x+24-2x=36$$
$$2x=12 \qquad \therefore x=6$$

따라서 개는 6마리이다. 답 6마리

0838 3점짜리 문제의 수를 x라 하면 4점짜리 문제의 수는 $29-x$이므로

$$3x+4(29-x)=100$$
$$3x+116-4x=100, \qquad -x=-16$$
$$\therefore x=16$$

따라서 3점짜리 문제는 16문제이다. 답 16

0839 장미를 x송이 샀다고 하면 백합은 $(15-x)$송이 샀으므로

$$500x+700(15-x)+1500=10000$$
$$500x+10500-700x+1500=10000$$
$$-200x=-2000 \qquad \therefore x=10$$

따라서 장미는 10송이, 백합은 5송이 샀다.

답 장미: 10송이, 백합: 5송이

0840 처음 정사각형의 넓이는 $12\times12=144\,(\mathrm{cm}^2)$이므로

$$(12+4)(12-x)=144-32$$
$$192-16x=112, \qquad -16x=-80$$
$$\therefore x=5$$

답 5

0841 처음 사다리꼴의 넓이가

$$\frac{1}{2}\times(3+7)\times6=30\,(\mathrm{cm}^2)$$

이므로

$$\frac{1}{2}\times(3+7+x)\times6=30+6, \qquad 3(10+x)=36$$
$$30+3x=36, \qquad 3x=6$$
$$\therefore x=2$$

답 2

0842 오른쪽 그림과 같이 직선 도로를 가장자리로 이동시키면 직선 도로를 제외한 땅은 가로의 길이가 $(20-x)\,\mathrm{m}$, 세로의 길이가 $13\,\mathrm{m}$인 직사각형 모양이므로

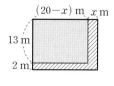

$$(20-x)\times13=221, \qquad 260-13x=221$$
$$-13x=-39 \qquad \therefore x=3$$

답 3

다른 풀이 도로를 만들기 전 땅의 넓이는 $20\times15=300\,(\mathrm{m}^2)$

도로의 넓이는 $20\times2+x\times15-x\times2=13x+40\,(\mathrm{m}^2)$

도로를 제외한 땅의 넓이가 $221\,\mathrm{m}^2$이므로

$$300-(13x+40)=221, \qquad 300-13x-40=221$$
$$-13x=-39 \qquad \therefore x=3$$

0843 직사각형의 세로의 길이를 $x\,\mathrm{m}$라 하면 가로의 길이는 $(3x-2)\,\mathrm{m}$이므로

$$2\{(3x-2)+x\}=44 \qquad \cdots \text{1단계}$$
$$2(4x-2)=44, \qquad 8x-4=44$$
$$8x=48 \qquad \therefore x=6 \qquad \cdots \text{2단계}$$

따라서 가로의 길이는 $3\times6-2=16\,(\mathrm{m})$ $\cdots$ 3단계

답 16 m

단계	채점 요소	비율
1	방정식 세우기	40 %
2	방정식 풀기	40 %
3	가로의 길이 구하기	20 %

0844 학생 수를 x라 하면 나누어 주는 방법에 관계없이 귤의 개수는 같으므로

$$5x+3=6x-13, \qquad -x=-16$$
$$\therefore x=16$$

따라서 학생은 16명이고 귤의 개수는

$$5x+3=5\times16+3=83$$

답 83

0845 아이스크림 한 개의 가격을 x원이라 하면 가지고 있는 돈은 일정하므로

$$6x+1400=9x-400, \qquad -3x=-1800$$
$$\therefore x=600$$

따라서 아이스크림 한 개의 가격은 600원이다. 답 ④

0846 오늘 모임에 참여한 사람 수를 x라 하면 나누어 주는 방법에 관계없이 기념품의 개수는 같으므로

$$7x-4=6x+3 \qquad \therefore x=7$$

따라서 기념품의 개수는

$$7x-4=7\times7-4=45$$

답 ③

0847 작년의 남학생 수를 x라 하면 작년의 여학생 수는 $1600-x$이고, 올해 전체 학생이 16명 증가하였으므로

$$\frac{5}{100}x-\frac{3}{100}(1600-x)=16$$
$$5x-3(1600-x)=1600$$
$$5x-4800+3x=1600$$
$$8x=6400 \qquad \therefore x=800$$

따라서 올해의 남학생 수는

$$800+800\times\frac{5}{100}=840$$

답 840

07 일차방정식의 활용

다른 풀이 작년의 남학생 수를 x라 하면 작년의 여학생 수는 $1600-x$이므로 올해의 남학생 수는

$$x+\frac{5}{100}x=\frac{105}{100}x$$

올해의 여학생 수는

$$(1600-x)-\frac{3}{100}(1600-x)=\frac{97}{100}(1600-x)$$

올해 전체 학생이 16명 증가하였으므로

$$\frac{105}{100}x+\frac{97}{100}(1600-x)=1600+16$$

$$105x+97(1600-x)=161600$$

$$105x+155200-97x=161600$$

$$8x=6400 \qquad \therefore x=800$$

따라서 올해의 남학생 수는

$$800+800\times\frac{5}{100}=840$$

0848 작년의 회원 수를 x라 하면

$$x+\frac{5}{100}x=1302$$

$$100x+5x=130200, \qquad 105x=130200$$

$$\therefore x=1240$$

따라서 작년의 회원 수는 1240이다. 　　🔲 1240

0849 작년의 여학생 수를 x라 하면 작년의 남학생 수는 $400-x$이고, 올해 전체 학생 수는 6 % 증가하였으므로

$$\frac{10}{100}(400-x)=400\times\frac{6}{100}$$

$$4000-10x=2400$$

$$-10x=-1600 \qquad \therefore x=160$$

따라서 작년의 여학생 수는 160이다. 　　🔲 160

0850 작년의 여학생 수를 x라 하면 올해 전체 학생 수는 5 % 증가하였으므로

$$\frac{10}{100}x-4=560\times\frac{5}{100}$$ 　　… 1단계

$$10x-400=2800$$

$$10x=3200 \qquad \therefore x=320$$ 　　… 2단계

따라서 올해의 여학생 수는

$$320+320\times\frac{10}{100}=320+32=352$$ 　　… 3단계

🔲 352

단계	채점 요소	비율
1	방정식 세우기	40 %
2	방정식 풀기	30 %
3	올해의 여학생 수 구하기	30 %

0851 읽은 책의 전체 쪽수를 x라 하면

$$\frac{1}{4}x+\frac{1}{2}x+30=x$$

$$x+2x+120=4x, \qquad -x=-120$$

$$\therefore x=120$$

따라서 책의 전체 쪽수는 120이다. 　　🔲 ②

0852 여행한 총시간을 x시간이라 하면

$$\frac{1}{4}x+\frac{1}{5}x+8+\frac{1}{3}x+5=x$$

$$15x+12x+480+20x+300=60x$$

$$-13x=-780 \qquad \therefore x=60$$

따라서 여행한 총시간은 60시간이다. 　　🔲 60시간

0853 피타고라스의 제자의 수를 x라 하면

$$\frac{1}{2}x+\frac{1}{4}x+\frac{1}{7}x+3=x$$

$$14x+7x+4x+84=28x$$

$$-3x=-84 \qquad \therefore x=28$$

따라서 피타고라스의 제자는 28명이다. 　　🔲 28명

0854 내려온 거리를 x km라 하면 올라갔다 내려오는 데 걸린 시간은 총 3시간 20분, 즉 $\frac{200}{60}=\frac{10}{3}$ (시간)이므로

$$\frac{x}{3}+\frac{x}{2}=\frac{10}{3}, \qquad 2x+3x=20$$

$$5x=20 \qquad \therefore x=4$$

따라서 내려온 거리는 4 km이므로 내려올 때 걸린 시간은

$$\frac{4}{2}=2 \text{ (시간)}$$ 　　🔲 ③

0855 두 지점 A, B 사이의 거리를 x km라 하면 두 지점을 왕복하는 데 걸린 시간은 총 54분, 즉 $\frac{54}{60}=\frac{9}{10}$ (시간)이므로

$$\frac{x}{5}+\frac{x}{4}=\frac{9}{10}, \qquad 4x+5x=18$$

$$9x=18 \qquad \therefore x=2$$

따라서 두 지점 A, B 사이의 거리는 2 km이다. 　　🔲 2 km

0856 시속 80 km로 간 거리를 x km라 하면 시속 100 km로 간 거리는 $(70-x)$ km이다.

온천까지 가는 데 걸린 시간은 총 48분, 즉 $\frac{48}{60}=\frac{4}{5}$ (시간)이므로

$$\frac{x}{80}+\frac{70-x}{100}=\frac{4}{5}, \qquad 5x+4(70-x)=320$$

$$5x+280-4x=320 \qquad \therefore x=40$$

따라서 시속 80 km로 간 거리는 40 km이다. 　　🔲 ③

0857 갈 때의 거리를 x km라 하면 돌아올 때의 거리는 $(x+30)$ km이고, 총 걸린 시간이 4시간이므로

$$\frac{x}{80}+\frac{x+30}{60}=4$$ 　　… 1단계

$$3x+4(x+30)=960, \qquad 3x+4x+120=960$$

$$7x=840 \qquad \therefore x=120$$ 　　… 2단계

따라서 갈 때의 거리는 120 km, 돌아올 때의 거리는
$120+30=150$ (km)이므로 돌아오는 데 걸린 시간은

$$\frac{150}{60} 시간=2\frac{30}{60} 시간=2시간 30분 \qquad \cdots \text{3단계}$$

답 2시간 30분

단계	채점 요소	비율
1	방정식 세우기	40 %
2	방정식 풀기	30 %
3	돌아오는 데 걸린 시간 구하기	30 %

0858 두 지점 A, B 사이의 거리를 x km라 하면 시차는 5분,
즉 $\frac{5}{60}=\frac{1}{12}$ (시간)이므로

$$\frac{2x}{60}-\frac{2x}{70}=\frac{1}{12}, \qquad 14x-12x=35$$
$$2x=35 \qquad \therefore x=17.5$$

따라서 두 지점 A, B 사이의 거리는 17.5 km이다. 답 ①

0859 두 지점 A, B 사이의 거리를 x km라 하면 시차는
1시간 30분, 즉 $\frac{90}{60}=\frac{3}{2}$ (시간)이므로

$$\frac{x}{15}-\frac{x}{40}=\frac{3}{2}$$
$$8x-3x=180, \qquad 5x=180$$
$$\therefore x=36$$

따라서 두 지점 A, B 사이의 거리는 36 km이다. 답 36 km

0860 집에서 극장까지의 거리를 x km라 하면 시차는
$15+5=20$ (분), 즉 $\frac{20}{60}=\frac{1}{3}$ (시간)
이므로

$$\frac{x}{5}-\frac{x}{7}=\frac{1}{3}, \qquad 21x-15x=35$$
$$6x=35 \qquad \therefore x=\frac{35}{6}$$

따라서 집에서 극장까지의 거리는 $\frac{35}{6}$ km이다. 답 ③

0861 형이 출발한 지 x분 후에 동생을 만난다고 하면 형이
자전거를 타고 간 거리와 동생이 걸은 거리가 같으므로

$$125x=50(x+6), \qquad 125x=50x+300$$
$$75x=300 \qquad \therefore x=4$$

따라서 형은 출발한 지 4분 후에 동생을 만나게 된다. 답 ③

0862 아빠가 출발한 지 x시간 후에 엄마가 아빠를 만난다
고 하면 아빠가 오토바이를 타고 간 거리와 엄마가 차를 타고
간 거리가 같으므로

$$60x=80\left(x-\frac{15}{60}\right), \qquad 60x=80x-20$$
$$-20x=-20 \qquad \therefore x=1$$

따라서 아빠가 출발한 지 1시간 후에 엄마가 아빠를 만난다.

답 1시간

0863 늦게 출발한 차가 목적지에 도착할 때까지 걸린 시간
을 x시간이라 하면 먼저 출발한 차가 달린 거리와 늦게 출발한
차가 달린 거리가 같으므로

$$60\left(x+\frac{20}{60}\right)=70x, \qquad 60x+20=70x$$
$$-10x=-20 \qquad \therefore x=2$$

따라서 늦게 출발한 차가 목적지에 도착할 때까지 2시간이 걸렸
으므로 출발지에서 목적지까지의 거리는

$$70\times 2=140 \text{ (km)}$$
답 ④

0864 A, B 두 사람이 출발한 지 x분 후에 처음으로 만난다
고 하면 두 사람이 걸은 거리의 합은 호수 둘레의 길이와 같으므로

$$80x+70x=3000$$
$$150x=3000 \qquad \therefore x=20$$

따라서 A, B 두 사람은 출발한 지 20분 후에 처음으로 만나게
된다. 답 20분

0865 (1) 두 사람이 출발한 지 x분 후에 만난다고 하면 두 사
람이 걸은 거리의 합은 두 사람의 집 사이의 거리와 같으므로

$$80x+60x=1400$$
$$140x=1400 \qquad \therefore x=10$$

따라서 두 사람은 출발한 지 10분 후에 만나게 된다. $\cdots$ 1단계
(2) 두 사람이 만날 때까지 하늘이가 걸은 거리는

$$80\times 10=800 \text{ (m)}$$

이므로 두 사람이 만나는 지점은 하늘이네 집에서 800 m만
큼 떨어진 곳이다. $\cdots$ 2단계

답 (1) 10분 (2) 800 m

단계	채점 요소	비율
1	두 사람이 출발한 지 몇 분 후에 만나게 되는지 구하기	60 %
2	만나는 지점은 하늘이네 집에서 몇 m 떨어진 곳인지 구하기	40 %

0866 형과 동생이 출발한 지 x분 후에 처음으로 만난다고 하
면 두 사람이 걸은 거리의 차는 트랙의 둘레의 길이와 같으므로

$$60x-50x=1100$$
$$10x=1100 \qquad \therefore x=110$$

따라서 형과 동생은 출발한 지 110분 후에 처음으로 만난다.

답 110분

RPM 비법 노트

같은 지점에서 동시에 출발하여 트랙을
같은 방향으로 돌다가 처음으로 만나게
되는 경우
➡ (두 사람이 이동한 거리의 차)
＝(트랙의 둘레의 길이)

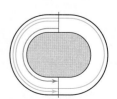

07
일차방정식의 활용

0867 넣는 물의 양을 x g이라 하자.

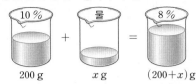

물을 넣기 전이나 물을 넣은 후의 소금의 양은 변하지 않으므로

$$\frac{10}{100} \times 200 = \frac{8}{100} \times (200+x)$$

$$2000 = 1600 + 8x$$

$$-8x = -400 \qquad \therefore x = 50$$

따라서 50 g의 물을 넣어야 한다. 　　　　　답 ④

0868 증발시키는 물의 양을 x g이라 하자.

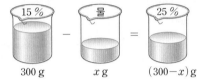

물을 증발시키기 전이나 물을 증발시킨 후의 소금의 양은 변하지 않으므로

$$\frac{15}{100} \times 300 = \frac{25}{100} \times (300-x)$$

$$4500 = 7500 - 25x$$

$$25x = 3000 \qquad \therefore x = 120$$

따라서 120 g의 물을 증발시켜야 한다. 　　답 120 g

0869 처음 소금물의 농도를 x %라 하자.

물을 넣기 전이나 물을 넣은 후의 소금의 양은 변하지 않으므로

$$\frac{x}{100} \times 240 = \frac{12}{100} \times (240+60)$$

$$240x = 3600 \qquad \therefore x = 15$$

따라서 처음 소금물의 농도는 15 %이다. 　　답 ②

0870 처음 설탕물의 농도를 x %라 하자.

물을 증발시키기 전이나 물을 증발시킨 후의 설탕의 양은 변하지 않으므로

$$\frac{x}{100} \times 400 = \frac{16}{100} \times (400-100)$$ … **1단계**

$$4x = 48 \qquad \therefore x = 12$$ … **2단계**

따라서 처음 설탕물의 농도는 12 %이다. … **3단계**

답 12 %

단계	채점 요소	비율
1	방정식 세우기	50 %
2	방정식 풀기	40 %
3	처음 설탕물의 농도 구하기	10 %

0871 20 %의 소금물의 양을 x g이라 하자.

$$\frac{20}{100} \times x + 100 = \frac{30}{100} \times (x+100)$$

$$20x + 10000 = 30x + 3000$$

$$-10x = -7000 \qquad \therefore x = 700$$

따라서 처음 20 %의 소금물의 양은 700 g이다. 　답 ③

0872 더 넣어야 하는 소금의 양을 x g이라 하자.

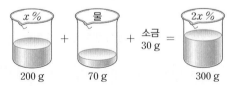

$$\frac{10}{100} \times 200 + x = \frac{20}{100} \times (200+x)$$

$$2000 + 100x = 4000 + 20x$$

$$80x = 2000 \qquad \therefore x = 25$$

따라서 25 g의 소금을 더 넣어야 한다. 　　답 25 g

0873 x g의 소금을 더 넣는다고 하면 5 %의 소금물의 양은 $(500+290+x)$ g이다.

섞기 전 소금의 양의 합과 섞은 후 소금물에 들어 있는 소금의 양은 같으므로

$$\frac{6}{100} \times 500 + x = \frac{5}{100} \times (500+290+x)$$

$$3000 + 100x = 2500 + 1450 + 5x$$

$$95x = 950 \qquad \therefore x = 10$$

따라서 더 넣어야 하는 소금의 양은 10 g이다. 　답 10 g

0874 처음 소금물의 농도를 x %라 하면 나중 소금물의 농도는 $2x$ %이고 나중 소금물의 양은 $200+70+30 = 300$ (g)이다.

섞기 전 소금의 양의 합과 섞은 후 소금물에 들어 있는 소금의 양은 같으므로

$$\frac{x}{100} \times 200 + 30 = \frac{2x}{100} \times 300$$

$$2x + 30 = 6x$$

$$-4x = -30 \qquad \therefore x = 7.5$$

따라서 처음 소금물의 농도는 7.5 %이다. 　답 7.5 %

0875 20 %의 소금물을 x g 섞는다고 하자.

섞기 전 두 소금물에 들어 있는 소금의 양의 합과 섞은 후 소금물에 들어 있는 소금의 양은 같으므로

$$\frac{10}{100} \times 100 + \frac{20}{100} \times x = \frac{12}{100} \times (100 + x)$$

$$1000 + 20x = 1200 + 12x$$

$$8x = 200 \qquad \therefore x = 25$$

따라서 20 %의 소금물은 25 g을 섞어야 한다. 　답 ②

0876 13 %의 소금물의 양은 $200 + 100 = 300$ (g)이다.

섞기 전 두 소금물에 들어 있는 소금의 양의 합과 섞은 후 소금물에 들어 있는 소금의 양은 같으므로

$$\frac{11}{100} \times 200 + \frac{x}{100} \times 100 = \frac{13}{100} \times 300$$

$$22 + x = 39 \qquad \therefore x = 17$$　답 17

0877 3 %의 소금물을 x g 섞는다고 하면 8 %의 소금물의 양은 $(100 - x)$ g이다.

섞기 전 두 소금물에 들어 있는 소금의 양의 합과 섞은 후 소금물에 들어 있는 소금의 양은 같으므로

$$\frac{3}{100} \times x + \frac{8}{100} \times (100 - x) = \frac{6}{100} \times 100 \quad \cdots \text{1단계}$$

$$3x + 800 - 8x = 600$$

$$-5x = -200 \qquad \therefore x = 40 \qquad \cdots \text{2단계}$$

따라서 3 %의 소금물은 40 g을 섞어야 한다. 　　 $\cdots$ 3단계

답 40 g

단계	채점 요소	비율
1	방정식 세우기	50 %
2	방정식 풀기	40 %
3	3 %의 소금물의 양 구하기	10 %

0878 더 넣은 물의 양을 x g이라 하면 8 %의 소금물의 양은 $240 - 120 - x = 120 - x$ (g)이다.

섞기 전 두 소금물에 들어 있는 소금의 양의 합과 섞은 후 소금물에 들어 있는 소금의 양은 같으므로

$$\frac{6}{100} \times 120 + \frac{8}{100} \times (120 - x) = \frac{5}{100} \times 240$$

$$720 + 960 - 8x = 1200$$

$$-8x = -480 \qquad \therefore x = 60$$

따라서 더 넣은 물의 양은 60 g이다. 　답 60 g

0879 선풍기의 원가를 x원이라 하면

$$(\text{정가}) = x + \frac{20}{100}x = \frac{6}{5}x \text{ (원)}$$

이므로 　(판매 가격) $= \frac{6}{5}x - 6000$ (원)

(이익) $=$ (판매 가격) $-$ (원가)이므로

$$\frac{10}{100}x = \left(\frac{6}{5}x - 6000\right) - x, \qquad \frac{x}{10} = \frac{6}{5}x - 6000 - x$$

$$x = 12x - 60000 - 10x$$

$$-x = -60000 \qquad \therefore x = 60000$$

따라서 선풍기의 원가는 60000원이다. 　답 60000원

0880 물건의 원가를 x원이라 하면

$$(\text{정가}) = x + \frac{50}{100}x = \frac{3}{2}x \text{ (원)}$$

이므로 　(판매 가격) $= \frac{3}{2}x - 400$ (원)

(이익) $=$ (판매 가격) $-$ (원가)이므로

$$800 = \left(\frac{3}{2}x - 400\right) - x$$

$$1600 = 3x - 800 - 2x$$

$$-x = -2400 \qquad \therefore x = 2400$$

따라서 물건의 원가는 2400원이다. 　답 ④

0881 상품의 정가를 x원이라 하면 정가의 20 %를 할인한 판매 가격은

$$x - \frac{20}{100}x = \frac{4}{5}x \text{ (원)}$$

(이익) $=$ (판매 가격) $-$ (원가)이므로

$$8000 \times \frac{15}{100} = \frac{4}{5}x - 8000$$

$$120000 = 80x - 800000$$

$$-80x = -920000 \qquad \therefore x = 11500$$

따라서 상품의 정가는 11500원이다. 　답 11500원

0882 원가를 a원이라 하면

$$(\text{정가}) = a + a \times \frac{x}{100} = a + \frac{ax}{100} \text{ (원)}$$

정가의 20 %를 할인하여 팔았으므로

$$(\text{판매 가격}) = \left(a + \frac{ax}{100}\right) - \left(a + \frac{ax}{100}\right) \times \frac{20}{100}$$

$$= a + \frac{ax}{100} - \frac{1}{5}a - \frac{ax}{500}$$

$$= \frac{4}{5}a + \frac{ax}{125} \text{ (원)}$$

07 일차방정식의 활용

이때 원가의 20 %의 이익이 생겼으므로
$$\left(\frac{4}{5}a+\frac{ax}{125}\right)-a=\frac{20}{100}a$$
$a\neq0$이므로 양변을 a로 나누면
$$\frac{4}{5}+\frac{x}{125}-1=\frac{1}{5}$$
$$\frac{x}{125}=\frac{2}{5} \qquad \therefore x=50$$

답 50

0883 전체 일의 양을 1이라 하면 형과 동생이 하루 동안 하는 일의 양은 각각 $\frac{1}{12}$, $\frac{1}{20}$이다.

형과 동생이 x일 동안 함께 일을 했다고 하면
$$\frac{1}{20}\times4+\left(\frac{1}{12}+\frac{1}{20}\right)\times x=1$$
$$\frac{1}{5}+\frac{2}{15}x=1, \qquad 3+2x=15$$
$$2x=12 \qquad \therefore x=6$$
따라서 형과 동생은 6일 동안 함께 일을 했다.

답 6일

0884 전체 일의 양을 1이라 하면 진우와 예나가 하루 동안 하는 일의 양은 각각 $\frac{1}{10}$, $\frac{1}{20}$이다.

진우가 x일 동안 일을 했다고 하면
$$\frac{1}{10}\times x+\frac{1}{20}\times(x+5)=1$$
$$2x+x+5=20$$
$$3x=15 \qquad \therefore x=5$$
따라서 진우는 5일 동안 일을 했다.

답 5일

0885 전체 조립하는 양을 1이라 하면 태진이와 창민이가 1시간 동안 조립하는 양은 각각 $\frac{1}{20}$, $\frac{1}{30}$이다.

둘이 함께 x시간 동안 조립했다고 하면
$$\left(\frac{1}{20}+\frac{1}{30}\right)\times x+\frac{1}{20}\times10=1, \qquad \frac{1}{12}x+\frac{1}{2}=1$$
$$x+6=12$$
$$\therefore x=6$$
따라서 둘이 함께 6시간 동안 조립했으므로 조립을 완성하는 데 걸린 시간은 $6+10=16$ (시간)

답 16시간

0886 물통에 가득 찬 물의 양을 1이라 하면 A, B 호스는 1시간 동안 각각 $\frac{1}{3}$, $\frac{1}{4}$만큼의 물을 채우고, C 호스는 1시간 동안 $\frac{1}{6}$만큼의 물을 빼낸다.

물통에 물을 가득 채우는 데 x시간이 걸린다고 하면
$$\frac{1}{3}x+\frac{1}{4}x-\frac{1}{6}x=1, \qquad 4x+3x-2x=12$$
$$5x=12 \qquad \therefore x=\frac{12}{5}$$
따라서 물통에 물을 가득 채우는 데 걸리는 시간은
$$\frac{12}{5}\text{시간}=2\frac{24}{60}\text{시간}=2\text{시간 }24\text{분}$$

답 2시간 24분

0887 긴 의자의 개수를 x라 하자.
한 의자에 5명씩 앉으면 4명이 앉지 못하므로 학생 수는
$$5x+4 \qquad\qquad \cdots\cdots ㉠$$
한 의자에 6명씩 앉으면 6명이 모두 앉게 되는 의자의 개수는 $x-1$이므로 학생 수는 $\quad 6(x-1)+2 \qquad \cdots\cdots ㉡$
이때 ㉠=㉡이므로
$$5x+4=6(x-1)+2$$
$$5x+4=6x-4, \qquad -x=-8 \qquad \therefore x=8$$
따라서 긴 의자의 개수는 8이다.

답 ①

참고

0888 (1) 보트의 수를 x라 하자.
한 보트에 5명씩 타면 1명이 남으므로 학생 수는
$$5x+1 \qquad\qquad \cdots\cdots ㉠$$
한 보트에 7명씩 타면 7명이 모두 타는 보트의 수는 $x-2$이므로 학생 수는 $\quad 7(x-2)+1 \qquad \cdots\cdots ㉡$
이때 ㉠=㉡이므로
$$5x+1=7(x-2)+1$$
$$5x+1=7x-13, \qquad -2x=-14$$
$$\therefore x=7$$
따라서 보트는 7척이다. … 1단계
(2) 보트가 7척이므로 학생 수는
$$5\times7+1=36$$ … 2단계

답 (1) 7 (2) 36

단계	채점 요소	비율
1	보트의 수 구하기	80 %
2	학생 수 구하기	20 %

0889 텐트의 수를 x라 하자.
한 텐트에 3명씩 자면 9명이 남으므로 학생 수는
$$3x+9 \qquad\qquad \cdots\cdots ㉠$$
한 텐트에 4명씩 자면 4명이 모두 자는 텐트의 수는 $x-26$이므로 학생 수는 $\quad 4(x-26)+3 \qquad \cdots\cdots ㉡$
이때 ㉠=㉡이므로 $\quad 3x+9=4(x-26)+3$
$$3x+9=4x-101, \qquad -x=-110$$
$$\therefore x=110$$
따라서 텐트는 110개이므로 학생 수는
$$3\times110+9=339$$

답 339

참고

0890 [1단계]의 도형에서 바둑돌은 1개이고, 한 단계가 증가할 때마다 바둑돌이 3개씩 늘어나므로 [n단계]의 도형을 만드는 데 필요한 바둑돌의 개수는

$1+3\times(n-1)=3n-2$

$3n-2=100$에서　　$3n=102$

　　$\therefore n=34$

따라서 바둑돌 100개를 이용하면 [34단계]의 도형을 만들 수 있다.

답 34단계

0891　1장의 그림을 고정시킬 때 필요한 자석은 4개이고, 1장의 그림이 늘어날 때마다 자석이 2개씩 늘어나므로 n장의 그림을 고정시킬 때 필요한 자석의 수는

　　$4+2\times(n-1)=2n+2$

$2n+2=40$에서　　$2n=38$

　　$\therefore n=19$

따라서 자석 40개를 이용하면 19장의 그림을 고정시킬 수 있다.

답 19장

0892　사각형 안의 네 수 중 가장 작은 수를 x라 하면 네 날짜는 오른쪽과 같다.

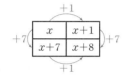

$x+(x+1)+(x+7)+(x+8)=104$에서

　　$4x+16=104$,　　$4x=88$

　　$\therefore x=22$

따라서 4개의 수는 22, 23, 29, 30이므로 가장 작은 수는 22이다.

답 22

0893　열차의 길이를 x m라 하면 1300 m인 터널을 완전히 통과할 때의 열차의 속력은 초속 $\dfrac{1300+x}{40}$ m이고, 400 m인 다리를 완전히 통과할 때의 열차의 속력은 초속 $\dfrac{400+x}{15}$ m이다.

이때 열차의 속력은 일정하므로

　　$\dfrac{1300+x}{40}=\dfrac{400+x}{15}$

　　$3(1300+x)=8(400+x)$,　　$3900+3x=3200+8x$

　　$-5x=-700$　　$\therefore x=140$

따라서 열차의 길이는 140 m이다.

답 140 m

0894　기차의 길이를 x m라 하면 1600 m인 다리를 완전히 통과하는 데 40초가 걸리므로

　　$\dfrac{1600+x}{45}=40$

　　$1600+x=1800$　　$\therefore x=200$

따라서 기차의 길이는 200 m이다.

답 ④

0895　기차의 속력을 초속 x m라 하면 960 m인 터널을 완전히 통과하는 데 30초가 걸리므로

　　$x\times30=960+240$

　　$30x=1200$　　$\therefore x=40$

따라서 기차의 속력이 초속 40 m이고, 기차가 터널을 통과하느라 보이지 않는 동안 달린 거리는

(터널의 길이)$-$(기차의 길이)$=960-240=720$ (m)

이므로 기차는 $\dfrac{720}{40}=18$ (초) 동안 보이지 않았다. 답 ③

시험에 꼭 나오는 문제 본문 119~121쪽

0896　전략 연속하는 세 자연수를 $x-1$, x, $x+1$로 놓는다.

연속하는 세 자연수를 $x-1$, x, $x+1$이라 하면

　　$(x-1)+x+(x+1)=57$

　　$3x=57$　　$\therefore x=19$

따라서 세 자연수는 18, 19, 20이므로 가장 큰 자연수는 20이다.

답 ④

0897　전략 십의 자리의 숫자가 a, 일의 자리의 숫자가 b인 두 자리 자연수 $\Rightarrow 10a+b$

처음 자연수의 십의 자리의 숫자를 x라 하면

　　$80+x=2(10x+8)+7$

　　$80+x=20x+16+7$

　　$-19x=-57$　　$\therefore x=3$

따라서 처음 수는 38이다.

답 38

0898　전략 매일 a원씩 x일 동안 사용할 때, x일 후 가진 금액 $\Rightarrow$ (현재 가지고 있는 금액)$-ax$ (원)

x일 후에 우찬이가 가지고 있는 돈이 세진이가 가지고 있는 돈의 2배가 된다고 하면

　　$50000-1000x=2(31000-1000x)$

　　$50000-1000x=62000-2000x$

　　$1000x=12000$　　$\therefore x=12$

따라서 우찬이가 가지고 있는 돈이 세진이가 가지고 있는 돈의 2배가 되는 것은 12일 후이다.

답 12일

0899　전략 직사각형의 둘레의 길이 $\Rightarrow 2\times\{($가로의 길이$)+($세로의 길이$)\}$

직사각형의 세로의 길이를 x cm라 하면 가로의 길이는 $2x$ cm이고 직사각형의 둘레의 길이가 120 cm이므로

　　$2(2x+x)=120$,　　$6x=120$

　　$\therefore x=20$

따라서 직사각형의 가로의 길이는　　$2\times20=40$ (cm)

답 40 cm

0900　전략 길을 가장자리로 이동시킨 후 잔디밭의 넓이를 식으로 나타낸다.

오른쪽 그림과 같이 길을 가장자리로 이동시키면 길을 제외한 잔디밭은 가로의 길이가 $(30-6)$ m, 세로의 길이가 $(25-x)$ m인 직사각형 모양이므로

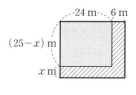

$(30-6)(25-x)=480, \quad 24(25-x)=480$

$25-x=20 \qquad \therefore x=5$ 　　　　　🔲 5

0901 　전략 작년의 남학생 수를 x로 놓고 남학생 수와 여학생 수의 변화량을 이용하여 식을 세운다.

작년의 남학생 수를 x라 하면 전체 학생 수는 4 % 증가하였으므로

$$\frac{8}{100}x-2=650\times\frac{4}{100}$$

$$8x-200=2600$$

$$8x=2800 \qquad \therefore x=350$$

따라서 올해의 남학생 수는

$$350+350\times\frac{8}{100}=378$$ 　　　　　🔲 378

0902 　전략 남녀의 비가 $a:b$ ➡ 남자 ax명, 여자 bx명

남자 합격자 수는 　　$160\times\dfrac{5}{5+3}=100$

여자 합격자 수는 　　$160\times\dfrac{3}{5+3}=60$

남자 지원자 수를 $4x$라 하면 여자 지원자 수는 $3x$이므로 남자 불합격자 수는 $4x-100$, 여자 불합격자 수는 $3x-60$이다.

불합격자의 남녀 비는 1 : 1이므로

$$4x-100=3x-60 \qquad \therefore x=40$$

따라서 입학 지원자의 수는

$$7x=7\times40=280$$ 　　　　　🔲 280

0903 　전략 어머니가 이동한 거리와 아버지가 이동한 거리는 같음을 이용하여 방정식을 세운다.

아버지가 출발한 지 x시간 후에 어머니를 만난다고 하면

(어머니가 이동한 거리)=(아버지가 이동한 거리)

이므로 　　$70\left(x+\dfrac{9}{60}\right)=100x$

$$70x+\frac{21}{2}=100x, \qquad 140x+21=200x$$

$$-60x=-21 \qquad \therefore x=\frac{7}{20}$$

따라서 아버지가 집에서 출발한 지 $\dfrac{7}{20}=\dfrac{21}{60}$ (시간), 즉 21분 후에 어머니를 만난다. 　　　　　🔲 ③

0904 　전략 같은 곳에서 동시에 출발하여 호수 둘레를 같은 방향으로 돌다가 처음으로 만나는 경우

➡ 두 사람이 걸은 거리의 차와 호수의 둘레의 길이는 같다.

두 사람이 출발한 지 x초 후에 처음으로 만난다고 하면 두 사람이 달린 거리의 차는 호수의 둘레의 길이와 같으므로

$$10x-7x=480, \qquad 3x=480$$

$$\therefore x=160$$

즉 160초 후에 처음으로 만나므로 160초마다 한 번씩 만난다.

따라서 16분=960초이므로 16분 동안 총 $\dfrac{960}{160}=6$ (번) 만나게 된다. 　　　　　🔲 6번

0905 　전략 (판매 가격)−(원가)=(이익)임을 이용한다.

(1) 물건의 원가를 x원이라 하면

$$(정가)=x+\frac{40}{100}x=\frac{7}{5}x \ (원)$$

이고, 정가에서 1600원을 할인하여 판매하였으므로

$$(판매 가격)=\frac{7}{5}x-1600 \ (원)$$

(이익)=(판매 가격)−(원가)이므로

$$1400=\left(\frac{7}{5}x-1600\right)-x$$

$$7000=7x-8000-5x$$

$$-2x=-15000 \qquad \therefore x=7500$$

따라서 물건의 원가는 7500원이다.

(2) 물건의 정가는 　　$\dfrac{7}{5}\times7500=10500$ (원)

🔲 (1) 7500원 　(2) 10500원

0906 　전략 전체 일의 양을 1로 놓고 두 사람이 하루 동안 하는 일의 양을 구한다.

전체 일의 양을 1이라 하면 A와 B가 하루 동안 하는 일의 양은 각각 $\dfrac{1}{8}$, $\dfrac{1}{16}$이다.

둘이 함께 x일 동안 일을 했다고 하면

$$\frac{1}{8}\times2+\left(\frac{1}{8}+\frac{1}{16}\right)\times x=1$$

$$\frac{1}{4}+\frac{3}{16}x=1, \qquad 4+3x=16$$

$$3x=12 \qquad \therefore x=4$$

따라서 A가 일한 기간은 　　$2+4=6$ (일) 　　🔲 6일

0907 　전략 의자가 남는 경우의 학생 수와 의자가 모자란 경우의 학생 수는 같음을 이용한다.

긴 의자의 개수를 x라 하자.

한 의자에 4명씩 앉으면 5명이 앉지 못하므로 학생 수는

$$4x+5$$ 　　　　…… ㉠

한 의자에 5명씩 앉으면 5명이 모두 앉게 되는 의자의 개수는 $x-4$이므로 학생 수는

$$5(x-4)+4$$ 　　　　…… ㉡

이때 ㉠=㉡이므로

$$4x+5=5(x-4)+4$$

$$4x+5=5x-16, \qquad -x=-21$$

$$\therefore x=21$$

따라서 긴 의자의 개수는 21이므로 학생 수는

$$4\times21+5=89$$ 　　　　　🔲 ⑤

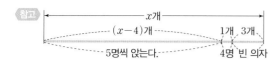

참고

x개

$(x-4)$개

1개 3개

5명씩 앉는다.

4명 빈 의자

0908 전략 x일의 다음 날 ➡ $(x+1)$일,

x일로부터 일주일 후 ➡ $(x+7)$일

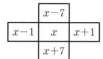

┼ 모양으로 선택할 때 가운데 수를 x
라 하면 나머지 4개의 숫자는 오른쪽 그
림과 같으므로

	$x-7$	
$x-1$	x	$x+1$
	$x+7$	

$$(x-7)+(x-1)+x+(x+1)$$
$$+(x+7)=115$$
$$5x=115 \qquad \therefore x=23$$

따라서 가운데 수는 23이다.　　　　　　　답 23

0909 전략 조건 ㈎에서 규리의 나이를 x살이라 하고 규리의
나이를 먼저 구한다.

현재 규리의 나이를 x살이라 하면 조건 ㈎에서

$$3x+2=44, \qquad 3x=42$$
$$\therefore x=14 \qquad\qquad \cdots \text{1단계}$$

따라서 현재 규리의 나이는 14살이고, 조건 ㈏에서 현재 남동생
의 나이는

$$14 \times \frac{6}{7}=12 \,(살) \qquad\qquad \cdots \text{2단계}$$

현재 아버지의 나이를 y살이라 하면 조건 ㈐에서

$$y+17=2\times(12+17), \qquad y+17=58$$
$$\therefore y=41$$

따라서 현재 아버지의 나이는 41살이다.　　　 $\cdots$ 3단계

답 41살

단계	채점 요소	비율
1	규리의 나이 구하기	40 %
2	남동생의 나이 구하기	20 %
3	아버지의 나이 구하기	40 %

0910 전략 박물관에 입장하는 데 필요한 금액은 일정함을 이
용하여 방정식을 세운다.

박물관에 간 사람 수를 x라 하면

$$2000x+1800=2200x-600 \qquad \cdots \text{1단계}$$
$$-200x=-2400$$
$$\therefore x=12 \qquad\qquad\qquad \cdots \text{2단계}$$

따라서 박물관에 간 사람은 12명이므로 박물관에 입장하는 데
필요한 금액은

$$2000\times 12+1800=25800 \,(원) \qquad \cdots \text{3단계}$$

답 25800원

단계	채점 요소	비율
1	방정식 세우기	40 %
2	방정식 풀기	30 %
3	박물관에 입장하는 데 필요한 금액 구하기	30 %

0911 전략 각 구간에서 걸린 시간의 합은 총 걸린 시간과 같음
을 이용하여 방정식을 세운다.

열차가 시속 60 km로 달린 거리를 x km라 하면 시속 40 km
로 달린 거리는 $(42-x)$ km이고 예상 소요 시간보다 8분 더
걸렸으므로

$$\frac{x}{60}+\frac{42-x}{40}=\frac{42}{60}+\frac{8}{60} \qquad \cdots \text{1단계}$$
$$2x+3(42-x)=84+16$$
$$2x+126-3x=100$$
$$-x=-26 \qquad \therefore x=26 \qquad \cdots \text{2단계}$$

따라서 시속 60 km로 달린 거리는 26 km이다.　 $\cdots$ 3단계

답 26 km

단계	채점 요소	비율
1	방정식 세우기	50 %
2	방정식 풀기	40 %
3	시속 60 km로 달린 거리 구하기	10 %

0912 전략 먼저 처음 두 소금물을 섞었을 때의 B 그릇의 소금
물의 농도를 구한다.

A 그릇의 소금물 50 g을 B 그릇에 넣고 섞은 후의 B 그릇의 소
금물의 농도를 a %라 하자.

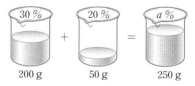

30 %

20 %

a %

200 g

50 g

250 g

$$\frac{30}{100}\times 200+\frac{20}{100}\times 50=\frac{a}{100}\times 250$$
$$6000+1000=250a, \qquad -250a=-7000$$
$$\therefore a=28$$

따라서 섞은 후의 B 그릇의 소금물의 농도는 28 %이다.

섞은 후의 B 그릇의 소금물 50 g을 A 그릇에 넣고 섞은 후의 A
그릇의 소금물의 농도를 b %라 하자.

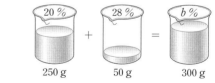

20 %

28 %

b %

250 g

50 g

300 g

$$\frac{20}{100}\times 250+\frac{28}{100}\times 50=\frac{b}{100}\times 300$$
$$5000+1400=300b, \qquad -300b=-6400$$
$$\therefore b=\frac{64}{3}$$

따라서 A 그릇의 소금물의 농도는 $\frac{64}{3}$ %이다.　　 답 $\frac{64}{3}$ %

0913 전략 정사각형 모양의 종이의 수를 n이라 하고 주어진
도형의 둘레의 길이를 식으로 나타낸다.

한 변의 길이가 8인 정사각형 모양의 종이 n장의 둘레의 길이의
합은　　 $n\times 4\times 8=32n$

07

일차방정식의 활용

겹쳐지는 부분은 한 변의 길이가 4인 정사각형 모양이므로 겹쳐지는 부분의 둘레의 길이의 합은

$$(n-1) \times 4 \times 4 = 16n-16$$

따라서 종이 n장을 이어 붙인 도형의 둘레의 길이는

$$32n-(16n-16)=16n+16$$

이때 둘레의 길이가 240이 되려면

$$16n+16=240, \qquad 16n=224$$
$$\therefore n=14$$

따라서 종이 14장을 이어 붙이면 된다.   답 ②

0914 전략 x분 동안 시침과 분침이 움직인 각도를 이용하여 방정식을 세운다.

분침은 1분에 $\dfrac{360°}{60}=6°$씩 움직이고, 시침은 1시간에 $\dfrac{360°}{12}=30°$

씩 움직이므로 시침은 1분에 $\dfrac{30°}{60}=0.5°$씩 움직인다.

(1) 5시 x분에 시침과 분침이 일치한다고 하면 x분 동안 분침과 시침이 움직인 각도는 각각 $6x°$, $0.5x°$이므로

$$150+0.5x=6x, \qquad 300+x=12x$$
$$-11x=-300$$
$$\therefore x=\frac{300}{11}=27\frac{3}{11}$$

따라서 5시 $27\dfrac{3}{11}$분에 시침과 분침이 일치한다.

(2) 9시 x분에 시침과 분침이 서로 반대 방향으로 일직선을 이룬다고 하면 x분 동안 분침과 시침이 움직인 각도는 각각 $6x°$, $0.5x°$이므로

$$(270+0.5x)-6x=180, \qquad 270-5.5x=180$$
$$540-11x=360, \qquad -11x=-180$$
$$\therefore x=\frac{180}{11}=16\frac{4}{11}$$

따라서 9시 $16\dfrac{4}{11}$분에 시침과 분침이 서로 반대 방향으로 일직선을 이룬다.

답 (1) 5시 $27\dfrac{3}{11}$분 (2) 9시 $16\dfrac{4}{11}$분

RPM 비법노트

분침과 시침이 이루는 각에 대한 문제는 분침과 시침이 모두 12를 가리키는 것을 기준으로 구하려는 시각까지 분침과 시침이 움직인 각도를 미지수로 나타낸다.

이때 주어진 시간 동안 분침과 시침이 움직인 각도는 다음과 같다.

	60분	1분	x분
분침	360°	6°	6x°
시침	30°	0.5°	0.5x°

---

08 좌표와 그래프

교과서문제 정복하기   > 본문 125쪽

0915 답 $A(-5)$, $B\left(-\dfrac{5}{2}\right)$, $C\left(\dfrac{3}{2}\right)$, $D(4)$

0916 답

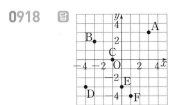

0917 답 $A(3, 2)$, $B(0, 2)$, $C(-2, 3)$, $D(-3, -1)$, $E(2, -4)$, $F(4, 0)$

0918 답

```
         y
         4      A
  B      2
         C
-4 -2  O   2  4  x
        -2  E
  D    -4  F
```

0919 답 $(5, -2)$ **0920** 답 $(-4, 0)$

0921 답 $(0, 3)$ **0922** 답 $(0, 0)$

0923 답

	제1사분면	제2사분면	제3사분면	제4사분면
x좌표의 부호	+	−	−	+
y좌표의 부호	+	+	−	−

0924 답 제2사분면   **0925** 답 제4사분면

0926 답 제1사분면   **0927** 답 제3사분면

0928 답 $(3, 2)$ **0929** 답 $(-3, -2)$

0930 답 $(-3, 2)$

0931 집에서 공연장까지의 거리가 2 km이므로 집에서 출발한 지 40분 후에 공연장에 도착하였다.   답 40분

0932 집에서 출발하여 공연장에 다녀오는 데 걸린 시간은 180분이다.   답 180분

0933 공연장에 머물렀던 때는 그래프에서 y의 값에 변화가 없는 부분이다.

따라서 공연장에 머문 시간은 집에서 출발한 지 40분 후부터 150분 후까지이므로 $150-40=110$ (분) 동안이다. 달 110분

 유형 **익히기** ▶본문 126~131쪽

0934 ⑤ E$(3, 0)$
따라서 옳지 않은 것은 ⑤이다. 달 ⑤

0935 달 A$(2, 3)$, B$(-3, 2)$, C$(-4, 0)$, D$(1, -1)$

0936 $|a|=2$이므로 $a=-2$ 또는 $a=2$
$|b|=3$이므로 $b=-3$ 또는 $b=3$
∴ $(-2, -3), (-2, 3), (2, -3), (2, 3)$
달 $(-2, -3), (-2, 3), (2, -3), (2, 3)$

0937 두 순서쌍이 같으므로
$3a-6=a-2$에서 $2a=4$ ∴ $a=2$
$-b+4=-2b+1$에서 $b=-3$
∴ $a-b=2-(-3)=5$ 달 5

0938 점 A는 x축 위의 점이므로
$a+3=0$ ∴ $a=-3$
점 B는 x축 위의 점이므로
$b-1=0$ ∴ $b=1$
∴ $a-b=-3-1=-4$ 달 -4

0939 y축 위에 있으므로 x좌표가 0이고, y좌표가 -7이므로 $(0, -7)$ 달 ②

0940 점 $(a+3, a-2)$는 x축 위의 점이므로
$a-2=0$ ∴ $a=2$ … 1단계
점 $(b-5, 2-b)$는 y축 위의 점이므로
$b-5=0$ ∴ $b=5$ … 2단계
∴ $a+b=2+5=7$ … 3단계
달 7

단계	채점 요소	비율
1	a의 값 구하기	40 %
2	b의 값 구하기	40 %
3	$a+b$의 값 구하기	20 %

0941 점 (a, b)가 y축 위에 있으므로 x좌표가 0이다.
∴ $a=0$
이때 점 (a, b)는 원점이 아니므로 $b\neq0$ 달 ③

0942 세 점 A, B, C를 꼭짓점으로 하는 삼각형 ABC를 그리면 오른쪽 그림과 같다.
∴ (삼각형 ABC의 넓이)
$=\dfrac{1}{2}\times5\times6=15$

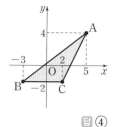

달 ④

RPM 비법 노트

(삼각형의 넓이)$=\dfrac{1}{2}\times$(밑변의 길이)$\times$(높이)

0943 네 점 A, B, C, D를 꼭짓점으로 하는 사각형 ABCD를 그리면 오른쪽 그림과 같다.
∴ (사각형 ABCD의 넓이)
$=\dfrac{1}{2}\times(6+8)\times6=42$

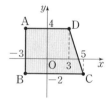

달 42

RPM 비법 노트

(사다리꼴의 넓이)$=\dfrac{1}{2}\times\{$(윗변의 길이)$+$(아랫변의 길이)$\}\times$(높이)

0944 세 점 A, B, C를 꼭짓점으로 하는 삼각형 ABC를 그리면 오른쪽 그림과 같다.
∴ (삼각형 ABC의 넓이)
$=$(사다리꼴 DEBC의 넓이)
$-\{$(삼각형 ACD의 넓이)$+$(삼각형 AEB의 넓이)$\}$
$=\dfrac{1}{2}\times(3+5)\times4-\left(\dfrac{1}{2}\times3\times3+\dfrac{1}{2}\times5\times1\right)$
$=16-7=9$

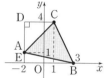

달 9

0945 세 점 A, B, C를 꼭짓점으로 하는 삼각형 ABC를 그리면 오른쪽 그림과 같다.
선분 BC를 밑변으로 하면
(밑변의 길이)$=a-(-2)=a+2$
(높이)$=4-(-2)=6$ … 1단계
삼각형 ABC의 넓이가 21이므로
$\dfrac{1}{2}\times(a+2)\times6=21$ … 2단계
$a+2=7$ ∴ $a=5$ … 3단계
달 5

단계	채점 요소	비율
1	삼각형의 밑변의 길이와 높이 구하기	40 %
2	넓이를 이용하여 식 세우기	40 %
3	a의 값 구하기	20 %

08 좌표와 그래프

0946 ③ 점 $(2, -5)$는 제4사분면 위의 점이다.
④ 점 $(-1, 3)$은 제2사분면 위의 점이고, 점 $(3, -1)$은 제4사분면 위의 점이다.
따라서 옳지 않은 것은 ③, ④이다. **답 ③, ④**

0947 주어진 점이 속하는 사분면은 다음과 같다.
① 제4사분면
② y축 위의 점이므로 어느 사분면에도 속하지 않는다.
③ 제1사분면
⑤ 제2사분면 **답 ④**

0948 ① $(6, 3)$ ➡ 제1사분면
② $(-6, -4)$ ➡ 제3사분면
④ $(-3, 1)$ ➡ 제2사분면
⑤ $(-5, 0)$ ➡ x축 위의 점이므로 어느 사분면에도 속하지 않는다.
따라서 점이 속하는 사분면을 바르게 나타낸 것은 ③이다. **답 ③**

0949 주어진 점이 속하는 사분면은 다음과 같다.
ㄱ. 제3사분면   ㄴ. 제4사분면   ㄷ. 제2사분면
ㄹ. 제1사분면   ㅁ. 제4사분면   ㅂ. 제2사분면
이상에서 제2사분면 위의 점인 것은 ㄷ, ㅂ이다. **답 ㄷ, ㅂ**

0950 점 $(-b, a)$가 제4사분면 위의 점이므로
$$-b > 0, \ a < 0 \quad \therefore a < 0, \ b < 0$$
이때 $ab > 0$이므로 $-ab < 0$이고, $a+b < 0$이다.
따라서 점 $(-ab, a+b)$는 제3사분면 위의 점이다. **답 제3사분면**

0951 점 (a, b)가 제2사분면 위의 점이므로
$$a < 0, \ b > 0$$
$b-a > 0$, $a < 0$이므로 점 $(b-a, a)$는 제4사분면 위의 점이다.
따라서 제4사분면 위의 점은 ④이다. **답 ④**

0952 점 (x, y)가 제3사분면 위의 점이므로
$$x < 0, \ y < 0$$
① $xy > 0$ ② $x+y < 0$
③ $\dfrac{y}{x} > 0$ ④ $-x+y$의 부호는 알 수 없다.
⑤ $-x > 0$, $-y > 0$이므로 $-x-y > 0$
따라서 항상 옳은 것은 ①, ⑤이다. **답 ①, ⑤**

0953 점 $(-a, b)$가 제2사분면 위의 점이므로
$$-a < 0, \ b > 0 \quad \therefore a > 0, \ b > 0$$
① $ab > 0$, $a > 0$이므로 점 (ab, a)는 제1사분면 위의 점이다.
② $ab > 0$, $-b < 0$이므로 점 $(ab, -b)$는 제4사분면 위의 점이다.
③ $-b < 0$, $\dfrac{a}{b} > 0$이므로 점 $\left(-b, \dfrac{a}{b}\right)$는 제2사분면 위의 점이다.
④ $\dfrac{b}{a} > 0$, $ab > 0$이므로 점 $\left(\dfrac{b}{a}, ab\right)$는 제1사분면 위의 점이다.

⑤ $-a-b < 0$, $-b < 0$이므로 점 $(-a-b, -b)$는 제3사분면 위의 점이다. **답 ⑤**

0954 $ab < 0$에서 a와 b의 부호가 다르고, $a > b$이므로
$$a > 0, \ b < 0$$
따라서 $\dfrac{a}{b} < 0$, $b-a < 0$이므로 점 $\left(\dfrac{a}{b}, b-a\right)$는 제3사분면 위의 점이다. **답 ③**

0955 $\dfrac{b}{a} > 0$에서 a와 b의 부호가 같고, $a+b < 0$이므로
$$a < 0, \ b < 0$$ … 1단계
$a < 0$이고 $b < 0$에서 $-b > 0$ … 2단계
따라서 점 $(a, -b)$는 제2사분면 위의 점이다. … 3단계
답 제2사분면

단계	채점 요소	비율
1	a, b의 부호 구하기	40 %
2	$-b$의 부호 구하기	20 %
3	제몇 사분면 위의 점인지 구하기	40 %

0956 $xy < 0$에서 x와 y의 부호가 다르고 $x-y < 0$에서 $x < y$이므로 $x < 0, \ y > 0$
① $x < 0$, $y > 0$이므로 점 (x, y)는 제2사분면 위의 점이다.
② $-y < 0$, $-x > 0$이므로 점 $(-y, -x)$는 제2사분면 위의 점이다.
③ $x-y < 0$, $xy^2 < 0$이므로 점 $(x-y, xy^2)$은 제3사분면 위의 점이다.
④ $x^2 > 0$, $-\dfrac{x}{y} > 0$이므로 점 $\left(x^2, -\dfrac{x}{y}\right)$는 제1사분면 위의 점이다.
⑤ $y-x > 0$, $\dfrac{y}{x} < 0$이므로 점 $\left(y-x, \dfrac{y}{x}\right)$는 제4사분면 위의 점이다. **답 ⑤**

0957 (1) 경과 시간 x에 따른 집으로부터의 거리 y가 일정하게 감소하다가 변화없이 유지되다가 다시 일정하게 감소한다.
(2) 경과 시간 x에 따른 집으로부터의 거리 y가 일정하게 증가한다.
(3) 경과 시간 x에 따른 집으로부터의 거리 y가 일정하게 증가하다가 변화없이 유지되다가 다시 일정하게 감소한다.
(4) 경과 시간 x에 따른 집으로부터의 거리 y가 일정하다.
따라서 각 그래프에 알맞은 상황을 찾으면
(1) ㄷ   (2) ㄴ   (3) ㄹ   (4) ㄱ
답 (1) ㄷ   (2) ㄴ   (3) ㄹ   (4) ㄱ

0958 경과 시간 x에 따른 자전거의 속력 y는 일정하므로 그래프는 y의 값에 변화가 없는 모양으로 나타나게 된다. **답 ㄴ**

0959 (1) 그릇의 폭이 일정하게 좁다가 일정하게 넓어지므로 물의 높이가 빠르고 일정하게 증가하다가 느리고 일정하게 증가한다.

(2) 그릇의 모양이 바닥에서부터 위로 올라갈수록 폭이 점점 좁아지므로 물의 높이는 처음에는 느리게 증가하다가 점점 빠르게 증가한다.

目 (1) ㄱ (2) ㄴ

참고 빈 용기에 시간당 일정한 양의 물을 넣을 때, 용기의 모양에 따라 경과 시간 x에 따른 물의 높이 y 사이의 관계를 그래프로 나타내면 다음과 같다.

용기의 모양	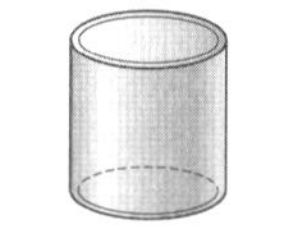	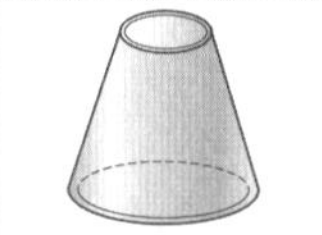	
물의 높이	일정하게 증가	처음에는 느리게 증가하다가 점점 빠르게 증가	처음에는 빠르게 증가하다가 점점 느리게 증가
그래프 모양	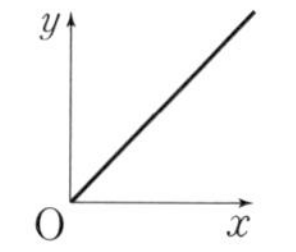	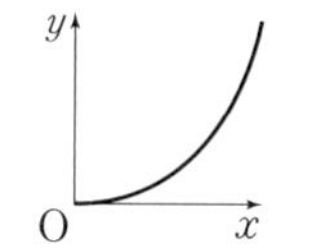	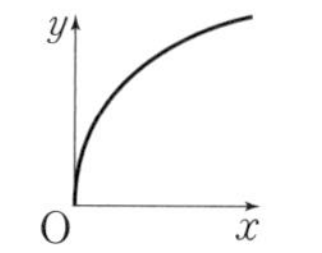

0960 초에 불을 붙이면 초의 길이는 일정하게 줄어들므로 경과 시간 x와 초의 길이 y 사이의 관계를 나타낸 그래프는 오른쪽 그림과 같다. 즉 처음에 오른쪽 아래로 향하다가 불을 껐을 때는 수평을 이루다가 다시 초의 길이가 처음 길이의 $\frac{1}{3}$이 될 때까지 오른쪽 아래로 향하게 된다.
따라서 상황에 알맞은 그래프는 ④이다. 目 ④ 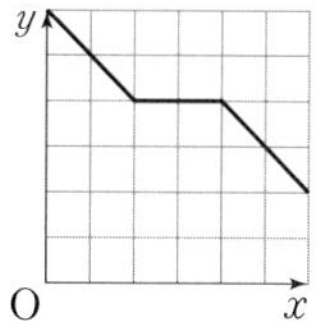

0961 (1) 그래프가 오른쪽 아래로 향하기 시작한 때가 속력이 감소하기 시작한 때이므로 자동차의 속력이 첫 번째로 감소하기 시작한 때는 출발한 지 5분 후이고, 두 번째로 감소하기 시작한 때는 출발한 지 12분 후이다.
(2) 자동차의 속력이 일정하게 유지된 시간은 그래프에서 y의 값에 변화가 없는 부분이므로 2분 후부터 5분 후까지, 11분 후부터 12분 후까지 모두 $3+1=4$ (분) 동안이다.

目 (1) 12분 (2) 4분

0962 ㄱ. 하람이네 집에서 학교까지의 거리가 2000 m이므로 학교까지 가는 데 걸린 시간은 20분이다.
ㄴ. 하람이가 멈춰 있기 시작한 때는 집에서 출발한 지 2분 후, 9분 후, 13분 후이므로 세 번째로 멈춰 있기 시작한 때는 집에서 출발한 지 13분 후이다.
ㄷ. 하람이가 멈춰 있었던 시간은 그래프에서 y의 값에 변화가 없는 부분이므로 2분 후부터 4분 후까지, 9분 후부터 10분 후까지, 13분 후부터 14분 후까지 모두 $2+1+1=4$ (분) 동안이다.
이상에서 옳은 것은 ㄱ뿐이다. 目 ㄱ

0963 (1) 탑승한 칸이 지면으로부터 가장 높이 올라갔을 때의 높이는 30 m이다.

(2) 지면으로부터의 높이가 처음으로 25 m가 되는 때는 탑승한 지 2분 후이다.
(3) 관람차가 한 바퀴 도는 데 걸리는 시간은 6분이다.

目 (1) 30 m (2) 2분 (3) 6분

0964 출발점에서 반환점까지의 거리가 1000 m이므로 출발점에서 반환점까지 가는 데 걸린 시간은 9분, 반환점에서 출발점까지 오는 데 걸린 시간은 $15-9=6$ (분)
∴ $a=9$, $b=6$ … 1단계
출발점에서 반환점까지 1회 왕복하는 데 걸린 시간은 15분이다.
∴ $c=15$ … 2단계
∴ $a-b+c=9-6+15=18$ … 3단계

目 18

단계	채점 요소	비율
1	a, b의 값 구하기	60 %
2	c의 값 구하기	30 %
3	$a-b+c$의 값 구하기	10 %

0965 두 점 $(a+2, 6)$, $(-2, b-4)$가 x축에 대하여 대칭이므로 y좌표의 부호만 다르다.
$a+2=-2$에서 $a=-4$
$6=-(b-4)$에서 $b=-2$
∴ $a+b=-4+(-2)=-6$ 目 ①

0966 점 $(6, -2)$와 y축에 대하여 대칭인 점의 좌표는 $(-6, -2)$, 원점에 대하여 대칭인 점의 좌표는 $(-6, 2)$이다.
따라서 $a=-6$, $b=-2$, $c=-6$, $d=2$이므로
$a+b+c+d=-6+(-2)+(-6)+2=-12$ 目 -12

0967 점 A$(2, -4)$와 x축에 대하여 대칭인 점의 좌표는 y좌표의 부호만 바뀐다. ∴ B$(2, 4)$ … 1단계
점 A$(2, -4)$와 원점에 대하여 대칭인 점의 좌표는 x좌표, y좌표의 부호가 모두 바뀐다. ∴ C$(-2, 4)$ … 2단계
세 점 A, B, C를 꼭짓점으로 하는 삼각형 ABC를 그리면 오른쪽 그림과 같다.
∴ (삼각형 ABC의 넓이)
$=\frac{1}{2}\times4\times8=16$ … 3단계

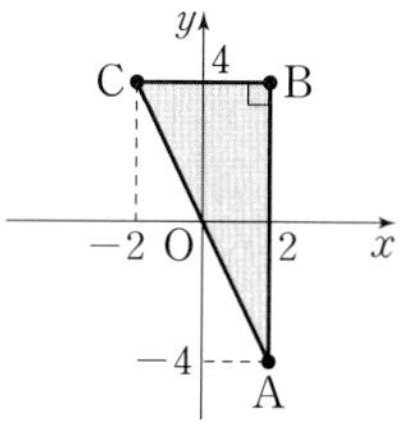

目 16

단계	채점 요소	비율
1	점 B의 좌표 구하기	30 %
2	점 C의 좌표 구하기	30 %
3	삼각형 ABC의 넓이 구하기	40 %

0968 ⑤ 도희는 출발한 지 15분 후에 민준이를 만났다.
따라서 옳지 않은 것은 ⑤이다. 目 ⑤

0969 ㄱ. 1세 때 예인이가 태희보다 키가 크다.

ㄴ. 태희와 예인이의 키가 같았을 때는 두 그래프가 만나는 경우이므로 2세와 3세 사이, 7세와 8세 사이, 9세와 10세 사이, 즉 모두 3번 있었다.

ㄷ. 1세부터 12세까지 태희는 $160-60=100\,(\text{cm})$, 예인이는 약 $150-65=85\,(\text{cm})$ 컸으므로 태희가 예인이보다 키가 더 많이 자랐다.

이상에서 옳은 것은 ㄴ, ㄷ이다.　　　　　　　　답 ④

 시험에 꼭 나오는 문제　　▶본문 132~133쪽

0970 전략 점 $\mathrm{P}(a,\ b)$에서 x좌표는 a, y좌표는 b임을 이용한다.

⑤ $\mathrm{E}(3,\ -2)$

따라서 옳지 않은 것은 ⑤이다.　　　　　　　　답 ⑤

0971 전략 주어진 네 점을 좌표평면 위에 나타내어 본다.

네 점 A, B, C, D를 꼭짓점으로 하는 사각형 ABCD를 그리면 오른쪽 그림과 같다.
이때 사각형 ABCD는 평행사변형이다.

∴ (사각형 ABCD의 넓이)
　$=4\times4=16$　　　　　답 16

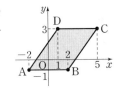

0972 전략 먼저 두 점 A, B를 좌표평면 위에 나타낸 후, 주어진 점 중 조건을 만족시키는 점을 찾는다.

오른쪽 그림에서 삼각형 ABC의 넓이가 12이어야 하므로

$\dfrac{1}{2}\times6\times(\text{높이})=12$

∴ $(\text{높이})=4$

따라서 주어진 점의 좌표 중 삼각형 ABC의 높이가 4가 되도록 하는 점 C의 좌표는 ① $(1,\ 5)$, ⑤ $(3,\ -3)$이다.　　답 ①, ⑤

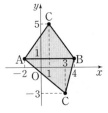

0973 전략 x축 위의 점은 y좌표가 0이고, y축 위의 점은 x좌표가 0임을 이용한다.

① 점 $(0,\ -3)$은 y축 위의 점이다.
② y축 위에 있고, y좌표가 2인 점의 좌표는 $(0,\ 2)$이다.
③ 점 $(5,\ 0)$은 x축 위의 점이다.
④ 점 $(6,\ -4)$는 제4사분면 위의 점이다.
따라서 옳은 것은 ⑤이다.　　　　　　　　답 ⑤

0974 전략 제3사분면 위의 점은 $(x$좌표$)<0$, $(y$좌표$)<0$임을 이용하여 a의 부호를 구한다.

점 $(-2,\ a)$가 제3사분면 위의 점이므로　$a<0$
따라서 a의 값이 될 수 없는 것은 ④, ⑤이다.　　답 ④, ⑤

0975 전략 먼저 a, b의 부호를 구한다.

점 $(a,\ -b)$가 제2사분면 위의 점이므로
　$a<0,\ -b>0$　　∴ $a<0,\ b<0$
따라서 $ab>0$, $a+b<0$이므로 점 $(ab,\ a+b)$는 제4사분면 위의 점이다.　　　　　　　　답 제4사분면

0976 전략 먼저 x, y의 부호를 구한다.

$\dfrac{x}{y}<0$에서 x와 y의 부호는 다르고 $x-y>0$에서 $x>y$이므로
　$x>0,\ y<0$
따라서 $-x<0$, $y<0$이므로 점 $(-x,\ y)$는 제3사분면 위의 점이다.

주어진 점이 속하는 사분면은 다음과 같다.
① 제1사분면
② x축 위의 점이므로 어느 사분면에도 속하지 않는다.
③ 제3사분면　　④ 제2사분면　　⑤ 제4사분면　　답 ③

0977 전략 그릇의 폭이 위로 갈수록 좁아지면 물의 높이가 빠르게 증가한다.

그릇의 아랫부분은 폭이 위로 올라갈수록 점점 좁아지다가 어느 부분부터 위로 올라갈수록 그릇의 폭이 점점 넓어지므로 물의 높이는 점점 빠르게 증가하다가 그릇의 폭이 변화하기 시작할 때부터 점점 느리게 증가하게 된다.　　　　답 ⑤

0978 전략 그래프에서 x의 값에 따른 y의 값의 변화를 관찰한다.

그래프에서 방패연은 날기 시작한 지 25초 후에 높이가 $0\,\text{m}$가 되고, 25초 후부터 다시 높아져 45초 후일 때 높이가 $45\,\text{m}$로 가장 높게 된다.
따라서 방패연이 지면에 닿았다가 다시 떠오른 시간은 날기 시작한 지 25초 후이고, 방패연이 가장 높게 날 때의 높이가 $45\,\text{m}$이므로
　$a=25,\ b=45$
∴ $a+b=25+45=70$　　　　　　　답 70

0979 전략 y축에 대하여 대칭일 때 x좌표의 부호만 다름을 이용한다.

두 점이 y축에 대하여 대칭이므로 두 점의 x좌표의 부호만 다르다.
$3a+2=-(1-2a)$에서　$3a+2=-1+2a$　∴ $a=-3$
$4b+2=b-3$에서　$3b=-5$　∴ $b=-\dfrac{5}{3}$
∴ $ab=-3\times\left(-\dfrac{5}{3}\right)=5$　　　　답 5

0980 전략 x축 위의 점은 y좌표가 0이고, y축 위의 점은 x좌표가 0임을 이용한다.

점 $\left(-3a,\ \dfrac{1}{2}a-3\right)$이 x축 위의 점이므로 y좌표가 0이다.
$\dfrac{1}{2}a-3=0$에서　$a=6$　　　　　　1단계

점 $(5b-15, -2b+8)$이 y축 위의 점이므로 x좌표가 0이다.

$5b-15=0$에서 $b=3$ ··· **2단계**

$\therefore \dfrac{a}{b}=\dfrac{6}{3}=2$ ··· **3단계**

답 2

단계	채점 요소	비율
1	a의 값 구하기	40 %
2	b의 값 구하기	40 %
3	$\dfrac{a}{b}$의 값 구하기	20 %

0981 **전략** 제3사분면 위의 점은 $(x$좌표$)<0$, $(y$좌표$)<0$임을 이용하여 a, b의 부호를 구한다.

점 $(a-b, ab)$가 제3사분면 위의 점이므로

$a-b<0$, $ab<0$ ··· **1단계**

$ab<0$에서 a와 b의 부호가 다르고 $a-b<0$에서 $a<b$이므로

$a<0$, $b>0$ ··· **2단계**

따라서 $-b<0$, $-ab>0$이므로 점 $(-b, -ab)$는 제2사분면 위의 점이다.   ··· **3단계**

답 제2사분면

단계	채점 요소	비율
1	$a-b$, ab의 부호 구하기	20 %
2	a, b의 부호 구하기	50 %
3	점 $(-b, -ab)$가 속하는 사분면 구하기	30 %

0982 **전략** 먼저 점 A의 좌표를 구한다.

점 $(-4, 3)$과 y축에 대하여 대칭인 점의 좌표는 x좌표의 부호만 바뀐다. $\therefore$ A$(4, 3)$

세 점 A, B, C를 꼭짓점으로 하는 삼각형 ABC를 그리면 오른쪽 그림과 같다.

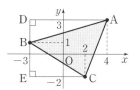

$\therefore$ (삼각형 ABC의 넓이)

$=$ (사다리꼴 ADEC의 넓이)

$\quad -\{$(삼각형 ADB의 넓이)$+$(삼각형 BEC의 넓이)$\}$

$=\dfrac{1}{2}\times(7+5)\times5-\left(\dfrac{1}{2}\times7\times2+\dfrac{1}{2}\times5\times3\right)$

$=30-\left(7+\dfrac{15}{2}\right)=\dfrac{31}{2}$ **답** $\dfrac{31}{2}$

0983 **전략** 그래프에서 두 비커 A, B의 온도를 파악해 본다.

ㄱ. 두 그래프가 모두 점 $(0, 10)$을 지나므로 열을 가하기 전 두 비커에 담긴 물의 온도는 10 ℃로 같다.

ㄴ. 열을 가한 지 3분 후 비커 A의 물의 온도는 60 ℃이고 비커 B의 물의 온도는 45 ℃이므로 그 차는

$60-45=15$ (℃)

ㄷ. 비커 A의 그래프가 점 $(1.5, 35)$를 지나므로 물의 온도가 35 ℃가 되는 것은 열을 가한 지 1분 30초 후이다.

이상에서 옳지 않은 것은 ㄷ뿐이다.   **답** ㄷ

Ⅳ. 좌표평면과 그래프

09 정비례와 반비례

교과서문제 정복하기   ▶ 본문 135, 137쪽

0984 **답**

x	1	2	3	4	⋯
y	1000	2000	3000	4000	⋯

0985 **답** $y=1000x$

0986 **답** ○   **0987** **답** ×

0988 **답** ○   **0989** **답** ○

0990 **답** ×   **0991** **답** ○

0992 y가 x에 정비례하므로 $y=ax\,(a\neq0)$라 하고 $x=5$, $y=15$를 대입하면

$15=5a$ $\therefore a=3$ $\therefore y=3x$ **답** $y=3x$

0993 y가 x에 정비례하므로 $y=ax\,(a\neq0)$라 하고 $x=-6$, $y=3$을 대입하면

$3=-6a$ $\therefore a=-\dfrac{1}{2}$ $\therefore y=-\dfrac{1}{2}x$ **답** $y=-\dfrac{1}{2}x$

0994 y가 x에 정비례하므로 $y=ax\,(a\neq0)$라 하고 $x=-\dfrac{3}{2}$, $y=6$을 대입하면

$6=-\dfrac{3}{2}a$ $\therefore a=-4$ $\therefore y=-4x$ **답** $y=-4x$

0995 y가 x에 정비례하므로 $y=ax\,(a\neq0)$라 하고 $x=-2$, $y=-\dfrac{5}{2}$를 대입하면

$-\dfrac{5}{2}=-2a$ $\therefore a=\dfrac{5}{4}$ $\therefore y=\dfrac{5}{4}x$ **답** $y=\dfrac{5}{4}x$

0996 **답**

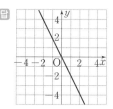

0997 **답**

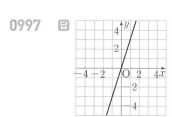

09
정비례와 반비례

0998 답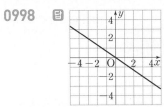

0999 답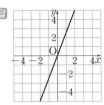

1000 정비례 관계의 그래프이고, 점 $(4, -6)$을 지나므로 $y=ax\,(a\neq0)$라 하고 $x=4$, $y=-6$을 대입하면

$$-6=4a \qquad \therefore a=-\frac{3}{2} \qquad \therefore y=-\frac{3}{2}x \qquad \boxed{답}\ y=-\frac{3}{2}x$$

1001 정비례 관계의 그래프이고, 점 $(-2, -1)$을 지나므로 $y=ax\,(a\neq0)$라 하고 $x=-2$, $y=-1$을 대입하면

$$-1=-2a \qquad \therefore a=\frac{1}{2} \qquad \therefore y=\frac{1}{2}x \qquad \boxed{답}\ y=\frac{1}{2}x$$

1002 답

x	1	2	3	4	$\cdots$
y	72	36	24	18	$\cdots$

1003 답 $y=\dfrac{72}{x}$

1004 답 ○ **1005** 답 ×

1006 답 ○ **1007** 답 ×

1008 답 × **1009** 답 ○

1010 y가 x에 반비례하므로 $y=\dfrac{a}{x}\,(a\neq0)$라 하고 $x=2$, $y=7$을 대입하면

$$7=\frac{a}{2} \qquad \therefore a=14 \qquad \therefore y=\frac{14}{x} \qquad \boxed{답}\ y=\frac{14}{x}$$

1011 y가 x에 반비례하므로 $y=\dfrac{a}{x}\,(a\neq0)$라 하고 $x=-3$, $y=5$를 대입하면

$$5=\frac{a}{-3} \qquad \therefore a=-15 \qquad \therefore y=-\frac{15}{x} \qquad \boxed{답}\ y=-\frac{15}{x}$$

1012 y가 x에 반비례하므로 $y=\dfrac{a}{x}\,(a\neq0)$라 하고 $x=6$, $y=-\dfrac{3}{2}$을 대입하면

$$-\frac{3}{2}=\frac{a}{6} \qquad \therefore a=-9 \qquad \therefore y=-\frac{9}{x} \qquad \boxed{답}\ y=-\frac{9}{x}$$

1013 y가 x에 반비례하므로 $y=\dfrac{a}{x}\,(a\neq0)$라 하고 $x=-5$, $y=-4$를 대입하면

$$-4=\frac{a}{-5} \qquad \therefore a=20 \qquad \therefore y=\frac{20}{x} \qquad \boxed{답}\ y=\frac{20}{x}$$

1014 답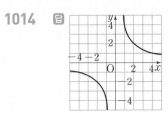

1015 답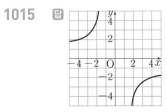

1016 답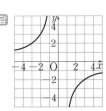

1017 답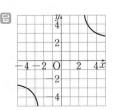

1018 반비례 관계의 그래프이고, 점 $(2, 4)$를 지나므로 $y=\dfrac{a}{x}\,(a\neq0)$라 하고 $x=2$, $y=4$를 대입하면

$$4=\frac{a}{2} \qquad \therefore a=8 \qquad \therefore y=\frac{8}{x} \qquad \boxed{답}\ y=\frac{8}{x}$$

1019 반비례 관계의 그래프이고, 점 $(-7, 3)$을 지나므로 $y=\dfrac{a}{x}\,(a\neq0)$라 하고 $x=-7$, $y=3$을 대입하면

$$3=\frac{a}{-7} \qquad \therefore a=-21 \qquad \therefore y=-\frac{21}{x} \qquad \boxed{답}\ y=-\frac{21}{x}$$

 유형 익히기 ▶ 본문 138~149쪽

1020 ④ $\frac{y}{x}=4$에서 $y=4x$이므로 y는 x에 정비례한다.

따라서 y가 x에 정비례하는 것은 ①, ④이다. 🔳 ①, ④

1021 x의 값이 2배, 3배, 4배, …가 될 때, y의 값도 2배, 3배, 4배, …가 되는 관계가 있으면 y는 x에 정비례하므로 $y=ax\,(a\neq0)$의 꼴이다.

③ $5x+y=0$에서 $y=-5x$

따라서 정비례 관계인 것은 ③이다. 🔳 ③

1022 ① (거리)=(속력)×(시간)이므로

$\qquad y=x\times2=2x$ (정비례)

② $y=85x$ (정비례)

③ (소금물의 농도)$=\dfrac{(소금의 양)}{(소금물의 양)}\times100\ (\%)$이므로

$\qquad y=\dfrac{30}{x}\times100=\dfrac{3000}{x}$

④ $y=3x$ (정비례)

⑤ $y=150-7x$

따라서 y가 x에 정비례하지 않는 것은 ③, ⑤이다. 🔳 ③, ⑤

1023 y가 x에 정비례하므로 $y=ax\,(a\neq0)$라 하고 $x=\dfrac{1}{2}$, $y=-3$을 대입하면

$\qquad -3=\dfrac{1}{2}a \quad \therefore a=-6 \quad \therefore y=-6x$

$y=-6x$에 $y=12$를 대입하면

$\qquad 12=-6x \quad \therefore x=-2$ 🔳 -2

1024 y가 x에 정비례하므로 $y=ax\,(a\neq0)$라 하고 $x=-4$, $y=-2$를 대입하면

$\qquad -2=-4a \quad \therefore a=\dfrac{1}{2} \quad \therefore y=\dfrac{1}{2}x$

$y=\dfrac{1}{2}x$에 $x=10$을 대입하면

$\qquad y=\dfrac{1}{2}\times10=5$ 🔳 5

1025 y가 x에 정비례하므로 $y=ax\,(a\neq0)$라 하고 $x=6$, $y=4$를 대입하면

$\qquad 4=6a \quad \therefore a=\dfrac{2}{3} \quad \therefore y=\dfrac{2}{3}x$

ㄱ. $y=\dfrac{2}{3}x$에 $x=-9$를 대입하면

$\qquad y=\dfrac{2}{3}\times(-9)=-6$

이상에서 옳지 않은 것은 ㄱ뿐이다. 🔳 ㄱ

1026 y가 x에 정비례하므로 $y=ax\,(a\neq0)$라 하고 $x=3$, $y=-9$를 대입하면

$\qquad -9=3a \quad \therefore a=-3 \quad \therefore y=-3x$ ··· 1단계

$y=-3x$에 $x=1$, $y=A$를 대입하면 $\quad A=-3$

$y=-3x$에 $x=B$, $y=-6$을 대입하면

$\qquad -6=-3B \quad \therefore B=2$

$y=-3x$에 $x=5$, $y=C$를 대입하면 $\quad C=-15$ ··· 2단계

$\qquad \therefore A+B+C=-3+2+(-15)=-16$ ··· 3단계

🔳 -16

단계	채점 요소	비율
1	x와 y 사이의 관계를 나타내는 식 구하기	30 %
2	A, B, C의 값 구하기	60 %
3	$A+B+C$의 값 구하기	10 %

1027 (A의 톱니의 수)×(A의 회전수)

$\qquad$=(B의 톱니의 수)×(B의 회전수)

이므로

$\qquad 20x=25y \quad \therefore y=\dfrac{4}{5}x$ 🔳 ②

RPM 비법 노트

두 개의 톱니바퀴가 각각 회전하는 동안 맞물린 톱니의 수는 서로 같다.

1028 (속력)$=\dfrac{(거리)}{(시간)}$이므로 $\quad y=\dfrac{x}{4}$ 🔳 $y=\dfrac{1}{4}x$

1029 양초의 길이는 불을 붙이면 1분에 0.6 cm씩 줄어들므로 x분 후 줄어든 양초의 길이는 $0.6x$ cm이다.

$\qquad \therefore y=0.6x$ 🔳 $y=0.6x$

1030 소금물의 농도가 $\dfrac{40}{200}\times100=20\ (\%)$이므로

$\qquad y=\dfrac{20}{100}\times x \quad \therefore y=\dfrac{1}{5}x$ 🔳 $y=\dfrac{1}{5}x$

1031 하루에 읽은 책은 $300\div20=15$ (쪽)이므로 x일 동안 읽은 책은 $15x$쪽이다.

$\qquad \therefore y=15x$

$y=15x$에 $x=5$를 대입하면

$\qquad y=15\times5=75$

따라서 5일 동안 읽은 책은 75쪽이다. 🔳 75쪽

1032 지구에서의 무게가 x kg인 물체의 수성에서의 무게를 y kg이라 하면 $\quad y=\dfrac{1}{3}x$

$y=\dfrac{1}{3}x$에 $x=36$을 대입하면

$\qquad y=\dfrac{1}{3}\times36=12$

따라서 지구에서의 무게가 36 kg인 물체의 수성에서의 무게는 12 kg이다. 🔳 12 kg

09 정비례와 반비례

1033 구매 금액이 x원일 때, 할인받은 금액을 y원이라 하면

$$y = x \times \frac{5}{100} \quad \therefore y = \frac{1}{20}x$$

$y = \frac{1}{20}x$에 $x = 27000$을 대입하면 $\quad y = \frac{1}{20} \times 27000 = 1350$

따라서 할인받은 금액은 1350원이다. **답** 1350원

1034 선분 BP의 길이가 x cm이므로

$$y = \frac{1}{2} \times x \times 10 \quad \therefore y = 5x$$

$y = 5x$에 $y = 40$을 대입하면 $\quad 40 = 5x \quad \therefore x = 8$

따라서 선분 BP의 길이는 8 cm이다. **답** 8 cm

1035 정비례 관계 $y = \frac{3}{4}x$에서 $x = 4$일 때 $y = 3$이므로 점 $(4, 3)$을 지난다.

따라서 정비례 관계 $y = \frac{3}{4}x$의 그래프는 원점과 점 $(4, 3)$을 지나는 직선이므로 ①이다. **답** ①

1036 정비례 관계 $y = -\frac{3}{2}x$에서

$x = -2$일 때, $\quad y = 3$

$x = 0$일 때, $\quad y = 0$

$x = 2$일 때, $\quad y = -3$

따라서 구하는 정비례 관계의 그래프는 ③이다. **답** ③

1037 정비례 관계 $y = ax \, (a \neq 0)$의 그래프는 $a > 0$일 때, 제1사분면과 제3사분면을 지난다.

따라서 제1사분면과 제3사분면을 지나는 것은 ②, ⑤이다. **답** ②, ⑤

1038 정비례 관계 $y = ax \, (a \neq 0)$의 그래프는 a의 절댓값이 클수록 y축에 가깝다.

따라서 $\left| -\frac{1}{3} \right| < |-3| < \left| \frac{7}{2} \right| < |5| < |-6|$이므로 y축에 가장 가까운 것은 ①이다. **답** ①

1039 정비례 관계 $y = ax \, (a \neq 0)$의 그래프는 a의 절댓값이 작을수록 x축에 가깝다.

따라서 $\left| \frac{1}{2} \right| < \left| -\frac{5}{3} \right| < |-3| < |4| < |-7|$이므로 x축에 가장 가까운 것은 ④이다. **답** ④

1040 ①, ②는 제2사분면과 제4사분면을 지나므로
$a < 0$

③, ④, ⑤는 제1사분면과 제3사분면을 지나므로 $\quad a > 0$

이때 a의 절댓값이 클수록 y축에 가까우므로 ③, ④, ⑤ 중 a의 값이 가장 큰 것은 ③이다. **답** ③

1041 정비례 관계 $y = -\frac{3}{4}x$의 그래프는 제2사분면과

제4사분면을 지나고 $\left| -\frac{3}{4} \right| < |-1|$이므로 $y = -x$의 그래프보다 x축에 더 가깝다.

따라서 정비례 관계 $y = -\frac{3}{4}x$의 그래프가 될 수 있는 것은 ①이다. **답** ①

1042 정비례 관계 $y = ax$의 그래프가 점 $(4, -2)$를 지나므로 $y = ax$에 $x = 4$, $y = -2$를 대입하면

$$-2 = 4a \quad \therefore a = -\frac{1}{2} \quad \therefore y = -\frac{1}{2}x$$

이 그래프가 점 $(-3, b)$를 지나므로 $y = -\frac{1}{2}x$에 $x = -3$, $y = b$를 대입하면 $\quad b = -\frac{1}{2} \times (-3) = \frac{3}{2}$

$$\therefore a + b = -\frac{1}{2} + \frac{3}{2} = 1$$ **답** 1

1043 정비례 관계 $y = ax$의 그래프가 점 $(3, -2)$를 지나므로 $y = ax$에 $x = 3$, $y = -2$를 대입하면

$$-2 = 3a \quad \therefore a = -\frac{2}{3} \quad \therefore y = -\frac{2}{3}x$$

$y = -\frac{2}{3}x$에 주어진 각 점의 좌표를 대입하면

① $3 \neq -\frac{2}{3} \times (-6)$ ② $1 \neq -\frac{2}{3} \times (-3)$

③ $-\frac{2}{3} \neq -\frac{2}{3} \times (-1)$ ④ $-4 = -\frac{2}{3} \times 6$

⑤ $6 \neq -\frac{2}{3} \times 9$

따라서 정비례 관계 $y = -\frac{2}{3}x$의 그래프 위의 점은 ④이다.

답 ④

1044 정비례 관계 $y = ax$의 그래프가 점 $(4, 6)$을 지나므로 $y = ax$에 $x = 4$, $y = 6$을 대입하면

$$6 = 4a \quad \therefore a = \frac{3}{2}$$

정비례 관계 $y = bx$의 그래프가 점 $(-1, 3)$을 지나므로 $y = bx$에 $x = -1$, $y = 3$을 대입하면

$$3 = -b \quad \therefore b = -3$$

$$\therefore a + b = \frac{3}{2} + (-3) = -\frac{3}{2}$$ **답** $-\frac{3}{2}$

1045 정비례 관계 $y = ax$의 그래프가 점 $(3, -12)$를 지나므로 $y = ax$에 $x = 3$, $y = -12$를 대입하면

$$-12 = 3a \quad \therefore a = -4$$ ··· 1단계

$y = -4x$에 $x = -2$, $y = b$를 대입하면

$$b = -4 \times (-2) = 8$$ ··· 2단계

$y = -4x$에 $x = c$, $y = 4$를 대입하면

$$4 = -4c \quad \therefore c = -1$$ ··· 3단계

$$\therefore a + b + c = -4 + 8 + (-1) = 3$$ ··· 4단계

답 3

단계	채점 요소	비율
1	a의 값 구하기	30 %
2	b의 값 구하기	30 %
3	c의 값 구하기	30 %
4	$a+b+c$의 값 구하기	10 %

1046 ② 제2사분면과 제4사분면을 지난다.
③ 점 $(-3, 4)$를 지난다.
④ x의 값이 증가하면 y의 값은 감소한다.
따라서 옳은 것은 ①, ⑤이다. 답 ①, ⑤

1047 ⑤ a의 절댓값이 클수록 y축에 가깝다.
따라서 옳지 않은 것은 ⑤이다. 답 ⑤

1048 ④ $y=-3x$의 그래프와 원점에서 만난다.
⑤ 정비례 관계 $y=ax (a \neq 0)$의 그래프는 a의 절댓값이 클수록 y축에 가깝다.
$|3| < |-4|$이므로 $y=-4x$의 그래프가 $y=3x$의 그래프보다 y축에 가깝다.
따라서 옳지 않은 것은 ⑤이다. 답 ⑤

1049 그래프가 원점을 지나는 직선이므로 $y=ax (a \neq 0)$라 하자.
점 $(2, 3)$을 지나므로 $y=ax$에 $x=2$, $y=3$을 대입하면
$$3=2a \qquad \therefore a=\frac{3}{2} \qquad \therefore y=\frac{3}{2}x$$
답 ③

1050 그래프가 원점을 지나는 직선이므로 $y=ax (a \neq 0)$라 하자.
점 $(6, 4)$를 지나므로 $y=ax$에 $x=6$, $y=4$를 대입하면
$$4=6a \qquad \therefore a=\frac{2}{3} \qquad \therefore y=\frac{2}{3}x \qquad \cdots \boxed{\text{1단계}}$$
이 그래프가 점 $(k, -2)$를 지나므로 $y=\frac{2}{3}x$에 $x=k$, $y=-2$를 대입하면
$$-2=\frac{2}{3}k \qquad \therefore k=-3 \qquad \cdots \boxed{\text{2단계}}$$
답 -3

단계	채점 요소	비율
1	x와 y 사이의 관계를 나타내는 식 구하기	60 %
2	k의 값 구하기	40 %

1051 그래프가 원점을 지나는 직선이므로 $y=ax (a \neq 0)$라 하자.
점 $(-5, 3)$을 지나므로 $y=ax$에 $x=-5$, $y=3$을 대입하면
$$3=-5a \qquad \therefore a=-\frac{3}{5} \qquad \therefore y=-\frac{3}{5}x$$
이 그래프가 점 P를 지나므로 $y=-\frac{3}{5}x$에 $y=-\frac{12}{5}$를 대입하면
$$-\frac{12}{5}=-\frac{3}{5}x \qquad \therefore x=4$$
따라서 점 P의 x좌표는 4이다. 답 4

1052 그래프가 원점을 지나는 직선이므로 $y=ax (a \neq 0)$라 하자.
점 $(-4, 3)$을 지나므로 $y=ax$에 $x=-4$, $y=3$을 대입하면
$$3=-4a \qquad \therefore a=-\frac{3}{4} \qquad \therefore y=-\frac{3}{4}x$$
$y=-\frac{3}{4}x$에 주어진 각 점의 좌표를 대입하면

① $6=-\frac{3}{4} \times (-8)$ ② $\frac{3}{2}=-\frac{3}{4} \times (-2)$

③ $\frac{3}{4}=-\frac{3}{4} \times (-1)$ ④ $-2 \neq -\frac{3}{4} \times 4$

⑤ $-\frac{9}{2}=-\frac{3}{4} \times 6$

따라서 정비례 관계 $y=-\frac{3}{4}x$의 그래프 위의 점이 아닌 것은 ④이다. 답 ④

1053 점 A의 x좌표가 9이므로 $y=\frac{4}{3}x$에 $x=9$를 대입하면
$$y=\frac{4}{3} \times 9=12 \qquad \therefore A(9, 12)$$
따라서 (선분 OB의 길이)=9, (선분 AB의 길이)=12이므로
(삼각형 AOB의 넓이)=$\frac{1}{2} \times 9 \times 12=54$ 답 54

1054 점 A의 x좌표가 2이므로 $y=3x$에 $x=2$를 대입하면
$$y=3 \times 2=6 \qquad \therefore A(2, 6)$$
또 점 B의 x좌표가 2이므로 $y=-\frac{1}{2}x$에 $x=2$를 대입하면
$$y=-\frac{1}{2} \times 2=-1 \qquad \therefore B(2, -1)$$
따라서 (선분 AB의 길이)=$6-(-1)=7$이므로
(삼각형 AOB의 넓이)=$\frac{1}{2} \times 7 \times 2=7$ 답 7

1055 점 P의 y좌표가 8이므로 $y=ax$에 $y=8$을 대입하면
$$8=ax \qquad \therefore x=\frac{8}{a} \qquad \therefore P\left(\frac{8}{a}, 8\right)$$
(선분 OQ의 길이)=8, (선분 PQ의 길이)=$\frac{8}{a} (a>0)$이므로
(삼각형 OPQ의 넓이)=12에서
$$\frac{1}{2} \times 8 \times \frac{8}{a}=12, \qquad \frac{32}{a}=12 \qquad \therefore a=\frac{8}{3}$$
답 $\frac{8}{3}$

1056 ㄱ, ㄷ, ㅁ. $y=ax$ 또는 $\frac{y}{x}=a (a \neq 0)$의 꼴이므로 y가 x에 정비례한다.
ㄹ. 정비례 관계도 아니고 반비례 관계도 아니다.
이상에서 y가 x에 반비례하는 것은 ㄴ, ㅂ이다. 답 ③

1057 x의 값이 2배, 3배, 4배, …가 될 때, y의 값은 $\frac{1}{2}$배, $\frac{1}{3}$배, $\frac{1}{4}$배, …가 되는 관계가 있으면 y는 x에 반비례하므로
$y=\frac{a}{x}$, $xy=a (a \neq 0)$의 꼴이다.
② $\frac{y}{x}=-1$에서 $y=-x$ (정비례)
③, ⑤ 정비례 관계도 아니고 반비례 관계도 아니다.
따라서 y가 x에 반비례하는 것은 ①, ④이다. 답 ①, ④

09 정비례와 반비례

1058 ① (삼각형의 넓이)$=\dfrac{1}{2}\times$(밑변의 길이)$\times$(높이)이므

로 $y=\dfrac{1}{2}\times20\times x$에서 $y=10x$ (정비례)

② (시간)$=\dfrac{(거리)}{(속력)}$이므로 $y=\dfrac{10}{x}$ (반비례)

③ (원기둥의 부피)$=$(밑면의 넓이)$\times$(높이)이므로

   $y=9x$ (정비례)

④ (소금의 양)$=\dfrac{(소금물의\ 농도)}{100}\times$(소금물의 양)이므로

   $15=\dfrac{x}{100}\times y$에서 $xy=1500$ (반비례)

⑤ (직사각형의 둘레의 길이)$=2\times\{$(가로의 길이)$+$(세로의 길이)$\}$

   이므로 $y=2(x+7)$에서 $y=2x+14$

   즉 정비례 관계도 아니고 반비례 관계도 아니다.

따라서 y가 x에 반비례하는 것은 ②, ④이다.   📋 ②, ④

1059 y가 x에 반비례하므로 $y=\dfrac{a}{x}(a\neq0)$라 하고 $x=-6$,

$y=3$을 대입하면

   $3=\dfrac{a}{-6}$ $\therefore a=-18$ $\therefore y=-\dfrac{18}{x}$

$y=-\dfrac{18}{x}$에 $x=-9$, $y=A$를 대입하면

   $A=-\dfrac{18}{-9}=2$

$y=-\dfrac{18}{x}$에 $x=B$, $y=-1$을 대입하면

   $-1=-\dfrac{18}{B}$ $\therefore B=18$

$\therefore A-B=2-18=-16$ 📋 -16

1060 y가 x에 반비례하므로 $y=\dfrac{a}{x}(a\neq0)$라 하고 $x=-3$,

$y=-5$를 대입하면

   $-5=\dfrac{a}{-3}$ $\therefore a=15$ $\therefore y=\dfrac{15}{x}$ 📋 ④

1061 y가 x에 반비례하므로 $y=\dfrac{a}{x}(a\neq0)$라 하고 $x=8$,

$y=-\dfrac{1}{2}$을 대입하면

   $-\dfrac{1}{2}=\dfrac{a}{8}$ $\therefore a=-4$ $\therefore y=-\dfrac{4}{x}$

$y=-\dfrac{4}{x}$에 $x=-4$를 대입하면 $y=-\dfrac{4}{-4}=1$ 📋 1

1062 y가 x에 반비례하므로 $y=\dfrac{a}{x}(a\neq0)$라 하고 $x=-3$,

$y=12$를 대입하면

   $12=\dfrac{a}{-3}$ $\therefore a=-36$ $\therefore y=-\dfrac{36}{x}$ ··· 1단계

$y=-\dfrac{36}{x}$에 $x=-4$, $y=A$를 대입하면 $A=-\dfrac{36}{-4}=9$

$y=-\dfrac{36}{x}$에 $x=B$, $y=18$을 대입하면

   $18=-\dfrac{36}{B}$ $\therefore B=-2$

$y=-\dfrac{36}{x}$에 $x=2$, $y=C$를 대입하면

   $C=-\dfrac{36}{2}=-18$ ··· 2단계

$\therefore A+B+C=9+(-2)+(-18)=-11$ ··· 3단계

📋 -11

단계	채점 요소	비율
1	x와 y 사이의 관계를 나타내는 식 구하기	30 %
2	A, B, C의 값 구하기	60 %
3	$A+B+C$의 값 구하기	10 %

1063 빈 물탱크에 매분 5 L씩 물을 넣으면 80분 만에 가득

차므로 이 물탱크의 용량은

   $5\times80=400$ (L)

매분 x L씩 물을 넣으면 y분 만에 가득 차므로

   $xy=400$ $\therefore y=\dfrac{400}{x}$ 📋 ③

1064 두 개의 톱니바퀴가 각각 회전하는 동안 맞물린 톱니

의 수는 같다.

(A의 톱니의 수)$\times$(A의 회전수)

$=$(B의 톱니의 수)$\times$(B의 회전수)이므로

   $30\times5=xy$ $\therefore y=\dfrac{150}{x}$ 📋 $y=\dfrac{150}{x}$

1065 (주행 거리)$=$(연비)$\times$(연료의 양)이므로

   $xy=10\times30$ $\therefore y=\dfrac{300}{x}$ 📋 $y=\dfrac{300}{x}$

1066 압력이 x기압일 때, 기체의 부피를 y cm³라 하면 기체

의 부피는 압력에 반비례하므로 $y=\dfrac{a}{x}(a\neq0)$라 하자.

기체의 부피가 15 cm³일 때, 압력이 6기압이므로 $y=\dfrac{a}{x}$에 $x=6$,

$y=15$를 대입하면

   $15=\dfrac{a}{6}$ $\therefore a=90$ $\therefore y=\dfrac{90}{x}$

$y=\dfrac{90}{x}$에 $x=9$를 대입하면 $y=\dfrac{90}{9}=10$

따라서 압력이 9기압일 때, 기체의 부피는 10 cm³이다.

📋 10 cm³

1067 6명이 20시간 동안 작업한 일의 양과 x명이 y시간 동

안 작업한 일의 양이 같다고 하면

   $xy=6\times20$ $\therefore y=\dfrac{120}{x}$

$y=\dfrac{120}{x}$에 $y=15$를 대입하면

   $15=\dfrac{120}{x}$ $\therefore x=8$

따라서 같은 일을 15시간 만에 끝내려면 8명이 필요하다.

📋 8명

1068 (거리)=(속력)×(시간)이므로 출발지부터 도착지까지의 거리는 $60 \times 5 = 300 \, (\text{km})$

$xy = 300$이므로 $y = \dfrac{300}{x}$ ··· **1단계**

$y = \dfrac{300}{x}$에 $x = 100$을 대입하면 $y = \dfrac{300}{100} = 3$

따라서 시속 $100 \, \text{km}$로 달릴 때 출발지부터 도착지까지 가는 데 걸린 시간은 3시간이다.   ··· **2단계**

答 3시간

단계	채점 요소	비율
1	x와 y 사이의 관계를 나타내는 식 구하기	50 %
2	걸린 시간 구하기	50 %

1069 반비례 관계 $y = \dfrac{3}{x}$의 그래프는 제1사분면과 제3사분면을 지나고 좌표축에 가까워지면서 한없이 뻗어 나가는 한 쌍의 매끄러운 곡선이다.

이때 점 $(-1, -3)$을 지나므로 $x < 0$에서의 반비례 관계 $y = \dfrac{3}{x}$의 그래프는 ④이다.   答 ④

1070 반비례 관계 $y = \dfrac{a}{x} \, (a < 0)$의 그래프는 제2사분면과 제4사분면을 지나고 좌표축에 가까워지면서 한없이 뻗어 나가는 한 쌍의 매끄러운 곡선이다.

그런데 $x > 0$이므로 그래프는 제4사분면에만 그려진다.

따라서 그래프가 될 수 있는 것은 ⑤이다.   答 ⑤

1071 정비례 관계 $y = ax \, (a \ne 0)$의 그래프와 반비례 관계 $y = \dfrac{a}{x} \, (a \ne 0)$의 그래프는 모두 $a < 0$일 때, 제2사분면과 제4사분면을 지난다.

따라서 제4사분면을 지나는 것은 ㄱ, ㄷ, ㅁ이다.

答 ㄱ, ㄷ, ㅁ

1072 반비례 관계 $y = \dfrac{a}{x} \, (a \ne 0)$의 그래프는 a의 절댓값이 클수록 원점에서 멀다.

따라서 $\left| -\dfrac{1}{5} \right| < \left| \dfrac{1}{2} \right| < |1| < |-2| < |6|$이므로 원점에서 가장 멀리 떨어진 것은 ①이다.   答 ①

1073 반비례 관계 ㉠의 그래프를 나타내는 식을 $y = \dfrac{a}{x}$라 하면 $a > 0, \ |a| < |1|$

$\therefore$ ㉠ $y = \dfrac{1}{3x}$

반비례 관계 ㉡의 그래프를 나타내는 식을 $y = \dfrac{b}{x}$라 하면

$b < 0, \ |b| > |-1|$

$\therefore$ ㉡ $y = -\dfrac{3}{x}$

따라서 바르게 짝 지은 것은 ②, ④이다.   答 ②, ④

1074 반비례 관계 $y = \dfrac{a}{x}$의 그래프가 제2사분면과 제4사분면을 지나므로 $a < 0$

이때 $y = \dfrac{a}{x}$의 그래프가 $y = -\dfrac{2}{x}$의 그래프보다 원점에서 더 멀리 떨어져 있으므로 $|a| > |-2| = 2$

$\therefore a < -2$ 答 $a < -2$

1075 반비례 관계 $y = \dfrac{a}{x}$의 그래프가 점 $(2, 4)$를 지나므로

$y = \dfrac{a}{x}$에 $x = 2, \ y = 4$를 대입하면

$4 = \dfrac{a}{2}$ $\therefore a = 8$ $\therefore y = \dfrac{8}{x}$

$y = \dfrac{8}{x}$에 주어진 각 점의 좌표를 대입하면

① $2 \ne \dfrac{8}{-4}$ ② $4 \ne \dfrac{8}{-2}$ ③ $-8 = \dfrac{8}{-1}$

④ $-8 \ne \dfrac{8}{1}$ ⑤ $-2 \ne \dfrac{8}{4}$

따라서 반비례 관계 $y = \dfrac{8}{x}$의 그래프 위의 점은 ③이다.   答 ③

1076 반비례 관계 $y = -\dfrac{12}{x}$의 그래프가 점 $(6, a)$를 지나므로 $y = -\dfrac{12}{x}$에 $x = 6, \ y = a$를 대입하면

$a = -\dfrac{12}{6} = -2$ ··· **1단계**

반비례 관계 $y = -\dfrac{12}{x}$의 그래프가 점 $(b, -12)$를 지나므로

$y = -\dfrac{12}{x}$에 $x = b, \ y = -12$를 대입하면

$-12 = -\dfrac{12}{b}$ $\therefore b = 1$ ··· **2단계**

$\therefore a + b = -2 + 1 = -1$ ··· **3단계**

答 -1

단계	채점 요소	비율
1	a의 값 구하기	40 %
2	b의 값 구하기	40 %
3	$a + b$의 값 구하기	20 %

1077 반비례 관계 $y = \dfrac{a}{x}$의 그래프가 점 $(3, 2)$를 지나므로

$y = \dfrac{a}{x}$에 $x = 3, \ y = 2$를 대입하면

$2 = \dfrac{a}{3}$ $\therefore a = 6$ $\therefore y = \dfrac{6}{x}$

$y = \dfrac{6}{x}$에 $x = -1$을 대입하면 $y = \dfrac{6}{-1} = -6$

따라서 점 P의 좌표는 $(-1, -6)$이다.   答 $(-1, -6)$

1078 반비례 관계 $y = \dfrac{10}{x}$의 그래프 위의 점 중에서 x좌표와 y좌표가 모두 정수인 점은

$(-10, -1), (-5, -2), (-2, -5), (-1, -10),$
$(1, 10), (2, 5), (5, 2), (10, 1)$

의 8개이다.   答 8개

09

정비례와 반비례

1079 반비례 관계 $y=\dfrac{3}{x}$의 그래프 는 오른쪽 그림과 같다.

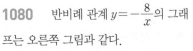

① 점 $(-1, -3)$을 지난다.

② 반비례 관계 $y=\dfrac{a}{x}\,(a\neq0)$의 그래 프는 좌표축과 만나지 않는다.

③ $x<0$일 때, 제3사분면을 지난다.

④ $x>0$일 때, x의 값이 증가하면 y의 값은 감소한다.

따라서 옳은 것은 ⑤이다. 답 ⑤

1080 반비례 관계 $y=-\dfrac{8}{x}$의 그래 프는 오른쪽 그림과 같다.

① 점 $(1, -8)$을 지난다.

② 제2사분면과 제4사분면을 지난다.

③ 정비례 관계 $y=8x$의 그래프는 원 점을 지나는 직선이고 제1사분면과 제3사분면을 지나므로 만나지 않는다.

⑤ $x>0$일 때, x의 값이 증가하면 y의 값도 증가한다.

따라서 옳은 것은 ④이다. 답 ④

1081 ⑤ a의 절댓값이 작을수록 원점에 가깝다.

따라서 옳지 않은 것은 ⑤이다. 답 ⑤

1082 그래프가 좌표축에 가까워지면서 한없이 뻗어 나가는 한 쌍의 매끄러운 곡선이므로 $y=\dfrac{a}{x}\,(a\neq0)$라 하자.

점 $(-2, 3)$을 지나므로 $y=\dfrac{a}{x}$에 $x=-2$, $y=3$을 대입하면

$$3=\frac{a}{-2} \quad \therefore a=-6 \quad \therefore y=-\frac{6}{x}$$

이 그래프가 점 A를 지나므로 $y=-\dfrac{6}{x}$에 $x=1$을 대입하면

$$y=-6$$

따라서 점 A의 좌표는 $(1, -6)$이다. 답 $(1, -6)$

1083 그래프가 좌표축에 가까워지면서 한없이 뻗어 나가는 한 쌍의 매끄러운 곡선이므로 $y=\dfrac{a}{x}\,(a\neq0)$라 하자.

점 $(1, -3)$을 지나므로 $y=\dfrac{a}{x}$에 $x=1$, $y=-3$을 대입하면

$$-3=a \quad \therefore y=-\frac{3}{x} \qquad \text{… 1단계}$$

이 그래프가 점 $\left(k, \dfrac{1}{2}\right)$을 지나므로 $y=-\dfrac{3}{x}$에 $x=k$, $y=\dfrac{1}{2}$을 대입하면 $\quad \dfrac{1}{2}=-\dfrac{3}{k} \quad \therefore k=-6 \qquad$ … 2단계

답 -6

단계	채점 요소	비율
1	x와 y 사이의 관계를 나타내는 식 구하기	60 %
2	k의 값 구하기	40 %

1084 ① $y=ax$에 $x=-2$, $y=2$를 대입하면

$$2=-2a \quad \therefore a=-1 \quad \therefore y=-x$$

② $y=ax$에 $x=1$, $y=3$을 대입하면

$$3=a \quad \therefore y=3x$$

③ $y=ax$에 $x=3$, $y=4$를 대입하면

$$4=3a \quad \therefore a=\frac{4}{3} \quad \therefore y=\frac{4}{3}x$$

④ $y=\dfrac{a}{x}$에 $x=1$, $y=5$를 대입하면

$$5=a \quad \therefore y=\frac{5}{x}$$

⑤ $y=\dfrac{a}{x}$에 $x=-4$, $y=1$을 대입하면

$$1=\frac{a}{-4} \quad \therefore a=-4 \quad \therefore y=-\frac{4}{x}$$

따라서 옳은 것은 ③, ⑤이다. 답 ③, ⑤

1085 점 P의 x좌표를 $k\,(k>0)$라 하 면 $\mathrm{P}\left(k, \dfrac{a}{k}\right)$이고 $\mathrm{A}(k, 0)$이다.

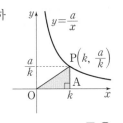

이때 삼각형 POA의 넓이가 10이므로

$$\frac{1}{2}\times k\times\frac{a}{k}=10 \quad \therefore a=20$$

답 ⑤

1086 점 P의 x좌표를 $k\,(k>0)$라 하면 $\mathrm{P}\left(k, \dfrac{14}{k}\right)$이므로

(선분 OA의 길이)$=k$, (선분 OB의 길이)$=\dfrac{14}{k}$

$\therefore$ (직사각형 OAPB의 넓이)$=k\times\dfrac{14}{k}=14$ 답 14

1087 반비례 관계 $y=\dfrac{a}{x}$의 그래프에서 점 P의 x좌표가 -4이므로 $y=\dfrac{a}{x}$에 $x=-4$를 대입하면

$$y=\frac{a}{-4} \quad \therefore \mathrm{P}\left(-4, -\frac{a}{4}\right)$$

즉 (선분 AO의 길이)$=4$, (선분 OB의 길이)$=-\dfrac{a}{4}$이고 (직사각형 PAOB의 넓이)$=18$이므로

$$4\times\left(-\frac{a}{4}\right)=18 \quad \therefore a=-18 \qquad \text{답 } -18$$

1088 점 A가 정비례 관계 $y=2x$의 그래프 위의 점이므로 $y=2x$에 $x=-2$를 대입하면

$$y=2\times(-2)=-4 \quad \therefore \mathrm{A}(-2, -4)$$

또 점 A는 반비례 관계 $y=\dfrac{a}{x}$의 그래프 위의 점이므로 $y=\dfrac{a}{x}$에 $x=-2$, $y=-4$를 대입하면

$$-4=\frac{a}{-2} \quad \therefore a=8 \qquad \text{답 } 8$$

1089 정비례 관계 $y=ax$의 그래프가 점 $(6, 2)$를 지나므로
$y=ax$에 $x=6$, $y=2$를 대입하면

$$2=6a \qquad \therefore a=\frac{1}{3}$$

반비례 관계 $y=\dfrac{b}{x}$의 그래프가 점 $(6, 2)$를 지나므로 $y=\dfrac{b}{x}$에 $x=6$, $y=2$를 대입하면

$$2=\frac{b}{6} \qquad \therefore b=12$$

$$\therefore ab=\frac{1}{3}\times 12=4 \qquad \qquad \text{답 } 4$$

1090 점 A가 정비례 관계 $y=-2x$의 그래프 위의 점이므로
$y=-2x$에 $y=-8$을 대입하면

$$-8=-2x \qquad \therefore x=4 \qquad \therefore \text{A}(4, -8)$$

또 점 A는 반비례 관계 $y=\dfrac{a}{x}$의 그래프 위의 점이므로

$y=\dfrac{a}{x}$에 $x=4$, $y=-8$을 대입하면

$$-8=\frac{a}{4} \qquad \therefore a=-32 \qquad \qquad \text{답 } -32$$

1091 반비례 관계 $y=\dfrac{20}{x}$의 그래프가 점 $\text{A}(4, b)$를 지나

므로 $y=\dfrac{20}{x}$에 $x=4$, $y=b$를 대입하면

$$b=\frac{20}{4}=5$$

정비례 관계 $y=ax$의 그래프가 점 $\text{A}(4, 5)$를 지나므로 $y=ax$
에 $x=4$, $y=5$를 대입하면

$$5=4a \qquad \therefore a=\frac{5}{4}$$

$$\therefore b-a=5-\frac{5}{4}=\frac{15}{4} \qquad \qquad \text{답 } \frac{15}{4}$$

1092 반비례 관계 $y=-\dfrac{6}{x}$의 그래프가 점 $\text{P}(b, 2)$를 지나

므로 $y=-\dfrac{6}{x}$에 $x=b$, $y=2$를 대입하면

$$2=-\frac{6}{b} \qquad \therefore b=-3 \qquad \cdots \boxed{\text{1단계}}$$

정비례 관계 $y=ax$의 그래프가 점 $\text{P}(-3, 2)$를 지나므로 $y=ax$
에 $x=-3$, $y=2$를 대입하면

$$2=-3a \qquad \therefore a=-\frac{2}{3} \qquad \cdots \boxed{\text{2단계}}$$

$$\therefore a-b=-\frac{2}{3}-(-3)=\frac{7}{3} \qquad \cdots \boxed{\text{3단계}}$$

$$\text{답 } \frac{7}{3}$$

단계	채점 요소	비율
1	b의 값 구하기	40 %
2	a의 값 구하기	40 %
3	$a-b$의 값 구하기	20 %

1093 $y=-3x$에 $x=-4$를 대입하면

$$y=-3\times(-4)=12$$

반비례 관계 $y=\dfrac{a}{x}$의 그래프가 점 $(-4, 12)$를 지나므로 $y=\dfrac{a}{x}$
에 $x=-4$, $y=12$를 대입하면

$$12=\frac{a}{-4} \qquad \therefore a=-48$$

$y=-\dfrac{48}{x}$의 그래프가 점 $(-8, b)$를 지나므로 $y=-\dfrac{48}{x}$에

$x=-8$, $y=b$를 대입하면 $\qquad b=-\dfrac{48}{-8}=6$

$$\therefore a+b=-48+6=-42 \qquad \qquad \text{답 } -42$$

1094 (1) 점 A의 x좌표가 2이므로 $\text{B}(2, 0)$이고, $y=4x$에
$x=2$를 대입하면

$$y=4\times 2=8 \qquad \therefore \text{A}(2, 8)$$

$$\therefore (\text{삼각형 AOB의 넓이})=\frac{1}{2}\times 2\times 8=8$$

(2) x좌표가 2인 정비례 관계 $y=ax$의 그래프 위의 점의 좌표는
$(2, 2a)$이고 $y=ax$의 그래프가 삼각형 AOB의 넓이를 이
등분하므로

$$\frac{1}{2}\times 2\times 2a=8\times\frac{1}{2} \qquad \therefore a=2$$

$$\text{답 (1) } 8 \quad (2) \, 2$$

다른 풀이 (2) 정비례 관계 $y=ax$의 그래프가 삼각형 AOB의
넓이를 이등분하므로 선분 AB의 한가운데 점 $(2, 4)$를 지나
야 한다.
즉 $y=ax$에 $x=2$, $y=4$를 대입하면 $\quad 4=2a \qquad \therefore a=2$

1095 삼각형 AOB의 넓이는

$$\frac{1}{2}\times 6\times 8=24$$

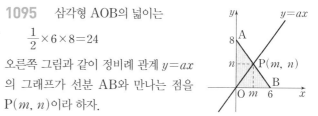

오른쪽 그림과 같이 정비례 관계 $y=ax$
의 그래프가 선분 AB와 만나는 점을
$\text{P}(m, n)$이라 하자.

정비례 관계 $y=ax$의 그래프가 삼각형 AOB의 넓이를 이등분
하므로

$$(\text{삼각형 AOP의 넓이})=\frac{1}{2}\times 8\times m=12 \qquad \therefore m=3$$

$$(\text{삼각형 POB의 넓이})=\frac{1}{2}\times 6\times n=12 \qquad \therefore n=4$$

따라서 점 $\text{P}(3, 4)$이므로 $y=ax$에 $x=3$, $y=4$를 대입하면

$$4=3a \qquad \therefore a=\frac{4}{3} \qquad \qquad \text{답 } \frac{4}{3}$$

1096 형을 나타내는 그래프는 원점을 지나는 직선이므로
$y=ax\,(a\neq 0)$라 하자.
점 $(3, 480)$을 지나므로

$$480=3a \qquad \therefore a=160 \qquad \therefore y=160x$$

동생을 나타내는 그래프는 원점을 지나는 직선이므로
$y=bx\,(b\neq 0)$라 하자.
점 $(3, 150)$을 지나므로

$$150=3b \qquad \therefore b=50 \qquad \therefore y=50x$$

집에서 공원까지의 거리는 800 m이므로 형이 공원까지 가는 데 걸리는 시간은 $y=160x$에 $y=800$을 대입하면

$$800=160x \qquad \therefore x=5$$

동생이 공원까지 가는 데 걸리는 시간은 $y=50x$에 $y=800$을 대입하면

$$800=50x \qquad \therefore x=16$$

따라서 형이 공원에 도착한 후 $16-5=11$ (분)을 기다려야 동생이 도착한다. 🔲 ③

1097 자전거를 탈 때를 나타내는 그래프는 원점을 지나는 직선이므로 $y=ax\,(a\neq0)$라 하자.

점 $(1,\,180)$을 지나므로 $180=a$ $\therefore y=180x$

걸을 때를 나타내는 그래프는 원점을 지나는 직선이므로 $y=bx\,(b\neq0)$라 하자.

점 $(1,\,120)$을 지나므로 $120=b$ $\therefore y=120x$

720 kcal의 열량을 소모하기 위해 자전거를 타야 하는 시간은 $y=180x$에 $y=720$을 대입하면

$$720=180x \qquad \therefore x=4$$

720 kcal의 열량을 소모하기 위해 걸어야 하는 시간은 $y=120x$에 $y=720$을 대입하면

$$720=120x \qquad \therefore x=6$$

따라서 720 kcal의 열량을 소모하기 위해 자전거를 타야 하는 시간은 4시간, 걸어야 하는 시간은 6시간이므로 구하는 시간의 차는 $6-4=2$ (시간) 🔲 ③

 시험에 꼭 나오는 문제 ▶ 본문 150∼153쪽

1098 전략 x와 y 사이의 관계를 나타내는 식이 $y=ax$, $\dfrac{y}{x}=a\,(a\neq0)$의 꼴 ➡ 정비례

③ $xy=8$에서 $y=\dfrac{8}{x}$ (반비례)

⑤ $\dfrac{y}{x}=6$에서 $y=6x$ (정비례)

따라서 y가 x에 정비례하는 것은 ①, ⑤이다. 🔲 ①, ⑤

1099 전략 y가 x에 정비례하므로 $y=ax\,(a\neq0)$로 놓는다.

y가 x에 정비례하므로 $y=ax\,(a\neq0)$라 하고 $y=ax$에 $x=9$, $y=-12$를 대입하면

$$-12=9a \qquad \therefore a=-\dfrac{4}{3} \qquad \therefore y=-\dfrac{4}{3}x$$

따라서 $y=-\dfrac{4}{3}x$에 $x=6$을 대입하면

$$y=-\dfrac{4}{3}\times6=-8$$

🔲 -8

1100 전략 삼각형 DPC의 넓이를 구하는 식을 세운다.

선분 PD의 길이가 x cm이므로

$$y=\dfrac{1}{2}\times x\times4=2x \qquad \therefore y=2x$$

🔲 $y=2x$

1101 전략 먼저 1 L의 휘발유로 갈 수 있는 거리를 구한다.

1 L의 휘발유로 $\dfrac{60}{6}=10\,(\text{km})$를 갈 수 있으므로 x L의 휘발유로는 $10x$ km를 갈 수 있다.

x L의 휘발유로 y km를 갈 수 있다고 하면 $y=10x$

$y=10x$에 $y=400$을 대입하면 $400=10x$ $\therefore x=40$

따라서 400 km를 가는 데 필요한 휘발유의 양은 40 L이다.

🔲 40 L

1102 전략 정비례 관계 $y=px\,(p\neq0)$의 그래프가 점 $(m,\,n)$을 지난다. ➡ $n=pm$

정비례 관계 $y=ax$의 그래프가 점 $(4,\,3)$을 지나므로 $y=ax$에 $x=4$, $y=3$을 대입하면

$$3=4a \qquad \therefore a=\dfrac{3}{4}$$

정비례 관계 $y=bx$의 그래프가 점 $(1,\,-4)$를 지나므로 $y=bx$에 $x=1$, $y=-4$를 대입하면 $-4=b$

$$\therefore ab=\dfrac{3}{4}\times(-4)=-3$$

🔲 -3

1103 전략 정비례 관계의 그래프의 성질을 이용한다.

① 점 $(4,\,-3)$을 지난다.

② 제2사분면과 제4사분면을 지난다.

④ x의 값이 증가하면 y의 값은 감소한다.

⑤ $\left|\dfrac{1}{2}\right|<\left|-\dfrac{3}{4}\right|$이므로 정비례 관계 $y=-\dfrac{3}{4}x$의 그래프가 $y=\dfrac{1}{2}x$의 그래프보다 y축에 더 가깝다.

따라서 옳은 것은 ③이다. 🔲 ③

1104 전략 먼저 그래프가 나타내는 식을 구한다.

그래프가 원점을 지나는 직선이므로 $y=ax\,(a\neq0)$라 하자.

점 $(-3,\,2)$를 지나므로 $y=ax$에 $x=-3$, $y=2$를 대입하면

$$2=-3a \qquad \therefore a=-\dfrac{2}{3} \qquad \therefore y=-\dfrac{2}{3}x$$

이 그래프가 점 A를 지나므로 $y=-\dfrac{2}{3}x$에 $y=-4$를 대입하면

$$-4=-\dfrac{2}{3}x \qquad \therefore x=6$$

따라서 점 A의 좌표는 $(6,\,-4)$이다. 🔲 ⑤

1105 전략 두 점 A, B의 x좌표가 같음을 이용한다.

점 B가 정비례 관계 $y=\dfrac{1}{3}x$의 그래프 위의 점이므로 $y=\dfrac{1}{3}x$에 $y=2$를 대입하면

$$2=\dfrac{1}{3}x \qquad \therefore x=6 \qquad \therefore \text{B}(6,\,2)$$

이때 (점 A의 x좌표)=(점 B의 x좌표)=6이고 점 A는 정비례
관계 $y=2x$의 그래프 위의 점이므로 $y=2x$에 $x=6$을 대입하면
$$y=2\times6=12 \qquad \therefore A(6, 12)$$
즉 삼각형 AOB에서 선분 AB를 밑변으로 하면
(밑변의 길이)=12-2=10, (높이)=(선분 OH의 길이)=6
$$\therefore (삼각형\ AOB의\ 넓이)=\frac{1}{2}\times10\times6=30 \qquad 답 ⑤$$

1106 전략 x와 y 사이의 관계를 식으로 나타내어 본다.

ㄱ. $y=1200x$ (정비례)

ㄴ. $y=\dfrac{20}{x}\times100=\dfrac{2000}{x}$ (반비례)

ㄷ. $xy=2\times5=10$ $\quad\therefore y=\dfrac{10}{x}$ (반비례)

ㄹ. $y=1000\times\dfrac{x}{100}=10x$ (정비례)

이상에서 y가 x에 반비례하는 것은 ㄴ, ㄷ이다. 답 ㄴ, ㄷ

1107 전략 y가 x에 반비례하므로 $y=\dfrac{a}{x}\ (a\neq0)$로 놓는다.

y가 x에 반비례하므로 $y=\dfrac{a}{x}\ (a\neq0)$라 하고 $x=-4$, $y=1$을
대입하면
$$1=\frac{a}{-4} \quad \therefore a=-4 \quad \therefore y=-\frac{4}{x}$$
$y=-\dfrac{4}{x}$에 $x=-2$, $y=A$를 대입하면 $\quad A=-\dfrac{4}{-2}=2$

$y=-\dfrac{4}{x}$에 $x=B$, $y=-1$을 대입하면
$$-1=-\frac{4}{B} \quad \therefore B=4$$
$$\therefore AB=2\times4=8 \qquad 답 8$$

1108 전략 작업한 기계의 수와 작업 시간이 달라도 전체 일의
양은 같음을 이용하여 식을 세운다.

똑같은 기계 40대로 15시간 동안 작업한 일의 양과 똑같은 기계
x대로 y시간 동안 작업한 일의 양이 같다고 하면
$$xy=40\times15 \quad \therefore y=\frac{600}{x}$$
$y=\dfrac{600}{x}$에 $y=3$을 대입하면
$$3=\frac{600}{x} \quad \therefore x=200$$
따라서 필요한 기계는 200대이다. 답 200대

1109 전략 정비례 관계 또는 반비례 관계의 그래프가 지나는
점의 좌표를 주어진 식에 대입한다.

정비례 관계 $y=ax$의 그래프가 점 $(-3, 9)$를 지나므로 $y=ax$
에 $x=-3$, $y=9$를 대입하면
$$9=-3a \quad \therefore a=-3$$
반비례 관계 $y=\dfrac{b}{x}$의 그래프가 점 $(7, 4)$를 지나므로 $y=\dfrac{b}{x}$에
$x=7$, $y=4$를 대입하면
$$4=\frac{b}{7} \quad \therefore b=28$$
$$\therefore a+b=-3+28=25 \qquad 답 25$$

1110 전략 a의 값을 먼저 구한 후 x에 정수를 하나씩 대입하
여 점의 좌표를 구해 본다.

반비례 관계 $y=\dfrac{a}{x}$의 그래프가 점 $(3, 4)$를 지나므로 $y=\dfrac{a}{x}$에
$x=3$, $y=4$를 대입하면
$$4=\frac{a}{3} \quad \therefore a=12 \quad \therefore y=\frac{12}{x}$$
반비례 관계 $y=\dfrac{12}{x}$의 그래프 위의 점 중에서 x좌표와 y좌표가
모두 정수인 점은
$$(1, 12), (2, 6), (3, 4), (4, 3), (6, 2), (12, 1),$$
$$(-1, -12), (-2, -6), (-3, -4), (-4, -3),$$
$$(-6, -2), (-12, -1)$$
의 12개이다. 답 12개

1111 전략 정비례 관계 $y=ax\ (a\neq0)$의 그래프는 $a>0$일
때, 반비례 관계 $y=\dfrac{b}{x}\ (b\neq0,\ x>0)$의 그래프는 $b<0$일 때 x의
값이 증가하면 y의 값도 증가한다.

정비례 관계 $y=ax\ (a\neq0)$의 그래프는 $a>0$일 때 x의 값이 증
가하면 y의 값도 증가한다.

반비례 관계 $y=\dfrac{b}{x}\ (b\neq0,\ x>0)$의 그래프는 $b<0$일 때 x의
값이 증가하면 y의 값도 증가한다. 답 ①, ②

1112 전략 반비례 관계의 그래프의 성질을 생각해 본다.

① y는 x에 반비례한다.

② 주어진 그래프가 좌표축에 가까워지면서 한없이 뻗어 나가는
한 쌍의 매끄러운 곡선이므로 $y=\dfrac{a}{x}\ (a\neq0)$라 하자.

점 $(-2, 6)$을 지나므로 $y=\dfrac{a}{x}$에 $x=-2$, $y=6$을 대입하면
$$6=\frac{a}{-2} \quad \therefore a=-12 \quad \therefore y=-\frac{12}{x}$$

③ 점 $(-6, 2)$를 지난다.

④ $x>0$일 때, x의 값이 증가하면 y의 값이 증가한다.

⑤ $y=-\dfrac{12}{x}$에서 $xy=-12$이므로 xy의 값은 항상 일정하다.

따라서 옳은 것은 ②, ⑤이다. 답 ②, ⑤

1113 전략 먼저 그래프의 식을 $y=\dfrac{a}{x}\ (a\neq0)$로 놓고 그래프
위의 점의 좌표를 대입한다.

주어진 그래프가 좌표축에 가까워지면서 한없이 뻗어 나가는 한
쌍의 매끄러운 곡선이므로 $y=\dfrac{a}{x}\ (a\neq0)$라 하자.

점 $(3, 2)$를 지나므로 $y=\dfrac{a}{x}$에 $x=3$, $y=2$를 대입하면
$$2=\frac{a}{3} \quad \therefore a=6 \quad \therefore y=\frac{6}{x}$$

$y=\dfrac{6}{x}$에 주어진 각 점의 좌표를 대입하면

① $-3=\dfrac{6}{-2}$ ② $-5\neq\dfrac{6}{-1}$

③ $-6\neq\dfrac{6}{1}$ ④ $-3\neq\dfrac{6}{2}$

⑤ $\dfrac{2}{3}\neq\dfrac{6}{6}$

따라서 반비례 관계 $y=\dfrac{6}{x}$의 그래프 위의 점은 ①이다. **탑** ①

1114 전략 직사각형 ABCD의 넓이를 구하는 식을 세운다.

$y=\dfrac{a}{x}$의 그래프가 두 점 A, C를 지나므로

$$A\left(6,\ \dfrac{a}{6}\right),\ C\left(-6,\ -\dfrac{a}{6}\right)$$

(직사각형 ABCD의 넓이)

$=$(선분 AB의 길이)$\times$(선분 BC의 길이)

이고 직사각형 ABCD의 넓이가 48이므로

$$\{6-(-6)\}\times\left\{\dfrac{a}{6}-\left(-\dfrac{a}{6}\right)\right\}=48$$

$$12\times\dfrac{a}{3}=48 \qquad \therefore a=12$$ **탑** 12

1115 전략 점 A는 정비례 관계 $y=-\dfrac{x}{2}$의 그래프와 반비례 관계 $y=\dfrac{a}{x}$의 그래프 위의 점이다.

점 A가 정비례 관계 $y=-\dfrac{x}{2}$의 그래프 위의 점이므로 $y=-\dfrac{x}{2}$에 $x=4$를 대입하면

$$y=-\dfrac{4}{2}=-2 \qquad \therefore A(4,\ -2)$$

또 점 A는 반비례 관계 $y=\dfrac{a}{x}$의 그래프 위의 점이므로 $y=\dfrac{a}{x}$에 $x=4$, $y=-2$를 대입하면

$$-2=\dfrac{a}{4} \qquad \therefore a=-8$$ **탑** -8

1116 전략 점 A의 x좌표를 $-t\ (t>0)$로 놓고 점 B의 좌표를 구한 후 직사각형 ABCO의 넓이를 구하는 식을 세운다.

반비례 관계 $y=\dfrac{a}{x}$의 그래프가 제1사분면과 제3사분면을 지나므로 $a>0$이고, 점 A의 x좌표를 $-t\ (t>0)$라 하면

$$B\left(-t,\ -\dfrac{a}{t}\right)$$

직사각형 ABCO의 넓이가 8이므로

$$t\times\dfrac{a}{t}=8 \qquad \therefore a=8 \qquad \therefore y=\dfrac{8}{x}$$

$y=\dfrac{8}{x}$에 $x=2$를 대입하면

$$y=\dfrac{8}{2}=4 \qquad \therefore D(2,\ 4)$$

또 점 D는 정비례 관계 $y=bx$의 그래프 위의 점이므로 $y=bx$에 $x=2$, $y=4$를 대입하면

$$4=2b \qquad \therefore b=2$$

$$\therefore a-b=8-2=6$$ **탑** 6

1117 전략 먼저 두 물체 A, B의 그래프의 식을 구해 본다.

물체 A의 그래프는 원점을 지나는 직선이므로 $y=ax\ (a\neq0)$라 하자.

점 $(2, 4)$를 지나므로 $y=ax$에 $x=2$, $y=4$를 대입하면

$$4=2a \qquad \therefore a=2 \qquad \therefore y=2x$$

물체 B의 그래프는 원점을 지나는 직선이므로 $y=bx\ (b\neq0)$라 하자.

점 $(3, 1)$을 지나므로 $y=bx$에 $x=3$, $y=1$을 대입하면

$$1=3b \qquad \therefore b=\dfrac{1}{3} \qquad \therefore y=\dfrac{1}{3}x$$

이때 c분 후 두 물체의 온도 차가 15 ℃가 된다고 하면 두 그래프에서 $x=c$일 때의 y의 값의 차가 15이므로

$$2c-\dfrac{1}{3}c=15, \qquad \dfrac{5}{3}c=15 \qquad \therefore c=9$$

따라서 두 물체 A, B의 온도 차가 15 ℃가 되는 것은 온도를 측정하기 시작한 지 9분 후이다. **탑** 9분

1118 전략 늘어난 용수철의 길이는 추의 무게에 정비례함을 이용한다.

(1) y가 x에 정비례하므로 $y=ax\ (a\neq0)$라 하자.

10 g짜리 추를 매달았을 때, 0.5 cm가 늘어났으므로 $y=ax$에 $x=10$, $y=0.5$를 대입하면

$$0.5=10a \qquad \therefore a=\dfrac{1}{20} \qquad \therefore y=\dfrac{1}{20}x \qquad \cdots\ \text{1단계}$$

(2) 용수철의 길이가 13 cm가 되면 늘어난 길이는 3 cm이므로

$y=\dfrac{1}{20}x$에 $y=3$을 대입하면

$$3=\dfrac{1}{20}x \qquad \therefore x=60$$

따라서 60 g짜리 추를 매달아야 한다. $\cdots\ \text{2단계}$

탑 (1) $y=\dfrac{1}{20}x$ (2) 60 g

단계	채점 요소	비율
1	x와 y 사이의 관계를 나타내는 식 구하기	60 %
2	몇 g짜리 추를 매달아야 하는지 구하기	40 %

1119 전략 먼저 b의 값을 구한다.

점 $A(b, 12)$가 정비례 관계 $y=2x$의 그래프 위의 점이므로 $y=2x$에 $x=b$, $y=12$를 대입하면

$$12=2b \qquad \therefore b=6 \qquad \cdots\ \text{1단계}$$

이때 정사각형 ABCD의 한 변의 길이가 4이므로

$$B(6, 8),\ C(10, 8) \qquad \cdots\ \text{2단계}$$

점 $C(10, 8)$이 정비례 관계 $y=ax$의 그래프 위의 점이므로 $y=ax$에 $x=10$, $y=8$을 대입하면

$$8=10a \qquad \therefore a=\dfrac{4}{5} \qquad \cdots\ \text{3단계}$$

탑 $\dfrac{4}{5}$

단계	채점 요소	비율
1	b의 값 구하기	30 %
2	점 C의 좌표 구하기	30 %
3	a의 값 구하기	40 %

1120 〔전략〕 정비례할 때와 반비례할 때의 식을 각각 구해 본다.

y가 x에 정비례하므로 $y=ax\,(a\neq0)$라 하고 $x=-6$, $y=3$을 대입하면

$$3=-6a \qquad \therefore a=-\dfrac{1}{2} \qquad \therefore y=-\dfrac{1}{2}x \qquad \cdots \text{1단계}$$

또 z가 y에 반비례하므로 $z=\dfrac{b}{y}\,(b\neq0)$라 하고 $y=4$, $z=-\dfrac{1}{2}$을 대입하면

$$-\dfrac{1}{2}=\dfrac{b}{4} \qquad \therefore b=-2 \qquad \therefore z=-\dfrac{2}{y} \qquad \cdots \text{2단계}$$

$y=-\dfrac{1}{2}x$에 $x=4$를 대입하면

$$y=-\dfrac{1}{2}\times 4=-2$$

$z=-\dfrac{2}{y}$에 $y=-2$를 대입하면

$$z=-\dfrac{2}{-2}=1$$

따라서 $x=4$일 때 z의 값은 1이다. $\quad\cdots$ 3단계

답 1

단계	채점 요소	비율
1	x와 y 사이의 관계를 나타내는 식 구하기	30 %
2	y와 z 사이의 관계를 나타내는 식 구하기	30 %
3	$x=4$일 때 z의 값 구하기	40 %

1121 〔전략〕 $y=kx$의 그래프가 선분 AB와 한 점에서 만나므로 두 점 A, B의 좌표를 대입하여 k의 값의 범위를 구한다.

반비례 관계 $y=\dfrac{a}{x}$의 그래프가 점 A$(2, 6)$을 지나므로 $y=\dfrac{a}{x}$에 $x=2$, $y=6$을 대입하면

$$6=\dfrac{a}{2} \qquad \therefore a=12 \qquad \therefore y=\dfrac{12}{x}$$

점 B$(t, 3)$은 반비례 관계 $y=\dfrac{12}{x}$의 그래프 위의 점이므로

$y=\dfrac{12}{x}$에 $x=t$, $y=3$을 대입하면

$$3=\dfrac{12}{t} \qquad \therefore t=4 \qquad \therefore \text{B}(4, 3)$$

(i) 정비례 관계 $y=kx$의 그래프가 점 A$(2, 6)$을 지날 때,

$y=kx$에 $x=2$, $y=6$을 대입하면

$$6=2k \qquad \therefore k=3$$

(ii) 정비례 관계 $y=kx$의 그래프가 점 B$(4, 3)$을 지날 때,

$y=kx$에 $x=4$, $y=3$을 대입하면

$$3=4k \qquad \therefore k=\dfrac{3}{4}$$

(i), (ii)에서 구하는 k의 값의 범위는 $\quad \dfrac{3}{4}\leq k\leq3$

답 $\dfrac{3}{4}\leq k\leq3$

1122 〔전략〕 넓이를 이등분하는 직선이 지나야 하는 점을 알아 본다.

(사다리꼴 OABC의 넓이)$=\dfrac{1}{2}\times(2+4)\times3=9$

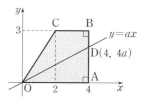

정비례 관계 $y=ax$의 그래프가 사다리꼴 OABC의 넓이를 이등분할 때, 선분 AB 위의 점 D$(4, 4a)$를 지난다고 하면 삼각형 OAD의 넓이는 사다리꼴 OABC의 넓이의 $\dfrac{1}{2}$이므로

$$\dfrac{1}{2}\times4\times4a=9\times\dfrac{1}{2} \qquad \therefore a=\dfrac{9}{16}$$

답 $\dfrac{9}{16}$

1123 〔전략〕 먼저 A 수문과 B 수문을 나타내는 그래프의 식을 구해 본다.

① A 수문을 나타내는 그래프는 원점을 지나는 직선이므로 $y=ax\,(a\neq0)$라 하자.

점 $(1, 20)$을 지나므로 $y=ax$에 $x=1$, $y=20$을 대입하면

$$20=a \qquad \therefore y=20x$$

B 수문을 나타내는 그래프는 원점을 지나는 직선이므로 $y=bx\,(b\neq0)$라 하자.

점 $(1, 10)$을 지나므로 $y=bx$에 $x=1$, $y=10$을 대입하면

$$10=b \qquad \therefore y=10x$$

② $y=20x$에 $x=2$를 대입하면 $\quad y=20\times2=40$

따라서 A 수문을 열 때, 2시간 동안 방류되는 물의 양은 40만 톤이다.

③ $y=10x$에 $x=2$를 대입하면 $\quad y=10\times2=20$

따라서 B 수문을 열 때, 2시간 동안 방류되는 물의 양은 20만 톤이다.

④ $y=20x$에 $x=3$을 대입하면 $\quad y=20\times3=60$

$y=10x$에 $x=3$을 대입하면 $\quad y=10\times3=30$

따라서 A, B 두 수문을 동시에 열면 3시간 동안 방류되는 물의 양은 $\quad 60+30=90$ (만 톤)

⑤ $y=20x$에 $x=4$를 대입하면 $\quad y=20\times4=80$

$y=10x$에 $x=4$를 대입하면 $\quad y=10\times4=40$

따라서 A, B 두 수문을 동시에 열면 4시간 동안 방류되는 물의 양의 차는 $\quad 80-40=40$ (만 톤)

따라서 옳지 않은 것은 ③이다.

답 ③

정답 및 풀이

대표문제 다시 풀기

01 소인수분해

01 소수는 5, 17, 31, 43, 83의 5개이다.
답 5개

02 ④ 3은 3의 배수이지만 소수이다.
답 ④

03 ① $2^5 = 32$ ③ $\dfrac{1}{3} \times \dfrac{1}{3} \times \dfrac{1}{3} \times \dfrac{1}{3} = \dfrac{1}{3^4}$
④ $7 + 7 + 7 + 7 + 7 = 7 \times 5$
답 ②, ⑤

04 ① $36 = 2^2 \times 3^2$ ② $56 = 2^3 \times 7$
③ $90 = 2 \times 3^2 \times 5$ ⑤ $200 = 2^3 \times 5^2$
답 ④

05 $315 = 3^2 \times 5 \times 7$
따라서 모든 소인수의 합은 $3 + 5 + 7 = 15$
답 ③

06 ③ $32 = 2^5$에서 2^5은 2^4의 약수가 아니다.
답 ③

07 ① $(1+1) \times (6+1) = 14$
② $(4+1) \times (2+1) = 15$
③ $(2+1) \times (1+1) \times (1+1) = 12$
④ $128 = 2^7$이므로 약수의 개수는 $7 + 1 = 8$
⑤ $225 = 3^2 \times 5^2$이므로 약수의 개수는
$\qquad (2+1) \times (2+1) = 9$
답 ②

08 $3^5 \times 5^a$의 약수의 개수가 30이므로
$\qquad (5+1) \times (a+1) = 30$ $\qquad \therefore a = 4$
답 ③

09 $28 = 2^2 \times 7$이므로 곱할 수 있는 자연수는 $7 \times (\text{자연수})^2$의 꼴이어야 한다.
① $7 = 7 \times 1^2$ ② $14 = 7 \times 2$ ③ $21 = 7 \times 3$
④ $35 = 7 \times 5$ ⑤ $63 = 7 \times 3^2$
답 ①, ⑤

10 ① $5^3 \times 8 = 2^3 \times 5^3$의 약수의 개수는
$\qquad (3+1) \times (3+1) = 16$
② $5^3 \times 14 = 2 \times 5^3 \times 7$의 약수의 개수는
$\qquad (1+1) \times (3+1) \times (1+1) = 16$
③ $5^3 \times 21 = 3 \times 5^3 \times 7$의 약수의 개수는
$\qquad (1+1) \times (3+1) \times (1+1) = 16$
④ $5^3 \times 27 = 3^3 \times 5^3$의 약수의 개수는
$\qquad (3+1) \times (3+1) = 16$
⑤ $5^3 \times 35 = 5^3 \times 5 \times 7 = 5^4 \times 7$의 약수의 개수는
$\qquad (4+1) \times (1+1) = 10$
답 ⑤

---

02 최대공약수와 최소공배수

01 두 수의 최대공약수를 각각 구해 보면
① 2 ② 3 ③ 5 ④ 1 ⑤ 1
답 ④, ⑤

02
$$\begin{array}{r} 2^3 \times 3^2 \times 5 \\ 2^2 \times 3^4 \times 5 \\ 2 \times 3^3 \times 5 \\ \hline (\text{최대공약수}) = 2 \times 3^2 \times 5 \end{array}$$
답 ②

03 $2^2 \times 3 \times 5^2$, $3^2 \times 5^2$의 최대공약수는 3×5^2이다.
공약수는 최대공약수의 약수이므로 공약수가 아닌 것은 ⑤이다.
답 ⑤

04 가능한 한 많은 학생들에게 똑같이 나누어 주려면 학생 수는 30, 54, 120의 최대공약수이어야 한다.
$$\begin{array}{r} 30 = 2 \times 3 \times 5 \\ 54 = 2 \times 3^3 \\ 120 = 2^3 \times 3 \times 5 \\ \hline (\text{최대공약수}) = 2 \times 3 \quad = 6 \end{array}$$
따라서 나누어 줄 수 있는 학생은 6명이다.
답 ①

05 정사각형 모양의 타일의 한 변의 길이는 180과 135의 공약수이어야 하고, 가능한 한 큰 타일이려면 타일의 한 변의 길이는 180과 135의 최대공약수이어야 한다.
$$\begin{array}{r} 180 = 2^2 \times 3^2 \times 5 \\ 135 = \quad 3^3 \times 5 \\ \hline (\text{최대공약수}) = \quad 3^2 \times 5 = 45 \end{array}$$
타일의 한 변의 길이는 45 cm이므로 필요한 타일은
가로: $180 \div 45 = 4$ (개), 세로: $135 \div 45 = 3$ (개)
$\therefore 4 \times 3 = 12$ (개)
답 12개

06 나무 사이의 간격이 최대가 되게 심으려면 나무 사이의 간격은 300, 240의 최대공약수이어야 한다.
$$\begin{array}{r} 300 = 2^2 \times 3 \times 5^2 \\ 240 = 2^4 \times 3 \times 5 \\ \hline (\text{최대공약수}) = 2^2 \times 3 \times 5 = 60 \end{array}$$
나무 사이의 간격이 60 m이므로 필요한 나무는
가로: $300 \div 60 = 5$ (그루), 세로: $240 \div 60 = 4$ (그루)
그런데 네 모퉁이에는 반드시 나무를 심으므로 필요한 나무는
$(5+4) \times 2 = 18$ (그루)
답 18그루

07
$$\begin{array}{r} 2^3 \times 3 \times 5 \\ 2 \quad \times 5 \times 7 \\ 3^3 \times 5 \\ \hline (\text{최소공배수}) = 2^3 \times 3^3 \times 5 \times 7 \end{array}$$
답 ③

08 2×3^2, $2^2 \times 3 \times 5$의 최소공배수는 $2^2 \times 3^2 \times 5$이다.
공배수는 최소공배수의 배수이므로 공배수가 아닌 것은 ①, ③
이다. **답** ①, ③

09 최대공약수에서 공통인 소인수 2의 지수 3, b 중 작은 것이
2이므로 $b=2$
최소공배수에서 소인수 5의 지수 a, 1 중 큰 것이 2이므로
$a=2$
$\therefore a+b=2+2=4$ **답** 4

10
$$3 \times x = \quad 3 \quad \times x$$
$$5 \times x = \quad\quad 5 \times x$$
$$6 \times x = 2 \times 3 \quad \times x$$
$$\overline{(최소공배수) = 2 \times 3 \times 5 \times x = 30 \times x}$$
세 수의 최소공배수가 180이므로
$30 \times x = 180 \qquad \therefore x=6$
따라서 세 자연수 중 가장 큰 수는 $6 \times x = 6 \times 6 = 36$ **답** 36

11 A, $12 = 2^2 \times 3$의 최소공배수가 $2^2 \times 3^2 \times 5$이므로 A는
$3^2 \times 5 \times$ (자연수)의 꼴이고 $2^2 \times 3^2 \times 5$의 약수이어야 한다.
따라서 구하는 가장 작은 자연수는 $3^2 \times 5 = 45$ **답** 45

12 가장 작은 정사각형을 만들려고 하므로 정사각형의 한 변
의 길이는 20과 12의 최소공배수이다.
$$20 = 2^2 \quad \times 5$$
$$12 = 2^2 \times 3$$
$$\overline{(최소공배수) = 2^2 \times 3 \times 5 = 60}$$
따라서 정사각형의 한 변의 길이는 60 cm이다. **답** 60 cm

13 오전 8시 이후 처음으로 다시 동시에 출발하는 시각은 10과
35의 최소공배수만큼의 시간이 지난 후이다.
$$10 = 2 \times 5$$
$$35 = \quad 5 \times 7$$
$$\overline{(최소공배수) = 2 \times 5 \times 7 = 70}$$
따라서 오전 8시 이후 처음으로 다시 동시에 출발하는 시각은
70분, 즉 1시간 10분 후인 오전 9시 10분이다.
답 오전 9시 10분

14 두 톱니바퀴가 같은 톱니에서 처음으로 다시 맞물릴 때까
지 움직인 톱니의 수는 20과 30의 최소공배수이다.
$$20 = 2^2 \quad \times 5$$
$$30 = 2 \times 3 \times 5$$
$$\overline{(최소공배수) = 2^2 \times 3 \times 5 = 60}$$
따라서 두 톱니바퀴가 같은 톱니에서 처음으로 다시 맞물리려면
톱니바퀴 A는
$60 \div 20 = 3$ (바퀴)
회전해야 한다. **답** 3바퀴

15 $12 = 6 \times 2$, $30 = 6 \times 5$, N의 최소공배수가
$180 = 6 \times (2 \times 3 \times 5)$이므로 N은 $6 \times 3 \times$ (자연수)의 꼴이고
$6 \times (2 \times 3 \times 5)$의 약수이어야 한다.
따라서 N의 값이 될 수 있는 수는
$6 \times 3 = 18$, $6 \times 3 \times 2 = 36$, $6 \times 3 \times 5 = 90$,
$6 \times 3 \times 2 \times 5 = 180$ **답** ②

16 $A = 12 \times a$, $B = 12 \times b$ (a, b는 서로소, $a > b$)라 하면 최소
공배수가 360이므로
$12 \times a \times b = 360 \qquad \therefore a \times b = 30$
(i) $a = 30$, $b = 1$일 때,
$A = 12 \times 30 = 360$, $B = 12 \times 1 = 12$
(ii) $a = 15$, $b = 2$일 때,
$A = 12 \times 15 = 180$, $B = 12 \times 2 = 24$
(iii) $a = 10$, $b = 3$일 때,
$A = 12 \times 10 = 120$, $B = 12 \times 3 = 36$
(iv) $a = 6$, $b = 5$일 때,
$A = 12 \times 6 = 72$, $B = 12 \times 5 = 60$
이상에서 $A + B = 156$이어야 하므로 $A = 120$, $B = 36$
$\therefore A - B = 120 - 36 = 84$ **답** 84

II. 정수와 유리수

03 정수와 유리수

01 ② $+15000$원 ③ $+7$시간 ⑤ -250 m **답** ①, ④

02 ④ $\dfrac{12}{4} = 3$이므로 정수이다. **답** ⑤

03 ④ 주어진 수는 모두 유리수이므로 6개이다. **답** ④

04 ④ $\dfrac{1}{3}$은 유리수이지만 정수가 아니다. **답** ④

05 ① A: $-\dfrac{10}{3}$ ③ C: $-\dfrac{3}{2}$ ④ D: $\dfrac{1}{3}$ **답** ②, ⑤

06
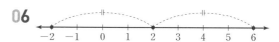
위의 수직선에서 -2와 6을 나타내는 두 점으로부터 같은 거리
에 있는 점이 나타내는 수는 2이다. **답** 2

07 절댓값이 7인 수는 7과 -7이
므로 수직선 위에 나타내면 오른쪽
그림과 같다.
따라서 두 점 사이의 거리는 14이다. **답** 14
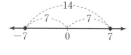

08 ① 0의 절댓값은 0이다.

② 음수의 절댓값은 그 수에서 부호 −를 떼어 낸 수와 같다.

③ 절댓값이 3인 수는 3, −3이다.

⑤ 절댓값이 클수록 수직선에서 그 수를 나타내는 점은 0을 나타내는 점에서 멀리 떨어져 있다. 　답 ④

09 절댓값이 $\dfrac{10}{3}$보다 작은 정수는

$$-3, -2, -1, 0, 1, 2, 3$$

의 7개이다. 　답 7

10 절댓값이 같고 부호가 반대인 두 수를 나타내는 두 점 사이의 거리가 12이므로 두 수를 나타내는 점은 0을 나타내는 점으로부터의 거리가 각각 $12 \times \dfrac{1}{2}=6$이다.

따라서 두 수는 6, −6이고 이 중 양수는 6이다. 　답 6

11 ② $\dfrac{3}{4}=\dfrac{9}{12}$, $\dfrac{2}{3}=\dfrac{8}{12}$이므로　$\dfrac{3}{4}>\dfrac{2}{3}$

③ $|-1.7|=1.7$, $|-2|=2$이므로

$$|-1.7|<|-2|\qquad \therefore -1.7>-2$$

④ $|-1|=1$이므로　　$0<|-1|$ 　답 ①, ⑤

12 ⑤ $-6 \le x < 2$ 　답 ⑤

13 $-\dfrac{9}{2}=-4.5$와 $\dfrac{7}{4}=1.75$ 사이에 있는 정수는

$$-4, -3, -2, -1, 0, 1$$

의 6개이다. 　답 ③

14 조건 ㈐에서 수직선 위에서 0을 나타내는 점과 b를 나타내는 점 사이의 거리는 0을 나타내는 점과 a를 나타내는 점 사이의 거리의 3배이다.

조건 ㈑에서 수직선 위에서 a, b를 나타내는 두 점 사이의 거리가 12이고 조건 ㈎에서 $a>0$, $b<0$이므로 두 수 a, b를 나타내는 두 점을 각각 A, B라 하고 수직선 위에 나타내면 다음 그림과 같다.

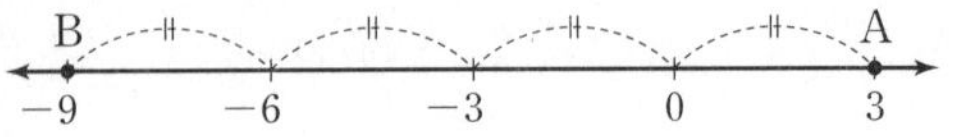

$$\therefore a=3, b=-9 \qquad \text{답 } a=3, b=-9$$

15 조건 ㈏, ㈑에서 c는 −5보다 크고 절댓값이 −5의 절댓값과 같으므로　　$c=5$

조건 ㈏에서 b는 −5보다 크고 조건 ㈎, ㈐에서 a는 5보다 크고 b보다 −5에 더 가까우므로

$$5<a<b \qquad \therefore c<a<b$$

이때 세 수 a, b, c를 수직선 위에 나타내면 다음 그림과 같다.

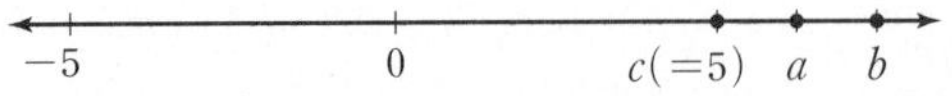

답 $c<a<b$

---

04 정수와 유리수의 계산

01 ① $(-2)+(-7)=-9$

③ $\left(+\dfrac{2}{3}\right)+\left(-\dfrac{1}{2}\right)=\left(+\dfrac{4}{6}\right)+\left(-\dfrac{3}{6}\right)=\dfrac{1}{6}$

⑤ $(-0.5)+\left(-\dfrac{9}{2}\right)=\left(-\dfrac{1}{2}\right)+\left(-\dfrac{9}{2}\right)=-5$ 　답 ②, ④

02 답 ㉠ 교환법칙　㉡ 결합법칙

03 ④ $(-5.3)-(+1.7)=(-5.3)+(-1.7)=-7$

답 ④

04 ① $(-9)+(+3)-(-6)=(-9)+(+3)+(+6)=0$

② $(+3)-(-5)-(+10)=(+3)+(+5)+(-10)=-2$

③ $(-1.2)+(+6.8)-(-2.4)$

$\qquad =(-1.2)+(+6.8)+(+2.4)=8$

④ $(-1)-\left(-\dfrac{5}{3}\right)+\left(-\dfrac{1}{6}\right)=(-1)+\left(+\dfrac{5}{3}\right)+\left(-\dfrac{1}{6}\right)=\dfrac{1}{2}$

답 ⑤

05 ① $-3+10-8=(-3)+(+10)-(+8)$

$\qquad\qquad\qquad =(-3)+(+10)+(-8)=-1$

② $-8+4-5+9=(-8)+(+4)-(+5)+(+9)$

$\qquad\qquad\qquad =(-8)+(+4)+(-5)+(+9)=0$

③ $1.4-3.7+4.3=(+1.4)-(+3.7)+(+4.3)$

$\qquad\qquad\qquad =(+1.4)+(-3.7)+(+4.3)=2$

④ $-1-\dfrac{1}{2}+\dfrac{9}{5}=(-1)-\left(+\dfrac{1}{2}\right)+\left(+\dfrac{9}{5}\right)$

$\qquad\qquad\qquad =(-1)+\left(-\dfrac{1}{2}\right)+\left(+\dfrac{9}{5}\right)=\dfrac{3}{10}$

⑤ $\dfrac{1}{2}+\dfrac{2}{3}-\dfrac{5}{4}=\left(+\dfrac{1}{2}\right)+\left(+\dfrac{2}{3}\right)-\left(+\dfrac{5}{4}\right)$

$\qquad\qquad\qquad =\left(+\dfrac{1}{2}\right)+\left(+\dfrac{2}{3}\right)+\left(-\dfrac{5}{4}\right)=-\dfrac{1}{12}$ 　답 ③

06 $a=9+(-4)=5$, $b=-1.4-2.6=-4$

$\therefore a+b=5+(-4)=1$ 　답 ④

07 $a-\left(-\dfrac{1}{3}\right)=\dfrac{3}{2}$에서

$$a=\dfrac{3}{2}+\left(-\dfrac{1}{3}\right)=\dfrac{9}{6}+\left(-\dfrac{2}{6}\right)=\dfrac{7}{6}$$

$b+\left(-\dfrac{5}{6}\right)=-1$에서

$$b=-1-\left(-\dfrac{5}{6}\right)=-\dfrac{6}{6}+\dfrac{5}{6}=-\dfrac{1}{6}$$

$$\therefore a+b=\dfrac{7}{6}+\left(-\dfrac{1}{6}\right)=1 \qquad \text{답 } ③$$

08 어떤 유리수를 □라 하면 $\quad □+\left(-\dfrac{2}{5}\right)=\dfrac{1}{10}$

$\therefore □=\dfrac{1}{10}-\left(-\dfrac{2}{5}\right)=\dfrac{1}{10}+\dfrac{4}{10}=\dfrac{1}{2}$

따라서 바르게 계산하면

$\dfrac{1}{2}-\left(-\dfrac{2}{5}\right)=\dfrac{5}{10}+\dfrac{4}{10}=\dfrac{9}{10}$ 답 $\dfrac{9}{10}$

09 a의 절댓값이 $\dfrac{1}{2}$이므로 $\quad a=\dfrac{1}{2}$ 또는 $a=-\dfrac{1}{2}$

b의 절댓값이 $\dfrac{3}{4}$이므로 $\quad b=\dfrac{3}{4}$ 또는 $b=-\dfrac{3}{4}$

$a+b$의 값 중에서 가장 작은 값은 a, b가 모두 음수일 때이므로

$-\dfrac{1}{2}+\left(-\dfrac{3}{4}\right)=-\dfrac{2}{4}+\left(-\dfrac{3}{4}\right)=-\dfrac{5}{4}$ 답 $-\dfrac{5}{4}$

10 $800+120-50-100+250=1020$ (명)   답 1020명

11 한 변에 놓인 네 수의 합은 $\quad -3+9+(-6)+8=8$

$A+5+7+(-3)=8$이므로 $\quad A=-1$

$A+(-5)+B+8=8$이므로 $\quad B=6$

$\therefore B-A=6-(-1)=6+1=7$ 답 7

12 ⑤ $\left(-\dfrac{2}{3}\right)\times\left(-\dfrac{15}{4}\right)\times\left(-\dfrac{2}{5}\right)=-\left(\dfrac{2}{3}\times\dfrac{15}{4}\times\dfrac{2}{5}\right)=-1$

답 ⑤

13 답 ㉠ 교환법칙 ㉡ 결합법칙

14 주어진 네 유리수 중 서로 다른 세 수를 뽑아 곱한 값이 가장 작으려면 음수 3개를 뽑아야 하므로

$(-2)\times\left(-\dfrac{5}{8}\right)\times\left(-\dfrac{12}{5}\right)=-\left(2\times\dfrac{5}{8}\times\dfrac{12}{5}\right)=-3$

답 -3

15 ④ $-\left(-\dfrac{1}{4}\right)^3=-\left(-\dfrac{1}{64}\right)=\dfrac{1}{64}$ 답 ④

16 $(-1)+(-1)^2+(-1)^3+\cdots+(-1)^{99}$

$=(-1)+1+(-1)+1+\cdots+(-1)+1+(-1)$

$=\{(-1)+1\}+\{(-1)+1\}+\cdots+\{(-1)+1\}+(-1)$

$=0+0+\cdots+0+(-1)=-1$ 답 ②

17 $a\times(b-c)=a\times b-a\times c=5-(-8)=13$ 답 13

18 ⑤ $1\times(-1)=-1$ 답 ⑤

19 ⑤ $\left(-\dfrac{21}{2}\right)\div(-0.7)=\left(-\dfrac{21}{2}\right)\div\left(-\dfrac{7}{10}\right)$

$\qquad\qquad\qquad\quad=\left(-\dfrac{21}{2}\right)\times\left(-\dfrac{10}{7}\right)=15$ 답 ⑤

20 ① $(-63)\div(-9)\times(+2)=+(63\div9\times2)=14$

② $(-10)\times\left(+\dfrac{2}{5}\right)\div\left(+\dfrac{1}{2}\right)$

$\quad=(-10)\times\left(+\dfrac{2}{5}\right)\times(+2)=-8$

③ $\left(-\dfrac{4}{7}\right)\div\left(-\dfrac{3}{10}\right)\times\left(-\dfrac{21}{20}\right)$

$\quad=\left(-\dfrac{4}{7}\right)\times\left(-\dfrac{10}{3}\right)\times\left(-\dfrac{21}{20}\right)=-2$

⑤ $\left(-\dfrac{8}{9}\right)\times(-2)\div\left(-\dfrac{1}{3}\right)^2=\left(-\dfrac{8}{9}\right)\times(-2)\times9=16$

답 ④

21 $1-\left[\{3+(-2)^3\}\div\dfrac{5}{2}+(-4)^2\right]\times\dfrac{3}{7}$

$=1-\left[\{3+(-8)\}\div\dfrac{5}{2}+16\right]\times\dfrac{3}{7}$

$=1-\left\{(-5)\times\dfrac{2}{5}+16\right\}\times\dfrac{3}{7}$

$=1-(-2+16)\times\dfrac{3}{7}$

$=1-14\times\dfrac{3}{7}=1-6=-5$ 답 ①

22 $\dfrac{5}{3}\times a=-15$에서

$a=(-15)\div\dfrac{5}{3}=(-15)\times\dfrac{3}{5}=-9$

$\left(-\dfrac{7}{2}\right)\div b=\dfrac{21}{4}$에서

$b=\left(-\dfrac{7}{2}\right)\div\dfrac{21}{4}=\left(-\dfrac{7}{2}\right)\times\dfrac{4}{21}=-\dfrac{2}{3}$

$\therefore a\times b=(-9)\times\left(-\dfrac{2}{3}\right)=6$ 답 6

23 어떤 유리수를 □라 하면 $\quad □\times\left(-\dfrac{1}{6}\right)=\dfrac{1}{9}$

$\therefore □=\dfrac{1}{9}\div\left(-\dfrac{1}{6}\right)=\dfrac{1}{9}\times(-6)=-\dfrac{2}{3}$

따라서 바르게 계산하면

$\left(-\dfrac{2}{3}\right)\div\left(-\dfrac{1}{6}\right)=\left(-\dfrac{2}{3}\right)\times(-6)=4$ 답 4

24 $a<b$, $a\times b<0$이므로 $\quad a<0$, $b>0$

이때 $b\div c>0$이므로 $\quad c>0$ 답 ③

25 $a=-\dfrac{1}{2}$이라 하면

① $a=-\dfrac{1}{2}$

② $a^2=\left(-\dfrac{1}{2}\right)^2=\dfrac{1}{4}$

③ $a^3=\left(-\dfrac{1}{2}\right)^3=-\dfrac{1}{8}$

④ $\dfrac{1}{a}=1\div a=1\div\left(-\dfrac{1}{2}\right)=1\times(-2)=-2$

⑤ $\dfrac{1}{a^3}=1\div a^3=1\div\left(-\dfrac{1}{8}\right)=1\times(-8)=-8$ 답 ⑤

26 신이의 점수는

$6 \times 3 + 4 \times (-2) = 18 - 8 = 10$ (점)

이서의 점수는

$4 \times 3 + 6 \times (-2) = 12 - 12 = 0$ (점)

따라서 신이와 이서의 점수의 차는

$10 - 0 = 10$ (점)   답 10점

27 (1) 두 점 A, B 사이의 거리는

$\dfrac{4}{3} - \left(-\dfrac{3}{2}\right) = \dfrac{8}{6} + \dfrac{9}{6} = \dfrac{17}{6}$

(2) 두 점 A, C 사이의 거리는

$\dfrac{17}{6} \times \dfrac{3}{3+1} = \dfrac{17}{6} \times \dfrac{3}{4} = \dfrac{17}{8}$

(3) 점 C가 나타내는 수는

$-\dfrac{3}{2} + \dfrac{17}{8} = -\dfrac{12}{8} + \dfrac{17}{8} = \dfrac{5}{8}$

답 (1) $\dfrac{17}{6}$ (2) $\dfrac{17}{8}$ (3) $\dfrac{5}{8}$

Ⅲ. 문자와 식

05 문자의 사용과 식의 계산

01 ③ $p \times p \times q \times p \div 4 = p^3 q \times \dfrac{1}{4} = \dfrac{p^3 q}{4}$

⑤ $a \div (x \times y) \div (1-x) = a \times \dfrac{1}{xy} \times \dfrac{1}{1-x} = \dfrac{a}{xy(1-x)}$

답 ③, ⑤

02 ② $9 \times 10 + a \times 1 = 90 + a$ 답 ②

03 ① (정육각형의 둘레의 길이)$= x \times 6 = 6x$ (cm)

② (삼각형의 넓이)$= \dfrac{1}{2} \times x \times y = \dfrac{1}{2}xy$ (cm²)

③ (직사각형의 둘레의 길이)$= 2(2a+5)$ (cm)

⑤ (정육면체의 부피)$= a \times a \times a = a^3$ (cm³)

답 ④

04 (거리)$=$(속력)$\times$(시간)이므로 시속 80 km로 a시간 동안 간 거리는 $80 \times a = 80a$ (km)

따라서 남은 거리는

$(240 - 80a)$ km   답 ①

05 ① $2x + 5y = 2 \times 3 + 5 \times (-1) = 6 - 5 = 1$

② $x^2 + 8y = 3^2 + 8 \times (-1) = 9 - 8 = 1$

③ $-x - 4y = -3 - 4 \times (-1) = -3 + 4 = 1$

④ $\dfrac{3}{x} + 2y = \dfrac{3}{3} + 2 \times (-1) = 1 - 2 = -1$

⑤ $\dfrac{x-2y}{2x+y} = \dfrac{3 - 2 \times (-1)}{2 \times 3 + (-1)} = \dfrac{5}{5} = 1$ 답 ④

06 $\dfrac{5}{x} - \dfrac{7}{y} = 5 \div x - 7 \div y = 5 \div \dfrac{1}{2} - 7 \div \left(-\dfrac{7}{3}\right)$

$= 5 \times 2 - 7 \times \left(-\dfrac{3}{7}\right)$

$= 10 + 3 = 13$ 답 13

07 $\dfrac{5}{9}(x-32)$에 $x=95$를 대입하면

$\dfrac{5}{9} \times (95 - 32) = \dfrac{5}{9} \times 63 = 35$ (℃)   답 35 ℃

08 (1) 물의 높이가 1시간에 15 cm씩 줄어들므로 x시간 동안 줄어든 물의 높이는 15x cm, 즉 0.15x m이다.

현재 물의 높이가 7 m이므로 x시간 전의 물의 높이는

$(7 + 0.15x)$ m

(2) $7 + 0.15x$에 $x = 8$을 대입하면

$7 + 0.15 \times 8 = 7 + 1.2 = 8.2$ (m)

답 (1) $(7 + 0.15x)$ m   (2) 8.2 m

09 ⑤ 상수항은 -7이다.   답 ⑤

10 ① 상수항은 일차식이 아니다.

② 분모에 문자가 있는 식은 다항식이 아니므로 일차식이 아니다.

④ 다항식의 차수가 2이므로 일차식이 아니다.   답 ③, ⑤

11 ① $5 \times (-2x) = -10x$

② $(-14x) \div (-7) = (-14x) \times \left(-\dfrac{1}{7}\right) = 2x$

③ $(6x-3) \times \dfrac{1}{3} = 2x - 1$

⑤ $(-9x+27) \div (-9) = (-9x+27) \times \left(-\dfrac{1}{9}\right)$

$= x - 3$ 답 ④

12 ① $\dfrac{1}{a}$은 다항식이 아니다.

③ 문자는 같지만 차수가 다르므로 동류항이 아니다.

④ 각 문자에 대한 차수가 다르므로 동류항이 아니다.

⑤ 차수는 1로 같지만 문자가 a, b로 다르므로 동류항이 아니다.

답 ②

13 $8(x-4) + (36x-18) \div (-9)$

$= 8x - 32 + (36x-18) \times \left(-\dfrac{1}{9}\right)$

$= 8x - 32 + (-4x+2)$

$= 4x - 30$

따라서 x의 계수는 4, 상수항은 -30이므로 구하는 합은

$4 + (-30) = -26$ 답 -26

14 $-5x+1-[3x+4-\{2x-4(1-x)\}]$
$=-5x+1-\{3x+4-(2x-4+4x)\}$
$=-5x+1-\{3x+4-(6x-4)\}$
$=-5x+1-(3x+4-6x+4)$
$=-5x+1-(-3x+8)$
$=-5x+1+3x-8=-2x-7$ **답** ①

15 $-\dfrac{6x+2}{5}-\dfrac{3x-1}{2}=\dfrac{-12x-4-15x+5}{10}$
$=-\dfrac{27}{10}x+\dfrac{1}{10}$

따라서 x의 계수는 $-\dfrac{27}{10}$, 상수항은 $\dfrac{1}{10}$이므로 구하는 합은

$-\dfrac{27}{10}+\dfrac{1}{10}=-\dfrac{13}{5}$ **답** $-\dfrac{13}{5}$

16 $2A-B-4(B-3A)=2A-B-4B+12A$
$=14A-5B$
$=14(x-1)-5(4x+3)$
$=14x-14-20x-15$
$=-6x-29$ **답** ①

17 어떤 다항식을 ☐라 하면
☐$-(5x+2y)=-3x-4y$
∴ ☐$=-3x-4y+(5x+2y)=2x-2y$ **답** $2x-2y$

18 어떤 다항식을 ☐라 하면
☐$+(-8x+1)=4x+6$
∴ ☐$=4x+6-(-8x+1)$
$=4x+6+8x-1=12x+5$
따라서 바르게 계산한 식은
$12x+5-(-8x+1)=12x+5+8x-1$
$=20x+4$ **답** ③

19 색칠한 부분의 넓이는 큰 직사각형의 넓이에서 작은 직사
각형의 넓이를 뺀 것과 같으므로
$(3a+8)\times12-\{(3a+8)-(a+4)\}\times(12-5)$
$=(3a+8)\times12-(2a+4)\times7$
$=36a+96-14a-28=22a+68 \ (\text{cm}^2)$ **답** ④

20 n이 자연수일 때 $2n$은 짝수, $2n+1$은 홀수이므로
$(-1)^{2n}=1$, $(-1)^{2n+1}=-1$
∴ $(-1)^{2n}(5-6x)-(-1)^{2n+1}(5+6x)$
$=5-6x-(-5-6x)=10$ **답** ③

III. 문자와 식

06 일차방정식의 풀이

01 ② 다항식은 등식이 아니다.
③, ④ 부등호가 있으므로 등식이 아니다. **답** ①, ⑤

02 ⑤ $5-6x=0.4$ **답** ⑤

03 ⑤ $10-6\times(-3)\neq-8\times(-3)+2$ **답** ⑤

04 ㅁ. $-x+6=-(-6+x)$에서
(우변)$=-(-6+x)=-x+6$
즉 (좌변)=(우변)이므로 항등식이다.
ㅂ. $5(2x-1)+3=10x-2$에서
(좌변)$=5(2x-1)+3=10x-2$
즉 (좌변)=(우변)이므로 항등식이다.
이상에서 항등식인 것은 ㄱ, ㅁ, ㅂ이다. **답** ②

05 $7-4x=a(x-1)+b$에서
(우변)$=a(x-1)+b=ax-a+b$
따라서 $7-4x=ax-a+b$가 x에 대한 항등식이므로
$-4=a$, $7=-a+b$
∴ $a=-4$, $b=3$
∴ $a+b=-4+3=-1$ **답** ⑤

06 ① $a+3=b+3$의 양변에서 3을 빼면 $a=b$
② $\dfrac{a}{2}=\dfrac{b}{5}$의 양변에 10을 곱하면 $5a=2b$
④ $a=2b$의 양변에 -1을 곱하면 $-a=-2b$
$-a=-2b$의 양변에 1을 더하면 $1-a=1-2b$
⑤ $7a=2b$의 양변에서 14를 빼면 $7a-14=2b-14$
∴ $7(a-2)=2(b-7)$ **답** ③

07 ㉠ 등식의 양변에 5를 곱한다.
㉡ 등식의 양변에 10을 더한다.
㉢ 등식의 양변을 4로 나눈다. **답** ㉠

08 ① 1을 우변으로 이항하면 $8x=17-1$
② x를 좌변으로 이항하면 $-4x-x=6$
③ $-5x$를 좌변으로 이항하면
$3x+5x=24$
④ 2를 우변으로, x를 좌변으로 이항하면
$6x-x=12-2$ **답** ⑤

09 ㄴ. $x-5=x+6$에서 $0\times x-11=0$이므로 일차방정식이 아니다.

ㄷ. $x^2+2x=x^2-4$에서 $2x+4=0$
즉 일차방정식이다.

ㄹ. $7(1-x)=-7x+7$에서 $7-7x=-7x+7$
즉 $0\times x=0$이므로 일차방정식이 아니다.

ㅁ. $\dfrac{x}{8}+2=\dfrac{x}{4}-6$에서 $-\dfrac{x}{8}+8=0$이므로 일차방정식이다.

이상에서 일차방정식인 것은 ㄷ, ㅁ이다. 🖹 ㄷ, ㅁ

10 $4(2x-5)=3(x-4)+2$에서
$8x-20=3x-12+2,\quad 5x=10$
$\therefore x=2$ 🖹 ④

11 양변에 10을 곱하면
$6(x+3)-5x=12,\quad 6x+18-5x=12$
$\therefore x=-6$ 🖹 ③

12 양변에 21을 곱하면
$7(x-4)+42=3(2x+3)$
$7x-28+42=6x+9$
$\therefore x=-5$ 🖹 $x=-5$

13 양변에 30을 곱하면
$15x+6=5(x+3),\quad 15x+6=5x+15$
$10x=9\quad\therefore x=\dfrac{9}{10}$ 🖹 ④

14 $(4x-3):5=(x-2):1$에서
$4x-3=5(x-2),\quad 4x-3=5x-10$
$-x=-7\quad\therefore x=7$ 🖹 ③

15 $\dfrac{ax+15}{2}-11=-2x$에 $x=1$을 대입하면
$\dfrac{a+15}{2}-11=-2,\quad \dfrac{a+15}{2}=9$
양변에 2를 곱하면
$a+15=18\quad\therefore a=3$ 🖹 ③

16 $\dfrac{2}{3}x+3=\dfrac{1}{2}x+\dfrac{11}{3}$의 양변에 6을 곱하면
$4x+18=3x+22\quad\therefore x=4$
$2.4x+a=1.7x-2.2$에 $x=4$를 대입하면
$2.4\times4+a=1.7\times4-2.2$
$9.6+a=4.6\quad\therefore a=-5$ 🖹 -5

17 $3(5-x)=a$에서
$15-3x=a,\quad -3x=a-15$
$\therefore x=\dfrac{15-a}{3}$

이때 $\dfrac{15-a}{3}$가 자연수이어야 하므로 $15-a$는 3의 배수이어야 한다.

$15-a=3$일 때, $a=12$
$15-a=6$일 때, $a=9$
$15-a=9$일 때, $a=6$
$15-a=12$일 때, $a=3$
$15-a=15$일 때, $a=0$
$\vdots$

따라서 구하는 자연수 a의 값은 3, 6, 9, 12이다.
🖹 3, 6, 9, 12

18 $ax+\dfrac{1}{5}=5x-b$의 해가 무수히 많으므로
$a=5,\ \dfrac{1}{5}=-b$
$\therefore a=5,\ b=-\dfrac{1}{5}$
$\therefore ab=5\times\left(-\dfrac{1}{5}\right)=-1$ 🖹 ④

07 일차방정식의 활용

01 어떤 수를 x라 하면
$4x-6=2x+8$
$2x=14\quad\therefore x=7$
따라서 어떤 수는 7이다. 🖹 ②

02 연속하는 세 짝수를 $x-2,\ x,\ x+2$라 하면
$(x-2)+x+(x+2)=84$
$3x=84\quad\therefore x=28$
따라서 연속하는 세 짝수는 26, 28, 30이므로 가장 큰 수는 30이다. 🖹 30

03 처음 자연수의 십의 자리의 숫자를 x라 하면
$70+x=2(10x+7)-20$
$70+x=20x-6$
$-19x=-76$
$\therefore x=4$
따라서 처음 자연수는 47이다. 🖹 ④

04 현재 유주의 나이를 x살이라 하면 어머니의 나이는 $(60-x)$살이므로

$$60-x+15=2(x+15)$$
$$75-x=2x+30$$
$$-3x=-45 \quad \therefore x=15$$

따라서 현재 유주의 나이는 15살이다. 답 15살

05 x개월 후에 언니의 예금액이 동생의 예금액의 2배가 된다고 하면

$$92000+8000x=2(14000+8000x)$$
$$92000+8000x=28000+16000x$$
$$-8000x=-64000 \quad \therefore x=8$$

따라서 8개월 후이다. 답 ④

06 해바라기를 x송이 구입했다고 하면 장미는 $(8-x)$송이 구입했으므로

$$11000-\{1600x+1200(8-x)\}=200$$
$$1600x+1200(8-x)=10800$$
$$1600x+9600-1200x=10800$$
$$400x=1200 \quad \therefore x=3$$

따라서 해바라기는 3송이를 구입했다. 답 3송이

07 처음 정사각형의 넓이는 $8 \times 8 = 64 \ (\text{cm}^2)$이므로

$$(8+6)(8-x)=64+20$$
$$112-14x=84$$
$$-14x=-28 \quad \therefore x=2$$

답 ②

08 학생 수를 x라 하면 나누어 주는 방법에 관계없이 유부초밥의 개수는 같으므로

$$3x+12=5x-6$$
$$-2x=-18 \quad \therefore x=9$$

따라서 학생은 9명이고 유부초밥의 개수는

$$3x+12=3 \times 9+12=39$$

답 39

09 작년의 남학생 수를 x라 하면 작년의 여학생 수는 $1000-x$이고, 전체적으로 12명이 증가했으므로

$$-\frac{6}{100}x+\frac{12}{100}(1000-x)=12$$
$$-6x+12(1000-x)=1200$$
$$-6x+12000-12x=1200$$
$$-18x=-10800 \quad \therefore x=600$$

따라서 올해의 남학생 수는

$$600-\frac{6}{100} \times 600=600-36=564$$

답 564

10 동호회 회원 수를 x라 하면

$$\frac{1}{6}x+\frac{1}{4}x+\frac{1}{3}x+6=x$$
$$2x+3x+4x+72=12x$$
$$-3x=-72 \quad \therefore x=24$$

따라서 B 영화를 관람한 회원은 $\frac{1}{4} \times 24=6$ (명) 답 6명

11 집에서 자전거 판매점까지의 거리를 x km라 하면

$$\frac{x}{4}+\frac{x}{8}=3$$
$$2x+x=24, \qquad 3x=24$$
$$\therefore x=8$$

따라서 두 지점 사이의 거리는 8 km이므로 갈 때 걸린 시간은

$$\frac{8}{4}=2 \ (\text{시간})$$

답 ③

12 두 지점 사이의 거리를 x km라 하면 시차는 10분, 즉

$$\frac{10}{60}=\frac{1}{6} \ (\text{시간})$$이므로

$$\frac{x}{80}-\frac{x}{90}=\frac{1}{6}, \qquad 9x-8x=120$$
$$\therefore x=120$$

따라서 두 지점 사이의 거리는 120 km이다. 답 120 km

13 시우가 출발한 지 x분 후에 승민이를 만난다고 하면 두 사람이 간 거리가 같으므로

$$30(x+30)=120x$$
$$30x+900=120x, \qquad -90x=-900$$
$$\therefore x=10$$

따라서 시우가 출발한 지 10분 후에 승민이를 만나게 된다.

답 10분

14 두 사람이 출발한 지 x분 후에 처음으로 만난다고 하면 두 사람이 걸은 거리의 합은 트랙의 둘레의 길이와 같으므로

$$60x+90x=1800$$
$$150x=1800 \quad \therefore x=12$$

따라서 A, B 두 사람은 출발한 지 12분 후에 처음으로 만나게 된다. 답 12분

15 넣는 물의 양을 x g이라 하면 물을 넣기 전이나 물을 넣은 후의 설탕의 양은 변하지 않으므로

$$\frac{12}{100} \times 500=\frac{10}{100} \times (500+x)$$
$$6000=10(500+x)$$
$$6000=5000+10x, \qquad -10x=-1000$$
$$\therefore x=100$$

따라서 100 g의 물을 넣어야 한다. 답 100 g

16 10%의 소금물의 양을 x g이라 하면

$$\frac{10}{100} \times x + 25 = \frac{20}{100} \times (x+25)$$

$$10x + 2500 = 20x + 500$$

$$-10x = -2000$$

$$\therefore x = 200$$

따라서 처음 10%의 소금물의 양은 200 g이다.　　　📋 ②

17 4%의 소금물을 x g 섞는다고 하면 섞기 전 두 소금물에 들어 있는 소금의 양의 합과 섞은 후 소금물에 들어 있는 소금의 양은 같으므로

$$\frac{4}{100} \times x + \frac{10}{100} \times 300 = \frac{8}{100} \times (x+300)$$

$$4x + 3000 = 8x + 2400$$

$$-4x = -600 \qquad \therefore x = 150$$

따라서 4%의 소금물은 150 g을 섞어야 한다.　　📋 150 g

18 양말의 원가를 x원이라 하면

$$(\text{정가}) = x + \frac{40}{100}x = \frac{7}{5}x \ (\text{원})$$

이므로

$$(\text{판매 가격}) = \frac{7}{5}x - \frac{25}{100} \times \frac{7}{5}x = \frac{21}{20}x \ (\text{원})$$

$(\text{이익}) = (\text{판매 가격}) - (\text{원가})$이므로

$$200 = \frac{21}{20}x - x \qquad \therefore x = 4000$$

따라서 양말의 원가는 4000원이다.　　　📋 4000원

19 전체 일의 양을 1이라 하면 주안이와 아인이가 하루 동안 하는 일의 양은 각각 $\frac{1}{20}$, $\frac{1}{30}$이다.

둘이 함께 x일 동안 일을 했다고 하면

$$\frac{1}{20} \times 10 + \left(\frac{1}{20} + \frac{1}{30}\right) \times x = 1$$

$$\frac{1}{2} + \frac{1}{12}x = 1, \qquad 6 + x = 12$$

$$\therefore x = 6$$

따라서 주안이와 아인이는 6일 동안 함께 일하였다.　📋 6일

20 긴 의자의 개수를 x라 하면 한 의자에 5명씩 앉을 때의 학생 수는

$$5x + 2 \qquad\qquad\qquad \cdots\cdots ㉠$$

한 의자에 6명씩 앉으면 6명이 모두 앉게 되는 의자는 $(x-2)$개이므로 학생 수는

$$6(x-2) + 3 \qquad\qquad \cdots\cdots ㉡$$

이때 ㉠=㉡이므로

$$5x + 2 = 6(x-2) + 3, \qquad 5x + 2 = 6x - 9$$

$$\therefore x = 11$$

따라서 긴 의자의 개수는 11이다.　　　　📋 ②

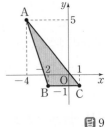

21 한 번 자를 때마다 조각 수가 2씩 늘어나므로 주어진 도형을 n번 잘랐을 때 나누어지는 조각 수는

$$2 + 2(n-1) = 2n$$

$2n = 84$에서　　$n = 42$

따라서 주어진 도형을 42번 자르면 84조각을 만들 수 있다.

📋 42번

22 열차의 길이를 x m라 하면 600 m인 다리를 완전히 통과할 때의 열차의 속력은 초속 $\dfrac{600+x}{30}$ m이고, 1400 m인 터널을 완전히 통과할 때의 열차의 속력은 초속 $\dfrac{1400+x}{60}$ m이다.

이때 열차의 속력은 일정하므로

$$\frac{600+x}{30} = \frac{1400+x}{60}$$

$$2(600+x) = 1400 + x$$

$$\therefore x = 200$$

따라서 열차의 길이는 200 m이다.　　📋 200 m

Ⅳ. 좌표평면과 그래프

08 좌표와 그래프

01 ④ D$(0, -1)$　　　　　　　　📋 ④

02 점 A는 y축 위의 점이므로

$$a - 2 = 0 \qquad \therefore a = 2$$

점 B는 y축 위의 점이므로

$$b + 1 = 0 \qquad \therefore b = -1$$

$$\therefore a - b = 2 - (-1) = 3$$　　　📋 3

03 세 점 A, B, C를 꼭짓점으로 하는 삼각형 ABC를 그리면 오른쪽 그림과 같다.

$$\therefore (\text{삼각형 ABC의 넓이})$$

$$= \frac{1}{2} \times 3 \times 6 = 9$$　　　　　📋 9

04 ③ 점 $(-1, -2)$는 제3사분면 위의 점이다.

📋 ③

05 점 (a, b)가 제2사분면 위의 점이므로

$$a < 0, \ b > 0$$

$b - a > 0$, $ab < 0$이므로 점 $(b-a, ab)$는 제4사분면 위의 점이다.　　📋 제4사분면

06 $ab<0$에서 a와 b의 부호가 다르고, $a<b$이므로

$a<0$, $b>0$

따라서 $-b<0$, $\dfrac{a}{b}<0$이므로 점 $\left(-b, \dfrac{a}{b}\right)$는 제3사분면 위의 점이다.

📋 제3사분면

07 (1) 경과 시간 x에 따른 집으로부터의 거리 y가 일정하게 증가한다. ➡ ㄷ

(2) 경과 시간 x에 따른 집으로부터의 거리 y가 일정하게 증가하다가 변화없이 유지되다가 다시 일정하게 감소한다. ➡ ㄴ

(3) 경과 시간 x에 따른 집으로부터의 거리 y가 일정하다. ➡ ㄱ

📋 (1) ㄷ (2) ㄴ (3) ㄱ

08 (1) 그래프에서 자전거의 속력이 가장 빠를 때의 속력은 초속 10 m 또는 10 m/s이다.

(2) 자전거의 속력이 일정한 때는 그래프에서 y의 값에 변화가 없는 부분이므로 15초 후부터 120초 후까지

$120-15=105$ (초)

동안이다.

(3) 정지한 경우는 속력이 0이고 150초 후에 속력이 0이므로 정지할 때까지 걸린 시간은 150초이다.

📋 (1) 초속 10 m 또는 10 m/s (2) 105초 (3) 150초

09 (1) 탑승한 칸이 지면으로부터 가장 높이 올라갔을 때의 높이는 24 m이다.

(2) 지면으로부터의 높이가 처음으로 20 m가 되는 때는 탑승한 지 2분 후이다.

(3) 관람차가 한 바퀴 도는 데 걸리는 시간은 6분이다.

📋 (1) 24 m (2) 2분 (3) 6분

10 두 점 $(a+1, 4)$, $(3, b-2)$가 y축에 대하여 대칭이므로 x좌표의 부호만 다르다.

$a+1=-3$에서 $a=-4$

$4=b-2$에서 $b=6$

∴ $a+b=-4+6=2$

📋 2

11 ④ 두 사람이 만난 것은 준기가 출발하고 35분 후이다.

📋 ④

Ⅳ. 좌표평면과 그래프

09 정비례와 반비례

01 ⑤ $\dfrac{y}{x}=-2$에서 $y=-2x$이므로 y는 x에 정비례한다.

📋 ①, ⑤

02 $y=ax$ $(a\neq0)$라 하고 $x=\dfrac{1}{2}$, $y=-2$를 대입하면

$-2=\dfrac{1}{2}a$ ∴ $a=-4$ ∴ $y=-4x$

$y=-4x$에 $y=4$를 대입하면

$4=-4x$ ∴ $x=-1$

📋 -1

03 (A의 톱니의 수)$\times$(A의 회전수)
$=$(B의 톱니의 수)$\times$(B의 회전수)

이므로 $16x=12y$ ∴ $y=\dfrac{4}{3}x$

📋 ③

04 하루에 읽은 책은 $250\div10=25$ (쪽)이므로 x일 동안 읽은 책은 $25x$쪽이다.

∴ $y=25x$

$y=25x$에 $x=4$를 대입하면 $y=25\times4=100$

따라서 4일 동안 읽은 책은 100쪽이다.

📋 100쪽

05 정비례 관계 $y=-\dfrac{4}{5}x$의 그래프는 원점과 점 $(-5, 4)$를 지나는 직선이므로 ④이다.

📋 ④

06 $\left|-\dfrac{1}{2}\right|<|-3|<|4|<|-5|<\left|\dfrac{11}{2}\right|$이므로 y축에 가장 가까운 것은 ⑤이다.

📋 ⑤

07 $y=ax$에 $x=2$, $y=-3$을 대입하면

$-3=2a$ ∴ $a=-\dfrac{3}{2}$ ∴ $y=-\dfrac{3}{2}x$

$y=-\dfrac{3}{2}x$에 $x=-4$, $y=b$를 대입하면

$b=-\dfrac{3}{2}\times(-4)=6$

∴ $b\div a=6\div\left(-\dfrac{3}{2}\right)=6\times\left(-\dfrac{2}{3}\right)=-4$

📋 -4

08 ③ 점 $(-3, 2)$를 지난다.

⑤ $\left|\dfrac{1}{2}\right|<\left|-\dfrac{2}{3}\right|$이므로 $y=\dfrac{1}{2}x$의 그래프가 $y=-\dfrac{2}{3}x$의 그래프보다 x축에 가깝다.

📋 ③, ⑤

09 그래프가 원점을 지나는 직선이므로 $y=ax$ $(a\neq0)$라 하고 $x=-3$, $y=5$를 대입하면

$5=-3a$ ∴ $a=-\dfrac{5}{3}$ ∴ $y=-\dfrac{5}{3}x$

📋 ①

10 $y=\dfrac{3}{4}x$에 $x=8$을 대입하면

$y=\dfrac{3}{4}\times8=6$ ∴ A$(8, 6)$

따라서 (선분 OB의 길이)$=8$, (선분 AB의 길이)$=6$이므로

(삼각형 AOB의 넓이)$=\dfrac{1}{2}\times8\times6=24$

📋 24

11 ㄷ, ㅁ. $y=ax$ 또는 $\dfrac{y}{x}=a\,(a\neq0)$의 꼴이므로 y가 x에 정비례한다.

ㅂ. 정비례 관계도 아니고 반비례 관계도 아니다. **답** ②

12 $y=\dfrac{a}{x}\,(a\neq0)$라 하고 $x=-2$, $y=8$을 대입하면

$$8=\frac{a}{-2} \quad \therefore a=-16 \quad \therefore y=-\frac{16}{x}$$

$A=-\dfrac{16}{-8}=2$, $-4=-\dfrac{16}{B}$에서 $B=4$

$$\therefore A-B=2-4=-2$$ **답** -2

13 매분 3 L씩 물을 넣으면 20분 만에 가득 차므로 이 물통의 용량은 $3\times20=60\,(\text{L})$

매분 x L씩 물을 넣으면 y분 만에 가득 차므로

$$xy=60 \quad \therefore y=\frac{60}{x}$$ **답** ③

14 압력이 x기압일 때, 기체의 부피를 $y\,\text{cm}^3$라 하면 기체의 부피는 압력에 반비례하므로 $y=\dfrac{a}{x}\,(a\neq0)$라 하자.

$y=\dfrac{a}{x}$에 $x=3$, $y=30$을 대입하면

$$30=\frac{a}{3} \quad \therefore a=90 \quad \therefore y=\frac{90}{x}$$

$y=\dfrac{90}{x}$에 $x=10$을 대입하면 $y=\dfrac{90}{10}=9$

따라서 압력이 10기압일 때, 기체의 부피는 $9\,\text{cm}^3$이다.

답 $9\,\text{cm}^3$

15 반비례 관계 $y=-\dfrac{2}{x}$의 그래프는 제2사분면과 제4사분면을 지나는 한 쌍의 매끄러운 곡선이다.

이때 점 $(-1,\,2)$를 지나므로 $x<0$에서의 반비례 관계 $y=-\dfrac{2}{x}$의 그래프는 ②이다. **답** ②

16 $\left|-\dfrac{1}{3}\right|<\left|\dfrac{1}{2}\right|<|1|<|-3|<|4|$이므로 원점에 가장 가까운 것은 ⑤이다. **답** ⑤

17 $y=\dfrac{a}{x}$에 $x=-3$, $y=4$를 대입하면

$$4=\frac{a}{-3} \quad \therefore a=-12 \quad \therefore y=-\frac{12}{x}$$

④ $-6\neq-\dfrac{12}{3}$이므로 반비례 관계 $y=-\dfrac{12}{x}$의 그래프 위의 점이 아니다. **답** ④

18 ② 좌표축과 만나지 않는다.

③ $x>0$일 때, 제1사분면을 지난다.

⑤ 제1사분면과 제3사분면을 지나는 한 쌍의 매끄러운 곡선이다.

답 ①, ④

19 그래프가 좌표축에 가까워지면서 한없이 뻗어 나가는 한 쌍의 매끄러운 곡선이므로 $y=\dfrac{a}{x}\,(a\neq0)$라 하고 $x=2$, $y=3$을 대입하면

$$3=\frac{a}{2} \quad \therefore a=6 \quad \therefore y=\frac{6}{x}$$

$y=\dfrac{6}{x}$에 $x=-6$을 대입하면 $y=-1$

따라서 점 A의 좌표는 $(-6,\,-1)$이다. **답** $(-6,\,-1)$

20 점 P의 x좌표를 $k\,(k>0)$라 하면 $\text{P}\left(k,\,\dfrac{a}{k}\right)$이고 $\text{A}(k,\,0)$이다.

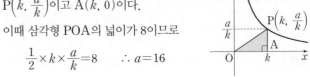

이때 삼각형 POA의 넓이가 8이므로

$$\frac{1}{2}\times k\times\frac{a}{k}=8 \quad \therefore a=16$$

답 16

21 $y=2x$에 $x=-3$을 대입하면

$$y=2\times(-3)=-6 \quad \therefore \text{A}(-3,\,-6)$$

$y=\dfrac{a}{x}$에 $x=-3$, $y=-6$을 대입하면

$$-6=\frac{a}{-3} \quad \therefore a=18$$ **답** 18

22 (1) $y=3x$에 $x=2$를 대입하면

$$y=3\times2=6 \quad \therefore \text{A}(2,\,6)$$

$\therefore$ (삼각형 AOB의 넓이)$=\dfrac{1}{2}\times2\times6=6$

(2) x좌표가 2인 정비례 관계 $y=ax$의 그래프 위의 점의 좌표는 $(2,\,2a)$이고 $y=ax$의 그래프가 삼각형 AOB의 넓이를 이등분하므로

$$\frac{1}{2}\times2\times2a=6\times\frac{1}{2} \quad \therefore a=\frac{3}{2}$$ **답** (1) 6 (2) $\dfrac{3}{2}$

23 명준이를 나타내는 그래프는 원점을 지나는 직선이므로 $y=ax\,(a\neq0)$라 하자.

점 $(5,\,450)$을 지나므로 $y=ax$에 $x=5$, $y=450$을 대입하면

$$450=5a \quad \therefore a=90 \quad \therefore y=90x$$

준우를 나타내는 그래프는 원점을 지나는 직선이므로 $y=bx\,(b\neq0)$라 하자.

점 $(5,\,200)$을 지나므로 $y=bx$에 $x=5$, $y=200$을 대입하면

$$200=5b \quad \therefore b=40 \quad \therefore y=40x$$

학교에서 공원까지의 거리는 1800 m이므로 명준이가 공원까지 가는 데 걸리는 시간은 $y=90x$에 $y=1800$을 대입하면

$$1800=90x \quad \therefore x=20$$

준우가 공원까지 가는 데 걸리는 시간은 $y=40x$에 $y=1800$을 대입하면 $1800=40x \quad \therefore x=45$

따라서 명준이가 공원에 도착한 후 $45-20=25\,(\text{분})$을 기다려야 준우가 도착한다. **답** ⑤

정답 및 풀이

개념원리 RPM 　중학 수학 **1-1**

다양한 유형의 문제를 통해 수학의 문제해결력을 높일 수 있는 **RPM**

함께 만드는 개념원리

개념원리는

선생님이
가르치기 쉽고

학생이
배우기 쉬운

**교육 콘텐츠를
만듭니다.**

전국 **360명** 선생님이 교재 개발 참여

총 **2,540명** 학생의 실사용 의견 청취

(2017년도~2023년도 교재 VOC 누적)

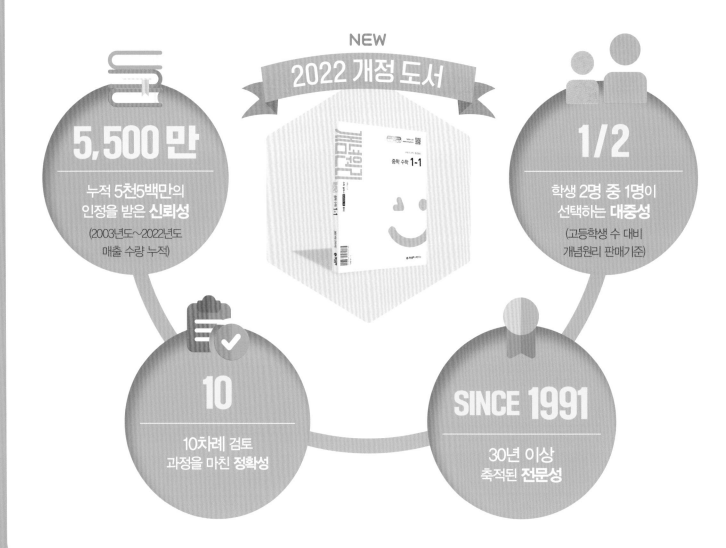

NEW
2022 개정 도서

중학 수학 1-1

5,500만

누적 5천5백만의
인정을 받은 **신뢰성**

(2003년도~2022년도
매출 수량 누적)

10

10차례 검토
과정을 마친 **정확성**

1/2

학생 2명 중 1명이
선택하는 **대중성**

(고등학생 수 대비
개념원리 판매기준)

SINCE 1991

30년 이상
축적된 **전문성**

✦ 2022 개정 더 좋아진 개념원리 ✦

2022 개정 교재는 학습자의 학습 편의성을 강화했습니다.
학습 과정에서 필요한 각종 학습자료를 추가해 더욱더 완전한 학습을 지원합니다.

A

2015 개정
- 교재 학습으로
  학습종료

2022 개정 | **교재 + 교재 연계 서비스 (APP)**

개념원리&RPM + 교재 연계 서비스 제공

- 서비스를 통해 교재의 완전 학습 및 지속적인 학습 성장 지원

B

2015 개정
- 개념원리 주요 문항만
  무료 해설 강의 제공
  (RPM 미제공)

2022 개정 | **무료 해설 강의 확대**

**RPM
영상 0% 제공**

**RPM 전 문항
해설 강의 100% 제공**

- QR 1개당 1년 평균 **3,900명** 이상 인입 (2015 개정 개념원리 수학(상) p.34 기준)
- 완전한 학습을 위해 RPM **전 문항 무료 해설 강의** 제공

**학생 모두가 수학을 쉽게 배울 수 있는 환경이 조성될 때까지
개념원리의 노력은 계속됩니다.**

개념원리 RPM 중학 수학 1-1